Springer-Lehrbuch

Veronika Brandstätter
Julia Schüler
Rosa Maria Puca
Ljubica Lozo

Motivation und Emotion

Allgemeine Psychologie für Bachelor

Mit 33 Abbildungen und 9 Tabellen

Springer

Veronika Brandstätter
Universität Zürich
Zürich, Switzerland

Julia Schüler
Universität Bern
Bern, Switzerland

Rosa Maria Puca
Universität Osnabrück
Osnabrück, Germany

Ljubica Lozo
Julius-Maximilians-Universität Würzburg
Würzburg, Germany

Zusätzliches Material zu diesem Buch finden Sie auf
http://www.lehrbuch-psychologie.springer.com

ISSN: 0937-7433
Springer Lehrbuch
ISBN 978-3-662-56684-8   ISBN 978-3-662-56685-5 (eBook)
https://doi.org/10.1007/978-3-662-56685-5

Die Deutsche Nationalbibliothek verzeichnet diese Publikation in der Deutschen Nationalbibliografie;
detaillierte bibliografische Daten sind im Internet über http://dnb.d-nb.de abrufbar.

Umschlaggestaltung: deblik Berlin
Einbandabbildung: © deagreez/stock.adobe.com

Springer ist ein Imprint der eingetragenen Gesellschaft Springer-Verlag GmbH, DE und ist ein Teil
von Springer Nature
Die Anschrift der Gesellschaft ist: Heidelberger Platz 3, 14197 Berlin, Germany

Vorwort

Plakativ formuliert: Ohne Motivation keine Emotion und ohne Emotion keine Motivation. Wir reagieren nur dann emotional, wenn ein Ereignis für unsere persönlichen Belange (unsere Ziele, Bedürfnisse, Motive) von Bedeutung, also motivational relevant ist. Und andererseits: Das, was uns überhaupt zum Handeln motiviert, ist der Wunsch, Positives zu erleben und negative Erfahrungen zu vermeiden. Wegen der engen Verzahnung beider Themen freut es uns sehr, dass in der Springer-Lehrbuchreihe für das Bachelorstudium ein Band erscheint, der beide Themen gemeinsam präsentiert.

Trotz des geschilderten Sachverhalts sind Motivation und Emotion theoretisch und empirisch voneinander abgrenzbar. Dies spiegelt sich im traditionellen Vorgehen in der Lehre, und so auch in unserem Lehrbuch, wider. Beide Themenbereiche werden gemeinsam präsentiert, die Unabhängigkeit der beiden Forschungsfelder wird aber daran deutlich, dass in jeweils eigenständigen Kapiteln in die theoretischen und empirischen Grundlagen der beiden Themenbereiche Motivations- (▶ Kapitel 1 bis 9) und Emotionspsychologie (▶ Kapitel 10 bis 16) eingeführt wird.

Beim Verfassen des Lehrbuchs hatten wir verschiedene Ziele vor Augen: Zum einen bietet unser Text eine leicht verständliche Einführung in die Vielfalt an Theorien und empirischen Methoden der Motivations- und Emotionspsychologie. Uns war es dabei wichtig, den Bogen zu spannen von historischen Ansätzen bis hin zur aktuellen Forschung. Ebenso ging es uns darum, die theoretischen Fragestellungen auf Alltagsphänomene und praktische Anwendungen zu beziehen. Schließlich sollten wichtige Schritte im empirischen Forschungsprozess verdeutlicht werden. Und eigentlich als wichtigstes Ziel: Wir hoffen das Interesse der Leser und Leserinnen zu wecken, sie zu begeistern für Fragen der Motivation und Emotion, die in vielfältiger Weise mit anderen Bereichen der Psychologie verwoben sind. Aufgrund des hier realisierten didaktischen Konzepts des Springer-Verlags, bei dem die Kernaussagen eines Abschnitts in den Randspalten wiedergegeben sind, zu den Inhalten am Ende eines Kapitels Kontrollfragen mit Lösungen formuliert werden und auf eine kleine aber relevante Anzahl weiterführender Literaturquellen hingewiesen wird, eignet sich das Lehrbuch sehr gut für Studierende in Bachelorstudiengängen an Universitäten und Fachhochschulen.

Es freut uns, dass es möglich wurde, nach wenigen Jahren bereits eine Neuauflage zu gestalten. Wir haben dies zum Anlass genommen, den gesamten Text nochmals einer kritischen inhaltlichen und formalen Prüfung zu unterziehen. So wurden interessante theoretische Neuentwicklungen aufgenommen und unnötige Redundanzen entfernt.

Unser großer Dank gilt wiederum ganz besonders Herrn Joachim Coch vom Springer-Verlag, der uns bei der Überarbeitung des Lehrbuches sehr unterstützt hat.

Veronika Brandstätter
Julia Schüler
Rosa Maria Puca
Ljubica Lozo
Zürich, Bern, Osnabrück und Würzburg, im Mai 2018

Inhaltsverzeichnis

II   Emotion

Brandstätter, Schüler, Puca, Lozo
Motivation und Emotion
Der Wegweiser zu diesem Lehrbuch

Was erwartet mich? Lernziele zeigen, worauf es im Folgenden ankommt.

Griffregister: zur schnellen Orientierung.

Verständlich: Anschauliches Wissen dank zahlreicher **Beispiele**.

Wenn Sie es genau wissen wollen: **Exkurse** vertiefen das Wissen.

Lernen auf der Überholspur: kompakte Zusammenfassungen in der fast-track-Randspalte ermöglichen schnelles Erfassen der wichtigsten Inhalte.

Anschaulich: mit 33 Abbildungen und 9 Tabellen.

Lernziele

- Die Geschichte der konzeptionellen Unterscheidung in implizite und explizite Motive kennen.
- Die wichtigsten Unterscheidungsmerkmale von impliziten und expliziten Motiven auflisten und Beispiele nennen können.
- Motivinkongruenz definieren können.
- Die wichtigsten Folgen von Motivinkongruenz nennen können.
- Das Prinzip, wie Motivinkongruenz verändert werden kann, wiedergeben können.

Beispiel

Am folgenden Beispiel können Sie nachvollziehen, wie Ellsworth und Smith (1988, S. 277) Schuldgefühl durch das Erinnern einer autobiographischen Episode bei den Vpn induziert haben: »Versuchen Sie sich bitte an eine unangenehme emotionale Erfahrung aus einer vergangenen Situation zu erinnern, für deren Geschehen Sie sich verantwortlich fühlten. Versuchen Sie, sich diese vergangene Situation so lebhaft wie möglich in Erinnerung zu rufen: Gehen Sie gedanklich zurück, und versuchen Sie die Emotionen, die Sie erfahren haben, wieder zu erleben. Denken Sie daran, was in dieser Situation geschah, weshalb Sie sich verantwortlich fühlten und wie es sich angefühlt hat, sich in dieser bestimmten Situation zu befinden… Beschreiben Sie bitte kurz diese in der Vergangenheit liegende unangenehme Situation, in der Sie sich für das Geschehene verantwortlich fühlten. Was ist passiert? Weshalb fühlten Sie sich verantwortlich?«

Exkurs

Guillaume-Benjamin de Boulogne

Guillaume-Benjamin de Boulogne (1806–1875) war ein französischer Physiologe, der mit elektrischem Strom Kontraktionen von verschiedenen Gesichtsmuskeln hervorrief und die so gewonnenen Gesichtsausdrücke fotografierte, um den Mechanismen der menschlichen Physiognomie auf die Spur zu kommen. Er zeigte, dass ein echtes Lächeln die Kontraktion des Zygomatikus major (Lächelmuskel) und des Orbicularis oculi, der die Lachfalten produziert, einbezieht.

Unterschiede im Machtmotiv gehen auf Lernerfahrungen in der frühen Kindheit zurück.

Neuere experimentelle Arbeiten, die den Zusammenhang von Machtmotiv und Lernen prüften, fanden Hinweise darauf, dass (nicht zwingend bewusste) Lernprozesse für machtmotiviertes Verhalten verantwortlich sind. So zeigte sich beispielsweise, dass Personen mit hohem Machtmotiv, die in einem Wettkampf entweder als Gewinner oder Verlierer hervorgingen (experimentell variiert), unterschiedlich gut lernten (Schultheiss u. Rohde, 2002). Sowohl machtmotivierte Männer wie auch Frauen zeigten Lernzuwächse nach Siegen und Lernbeeinträchtigungen nach Niederlagen (Schultheiss et al., 2005).

⬛ **Tab. 11.1** Übersicht von Filmausschnitten, die zur Induktion von spezifischen Emotionen verwendet werden (adaptiert nach Schaefer et al., 2010)

Film	Emotion	Ausschnittbeschreibung
»Le trois frères«	Heiterkeit	Einer der Charaktere nimmt an einer TV Show teil. (4.55 min)
»Forrest Gump«	Zärtlichkeit (»tenderness«)	Vater und Sohn sind wiedervereint. (4.20 min)
»Schindlers Liste«	Ärger	Kommandant des Konzentrationslagers erschießt wahllos Lagerinsassen von seinem Balkon aus. (2.19 min)
»Stadt der Engel«	Trauer	Maggie (Meg Ryan) stirbt in Seths (Nicholas Cage) Armen. (2.32 min)
»The Blair Witch Project«	Angst	Schlussszene, in der die Charaktere allem Anschein nach getötet werden. (2.93 min)
»Trainspotting«	Ekel	Protagonist taucht in eine verdreckte Toilettenschüssel hinein. (4.07 min)

Definitionen: Fachbegriffe kurz und knapp erläutert.

Navigation: mit Seitenzahl und Kapitelnummer.

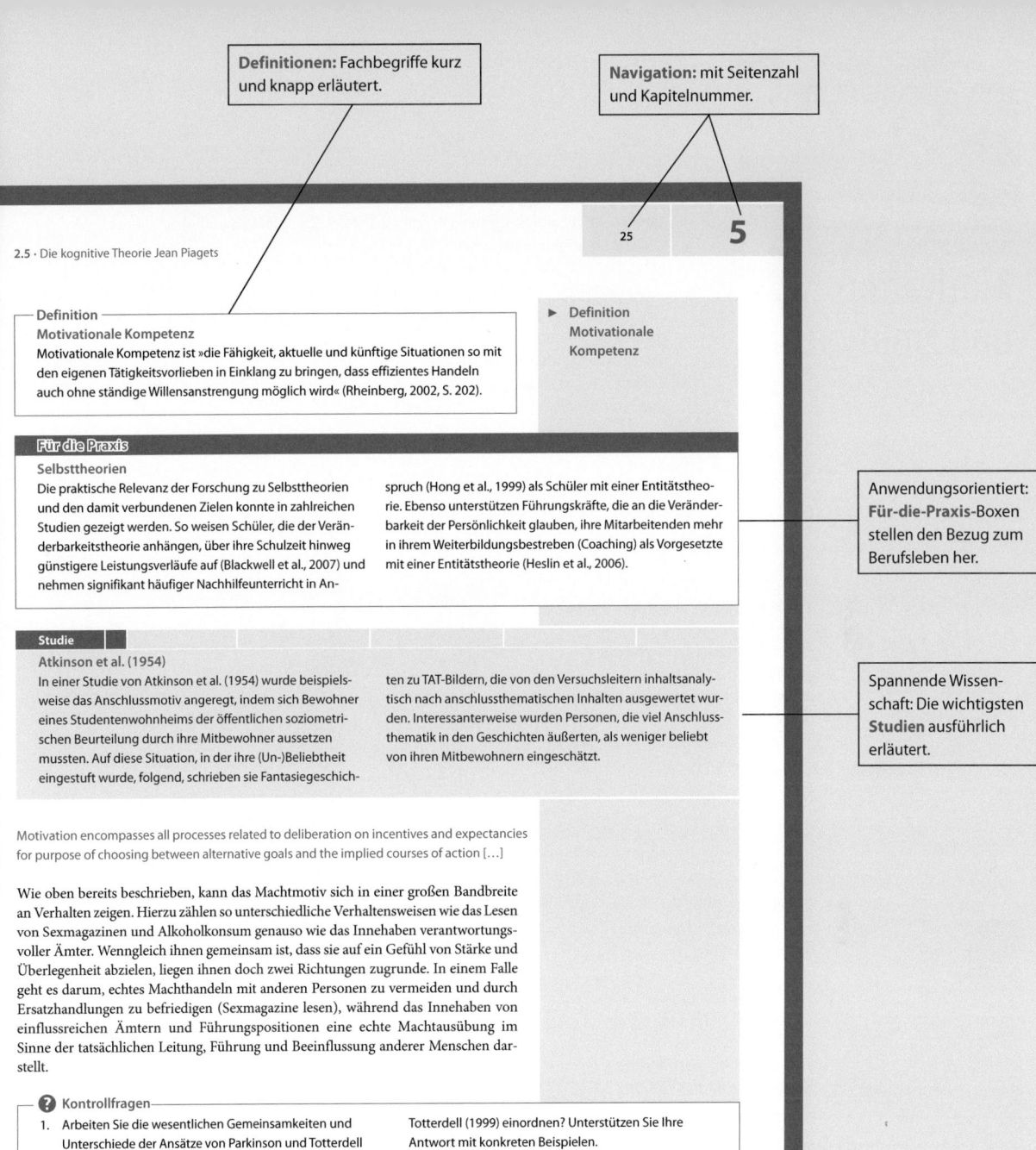

Definition

Motivationale Kompetenz

Motivationale Kompetenz ist »die Fähigkeit, aktuelle und künftige Situationen so mit den eigenen Tätigkeitsvorlieben in Einklang zu bringen, dass effizientes Handeln auch ohne ständige Willensanstrengung möglich wird« (Rheinberg, 2002, S. 202).

► Definition
Motivationale
Kompetenz

Für die Praxis

Selbsttheorien

Die praktische Relevanz der Forschung zu Selbsttheorien und den damit verbundenen Zielen konnte in zahlreichen Studien gezeigt werden. So weisen Schüler, die der Veränderbarkeitstheorie anhängen, über ihre Schulzeit hinweg günstigere Leistungsverläufe auf (Blackwell et al., 2007) und nehmen signifikant häufiger Nachhilfeunterricht in Anspruch (Hong et al., 1999) als Schüler mit einer Entitätstheorie. Ebenso unterstützen Führungskräfte, die an die Veränderbarkeit der Persönlichkeit glauben, ihre Mitarbeitenden mehr in ihrem Weiterbildungsbestreben (Coaching) als Vorgesetzte mit einer Entitätstheorie (Heslin et al., 2006).

Anwendungsorientiert: **Für-die-Praxis**-Boxen stellen den Bezug zum Berufsleben her.

Studie

Atkinson et al. (1954)

In einer Studie von Atkinson et al. (1954) wurde beispielsweise das Anschlussmotiv angeregt, indem sich Bewohner eines Studentenwohnheims der öffentlichen soziometrischen Beurteilung durch ihre Mitbewohner aussetzen mussten. Auf diese Situation, in der ihre (Un-)Beliebtheit eingestuft wurde, folgend, schrieben sie Fantasiegeschichten zu TAT-Bildern, die von den Versuchsleitern inhaltsanalytisch nach anschlussthematischen Inhalten ausgewertet wurden. Interessanterweise wurden Personen, die viel Anschlussthematik in den Geschichten äußerten, als weniger beliebt von ihren Mitbewohnern eingeschätzt.

Spannende Wissenschaft: Die wichtigsten **Studien** ausführlich erläutert.

Motivation encompasses all processes related to deliberation on incentives and expectancies for purpose of choosing between alternative goals and the implied courses of action [...]

Wie oben bereits beschrieben, kann das Machtmotiv sich in einer großen Bandbreite an Verhalten zeigen. Hierzu zählen so unterschiedliche Verhaltensweisen wie das Lesen von Sexmagazinen und Alkoholkonsum genauso wie das Innehaben verantwortungsvoller Ämter. Wenngleich ihnen gemeinsam ist, dass sie auf ein Gefühl von Stärke und Überlegenheit abzielen, liegen ihnen doch zwei Richtungen zugrunde. In einem Falle geht es darum, echtes Machthandeln mit anderen Personen zu vermeiden und durch Ersatzhandlungen zu befriedigen (Sexmagazine lesen), während das Innehaben von einflussreichen Ämtern und Führungspositionen eine echte Machtausübung im Sinne der tatsächlichen Leitung, Führung und Beeinflussung anderer Menschen darstellt.

? Kontrollfragen

1. Arbeiten Sie die wesentlichen Gemeinsamkeiten und Unterschiede der Ansätze von Parkinson und Totterdell (1999) und James Gross (1998, 2007) heraus.
2. Wie würden Sie die Strategien »Neubewertung« und »Unterdrückung des emotionalen Ausdrucksverhaltens« in das Klassifikationssystem von Parkinson und Totterdell (1999) einordnen? Unterstützen Sie Ihre Antwort mit konkreten Beispielen.
3. Angehende Ärzte sind oft mit potenziell Ekel auslösenden Situationen konfrontiert. Schildern Sie in groben Zügen, wie Sie ein Bewältigungstraining für diese Zielgruppe aufbauen würden.

McClelland, D. C. (1975). *Power: The inner experience*. New York, NY: Irvington.
Schmalt, H.-D. & Heckhausen, H. (2008). Machtmotivation. In J. Heckhausen & H. Heckhausen (Hrsg.), *Motivation und Handeln* (S. 211–234). Berlin: Springer.

► Weiterführende Literatur

Noch nicht genug? Tipps für die **Weiterführende Literatur**.

Alles verstanden? Wissensüberprüfung mit **Verständnisfragen und Antworten** auf **www.lehrbuch-psychologie.springer.com**

Motivation

1 Einführung – Motivation in Alltag, Wissenschaft und Praxis

© Springer-Verlag GmbH Deutschland, ein Teil von Springer Nature 2018
V. Brandstätter et al., *Motivation und Emotion*, Springer-Lehrbuch
https://doi.org/10.1007/978-3-662-56685-5_1

Lernziele

- Den Gegenstand der wissenschaftlichen Motivationspsychologie definieren können.
- Sich der Bedeutung motivationspsychologischer Erkenntnisse für verschiedenste Lebensbereiche bewusst sein.

1.1 Begriffsdefinition

Der Begriff der **Motivation** begegnet uns im Alltag häufig. In Stellenanzeigen liest man Formulierungen wie »Ihre Eigenmotivation ist hoch …« oder »Sie führen, trainieren, unterstützen und motivieren Ihre Mitarbeitenden individuell …«. Die Lehrerin beklagt sich über eine Schülerin »Sie könnte es doch, wenn sie nur motivierter wäre!« Ratgeber versprechen den ultimativen Motivations-Kick: endlich einmal alles anpacken, was man seit Jahren vor sich herschiebt; seine Leistungen steigern und sich dabei auch noch gut fühlen. Institutionen führen den Begriff in ihrem Leitspruch wie beispielsweise »Neugier, Motivation, Verantwortung« (Schweizerische Studienstiftung) oder »Ihr Antrieb – unsere Motivation!« (ein mittelständischer Hersteller von elektrischen Antrieben). Was vereint diese Beispiele? Im Alltagsverständnis des Begriffs »Motivation« geht es offensichtlich immer um **Handeln**, das mit bestimmten Merkmalen assoziiert wird: Entschlossenheit, Tatendrang, Leistungsbereitschaft, Zielgerichtetheit, Strebsamkeit, Ausdauer, Schaffensfreude, Eifer, Fleiß, um nur einige zu nennen. Im *Deutschen Wörterbuch* wird der Aspekt der Leistungsbereitschaft betont und Motivation als »Wille bzw. Antrieb zur Leistung« (Paul, 2002, S. 675) definiert.

Der Begriff der Motivation wird im Alltag häufig verwendet, wenn es um Leistungsbereitschaft, Zielgerichtetheit, Eifer und ähnliche Merkmale des Handelns geht.

Wie sieht es nun aber mit dem wissenschaftlichen Verständnis aus? Was ist der Gegenstand der Motivationspsychologie? Fragen wir dies einflussreiche Vertreter des Faches, und beginnen wir mit John W. Atkinson, einem der Pioniere der experimentellen Motivationsforschung: »The study of motivation has to do with analysis of the various factors which incite and direct an individual's actions« (Atkinson, 1964, S. 1). Oder Bernard Weiner (1985): »[...] all investigators in this field are guided by a single basic question, namely, *Why do organisms think and behave as they do?*« (Weiner, 1985, S. 1; Hervorhebung im Original). Schließlich umreißen Jutta und Heinz Heckhausen (2018) den Gegenstand der Motivationspsychologie wie folgt:

» Das Leben jedes Menschen ist ein nicht abreißender Strom von Aktivitäten. Darunter fallen nicht nur die vielerlei Arten von Handlungen oder Mitteilungen. Auch Erleben – geistige Aktivität in Form von Wahrnehmungen, Gedanken, Gefühlen und Vorstellungen – gehört dazu, wenn es auch nicht von außen beobachtbar ist und nicht unmittelbar auf die Außenwelt einwirkt. [...] Die Motivationspsychologie beschäftigt sich mit Fragen über solche Aktivitäten, die das Verfolgen eines angestrebten Ziels erkennen lassen und unter diesem Gesichtspunkt eine Einheit bilden. Der Motivationsforschung geht es darum, solche Aktivitätseinheiten im Hinblick auf deren »Wozu« und deren »Wie« zu erklären (Heckhausen u. Heckhausen, 2018, S. 2).

> Die Motivationspsychologie befasst sich mit zielgerichtetem Verhalten beim Menschen und analysiert die Ausrichtung, Ausdauer und Intensität beim Zielstreben.

Aus diesen exemplarischen Definitionen lassen sich wesentliche Bestimmungsmerkmale für unser Themengebiet ableiten: Ganz allgemein geht es um **zielgerichtetes Verhalten** beim Menschen. Reflexe, also unwillkürliche Reaktionen, die nach einem festgelegten Programm auf bestimmte Reize erfolgen (z. B. Lidschlussreflex), aber auch automatisierte Abläufe auf neuromuskulärer Ebene (z. B. der feinmotorische Ablauf beim Schreiben) sind nicht Gegenstand einer motivationspsychologischen Betrachtung. Welchen Aspekten zielgerichteten Verhaltens gilt nun aber das Interesse der Motivationsforscher? Es sind die Ausrichtung, Ausdauer (Persistenz) und Intensität des Zielstrebens sowie deren Zusammenhänge mit kognitiven (z. B. Gedächtnis, Aufmerksamkeit) aber auch affektiven und physiologischen (z. B. psychisches und physisches Wohlbefinden) Prozessen. Im Folgenden werden wir dies ausführen und die Kapitel nennen, in denen die jeweiligen Themen behandelt werden, so erhalten Sie schon einen ersten Überblick über den Motivationsteil dieses Lehrbuchs.

1.2 Gegenstandsbereich der Motivationspsychologie

1.2.1 Ausrichtung des Verhaltens

> Fragen nach der Ausrichtung des Verhaltens betreffen die Beweggründe, weshalb eine Person ein bestimmtes Ziel verfolgt.

Beginnen wir mit dem Aspekt der **Verhaltensausrichtung**, der sich anhand einer kurzen Frage verdeutlichen lässt: Warum lesen Sie in diesem Augenblick in unserem Lehrbuch anstatt einer anderen Tätigkeit nachzugehen? Hierbei geht es darum, warum man das eine tut und nicht das andere. Eine Person mag angeben, dass es sich um die Pflichtlektüre für eine bald anstehende Prüfung handelt; eine andere, dass sie einen Einblick in das Studienfach ihrer Freundin erhalten möchte. Allgemein sind hier angestrebte Ziele angesprochen, die jemand durch eigenes Handeln realisieren oder vermeiden möchte (▶ Kap. 7). Wir könnten die beiden Personen nun weiter und weiter fragen: »Weshalb möchten Sie die Prüfung bestehen bzw. weshalb möchten Sie über das Studienfach Ihrer Freundin etwas erfahren?«

Zwei Sachverhalte werden dabei deutlich: Zielgerichtetes Verhalten ist erstens immer eingebettet in ein komplexes Gefüge an Zielen (▶ Kap. 9), d. h. jedes Ziel kann im Dienste übergeordneter Ziele stehen (Prüfung bestehen, um das Masterstudium beginnen zu können; Masterstudium absolvieren, um sich für das Berufsleben zu qualifizieren; eine Berufstätigkeit aufnehmen, um seinen Lebensunterhalt zu sichern). Zweitens geben die **Beweggründe** Auskunft über das, was für eine Person attraktiv und wichtig ist (Fachbegriff: Anreiz). Dies könnte im ersten oben genannten Beispiel die Freude daran sein, neue und interessante Dinge zu lernen, das Gefühl von Zufriedenheit und Stolz nach einer bestandenen Prüfung oder die Aussicht, mit dem dadurch möglichen Wechsel an eine ausländische Universität an Ansehen zu gewinnen. Es sind also **Anreize**, die entweder unmittelbar bei der Tätigkeit selbst zum Tragen kommen (Tätigkeitsanreize) oder aber erst als Konsequenzen der Zielerreichung verfügbar werden (Zweckanreize; ▶ Kap. 8).

In der Umgangssprache, aber auch in der Rechtsprechung bezeichnet man die Beweggründe für ein Verhalten mit dem Begriff des **Motivs** (Was war das Motiv des Täters?) – und hier besteht durchaus eine gewisse Nähe zum wissenschaftlichen Begriffsinstrumentarium, in dem sich ebenfalls das Motivkonzept findet (▶ Kap. 6). Die große Vielfalt an konkreten und für jede Person sehr unterschiedlichen Anreizen lässt sich nach bestimmten thematischen Inhalten in sog. Anreizklassen ordnen. Die Anreizklassen beschreiben thematisch voneinander abgrenzbare, übergeordnete, positiv bewertete Zielzustände. Motive werden nun als individuelle Präferenzen für bestimmte Anreizklassen verstanden (McClelland et al., 1989) und bilden damit eine in der Person liegende Verhaltensdeterminante. Auf diesen Aspekt kommen wir gleich noch einmal zurück.

Am meisten Aufmerksamkeit finden in der aktuellen Motivationspsychologie die drei Anreizklassen, die sich drei Motivthemen zuordnen lassen und in späteren Kapiteln separat behandelt werden. Diese Anreizklassen sind: (a) Herausforderungen meistern (▶ Kap. 3, Leistungsmotivation), (b) soziale Kontakte knüpfen und pflegen (▶ Kap. 4, Anschlussmotivation) sowie (c) andere Menschen beeinflussen oder beeindrucken (▶ Kap. 5, Machtmotivation).

Das Motivkonzept, das sich überwiegend auf die Motive Leistung, Anschluss und Macht fokussiert, erlaubt es, die Ausrichtung des Verhaltens eines Menschen angesichts der Vielfalt an möglichen konkreten Beweggründen sparsam zu erklären. Die Konstellation eines starken Leistungsmotivs bei gleichzeitig schwachem Anschlussmotiv erklärt beispielsweise, weshalb eine Person in ihrem Alltag eher sachorientiert ist, gerne alleine an herausfordernden Aufgaben arbeitet, stets an Rückmeldung über ihre Lernfortschritte interessiert ist und selten Gelegenheiten nutzt, sich mit Bekannten und Freunden zu treffen. Das Motiv-

Die Beweggründe für ein Verhalten geben an, was einer Person wichtig ist. Dies können Anreize sein, die in der Tätigkeit selbst liegen (Tätigkeitsanreize), oder aber Anreize, die erst aus der Zielerreichung resultieren (Zweckanreize).

Motive werden definiert als individuelle Präferenzen für bestimmte Anreizklassen.

Die am häufigsten untersuchten Anreizklassen (Motivthemen) sind: Herausforderungen meistern (Leistung), soziale Kontakte knüpfen und pflegen (Anschluss) sowie andere Menschen beeinflussen oder beeindrucken (Macht).

In der Motivationspsychologie finden sich Ansätze, die zur Aufklärung interindividueller Unterschiede beitragen.

Verhalten ist eine Funktion von Faktoren, die in der Person liegen, und Faktoren, die in der Umwelt liegen, was sich anhand der Verhaltensformel V = P × U formalisiert ausdrücken lässt. Fehlt einer der beiden Faktoren, bleibt das Verhalten aus.

konzept erfüllt aber noch eine zweite wichtige Funktion: Es erlaubt, Unterschiede zwischen Menschen zu sehen und zu erklären. Motive können je nach individueller Lernerfahrung unterschiedlich stark ausgeprägt sein, d. h. Menschen unterscheiden sich darin, wie wichtig ihnen die verschiedenen Anreizklassen sind – für die Einen gibt es nichts Schöneres als möglichst oft im Kreise von Freunden zu sein, für die Anderen ist dies wenig attraktiv, sie richten ihr Verhalten eher so aus, dass sie häufig Situationen antreffen, in denen es Herausforderungen zu meistern gilt und die eigene Leistungsfähigkeit auf die Probe gestellt wird. Mit dem Motivkonzept bietet die Motivationspsychologie eine differentialpsychologische Perspektive, die auf die Beschreibung und Erklärung interindividueller Unterschiede zielt. Menschen unterscheiden sich jedoch nicht nur im Hinblick auf das, was für sie attraktiv ist, sondern auch dahingehend, wie sie bei der Verfolgung ihrer Ziele vorgehen, ob sie dies prompt tun oder aber häufig die Erledigung einer Absicht vor sich herschieben (Volition und Handlungsregulation; ▶ Kap. 9).

Neben *inter*individuellen Unterschieden sind jedoch auch *intra*individuelle Unterschiede im Verhalten erklärungsbedürftig. Selbst Menschen mit einem starken Leistungsmotiv werden sich nicht immer leistungsorientiert verhalten; es wird Situationen geben, in denen sie demotiviert erscheinen. Wenn man nun ausschließlich in der Person liegende Faktoren dafür verantwortlich machte (»Ihr ist Leistung und Qualität nicht wichtig!«), würde man eine zweite einflussreiche Verhaltensdeterminante übersehen: die Umwelt mit ihren jeweils spezifischen Handlungsgelegenheiten und Anreizen. Unter einem Anreiz versteht man »alles, was Situationen an Positivem oder Negativem einem Individuum verheißen oder andeuten [und] einen ›Aufforderungscharakter‹ zu einem entsprechenden Handeln hat« (Heckhausen u. Heckhausen, 2018, S. 6). Nur wenn eine Person mit ihrer individuellen Präferenz für bestimmte Anreize (Motiv) auf eine Umwelt trifft, in der die gewünschten Anreize verfügbar sind, wird sie motiviert sein, das entsprechende Verhalten zu zeigen. Damit sind wir bei einer der Grundannahmen der Motivationspsychologie: Motivation entsteht im Zusammenspiel von Faktoren, die in der Person liegen (Motive, Bedürfnisse, Interessen, Ziele), und Faktoren, die in der Umwelt liegen (Gelegenheiten, Anforderungen, Anreize). Dieser Sachverhalt ist im sog. **P × U-Schema** in ◨ Abb. 1.1 illustriert, das sich formal schreiben lässt als V = P × U und sich wie folgt liest: Verhalten ist eine Funktion von Person- und Umweltfaktoren. Ihre formale multiplikative Verknüpfung sagt aus, dass ein bestimmtes Verhalten ausbleibt (der gesamte Term wird null), wenn einer der beiden Faktoren null ist. Beispielsweise wird eine Person, für die Geselligkeit nicht wichtig ist (fehlendes Anschlussmotiv), eine Party mit vielen interessanten Gästen (hoher anschlussthematischer Anreiz) nicht attraktiv finden und erst gar nicht der Einladung folgen. Ebenso wird sich eine hoch anschlussmotivierte Person bei einem steifen, formellen Treffen wenig in ihrem Element fühlen und womöglich bei erster Gelegenheit die Veranstaltung verlassen. Die multiplikative Verknüpfung sagt auch aus, dass ein starkes Motiv genügt, um schon in schwach anreizhaltigen Situationen Verhalten zu zeigen. Und andersherum: Starke Situationen (im Sinne von anreizgesättigten Situationen) veranlassen auch Menschen mit schwacher Motivausprägung zu Verhalten.

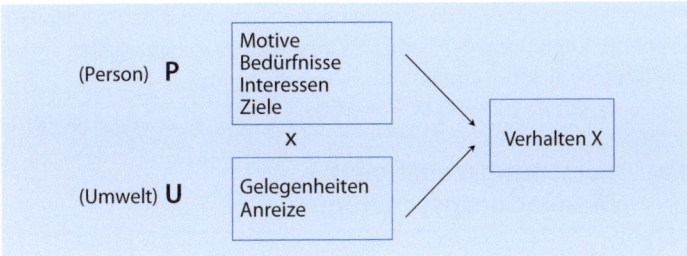

◖ Abb. 1.1 Verhalten als Funktion von Person und Umwelt

1.2.2 Ausdauer beim Handeln

Kommen wir nun zu einem anderen Merkmal zielgerichteten Verhaltens, das die Motivationspsychologie zu erklären versucht: **Ausdauer** zeigt sich einerseits darin, dass das Handeln trotz Unterbrechungen auf Zielkurs bleibt, wenn man auf eine neue Handlungsgelegenheit zu warten hat (z. B. die wöchentliche Trainingsstunde im Fitnessclub); andererseits darin, dass man trotz Ablenkungen (z. B. man möchte lernen, aber im Nebenzimmer hört jemand laut Musik) oder auftretenden Schwierigkeiten (z. B. man kann einen Rechenschritt bei einer komplizierten Statistikaufgabe nicht ausführen) sein Ziel nicht aufgibt. In vielen Redewendungen wird deutlich, welch hoher Stellenwert der Ausdauer bei der Zielverfolgung beigemessen wird: Per aspera ad astra (Der Weg zu den Sternen ist mühsam). Man darf die Flinte nicht gleich ins Korn werfen. Ohne Fleiß kein Preis.

Ausdauer betrifft den Aspekt, dass das Handeln trotz Unterbrechungen oder Ablenkungen auf Zielkurs bleibt.

1.2.3 Verhaltensintensität

Die **Intensität** bezieht sich auf die Anstrengung und Konzentration, die jemand bei der Verfolgung eines Ziels aufbringt. Der erste Aspekt wird unter dem Begriff der Anstrengungsmobilisierung (engl. »effort mobilization«) gefasst. Ein zweiter Aspekt betrifft das Anstrengungserleben. Kennen Sie das? Bei manchen Aktivitäten fällt es einem leicht, sich zu konzentrieren und bei der Sache zu bleiben, man geht ganz und gar darin auf und vergisst alles um sich herum (▶ Kap. 8); bei anderen Aktivitäten muss man sich mit aller Kraft dazu zwingen, nicht einfach alles stehen und liegen zu lassen (▶ Kap. 9).

Intensität betrifft die Anstrengung und Konzentration, die eine Person bei der Verfolgung eines Ziels aufbringt.

Wenn wir diese drei Beschreibungsmerkmale des Verhaltens bis jetzt in den Mittelpunkt gerückt haben, so soll darüber jedoch nicht vergessen werden, dass neben Verhaltensmaßen auch affektive und kognitive Prozesse zu den Themen der Motivationspsychologie zählen – motiviert zu sein heißt ja nicht nur, ein kühl kalkuliertes Ziel zu verfolgen, sondern oft auch sich mit Leidenschaft für etwas einzusetzen. Vor allem hängt das **subjektive Wohlbefinden** ganz wesentlich von den Fortschritten ab, die wir bei der Verfolgung persönlich wichtiger Anliegen machen. Das affektive Erleben ist also sehr eng mit Fragen der Motivation verbunden. Ebenso werden in der Motivationspsychologie **kognitive Prozesse** analysiert. Wahrnehmungs-, Aufmerksamkeits- und Gedächtnisprozesse spielen bei der Steuerung zielgerichteten Verhaltens eine wichtige Rolle. Die Forschungsansätze, die wir Ihnen

Neben den Beschreibungsmerkmalen für zielgerichtetes Verhalten (Richtung, Ausdauer, Intensität) stehen in vielen theoretischen Ansätzen auch affektive und kognitive Prozesse im Mittelpunkt der motivationspsychologischen Analyse.

präsentieren werden, unterscheiden sich z. T. erheblich darin, inwieweit Emotion, Kognition oder Verhalten im Zentrum stehen. Achten Sie bei der weiteren Lektüre einmal ganz bewusst darauf.

1.3 Forschungszugänge der Motivationspsychologie

Von der Theorie zur Empirie braucht es ein hohes Maß an Kreativität, um die theoretischen Konstrukte und die zwischen ihnen postulierten Zusammenhänge messbar zu machen.

Die Motivationspsychologie verfügt über eine große Zahl an Theorien. Unser Ziel ist es, Ihnen die einflussreichsten theoretischen Ansätze zu präsentieren und anhand ausgewählter empirischer Untersuchungen aufzuzeigen, wie bei deren Überprüfung vorgegangen wurde. Es ist ja das Eine, psychologische Zusammenhänge theoretisch zu postulieren, und ein Anderes, diese Annahmen empirisch zu überprüfen. Forschung verlangt u. a. ein hohes Maß an Einfallsreichtum und Fingerspitzengefühl! Experimente zu konzipieren ist eine Kunstfertigkeit. Achten Sie doch bei der Darstellung der Studien immer auch darauf, wie die theoretischen Konstrukte operationalisiert (messbar gemacht) wurden und ob Sie dies überzeugt; vielleicht haben Sie ja sogar eine noch bessere Idee für eine Studie.

Die motivationspsychologische Forschung bedient sich der unterschiedlichsten Forschungsmethoden, die von Fragebögen, Interviews, lautem Denken und psychophysiologischen bis hin zu neuropsychologischen Verfahren reichen.

Es ist nicht leicht, aus der großen Fülle an Studien einzelne herauszugreifen, denn erst die Gesamtheit an empirischen Ergebnissen macht den Schatz einer Forschungsdisziplin aus. Natürlich mussten wir auswählen, und wir haben uns einerseits für klassische Experimente, die prägend für die weitere Forschung waren, entschieden, andererseits für einfallsreiche aktuelle Studien, an denen sich aus unserer Sicht am besten die Faszination motivationspsychologischer Forschung illustrieren lässt. Sie werden den unterschiedlichsten methodischen Vorgehensweisen begegnen – **experimentellen Labor- und Feldstudien**, aber auch **korrelativen Studien**, bei denen Messwerte innerhalb eines Messzeitpunkts (**Querschnittdesign**) oder aber über mehrere Messzeitpunkte (**Längsschnittdesign**) ausgewertet werden. Daten werden mittels Fragebögen, Interviews, der Methode des lauten Denkens oder auch psychophysiologischer und neuropsychologischer Verfahren erhoben. Ebenso finden sich Computersimulationen, die auf formalisierten mathematischen Modellen beruhen.

Die Motivationspsychologie ist eine Grundlagendisziplin, die sowohl mit den anderen psychologischen Grundlagenfächern als auch mit den psychologischen Anwendungsfächern vielfältige Bezüge aufweist.

Die Motivationspsychologie weist vielfältige Bezüge zu anderen psychologischen Grundlagendisziplinen auf – zum einen über bestimmte Themen (z. B. Sozialpsychologie: soziale Interaktion; differentielle Psychologie: Motive), zum anderen über bestimmte Methoden (z. B. soziale Kognitionsforschung: Priming, Reaktionszeitmessung; kognitive Psychologie: Gedächtnismaße). Aber auch zu den anwendungsorientierten Fächern der Psychologie bestehen enge Verbindungen; sie greifen bei der Theoriebildung mit Erfolg auf motivationspsychologische Konzepte zurück. Relevante Forschungsfragen sind beispielsweise: Wie können Vorgesetzte die Arbeitsmotivation ihrer Mitarbeitenden fördern? (Organisationspsychologie); Wie sollte der Schulunterricht gestaltet sein, damit Schüler mit Interesse lernen? (Pädagogische Psychologie); Welche Faktoren tragen dazu bei, dass gesundheitsförderliches Verhalten zum einen begonnen und zum anderen langfristig aufrechterhalten wird? (Gesundheitspsychologie). Auf der Grundlage dieser anwendungsorientierten Theorien wurden schließlich vielfältige praktische Interventio-

nen entwickelt, die in Industriebetrieben, Schulen und Gesundheits-
organisationen zum Einsatz kommen. Und das alles, weil Fragen der
Ausrichtung, Intensität und Ausdauer des Verhaltens in allen nur erdenklichen Lebensbereichen von Bedeutung sind.

Unser Lehrbuch bietet Ihnen einen ersten Zugang zum Gebiet der
Motivationspsychologie. Wie bei einem Haus, das man durch verschiedene Türen betreten kann und durch das es verschiedene Wege gibt,
laden wir Sie nun auf unseren Rundgang ein. Auf einige Themen können wir in diesem einführenden Lehrbuch nicht eingehen. So müssen
wir aus Platzgründen die neuropsychologische (z. B. Kringelbach u.
Berridge, 2015; Schultheiss u. Wirth, 2018) und entwicklungspsychologische (z. B. Heckhausen u. Heckhausen, 2018) Perspektive aussparen.
Ebenso werden wir die biologischen Bedürfnisse (Hunger, Durst, Sexualität), die hoch komplexe Motivationssysteme darstellen (z. B. Hull u.
Dominguez, 2013; Sternson, Betley u. Cao, 2013), nicht thematisieren
können. Einen ersten Einblick in diese Themen bieten Ihnen aber die
angegebenen Quellen.

So bitten wir Sie nun ins erste Zimmer auf unserem Rundgang. Es
ist dies die Ahnengalerie der Motivationspsychologie. Es lohnt sich,
diese aufmerksam zu betrachten, denn die moderne Motivationsforschung hat ehrwürdige Vorfahren, und jede der aktuellen Theorien ist
verankert in einem historischen Ansatz.

 Kontrollfragen

1. Welche drei Verhaltensaspekte versucht die Motivationspsychologie zu erklären?

2. Erläutern Sie die Bedeutung des P × U-Schemas.

Brandstätter, V., & Otto, J. (Hrsg.). (2009). *Handbuch der Allgemeinen Psychologie: Motivation und Emotion*. Göttingen: Hogrefe.
Ryan, R. M. (2012). *The Oxford handbook of human motivation*. Oxford: University Press.

► **Weiterführende Literatur**

Literatur

Atkinson, J. (1964). *An introduction to motivation*. Princeton, NJ: Van Nostrand.
Heckhausen, J., & Heckhausen, H. (2018). Entwicklung der Motivation. In J. Heck-
	hausen & H. Heckhausen (Hrsg.), *Motivation und Handeln* (5. Aufl., S. 493–540).
	Berlin: Springer. Heckhausen, J., & Heckhausen, H. (Hrsg.). (2018). *Motivation
	und Handeln* (5. Aufl.). Berlin: Springer.
Hull, E. M., & Dominguez, J. M. (2013). Sexual behavior. In R. J. Nelson, S. Y. Mizumori
	& I. B. Weiner (Eds.), *Handbook of psychology: Behavioral neuroscience* (2nd ed.,
	pp. 331–364). New York, NY: Wiley.
Kringelbach, M. L., & Berridge, K. C. (2015). Motivation and pleasure in the brain. In W.
	Hofmann & L. F. Nordgren (Eds.), *The psychology of desire* (pp. 129–145). New York:
	Guilford.
McClelland, D. C., Koestner, R., & Weinberger, J. (1989). How do self-attributed and
	implicit motives differ? *Psychological Review, 96*, 690–702.
Paul, H. (2002). *Deutsches Wörterbuch* (10. Aufl.). Tübingen: Niemeyer.
Schultheiss, O. C., & Wirth, M. M. (2018). Biopsychologische Aspekte der Motivation.
	In J. Heckhausen & H. Heckhausen (Hrsg.), *Motivation und Handeln* (5. Aufl.,
	S. 29–329). Berlin: Springer.
Sternson, S. M., Betley, J. N., & Cao, Z. F. H. (2013). Neural circuits and motivational
	processes for hunger. *Current Opinion in Neurobiology, 23*, 353–360.
Weiner, B. (1985). *Human motivation*. New York, NY: Springer.

2 Klassische psychologische Ansätze als Vorläufer der modernen Motivationsforschung

© Springer-Verlag GmbH Deutschland, ein Teil von Springer Nature 2018
V. Brandstätter et al., *Motivation und Emotion*, Springer-Lehrbuch
https://doi.org/10.1007/978-3-662-56685-5_2

Lernziele

- Die wichtigsten historischen Quellen der modernen Motivationstheorien kennen lernen.
- Zentrale motivationstheoretische Konstrukte benennen können.
- Einen ersten Überblick über die vielfältigen methodischen Vorgehensweisen der Motivationsforschung gewinnen.

2.1 Vorüberlegung: Weshalb Geschichte?

> » Zukunft braucht Herkunft. (Leitlinie eines internationalen Konzerns)

Forschung zu betreiben heißt, an einem weit verzweigten Netz an Wissen und Erkenntnis weiterzuspinnen, an Bestehendes anzuknüpfen und daraus Neues zu entwickeln. Dieses Wissensnetz reicht weit zurück in die frühe Geschichte der Menschheit und findet seine erste Systematisierung in den Schriften der griechisch-römischen Philosophie. Fragen nach dem »Wozu« und dem »Wie« menschlichen Handelns, was ja die motivationspsychologischen Fragen schlechthin sind, wurden von allen einflussreichen Philosophen über die Jahrhunderte hinweg in der einen oder anderen Weise behandelt, bis sie mit den Anfängen der wissenschaftlichen Psychologie Ende des 19. Jahrhunderts Eingang in psychologische Theorien menschlichen Erlebens und Handelns fanden. Dieses Kapitel möchte den Blick in die Vergangenheit eröffnen, um das Bewusstsein zu schärfen für die lange Tradition motivationspsychologischer Fragen. Nun mag man sich fragen, was die »alten« Denker und Forscher uns heute noch zu sagen haben. Die Autorinnen dieses Lehr-

Die Kenntnis der Geschichte der Motivationspsychologie fördert das Verständnis aktueller Forschung.

2

Neue Theorien und Methoden entstehen u. a. dann, wenn die bestehenden kritisch hinterfragt werden.

buchs sind der Überzeugung, dass wer die Vergangenheit kennt, die Gegenwart besser verstehen kann.

Diese Sichtweise wird von Franziska Loetz (persönliche Mitteilung, 29.06.2011), Historikerin an der Universität Zürich, geteilt. Sie sieht die Beschäftigung mit der Geschichte als unverzichtbar. Ließe eine Gesellschaft ihre Vergangenheit in Vergessenheit geraten, wäre sie nach Loetz orientierungslos und hilflos, wie eine Person, die aufgrund eines Unfalls sich an nichts mehr erinnern kann. Eine historische Analyse sei wichtig, weil sie dafür sensibilisiere, dass unsere Lebenswelt – und wir ergänzen: unsere Forschungswelt – Produkt historischer Entwicklungen und nicht einfach gegeben sei. Und prägnant fügt Loetz hinzu, dass eine historische Betrachtung erst erkennen lässt, was der Frage würdig sei: Warum ist etwas, wie es ist und nicht vielmehr anders? Wer so frage, lerne, differenziert zu urteilen, Vielfalt zu tolerieren, Ungewissheiten auszuhalten und – so wollen wir ergänzen – den Mut zu haben, Bestehendes mit einer gewissen Unerschrockenheit zu hinterfragen und den Blick nach vorne zu richten. Denn nur aus der Unzufriedenheit mit bestehenden Forschungtraditionen sind neue Theorien und Methoden entstanden.

Es werden diejenigen historischen Theorien präsentiert, welche die motivationspsychologische Forschung heute noch prägen.

Bei unserem **historischen Rückblick** wird es nicht darum gehen, das dichte Netz in all seinen Verzweigungen zu rekonstruieren, sondern aufzuzeigen, welche historischen Annahmen über die Beweggründe und die Steuerung menschlichen Handelns die motivationspsychologische Forschung noch heute prägen.

Denjenigen, die sich in die Geschichte der (Motivations-)Psychologie vertiefen möchten, empfehlen wir einzelne Kapitel aus den beiden kompakten und gleichzeitig ansprechenden Büchern von Jutta und Heinz Heckhausen (2018) sowie von Wolfgang Schönpflug (2000). In diesen Werken werden die verschiedenen Entwicklungslinien der (Motivations-)Psychologie sehr detailliert dargestellt.

Freud, Hull, Lewin, Murray und Ach gelten als Pioniere der Motivationspsychologie.

Die **Auswahl** der hier präsentierten **Theorien** orientierte sich an zwei Kriterien: Einerseits soll das theoretische und empirische Erbe eines historischen Ansatzes in der gegenwärtigen Motivationspsychologie noch erkennbar nachwirken, andererseits soll sich daran die Vielfalt in der empirischen Herangehensweise bei der Überprüfung motivationspsychologischer Theorien verdeutlichen lassen. Präsentiert werden im Weiteren die Ansätze von Sigmund Freud, Clark Hull, Kurt Lewin, Henry Murray und Narziss Ach. Sie waren Zeitgenossen und zählen zur Generation der Pioniere in der Motivationspsychologie.

2.2   Sigmund Freuds psychoanalytische Motivationstheorie

Wir beginnen mit **Sigmund Freud** (1856–1939), der mit der zu seiner Zeit revolutionären Annahme unbewusster Handlungsgründe sicherlich den größten Umbruch im damaligen wissenschaftlich-psychologischen Denken auslöste. So umstritten Freuds Werk auch sein mag und so unterschiedlich die Urteile über ihn als Forscher ausfallen mögen – von den einen als Welterneuerer in einem Atemzug mit Kopernikus und Darwin genannt, von den anderen als unwissenschaftlich verpönt –, so lässt sich mit den Worten Weiners (1985) doch eines festhalten:

» [...] rather than being too critical or too skeptical, we should accept Freud's theory for what it is and was: a monumental attempt by a genius to account for a great diversity of human behavior with a few basic concepts and ideas (Weiner, 1985, S. 27).

Freuds psychoanalytische Theorie stellt einen Versuch dar, ein weites Spektrum von menschlichem Verhalten mit wenigen grundlegenden Konzepten zu erklären.

Um die grundlegenden Konzepte und Ansichten Freuds zur menschlichen Motivation soll es im Weiteren gehen. Vorausgeschickt werden muss, dass Freud sein äußerst vielschichtiges Theoriegebäude sowie seinen darauf basierenden psychotherapeutischen Behandlungsansatz, beide als **Psychoanalyse** bezeichnet, über mehr als vierzig Jahre entwickelte und dabei immer wieder überarbeitete. Insbesondere handelt es sich bei der Psychoanalyse um eine Sammlung entwicklungspsychologischer, persönlichkeitspsychologischer, klinisch-psychologischer und kulturanalytischer Teiltheorien.

Im Zentrum des psychoanalytischen Motivationsmodells steht das Konzept der **Triebreduktion**. Als Triebe bezeichnet Freud die psychische Repräsentation aus dem Körperinneren stammender Reize, die einem Bedürfnis im Sinne eines gestörten physiologischen Gleichgewichts (z. B. Flüssigkeitsmangel) entspringen und mit unangenehmen Empfindungen (Unlust) verbunden sind. Als Beispiel für einen Triebreiz nennt Freud in seiner für die Motivationspsychologie bedeutsamen Abhandlung *Triebe und Triebschicksale* von 1915 die Austrocknung der Mundschleimhaut, die sich als Durst bemerkbar macht. Nach Freud resultiert zielgerichtetes Handeln aus dem Bestreben, das innere Gleichgewicht wiederherzustellen (Homöostase), indem das Bedürfnis an einem bestimmten Objekt befriedigt und damit der innere Triebreiz ausgeschaltet wird, was mit Lustgefühlen einhergeht. Das übergeordnete Ziel menschlichen Handelns ist – gemäß dem untenstehenden Zitat – also Unlustvermeidung und Lustgewinn (Hedonismusprinzip), wobei im Denken Freuds »Reizarmut« oder Bedürfnislosigkeit der eigentlich erstrebenswerte Zustand ist, was in folgendem Zitat deutlich wird:

» Das Nervensystem ist ein Apparat, dem die Funktion erteilt ist, die anlangenden Reize wieder zu beseitigen, auf möglichst niedriges Niveau herabzusetzen, oder der, wenn es nur möglich wäre, sich überhaupt reizlos erhalten wollte (Freud, 1915/1952, S. 213).

Laut Freud ist das übergeordnete Ziel menschlichen Handelns die Unlustvermeidung und der Lustgewinn. Was den Menschen dabei antreibt, sind aus dem Köperinneren stammende Triebreize.

Freud postulierte zwei antagonistische Triebe: den Lebenstrieb und den Todestrieb.

Trotz Freuds vielfach gewählter Bezüge zu den biologisch verankerten Bedürfnissen Hunger und Durst standen diese jedoch keineswegs im Mittelpunkt seiner Betrachtungen. Mit welchen Bedürfnissen und daraus resultierenden Trieben beschäftigte sich nun aber Freud? Am Ende mehrfacher Umformulierungen seiner theoretischen Position zu dieser Frage postulierte Freud die Existenz zweier Triebe: den Lebenstrieb und den Todestrieb.

Der Lebenstrieb umfasst alle Tendenzen zum Lebenserhalt des Individuums und zum Überleben der Art, also die biologischen Bedürfnisse Hunger und Durst, soziale Bindung und insbesondere die Sexualität, die in der Psychoanalyse eine herausgehobene Position einnimmt. Letzteres war einer der Hauptgründe für die sehr zurückhaltende, wenn nicht gar ablehnende Haltung der zeitgenössischen (Fach-)Öffentlichkeit gegenüber Freuds Thesen. Der zum Lebenstrieb antagonistische Todestrieb beschreibt einerseits das Bestreben, zu einem leblosen und

2

Die Ausrichtung auf ein Triebbefriedigungsobjekt bindet psychische
Energie, die erst dann wieder frei
wird, wenn das zugrundeliegende
Bedürfnis befriedigt wurde.

damit bedürfnislosen Zustand zurückzukehren, andererseits aber auch aggressive Tendenzen.

Eng verknüpft mit dem Triebkonzept sind Freuds Überlegungen zur psychischen Energie. Triebe treiben Verhalten an in Richtung relevanter Objekte, die sich zur Bedürfnisbefriedigung und damit zur Triebreduktion eignen. Mit der Ausrichtung auf ein Triebbefriedigungsobjekt wird gemäß Freud psychische Energie gebunden, was sich u. a. daran zeigt, dass das noch unerreichte Objekt sehnsüchtig vermisst wird und die Gedanken um das Objekt kreisen. Da jedem Menschen eine (für ihn spezifische) konstante Menge an psychischer Energie zur Verfügung steht, folgt daraus, dass durch die Bindung an ein Triebbefriedigungsobjekt die für andere psychische Aktivitäten verfügbare Energie vorübergehend reduziert ist; sobald das Bedürfnis befriedigt ist, wird diese Energie wieder frei.

Auch hier wird wieder deutlich, dass **Bedürfnislosigkeit** der eigentlich erstrebenswerte Zustand ist. Interessant dabei ist, dass aus der Perspektive Freuds ein unbefriedigtes Bedürfnis keineswegs mit Vorfreude und einer funktionalen Ausrichtung der Gedanken auf die Erreichung des bedürfnisbefriedigenden Objekts verbunden ist (wie in späteren zielpsychologischen Ansätzen, ▶ Kap. 9), sondern von Unlustgefühlen und einer ungünstigen gedanklichen Fixierung begleitet wird. Nachfühlbar wird dieser Zustand wohl am ehesten, wenn man sich in die Situation eines Studenten versetzt, der sehnsüchtig auf die Rückkehr seiner Freundin von einer großen Reise wartet, sich rastlos fühlt und sich auf nichts richtig konzentrieren kann.

Auffällig ist weiterhin, dass Freud seine Systematik der menschlichen Triebe nicht ausgearbeitet und auch keine differenzierte Analyse ihrer Entstehung vorgelegt hat. Letzteres schließt er sogar ausdrücklich als Forschungsgegenstand aus:

» Unter der Quelle des Triebes versteht man jenen somatischen Vorgang in einem Organ oder Körperteil, dessen Reiz im Seelenleben durch den Trieb repräsentiert ist. […] Das Studium der Triebquellen gehört der Psychologie nicht mehr an; obwohl die Herkunft aus der somatischen Quelle das schlechtweg Entscheidende für den Trieb ist, wird er uns im Seelenleben doch nicht anders als durch seine Ziele bekannt (Freud, 1915/1952, S. 215).

Freud beschäftigte sich in erster
Linie mit der Dynamik unterdrückter
sexueller und aggressiver Triebimpulse.

Freuds Hauptaugenmerk lag vielmehr auf der intrapsychischen Dynamik unterdrückter sexueller und aggressiver Triebimpulse, die er durch die Beobachtung pathologischer Verhaltensweisen (z. B. Neurosen und Zwängen) aber auch anhand alltäglicher Phänomene wie Träume, Witze und Fehlleistungen (z. B. Freud'scher Versprecher) aufzuklären suchte.

Aufgrund sozialer Normen sowie
dem Fehlen von geeigneten Trieb-
objekten können Triebimpulse nicht
jederzeit ausgelebt werden.

Hier kommen nun zwei weitere tragende Säulen der psychoanalytischen Theorie ins Spiel: Einerseits das Konzept der drei **Persönlichkeitsinstanzen** Es, Ich und Über-Ich und andererseits das Konzept des **Unbewussten**. Wie oben ausgeführt, folgt nach Freud menschliches Verhalten dem Lustprinzip und zielt auf die Befriedigung von Bedürfnissen. Gerade bei sexuellen und aggressiven Triebimpulsen stellen sich jedoch deren freiem Ausleben Beschränkungen entgegen, wenn dies soziale Normen verbieten (z. B. man darf einer Vorgesetzten gegenüber Wut nicht offen zeigen) oder aber ein geeignetes »Triebobjekt« zur Befriedigung nicht zur Verfügung steht (z. B. der geliebte Lebenspartner ist für längere Zeit abwesend).

Dieses Zusammenspiel von Triebimpulsen, Normen und der Befriedigungsstruktur der Umwelt wird moduliert von der Persönlichkeitsinstanz des »Ich«. Mit dem **»Ich«** meint Freud solche kognitiven Prozesse, die an der Steuerung von Handlungen beteiligt sind, z. B. planvolles Denken, Aufmerksamkeit, Gedächtnis. Die Prozesse laufen vielfach nicht bewusst ab, sie sind jedoch durchaus bewusstseinsfähig, d. h. dass die Person gezielt einen Handlungsplan entwickeln kann. Das »Ich« steht im Dienste der beiden anderen Persönlichkeitsinstanzen, des **»Über-Ich«** und des **»Es«**.

Im »Über-Ich« sind die sozial vermittelten Wert- und Normorientierungen repräsentiert. Es stellt das dar, was man umgangssprachlich mit dem Begriff des Gewissens bezeichnen könnte.

Das »Es« hingegen ist Sitz aller Triebimpulse, die – und das ist ein für die Motivationspsychologie wichtiger Aspekt – in ihrer konkreten Ausgestaltung unbewusst sind und wie bereits eingangs dargestellt aufgrund ihres drängenden, Unlust erzeugenden Charakters nach unmittelbarer Befriedigung verlangen.

Verschiedene Wege zur Reduktion eines Triebreizes sind nach Freud nun denkbar. Fehlt ein geeignetes Objekt zur Bedürfnisbefriedigung, kann erstens das Bedürfnis stellvertretend in Träumen oder in der Fantasie befriedigt werden. Einen zweiten Weg zur Befriedigung von Triebimpulsen kann das »Ich« gewissermaßen vorbereiten, indem es einen Plan erzeugt, wie zu einem späteren Zeitpunkt eine bedürfnisbefriedigende Handlung ausgeführt werden kann (vgl. Belohnungsaufschub). Dies würde man in der Terminologie der heutigen Forschung als Handlungskontrolle oder Selbststeuerung bezeichnen (► Kap. 9), denn es erfordert eine gewisse Selbstdisziplin sein Verhalten so zu »steuern«, dass eine Wunschhandlung nicht unmittelbar, sondern erst später ausgeführt wird.

Von der Annahme der stellvertretenden Bedürfnisbefriedigung in der Fantasie ausgehend entwickelte Freud (1900/1952) die therapeutische Methode der **Traumdeutung**. Die für die Motivationsforschung zentrale Messung impliziter Motive über die Auswertung von Fantasiegeschichten (► Kap. 6) basiert ebenfalls auf dieser Annahme. Es existieren verschiedene aktuelle Verfahren, die auf dem Thematischen Auffassungstest (TAT; auch Thematischer Apperzeptionstest genannt) von Morgan und Murray (1935) aufbauen. Interessant aus heutiger Sicht ist, dass sich die Pioniere der Motivmessung ganz explizit auf Freud berufen:

» The choice of the thematic apperception method for collecting data followed from our acceptance of the Freudian hypothesis that a good place to look for the effects of motivation is in fantasy (McClelland et al., 1953, p. 107).

Die Kenntnis der empirischen Methoden, die jeweils zur Hypothesentestung eingesetzt werden, ist ein zentraler Schlüssel zum Verständnis und zur kritischen Reflexion einer Theorie. Kommen wir daher abschließend noch auf das methodische Vorgehen zu sprechen, anhand dessen Freud seine theoretischen Annahmen überprüfte. Er ging nicht experimentell-quantitativ vor; vielmehr haben ihn seine naturwissen-

Das »Ich« umfasst die an der Handlungssteuerung beteiligten kognitiven Prozesse und moduliert das Zusammenspiel zwischen Triebimpulsen, Normen und der Befriedigungsstruktur der Umwelt.

Das »Über-Ich« entspricht dem »Gewissen«, es enthält sozial vermittelte Wert- und Normorientierungen.

Das »Es« enthält die Triebimpulse; diese sind unbewusst.

Bedürfnisse können in Träumen, Fantasien oder durch vom »Ich« geplanten bedürfnisbefriedigenden Handlungen befriedigt werden.

Auch die moderne Motivationspsychologie nimmt an, dass die Beweggründe des Handelns vielfach in unbewussten Bedürfnissen liegen und dass sich Menschen im Hinblick auf die Stärke dieser Bedürfnisse unterscheiden.

Freud verwendete keine quantitativen Forschungsmethoden, um seine Theorie zu überprüfen.

2

schaftliche Ausbildung als Arzt und seine experimentellen neurologischen Forschungsarbeiten zu Beginn seiner beruflichen Karriere nicht daran gehindert, auf qualitative und damit weit weniger objektive Methoden zurückzugreifen. Die subjektive Deutung von Träumen, freien Assoziationen, aber auch von neurotischen Verhaltensauffälligkeiten und sogar Kunstwerken schien für Freud die einzige Möglichkeit, Zugang zu unbewussten Handlungsimpulsen zu erlangen. Mit heutigen Forschungsbegriffen würde man sagen, dass Freud sich qualitativer Verfahren der deskriptiven Einzelfallanalyse bediente (Mayring, 2010), was ein weiterer Grund für die spätere Skepsis seiner experimentell-quantitativ ausgerichteten Fachkollegen gegenüber seinem Ansatz war.

Nach der Psychoanalyse wird die behavioristische Theorie von Clark Hull als eine weitere wichtige theoretische Quelle der aktuellen Motivationsforschung dargestellt. Besonders faszinierend ist, dass sie in ihrer theoretischen Grundposition (nur beobachtbare Prozesse werden analysiert) der Psychoanalyse diametral entgegensteht und doch in einem Punkt eine große Ähnlichkeit mit ihr aufweist (Triebreduktion als zentrales motivierendes Prinzip).

2.3   Clark L. Hulls Triebtheorie

Die Behavioristen beschäftigten sich ausschließlich mit objektiv messbaren Phänomenen und vernachlässigten alles, was sich nicht direkt beobachten ließ.

Clark Hull (1884–1952) gilt als einer der einflussreichsten Vertreter des Anfang des 20. Jahrhunderts von John B. Watson begründeten **Behaviorismus**, der mit einem tiefgreifenden Wandel in der Psychologie verbunden war. Als Behaviorist fühlte sich Hull der Analyse ausschließlich objektiv messbarer Phänomene verpflichtet.

Mit seiner rigorosen Orientierung an theoretisch abgeleiteten, experimentell überprüfbaren Hypothesen setzte Hull Maßstäbe für die motivationspsychologische Forschung.

Nicht mehr wie bei Freud die intuitive Interpretation von Träumen oder Verhaltensauffälligkeiten, die Rückschlüsse auf unbewusste Triebkräfte erlauben sollten, sondern die präzise Messung von Verhalten und seinen Determinanten kennzeichnen Hulls Forschungsansatz. Die Naturwissenschaften – insbesondere die Physik – waren die Vorbilder für behavioristische Forscher, und damit einhergehend forderten sie präzise abgeleitete, empirisch prüfbare Hypothesen und ein streng experimentelles Vorgehen.

Hull formalisierte seine theoretischen Aussagen mathematisch.

Entsprechend fasste Hull (1952) seine theoretischen Annahmen mathematisch hoch formalisiert in 17 Postulaten und 15 Begleitsätzen, die er schließlich in Experimenten mit Versuchstieren überprüfte. Um den Lesern einen kleinen Einblick in Hulls Schreiben zu gewähren, sei hier Postulat IV im Original wiedergegeben. Das sog. **Gesetz der Gewohnheitsbildung** knüpft an das lerntheoretische Konzept der Verstärkung (Gesetz der Wirkung, engl. »law of effect«; Thorndike, 1913) an und bezieht sich auf durch Verstärkungslernen erworbene neue Verhaltensweisen, von Hull als Gewohnheiten (engl. »habits«) bezeichnet.

» If reinforcements follow each other at evenly distributed intervals, everything else constant, the resulting habit will increase in strength as a positive growth function of the number of trials according to the equation, $S_{HR} = 1 - 10^{-.0305N}$, where N is the total number of reinforcements from Z (Hull, 1952, p. 6).

Haben Sie es bereits verstanden? – Ärgern Sie sich nicht, wenn dies noch nicht der Fall sein sollte. Wir werden versuchen, Ihnen Hulls Theorie in eigenen Worten näherzubringen. Hull (1943) ging es um nichts Geringeres als die Formulierung einer allgemeinen Verhaltenstheorie, die Verhalten zu erklären versucht aus dem Zusammenspiel von Bedürfnissen (engl. »states of need«) und bestimmten Umweltkonstellationen (engl. »states of the environment«).

Als zentrales Erklärungskonstrukt erscheint hier das Bedürfniskonzept (»state of need«) – und darin zeigt sich eine gewisse Nähe zu Freuds Ansatz. Auch Hull nimmt an, dass Verhalten von Bedürfnis- oder Mangelzuständen angetrieben wird (Homöostaseprinzip) und Verhalten nur so lange gezeigt wird, bis der Bedürfniszustand befriedigt ist und damit Entspannung eintritt (Hedonismusprinzip).

Im Blick hat Hull grundlegende **biologische Bedürfnisse** (z. B. Hunger, Durst, Sexualität), deren Befriedigung zwingend für das Überleben des Individuums und der Art ist, und er analysiert folglich Verhaltensweisen, die auf die Befriedigung dieser Bedürfnisse zielen. Dieser Forschungsfokus hat es ihm ermöglicht, seine theoretischen Überlegungen ausschließlich anhand von Tierversuchen zu überprüfen, denn all die genannten Verhaltensbereiche sind nicht spezifisch beim Menschen zu finden. Mit dem Postulat verhaltensauslösender Bedürfniszustände erweitert Hull die bis dahin vorherrschende lerntheoretische Position um eine motivationspsychologisch höchst bedeutsame Komponente – die des **Antriebs**.

Auch wenn anderen Vertretern der Lernpsychologie, die zu Hulls Zeit forschten (z. B. Pawlow, Thorndike) die Bedeutsamkeit von Bedürfniszuständen für Lernprozesse im Sinne des klassischen und operanten Konditionierens klar gewesen war – alle Versuchstiere wurden in depriviertem, d. h. »ausgehungertem«, »durstigem« etc. Zustand mit starkem Bedürfnis nach Triebbefriedigung den Konditionierungsexperimenten unterzogen –, so haben sie dieses bedeutsame motivationale Konzept nicht in ihren Theorien berücksichtigt. Klassische lerntheoretische Ansätze hatten Schwierigkeiten zu erklären, warum Versuchstiere in gesättigtem Zustand eine gelernte Reiz-Reaktions-Verknüpfung in der Regel nicht zeigen.

Ähnlich dem Triebkonzept von Freud geht Hull von einem Bedürfniskonzept aus, welches Verhalten erklärt.

Ohne die Annahme eines sich verändernden motivierenden Bedürfniszustands lassen sich Verhaltensunterschiede über die Zeit nicht erklären.

2.3.1 Das Konzept der Gewohnheit und des Triebes

Hull postulierte, dass die gelernte Reiz-Reaktions-Verbindung dem Verhalten zwar eine Richtung gibt (sobald ein bestimmter Reiz erscheint, tritt ein bestimmtes Verhalten auf), nicht jedoch die Energie zu deren Ausführung bereitstellt. Diese Antriebskomponente, von Hull als **Trieb** (engl. »drive«) bezeichnet, resultiert aus einem unbefriedigten Bedürfniszustand. Bei einem Trieb handelt es sich nach Hull um eine unspezifische Energiequelle, die unabhängig von der Art des jeweils aktualisierten Bedürfnisses ist und die durch Lernprozesse in eine bestimmte Richtung gelenkt werden kann.

Hulls (1943) berühmt gewordene Verhaltensformel bringt seine zentrale theoretische Annahme prägnant auf den Punkt: Verhaltenstendenz = Gewohnheit × Trieb (engl.: reaction potential = habit strength × drive). Damit ein Verhalten gezeigt wird, muss es im Verhaltensrepertoire des Tieres bzw. Individuums bestehen (Gewohnheit), und es muss ein Bedürfniszustand (Trieb) vorherrschen. Die **Gewohnheit** bezeich-

2

net dabei eine durch Verstärkungslernen erworbene Verhaltenssequenz; ihre Stärke ergibt sich aus der Anzahl verstärkter Lerndurchgänge (siehe oben: Gesetz der Gewohnheitsbildung). Auch die **Triebstärke** kann objektiv bestimmt werden über die Dauer der Deprivation (z. B. je länger der Nahrungs- oder Flüssigkeitsentzug, desto höher die Triebstärke), und damit sind beide theoretischen Konstrukte kompatibel mit der behavioristischen Forderung nach objektiver Messbarkeit.

> Damit ein Organismus ein Verhalten zeigt, muss er dieses Verhalten ausführen können und er muss motiviert sein, es auszuführen.

Die multiplikative Verknüpfung von Gewohnheits- und Triebstärke hat zwei wichtige theoretische Implikationen: Zum einen wird damit ausgedrückt, dass es für ein Verhalten beider Komponenten bedarf, denn ist einer der beiden Faktoren null, ist der gesamte Term gleich null. Beispielsweise kann ein Mangel an Antrieb nicht durch eine höhere Gewohnheitsstärke kompensiert werden und umgekehrt – wenn ein Versuchstier satt ist, wird es ein gelerntes Verhalten zur Futterbeschaffung nicht zeigen, egal wie gut gelernt das Verhalten auch sein mag.

Zum anderen bildet sich darin im statistischen Sinne eine Interaktion beider Faktoren ab, die darin besteht, dass die Wirkung des einen Faktors abhängig ist von der Ausprägung des anderen Faktors. So zeigte sich, dass die Gewohnheitsstärke bei höherer Triebstärke einen größeren Einfluss auf das Verhalten hat als bei geringerer Triebstärke – je größer der Hunger ist, desto deutlicher wird der Unterschied sichtbar, ob ein Tier ein Futtersuchverhalten gut gelernt hat oder nicht.

Studie

Perin (1942) zu Hulls Verhaltensformel

Eine der am häufigsten zitierten Studien zu Hulls Verhaltensformel findet sich in einer Arbeit von Perin (1942), in der er ein eigenes Experiment und eines seines Kollegen Williams (1938) präsentiert. Ratten wurden, wie in klassischen Lernexperimenten üblich, für mehrere Stunden (hier 23 Stunden) nicht gefüttert (Nahrungsentzug als Operationalisierung der Triebstärke). Sie lernten dann ein Verhalten (Hebeldrücken), das ihnen Zugang zu Futter verschaffte. Während der Lernphase wurden unterschiedliche Versuchstiergruppen gebildet, bei denen das Betätigen des Hebels unterschiedlich häufig (zwischen 5 und 90 Mal als Operationalisierung unterschiedlicher Gewohnheitsstärke) mit Nahrung belohnt wurde. Es folgte danach eine weitere Phase von 22 Stunden bei Williams bzw. 3 Stunden bei Perin, in der die Tiere hungern mussten. In der nachfolgenden kritischen Versuchsphase – hier wurde die zentrale abhängige Variable der Löschungsresistenz gemessen – wurden die Versuchstiere für das Drücken des Hebels nun nicht mehr belohnt. Beobachtet wurde, wie oft der Hebel noch betätigt wurde, bevor das Versuchstier mindestens fünf Minuten ohne jegliche Reaktion in der Versuchsapparatur verharrte. Die Löschungsresistenz gilt als Maß für die Verhaltenstendenz (engl. »reaction potential«; ◘ Abb. 2.1). Wie in ◘ Abb. 2.1 ersichtlich, zeigt sich die generelle Tendenz, dass mit zunehmender Anzahl vorheriger Bekräftigungen in der Lernphase, also mit höherer Gewohnheitsstärke, die Löschungsresistenz ansteigt. Dies geschieht jedoch in viel höherem Maße bei höherer (22 Stunden Nahrungsentzug) als bei geringerer Triebstärke (3 Stunden Nahrungsentzug) – ablesbar an den nach rechts auseinanderstrebenden Kurvenverläufen.

2.3.2 Das Konzept des Anreizes

> Später erweiterte Hull seine Verhaltensformel um das motivationspsychologisch bedeutungsvolle Konstrukt des Anreizes.

Doch der motivationspsychologisch wichtige Beitrag Hulls beschränkt sich nicht auf die Berücksichtigung der Antriebskomponente, mindestens ebenso bedeutsam ist eine theoretische Fortentwicklung, die er in seinem letzten Buch 1952 vorstellte. Sie umfasst die Erweiterung seiner

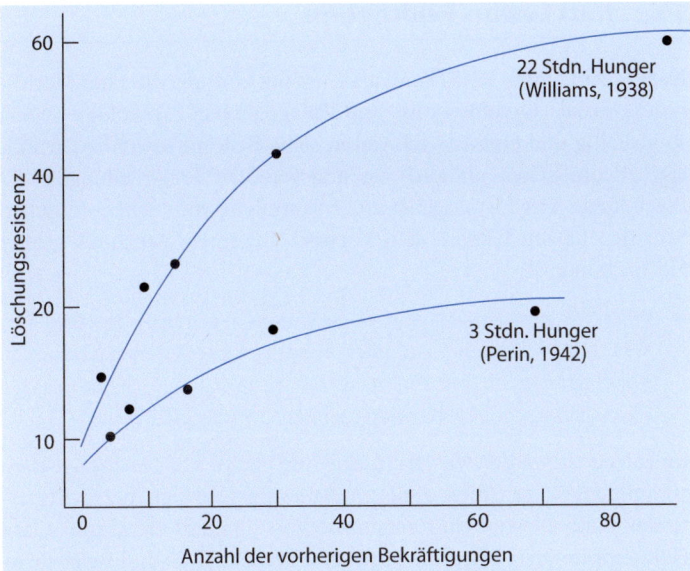

Abb. 2.1 Einfluss der Anzahl vorheriger Bekräftigungen und der Dauer des Nahrungsentzugs auf die Löschungsresistenz (nach Perin, 1942, S. 101, this image is in the public domain)

Verhaltensformel um das Konzept des **Anreizes**. Es hatte sich gezeigt, dass trotz gleichbleibender Habit- und Triebstärken das Verhalten von Versuchstieren markant unterschiedlich ausfällt, je nach der Art oder Menge des Futters, das ihnen als Belohnung verabreicht wurde. Der Anreiz für das Verhalten war also ebenfalls von entscheidender Bedeutung. Dies ist unmittelbar einleuchtend – kennen wir doch alle das Phänomen, auf einer Party weiter zu essen, auch wenn wir schon satt sind, einfach weil das Angebot auf dem Buffet so verlockend ist.

Hull integrierte diese Tatsache unter dem Begriff des Anreizwerts in seine Verhaltensformel, die sich nun liest als: Verhaltenstendenz = Gewohnheit × Trieb × Anreiz (engl.: reaction potential = habit strength × drive × incentive). Damit werden nicht mehr nur innerhalb des Organismus liegende Faktoren (Bedürfnisse), sondern auch in der Umgebung vorherrschende Bedingungen (Anreize) zu Motivatoren des Verhaltens.

Entsprechend unterscheidet man zwischen Bedürfnis- und Anreizmotivation, die unterschiedliche Ansatzpunkte des Verhaltens beschreiben. Bedürfnisbedingte Triebe drängen das Individuum, etwas zu tun (engl. »push«; Verhaltensauslöser: Hunger), während situative Anreize es gewissermaßen anziehen und so ein bestimmtes Verhalten auslösen (engl. »pull«; Verhaltensauslöser: reichhaltiges Buffet; Weiner, 1985, S. 104).

Als dritter historischer Ansatz soll Kurt Lewins Feldtheorie dargestellt werden. Es wird sich zeigen, dass Lewin, obwohl wiederum aus einer völlig anderen wissenschaftlichen Tradition stammend, Annahmen formuliert, die sich in gewisser Weise mit denen Freuds und Hulls decken. Gleichzeitig geht Lewin jedoch deutlich über diese Theorien hinaus, indem er kognitive Konzepte (z. B. Intention, Erwartung) in die Theoriebildung einführt.

Verhalten wird motiviert sowohl von in der Person als auch in der Umgebung liegenden Faktoren. Dies entspricht der modernen Auffassung von Motivation als Produkt von Person und Umwelt (V = P × U).

2.4   Kurt Lewins Feldtheorie

Kurt Lewin (1890–1947) kann als einer der Gründerväter der Motivations-, Sozial-, Organisations- und Pädagogischen Psychologie gelten, so vielfältig und einflussreich waren seine Beiträge sowohl zu grundlagentheoretischen als auch zu angewandten Fragestellungen der Psychologie. Der Herausgeber einer Sammlung von feldtheoretischen Schriften Lewins beginnt sein Vorwort mit einem Ausdruck großer Hochachtung:

》 When the intellectual history of the twentieth century is written, Kurt Lewin will surely be counted as one of those few men whose work has changed fundamentally the course of social science in its most critical period of development (Cartwright, 1951, p. vii).

Neben Psychoanalyse und Behaviorismus stellt die Gestaltpsychologie eine dritte einflussreiche Richtung dar; in ihrer Tradition stehen die Arbeiten Lewins, die großen Einfluss auf verschiedenste Bereiche der Psychologie hatten.

Gestalttheoretiker betonen bei Wahrnehmungsphänomenen die Wichtigkeit des Umfeldes und die Tatsache, dass die objektive Beschreibung eines Reizes den subjektiven Wahrnehmungseindruck nur unzureichend wiedergibt.

Im Folgenden werden wiederum jene Ausschnitte von Lewins Arbeiten zusammengetragen, die v. a. aus motivationspsychologischer Sicht interessant sind. Obwohl ein Zeitgenosse von Sigmund Freud und Clark Hull, repräsentiert Kurt Lewin neben Psychoanalyse und Behaviorismus eine dritte sehr einflussreiche Strömung innerhalb der wissenschaftlichen Psychologie: die **Gestaltpsychologie**.

Anhänger der Gestalttheorie – insbesondere ihr Begründer Max Wertheimer sowie seine Kollegen Wolfgang Köhler, Kurt Koffka und Herta Kopfermann – befassten sich mit Phänomenen der **Wahrnehmung**. Ausgangspunkt war eine Beobachtung Wertheimers, die unter dem Begriff des Phi-Phänomens in die Literatur einging: Leuchten zwei nahe beieinander liegende Lichtquellen in kurzer zeitlicher Abfolge auf, nimmt der Beobachter die Bewegung eines Lichtpunktes wahr und nicht das Aufblitzen von zwei voneinander unabhängigen Lichtpunkten. Der Eindruck von Bewegung ergibt sich also daraus, dass zwei im Wahrnehmungsfeld einzeln eintretende Ereignisse zu einem Wahrnehmungsganzen verschmelzen. Ein Lichtblitz wird in Anwesenheit eines zweiten völlig anders wahrgenommen als wenn er allein aufträte. Dabei vermag die objektive Beschreibung der beiden Einzelereignisse anhand räumlich-zeitlicher Merkmale den tatsächlichen Wahrnehmungseindruck nicht wiederzugeben. Das Ganze ist mehr als die Summe seiner Teile – so die Gestaltpsychologen. In diesem Zusammenhang betonen Gestalttheoretiker die Wichtigkeit des Umfeldes, innerhalb dessen ein Wahrnehmungsinhalt erscheint.

Lewin übertrug nun zentrale gestalttheoretische Überlegungen auf eine motivationspsychologische Verhaltensanalyse. Dies wird in folgendem Zitat, das seine berühmt gewordene Verhaltensformel enthält, deutlich:

》 In general terms, behavior *(B)* is a function *(F)* of the person *(P)* and of his environment *(E)*, *B = F (P, E)*. In this equation the person (P) and his environment (E) have to be viewed as variables which are mutually dependent upon each other. In other words, to understand or to predict behavior, the person and his environment have to be considered as one constellation of interdependent factors. We call the totality of these factors the life space *(LSp)* of that individual [...] (Lewin, 1951, pp. 238–240).

Der so definierte Lebensraum repräsentiert nach Lewin die subjektiv wahrgenommene (psychologische) Realität der Person und nicht, wie die Analogie zum physikalischen Feldbegriff eventuell nahelegen könnte, die objektiv gegebenen physikalischen Umweltfaktoren. Beispielsweise wäre für einen Sportler nicht die objektiv messbare Höhe der Latte beim Hochsprung maßgeblich für die Frage, ob er den Sprung wagt, sondern allein seine subjektive Einschätzung der Schwierigkeit.

Der wahrgenommene Lebensraum wird dabei von Merkmalen der Person (z. B. Bedürfnisse, Absichten) und von handlungsrelevanten Aspekten der Umwelt (z. B. Bedürfnis befriedigende Objekte, Handlungsgelegenheiten zur Realisierung einer Absicht) geprägt, die wechselseitig aufeinander bezogen sind und in ihrem Zusammenspiel erst Verhalten determinieren. Wichtig ist zu erwähnen, dass Lewin mit seiner Theorie einen Erklärungsansatz für jegliches menschliches Verhalten liefern möchte.

Lewin verdeutlicht seine Überlegungen zu den verhaltenssteuernden Person- und Umweltfaktoren anhand eines sog. Personmodells und eines Umweltmodells, die jeweils strukturelle und dynamische Komponenten aufweisen.

> Laut Lewin erklärt sich Verhalten aus der Interaktion zwischen Personmerkmalen und den von ihr subjektiv wahrgenommenen Merkmalen der Umwelt.

2.4.1 Das Personmodell

In struktureller Hinsicht beschreibt das Personmodell aktuelle Bedürfnisse und Handlungsabsichten (Intentionen) als abgegrenzte Bereiche, die in einer bestimmten räumlichen Nähe zueinander angeordnet gedacht werden. Je ähnlicher sich diese sind, desto näher liegen sie zueinander (z. B. die Intention, in seiner Freizeit einen bestimmten unterhaltsamen Roman zu lesen, ist der Intention, sich durch einen Kinobesuch zu entspannen, sehr verwandt).

Der dynamische Aspekt des Personmodells betrifft Lewins Annahme, dass aktualisierte Bedürfnisse und Intentionen ein Spannungssystem entstehen lassen, das nach Spannungsabfuhr drängt. Eine besonders interessante Annahme Lewins ist, dass das Bilden einer Intention oder, wie der Autor auch sagt, ein »Vornahmeakt« (z. B. »Ich beabsichtige diesen Roman zu lesen!«) ein Quasibedürfnis entstehen lässt, das in seinen dynamischen Merkmalen echten Bedürfnissen (z. B. Hunger, Durst) ähnlich ist, wie Lewin (1926) in seiner programmatischen Publikation schreibt:

> Intentionen lassen als Quasibedürfnisse ein Spannungssystem entstehen, welches nach Spannungsausgleich durch Befriedigungshandlungen drängt.

» Auch bei den *Triebbedürfnissen*, z. B. beim Hunger, haben wir es mit einer inneren Spannung, einem gerichteten Druck zu tun, der auf gewisse Handlungen, die »Befriedigungshandlungen«, hindrängt (Lewin, 1926, S. 350).

Einen derartigen Spannungszustand kann man durchaus im Alltag an sich beobachten. Er erscheint als das Erleben, unbedingt etwas erledigen und am liebsten gleich loslegen zu wollen, obwohl zunächst noch andere Dinge anstehen.

Die Befriedigung eines Quasibedürfnisses durch die Ausführung der intentionsrealisierenden Handlungen (z. B. die Lektüre des Romans) führt schließlich zur Entspannung im betreffenden Teilbereich. Ist die Erledigung einer Intention nicht möglich – beispielsweise weil

2

Lewin legte mit seinem Fokus auf Intentionen und ihre Nachwirkungen den Grundstein für die moderne kognitiv ausgerichtete Motivationsforschung.

der Roman an einen Freund verliehen oder die Lesebrille nicht auffindbar ist –, kann ein Spannungsausgleich aber auch dadurch erzielt werden, dass aufgrund der Durchlässigkeit der Grenzen zwischen benachbarten Teilbereichen die Spannung eines Quasibedürfnisses (Roman lesen) in den benachbarten Bereich »diffundiert« und damit ein verwandtes Quasibedürfnis (zur Entspannung ins Kino gehen) stärker wird.

Auf empirische Studien zur Wirkung gespannter Systeme wird weiter unten eingegangen. Zunächst wollen wir Lewins Überlegungen zu den umweltbezogenen Prozessen angesichts gespannter Systeme in der Person betrachten. Erst damit wird das Postulat des Zusammenwirkens von Person und Umwelt bei der Bestimmung von Verhalten umgesetzt.

2.4.2 Das Umweltmodell

Das Umweltmodell umfasst abgegrenzte Teilbereiche, die positive und negative Zielzustände und die zu ihrer Realisierung sich bietenden Handlungsmöglichkeiten repräsentieren.

Auch hier lassen sich wieder strukturelle und dynamische Aspekte unterscheiden. Die Struktur des Umweltmodells ergibt sich aus voneinander abgegrenzte Teilbereiche, die bestimmte für die Person relevante positive und negative Ereignisse und damit in Zusammenhang stehende Handlungsmöglichkeiten repräsentieren (◘ Abb. 2.2).

Diese positiven bzw. negativen Ereignisse können den Charakter von Zielzuständen annehmen, die man durch bestimmte aufeinander folgende Handlungsschritte (dargestellt als benachbarte Bereiche, z. B. A-B) erreichen bzw. vermeiden kann.

Nach Lewins Umweltmodell hat eine Person vielfältige Möglichkeiten, ein Ziel zu erreichen. Verhalten kann dadurch flexibel an sich verändernde Gegebenheiten angepasst werden.

Mit der Konzeption eines strukturierten Handlungsfeldes mit vielfältigen zielführenden Handlungsmöglichkeiten ist das Handeln flexibel, die handelnde Person hat Voraussicht auf das, was sie erreichen oder vermeiden möchte, und sie orientiert sich an den aktuellen, oftmals sich verändernden Gegebenheiten in der Umwelt.

Der Lebensraum enthält für die Person anziehende wie auch abstoßende Kräfte.

Das Umweltmodell liefert aber mit dem Blick auf die dynamische Komponente noch einen zweiten wichtigen gedanklichen Anstoß für die Verhaltensanalyse. Lewin nimmt an, dass sich eine Person in ihrem Lebensraum anziehenden und abstoßenden Kräften gegenübersieht, »dass wir uns zu manchen Dingen in unserer Umgebung hingezogen und von anderen abgestoßen fühlen, ähnlich wie sich […] Eisenfeilspäne im Magnetfeld verhalten« (Lück, 1996, S. 3).

Diese Kräfte (z. B. K_{AZ}) sind in ◘ Abb. 2.2 durch an der Person P ansetzende zu +Z hin- bzw. von –Z wegstrebende Pfeile (im geometrischen Sinne interpretierbar als Vektoren) angedeutet. Sie entsprechen dem Aufforderungscharakter des Zielobjekts.

Wodurch erhalten nun aber Zielfelder ihren Anziehungs- bzw. Abschreckungscharakter, also ihre positive bzw. negative Valenz? Einzig bei dieser Frage lassen sich Konzepte aus dem Personmodell mit denen

◘ **Abb. 2.2** Das Umweltmodell, dargestellt an einem positiven und einem negativen Kräftefeld (aus Beckmann u. Heckhausen, 2010, S. 111)

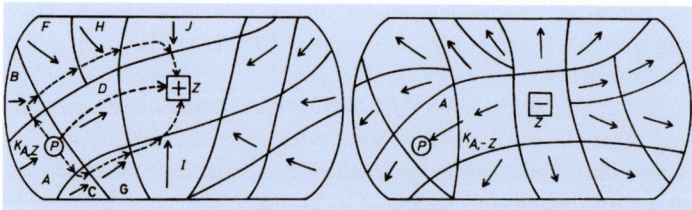

aus dem Umweltmodell direkt zueinander in Beziehung setzen. Nach Lewin findet der Bedürfniszustand der Person (das gespannte System) seinen direkten Niederschlag in der Valenz für die Bedürfnisbefriedigung geeigneter Objekte oder Gelegenheiten. In den Worten Lewins (1926): »Die Dinge, die Aufforderungscharaktere besitzen, sind *direkte Mittel zur Bedürfnisbefriedigung*« (S. 351, Hervorhebungen im Original). Die Valenz definiert Lewin als eine Funktion der Bedürfnisspannung der Person und der Merkmale des Zielobjekts, was sich am folgenden Beispiel verdeutlichen lässt: Ein runzliger Apfel wird von den meisten als deutlich weniger schmackhaft als ein frischer, rotbackiger wahrgenommen, kann aber für einen Hungernden zu einer begehrten Köstlichkeit werden. Und ein weiteres, von Lewin selbst in verschiedenen Schriften angeführtes Beispiel: Jemand beabsichtigt, einen wichtigen Brief einzuwerfen (Quasibedürfnis). Dadurch erhalten Briefkästen in der Umgebung einen Aufforderungscharakter, sie springen der Person beim Vorübergehen förmlich ins Auge. Ist der Brief abgeschickt, das System also entspannt, treten Briefkästen im Wahrnehmungsfeld wieder in den Hintergrund.

Bislang haben wir versucht, einen kleinen Einblick in das theoretische Denken Kurt Lewins zu geben. Lewin war darüber hinaus ein überzeugter Empiriker. In dem berühmt gewordenen Experiment von Lewins Mitarbeiterin Bluma Zeigarnik (1927) wurde die Annahme eines bis zur Absichtserledigung gespannten Systems erstmals überprüft. Postuliert wurde, dass sich die Nachwirkung des Spannungszustands aufgrund eines Quasibedürfnisses (Absicht) in spezifischen kognitiven Prozessen zeigt.

> Objekte der Umwelt bekommen eine positive Valenz, wenn sie zur Bedürfnisbefriedigung geeignet sind. Verhalten vollzieht sich nach Lewin im Wechselspiel zwischen den in der Person und den in der Umgebung liegenden Einflussgrößen.

Studie

Zeigarnik (1927)

Den Versuchspersonen wurden nacheinander etwa 20 Aufgaben vorgelegt (z. B. aus Knetmasse Figuren formen, einfache Rechnungen ausführen, aus Hölzchen ein Muster legen). Bei der Hälfte der Aufgaben wurden die Probanden unter einem Vorwand unterbrochen, die restlichen Aufgaben konnten zu Ende geführt werden. In einem nachfolgenden überraschenden freien Erinnerungstest zeigte sich, dass unerledigte Aufgaben doppelt so häufig erinnert wurden wie erledigte. Dieser Befund, der unter dem Namen »Zeigarnik-Effekt« in die Literatur eingegangen ist, konnte zwar in der Folge nicht immer repliziert werden, bildet aber den Ausgangspunkt einer Reihe an ausgefeilten neueren Experimenten zur Frage der kognitiven Repräsentation von Intentionen (Förster, Libermann & Higgins, 2005; Goschke u. Kuhl, 1993; ▶ Kap. 9).

Lewins Analyse zielt auf die allgemeinen Gesetzmäßigkeiten, denen intentionsgeleitetes Verhalten unterliegt. Die Frage, nach welchen Inhalten Menschen eigentlich streben, blieb bei ihm offen. Der Ansatz von Henry Murray versucht, darauf eine Antwort zu geben.

> Der »Zeigarnik-Effekt« beschreibt den Befund, dass unerledigte Aufgaben besser erinnert werden als erledigte. Lewin erklärt dies damit, dass bei unerledigten Absichten ein gespanntes System besteht.

2.5 Henry A. Murrays Theorie der Person-Umwelt-Bezüge

Henry Murrays (1893-1988) Erforschung der **Lebensthemen** von Menschen und sein Versuch, diese Themen zu messen, prägen die Motivationspsychologie bis heute (Motivkonzept). Am Beginn von

2

Murrays Forschungsprojekt, dessen Ergebnisse in seinem 1938 erschienenen Buch *Explorations in personality* dokumentiert sind, stand das ehrgeizige Ziel »to inquire into the nature of man« (Murray, 1938, S. vii). Das Buch widmet Murray u. a. Sigmund Freud »whose genius contributed most fruitful working hypotheses«, womit eine wichtige theoretische Quelle des Denkens von Murray erkennbar wird.

Die Einleitung zu seinem Buch beginnt Murray (1938) mit den Worten:

» Man is to-day's great problem. What can we know about him […]? What propels him? With what environmental objects and institutions does he interact and how? […] What courses of events determine his pleasures and displeasures? (Murray, 1938, p. 3).

Henry Murrays Forschungsbemühungen konzentrierten sich auf das Alltagserleben von Menschen und ihre zentralen Bestrebungen.

Um Antworten auf diese Fragen zu erhalten, wurden 50 Studenten über drei Jahre von 28 klinisch-psychologisch geschulten Forschern (genannt »die Harvard-Personologen«; Mischel, 1976, S. 181) mit verschiedensten Methoden (z. B. biografische Interviews, laborexperimentelle Aufgaben, projektive Tests, Fragebögen, Intelligenztests) untersucht. Einerseits über die Analyse der Lebensläufe und alltäglicher Erfahrungen seiner Probanden, andererseits über die Erfassung objektiv messbarer Verhaltensweisen in kontrollierten Laborsituationen versuchte Murray, Einblicke in die zentralen **Bestrebungen** des Menschen zu erhalten.

Murray erklärt zielgerichtetes Verhalten durch Bedürfnisse in der Person (»need«) und Handlungsgelegenheiten in der Umwelt (»press«).

Die längsschnittliche Anlage der Studie resultiert aus dem zentralen theoretischen Postulat Murrays, dass sich die Persönlichkeit eines Menschen als eine Kette über die Zeit (von der Geburt bis zum Tode; Murray, 1938, S. 39) fortspinnender Handlungssequenzen beschreiben lässt, wobei sich wiederkehrend bestimmte Themen zeigen (z. B. Freundschaft, Leistung, Autonomiestreben). Zentrale Erklärungskonstrukte für die Zielgerichtetheit des Handelns sind bei Murray Bedürfnisse (»needs«) und die Merkmale der sich in der Umwelt bietenden Handlungsgelegenheiten mit ihren Anreizen (»press«), die definiert werden als »a temporal gestalt of stimuli which usually appears in the guise of a *threat of harm* or *promise of benefit* to the organism« (Murray, 1938, p. 40, Hervorhebung im Original).

Auch wenn sich die Umwelt bis zu einem gewissen Grad anhand objektiver Kriterien beschreiben lässt (z. B. ein geselliges Zusammentreffen mit Freunden versus eine kompetitive Bewerbungssituation), so modulieren doch die individuellen Bedürfnisse einer Person den spezifischen situativen Aufforderungscharakter, also ob die Umwelt als »freundlich« oder »feindlich«, als den eigenen Zielen zuträglich oder abträglich wahrgenommen wird. Folgerichtig nimmt das Bedürfniskonzept bei Murray einen zentralen Stellenwert ein. Interessant ist eine nähere Betrachtung des Bedürfniskonzepts auch deshalb, weil sich hier wiederum deutliche Ähnlichkeiten zu den Positionen von Freud, Hull und Lewin erkennen lassen. Für Murray (1938) ist ein **Bedürfnis**

» a construct […] which stands for a force (the physico-chemical nature of which is unknown) in the brain region, a force which organizes perception, apperception, intellection, conation and action in such a way as to transform in a certain direction an existing, unsatisfying situation (Murray, 1938, p. 123–124).

Basierend auf der Analyse seines umfangreichen Datenmaterials erarbeitete Murray eine Liste von menschlichen Grundbedürfnissen, die 13 viszerogene (biologische) und 20 psychogene Bedürfnisse enthält. Murray setzte damit die (insgesamt nicht sehr erfolgreichen) Versuche früherer Autoren fort, menschliche Bedürfnisse umfassend zu systematisieren (z. B. McDougall, 1908). Als problematisch erwies sich, was Murray im Abschlusskapitel seines Buches selbst einräumt, die Anzahl klar voneinander abzugrenzender Bedürfnisse festzulegen, da theoretische Kriterien zur Definition eines Basisbedürfnisses fehlen (vgl. die Diskussion zur Art und Anzahl an Basisemotionen; ▶ Kap. 10).

Zu den biologischen Bedürfnissen zählen bei Murray beispielsweise die nach Sauerstoff, Nahrung, Flüssigkeit, Sex, optimaler Temperatur sowie Schmerzvermeidung. Sie spielen in den weiteren Überlegungen Murrays keine große Rolle. Für jedes der 20 psychogenen Bedürfnisse (▶ Übersicht) gibt Murray jedoch eine detaillierte Beschreibung hinsichtlich des angestrebten Bedürfnisziels, der dafür instrumentellen Handlungen und dabei auftretender Emotionen.

> Murray postuliert 20 menschliche psychogene Grundbedürfnisse. In deren Beschreibung kommen spezifische Verhaltensweisen sowie spezifische emotionale Erfahrungen bei Bedürfnisbefriedigung bzw. -frustration zur Sprache.

Liste psychogener Bedürfnisse (*n* = needs) von Murray (1938, S. 144)

- *n* Abasement – Unterwürfigkeit
- *n* Achievement – Leistung
- *n* Affiliation – Sozialer Anschluss
- *n* Aggression – Aggression
- *n* Autonomy – Unabhängigkeit
- *n* Counteraction – Widerständigkeit
- *n* Deference – Ehrerbietung
- *n* Defendance – Selbstschutz
- *n* Dominance – Einfluss
- *n* Exhibition – Selbstdarstellung
- *n* Harmavoidance – Schmerzvermeidung
- *n* Infavoidance – Selbstwertschutz
- *n* Nurturance – Fürsorglichkeit geben
- *n* Order – Ordnung
- *n* Play – Spiel
- *n* Rejection – Zurückweisung
- *n* Sentience – Sinnliche Empfindungen
- *n* Sex – Sexualität
- *n* Succorance – Fürsorglichkeit erfahren
- *n* Understanding – Intellektuelle Aufgeschlossenheit

Die heute im Forschungsfokus stehenden Motive Leistung, Anschluss und Macht werden auch von Murray genannt. Exemplarisch soll hier Murrays Beschreibung des Leistungsbedürfnisses (*n* Achievement) ausführlicher dargestellt werden, da sich die spätere Forschung zum Leistungsmotiv direkt darauf bezieht (Atkinson, 1957; Heckhausen, 1963; ▶ Kap. 2, ▶ Kap. 6).

Das **Leistungsmotiv** wird von Murray (1938) beschrieben als das Bedürfnis

2

Das Leistungsbedürfnis beschreibt Murray als das Bestreben, herausfordernde Aufgaben zu meistern. Dabei werden Ehrgeiz und Tatendrang erlebt.

》 to accomplish something difficult. To master, manipulate or organize physical objects, human beings, or ideas. To do this as rapidly, and as independently as possible. To overcome obstacles and attain a high standard. To exel one's self. To rival and surpass others. To increase self-regard by successful exercise of talent (Murray, 1938, p. 164).

Zu seiner Befriedigung werden typischerweise folgende Handlungen ausgeführt:

》 To make intense, prolonged and repeated efforts to accomplish something difficult. To work with singleness of purpose towards a high and distant goal. To have the determination to win. To try to do everything well. To be stimulated to excel by the presence of others, to enjoy competition. To exert will power; to overcome boredom and fatigue (Murray, 1938, p. 164).

Die typischen emotionalen Erfahrungen beim Leistungsbedürfnis (»need«) sind Ehrgeiz und Tatendrang. Als typische Situationen, auf die das Leistungsbedürfnis bezogen ist, nennt Murray die Konfrontation mit einer herausfordernden Aufgabe oder einem Konkurrenten (»press«).

Der wichtigste Beitrag Murrays ist der Thematische Apperzeptionstest (TAT), der seit den 1950er-Jahren von verschiedensten Autoren für die Motivmessung weiterentwickelt wurde und seit etwa zehn Jahren als Standard-Messmethode für implizite Motive eine wahre Renaissance erlebt.

Murray hat wie bereits erwähnt in seinem Forschungsprojekt eine Fülle verschiedener Tests verwendet. Einer hat jedoch besondere Prominenz erlangt. Es handelt sich um den sog. **Thematischen Apperzeptionstest (TAT)**, den Murray mit seiner Mitarbeiterin Christiana Morgan entwickelt hat. Er bildet die Grundlage auch heute noch in der Motivmessung verwendeter Verfahren und verlangt von den Probanden, zu mehrdeutigen Bildvorlagen Geschichten zu verfassen.

Murrays Forschung hat deutlich gemacht, um welche Themen es Menschen in ihrem Leben geht, welche Bedürfnisse sie haben und nach welchen emotionalen Erfahrungen sie streben. Dies ist eine wichtige Ergänzung zu den bisher dargestellten historischen Ansätzen: Freud nahm mit dem Lebens- und Todestrieb zwei sehr globale menschliche Bedürfnisse an; Hull analysierte nur biologische Bedürfnisse (und das nur bei Tieren); Lewin hingegen hatte die allgemeine Dynamik zielgerichteten Verhaltens ohne jeglichen Bezug auf bedürfnisspezifische Zielinhalte im Blick.

Mit dem fünften und letzten hier präsentierten historischen Ansatz, der Willenstheorie von Narziss Ach, erweitern wir den Blick auf ein weiteres motivationspsychologisch relevantes Phänomen. Wir widmen uns der bislang noch nicht angesprochenen Frage, welche Prozesse bei der Umsetzung von Absichten in Handeln eine Rolle spielen. In dieser Hinsicht besteht eine gewisse Ähnlichkeit zu Lewins Überlegungen als nicht die Frage, *wonach* Menschen streben, sondern *wie* sie danach streben, im Mittelpunkt steht.

2.6   Narziss Achs Willenspsychologie

Narziss Ach (1871–1946) war Vertreter der sog. deutschen **Willenspsychologie**, die nach einer kurzen Blütezeit zwischen 1905 und 1935 in Vergessenheit geraten war, bis sie Mitte der 1980er-Jahre zum Ausgangspunkt einer der markantesten theoretischen Neuorientierungen in der modernen Motivationspsychologie wurde (▶ Kap. 9). Im Mittelpunkt steht die Verwirklichung von Absichten (Zielrealisierung), die anderen Gesetzen gehorcht als die Bildung von Absichten (Zielsetzung). Dass man zwischen **Zielsetzung** und **Zielrealisierung** unterscheiden muss, zeigt der Alltag ja nur allzu häufig: Selbst die besten Vorsätze werden häufig nicht in die Tat umgesetzt. Es genügt also nicht, eine Sache für wichtig und auch realisierbar zu halten.

Ach interessierten genau derartige Situationen, in denen sich der Verwirklichung einer Absicht Schwierigkeiten entgegenstellen und in denen der **Wille** einsetzt, um diese zu überwinden. Er machte dies am Beispiel von störenden Gewohnheitshandlungen deutlich.

Sie kennen dies sicherlich aus eigener Erfahrung, dass es Willensanstrengung kostet, gegen **Gewohnheiten** zu handeln. Stellen Sie sich vor, Sie fahren jeden Tag den gleichen Weg zur Universität. An einem Morgen wollen Sie jedoch noch einen Umweg machen und ein Buch bei einer Freundin abgeben. Sie machen sich auf den Weg und fahren – trotz Ihres Vorhabens – »automatisch« Ihren herkömmlichen Weg. Erst als Sie an der Uni angekommen sind, spüren Sie die Macht der Gewohnheit. Am nächsten Tag nehmen Sie sich ganz bewusst vor, Ihrer Freundin das Buch zu bringen, und konzentrieren sich richtiggehend, die Abzweigung zu nehmen.

In seinem 1935 erschienenen Buch *Analyse des Willens* fasst Ach seinen Untersuchungsgegenstand prägnant folgendermaßen zusammen:

» Er [primärer Willensakt] stellt sich im praktischen Leben nicht unnötigerweise ein, sondern bedarf zu seinem Auftreten gewisser *realer seelischer Voraussetzungen*. […] Diese Voraussetzungen liegen besonders dann vor, wenn der Mensch Widerstände äußerer oder innerer Art, Hemmungen, Schwierigkeiten o. dgl. zu überwinden hat, die sich seinem Handeln entgegenstellen. *Diese Schwierigkeiten müssen ihm in irgendeiner Weise zum Bewußtsein kommen* […] zu deren Überwindung der Willensakt einsetzt (Ach, 1935, S. 196–197).

Das zentrale theoretische Konstrukt bei Ach ist die sog. **determinierende Tendenz**. Sie wird mit dem Fassen einer Handlungsabsicht freigesetzt und fördert die Verwirklichung dieses Entschlusses. Die Determination zeigt sich u. a. einerseits darin, dass Gelegenheiten, die zur Ausführung zielbezogener Handlungen geeignet sind, in der Wahrnehmung in den Vordergrund treten, und andererseits darin, dass die beabsichtigte Handlung beim Auftreten der Gelegenheit quasi automatisch ausgelöst wird. Kern der Theorie der determinierenden Tendenz ist, dass von Absichten (unbewusste) Tendenzen ausgelöst werden, die sich in handlungssteuernden kognitiven Prozessen manifestieren.

Bei auftretenden Schwierigkeiten kann die Determination nach Ach durch einen energischen Willensakt erhöht werden. Dieser ist im Wesentlichen durch zwei Momente gekennzeichnet:

- Das sog. **gegenständliche Moment** beschreibt die mentale Verknüpfung zwischen vorgenommener Handlung und der zu ihrer Ausführung bestimmten Gelegenheit. Gemeint ist damit, dass der handelnden Person die konkrete Gelegenheit (z. B. am nächsten Morgen am eigenen Schreibtisch), bei der sie eine Absicht in die

---

Ach (1935) grenzt drei thematische Bereiche ab, die eine Analyse des Willens berücksichtigen müsse: die Motivation des Willens, den Willensakt sowie die Willenshandlung.

Narziss Ach beschäftigte sich mit jenen Prozessen, welche bei der Verwirklichung einmal gefasster Absichten eine Rolle spielen.

Bei auftretenden Schwierigkeiten, die die Verwirklichung von Absichten behindern, kann die determinierende Tendenz durch einen primären Willensakt erhöht werden.

Tat umsetzen möchte (z. B. eine längst fällige E-Mail an die Lerngruppe schreiben), anschaulich vor Augen steht.

— Im sog. **aktuellen Moment** finden das Erlebnis »Ich will wirklich« und damit die Selbstverpflichtung auf den Handlungsentschluss ihren Ausdruck. In der heutigen zielpsychologischen Forschung findet sich dieser Aspekt im Konzept der Zielbindung und wird umschrieben als die Entschlossenheit, die Absicht selbst gegen Widerstände verwirklichen zu wollen (»Komme, was da wolle!«).

Diese sich im Erleben niederschlagenden Merkmale eines energischen Willensaktes hat Ach aus introspektiver Selbstbeobachtung seiner Versuchsteilnehmer gewonnen. Im Folgenden wird beschrieben, wie Ach bei seinen Probanden experimentell einen energischen Willensakt erzeugte.

Ach ließ seine Probanden in großer Wiederholung Silbenpaare lernen, wodurch starke Assoziationen zwischen den Elementen eines Paares gebildet wurden. Die Gewohnheit, auf das eine Element mit dem anderen Element des Paares zu reagieren, musste unter einer veränderten Aufgabenstellung unter Einsatz von Willenskraft durchbrochen werden.

Studie

Ach (1935)

Er bediente sich einer Versuchsanordnung, bei der »eine künstlich gesetzte Gewohnheit, die als Hemmung wirkt, durch das Eingreifen des Willens durchbrochen werden [soll]« (Ach, 1935, S. 198). Die von Ach als »kombiniertes Verfahren« bezeichnete Versuchsmethode verband die Erfassung objektiver (exakte Messung von Reaktionszeiten) und subjektiver (introspektive Angaben der Versuchsteilnehmer zu ihren bei der Aufgabenbearbeitung auftretenden Gedanken und Empfindungen) Daten. Der Versuchsablauf Achs bestand aus zwei Phasen. In der ersten Phase sollten sich die Probanden sechs Tage hintereinander Listen von sinnlosen Silbenpaaren einprägen, wobei sich bei manchen Listen die sinnlosen Silben reimten (z. B. zup-tup, mär-pär) und bei anderen sich das Silbenpaar durch Umstellen der beiden Konsonanten ergab (z. B. dus-sud, rol-lor). Die Silbenlisten wurden bis zu 100 Mal wiederholt, wodurch starke Assoziationen zwischen den beiden Silben eines Paares entstanden, so dass eine Silbe gewissermaßen automatisch die andere ins Bewusstsein brachte. Es hatte sich damit also eine starke Gewohnheit herausgebildet, bei der gewissermaßen automatisch eine bestimmte Reaktion auf einen bestimmten situativen Hinweisreiz erfolgte.

Ab dem siebten Tag begann die zweite Phase, bei der die Versuchsteilnehmer eine neue Aufgabe erhielten. Manche der früheren Reimsilben sollten umgestellt und auf manche der früheren Umstellsilben sollte gereimt werden. Zwei Tendenzen gerieten dadurch miteinander in Konflikt: die starke Gewohnheit, auf die Silben mit der vorher lange eingeübten Reaktion zu reagieren, und die neue Aufgabe. Bei dieser Konstellation stellten sich der Verwirklichung der Absicht, also der Erledigung der Aufgabe gemäß dem Auftrag des Versuchsleiters, entscheidende Widerstände entgegen (die Realisierung des neuen Aufgabenziels war damit gehemmt, wie es in Achs Beschreibung der Versuchsanordnung hieß), was sich u. a. an verlängerten Reaktionszeiten zeigte. Besonders aufschlussreich waren für Ach die Selbstbeobachtungen seiner Versuchsteilnehmer: Immer dann, wenn ein Fehler gemacht wurde, die überlernte Antwort also die Oberhand gewonnen hatte, stellte sich der energische Willensakt bei seinen Probanden ein, wie sie in den Befragungen berichteten. Dieser Willensakt war schließlich mit einer besseren Leistung bei den nächsten Durchgängen assoziiert.

❓ Kontrollfragen

1. So unterschiedlich die theoretischen Ansätze von Freud, Hull und Lewin auch sein mögen, so verbindet sie doch eine grundlegende Annahme über die Motivation zum Handeln. Wie lautet sie?

2. Welche klassischen Ansätze unterscheiden motivationstheoretische Konstrukte, die sich auf die Person beziehen, und solche, die sich auf die Situation beziehen? Welche zentrale theoretische Annahme resultiert aus dieser Abgrenzung?

3. Unter welchen Bedingungen setzt nach Ach der primäre Willensakt ein?

► **Weiterführende Literatur**

Heckhausen, H. (2018). Entwicklungslinien der Motivationsforschung. In J. Heckhausen & H. Heckhausen (Hrsg.), *Motivation und Handeln* (5. Aufl., S. 13-48). Berlin: Springer.

Schönpflug, W. (2000). *Geschichte und Systematik der Psychologie*. Weinheim: PVU.

Literatur

Ach, N. (1935). Analyse des Willens. In E. Abderhalden (Hrsg.), *Handbuch der biologischen Arbeitsmethoden* (Bd. 6, Teil E 460). Berlin: Urban & Schwarzenberg.

Atkinson, J. W. (1957). Motivational determinants of risk-taking behavior. *Psychological Review, 64*, 359–372.

Beckmann, J., & Heckhausen, H. (2010). Situative Determinanten des Verhaltens. In J. Heckhausen & H. Heckhausen (Hrsg.), *Motivation und Handeln* (4. Aufl., S. 73–104). Berlin: Springer.

Cartwright, D. (Ed.). (1951). *Field theory in social science. Selected theoretical papers by Kurt Lewin*. New York, NY: Harper.

Förster, J., Liberman, N., & Higgins, E. T. (2005). Accessibility from active and fulfilled goals. *Journal of Experimental Social Psychology, 41,* 220–239.

Freud, S. (1900/1952). *Die Traumdeutung* (GW, Bd. II-III). Frankfurt: Fischer.

Freud, S. (1915/1952). *Triebe und Triebschicksale* (GW, Bd. X). Frankfurt: Fischer.

Goschke, T., & Kuhl, J. (1993). The representation of intentions: Persisting activation in memory. *Journal of Experimental Psychology: Learning, Memory, and Cognition, 19*, 1211–1226.

Heckhausen, H. (1963). *Hoffnung und Furcht in der Leistungsmotivation*. Meisenheim/Glan: Hain.

Heckhausen, J., & Heckhausen, H. (2018). *Motivation und Handeln*. Berlin: Springer.

Hull, C. L. (1943). *Principles of behavior: An introduction to behavior theory*. New York, NY: Appleton-Century Crofts.

Hull, C. L. (1952). *A behavior system: An introduction to behavior theory concerning the individual organism*. Westport, CT: Greenwood Press.

Lewin, K. (1926). Untersuchungen zur Handlungs- und Affekt-Psychologie II: Vorsatz, Wille und Bedürfnis. *Psychologische Forschung, 7*, 330–385.

Lewin, K. (1951). Behavior and development as a function of the total situation. In D. Cartwright (Ed.). *Field theory in social science. Selected theoretical papers by Kurt Lewin* (pp. 238–303). New York, NY: Harper.

Lück, H. E. (1996). *Die Feldtheorie und Kurt Lewin. Eine Einführung*. Weinheim: Beltz PVU.

Mayring, P. (2010). Qualitativ orientierte Verfahren. In H. Holling & B. Schmitz (Hrsg.), *Handbuch der Psychologie: Statistik, Methoden und Evaluation* (S. 179–190). Göttingen: Hogrefe.

McClelland, D. C., Atkinson, J. W., Clark, R. W., & Lowell, E. L. (1953). *The achievement motive*. New York, NY: Appleton Century Crofts.

McDougall, W. (1908). *An introduction to social psychology*. London: Methuen.

Mischel, W. (1976). *Introduction to personality* (2nd ed.). New York, NY: Holt, Rinehart & Winston.

Morgan, C. D., & Murray, H. A. (1935). A method for investigating fantasies: The Thematic Apperceptive Test. *Archives of Neurological Psychiatry, 34*, 289–306.

2

Murray, H. A. (1938). *Explorations in personality*. New York, NY: Oxford University Press.
Perin, C. I. (1942). Behavior potentiality as a joint function of the amount of training and the degree of hunger at the time of extinction. *Journal of Experimental Psychology, 30*, 93–113.
Thorndike, E. L. (1913). *Educational psychology*. New York, NY: Columbia University.
Weiner, B. (1985). *Human motivation*. New York, NY: Springer.
Williams, S. B. (1938). Resistance to extinction as a function of the number of reinforcements. *Journal of Experimental Psychology, 23*, 506–521.
Zeigarnik, B. (1927). Über das Behalten von erledigten und unerledigten Handlungen. *Psychologische Forschung, 9*, 1–85.

3 Leistungsmotivation

© Springer-Verlag GmbH Deutschland, ein Teil von Springer Nature 2018
V. Brandstätter et al., *Motivation und Emotion*, Springer-Lehrbuch
https://doi.org/10.1007/978-3-662-56685-5_3

3.1 Einführung: Leistungsmotivation – die Auseinandersetzung mit einem Gütemaßstab

___

Lernziele

- Verstehen, weshalb die Leistungsmotivation über Jahrzehnte das führende Forschungsthema innerhalb der Motivationspsychologie war.
- Die theoretischen Quellen der Leistungsmotivationsforschung kennen.
- Das alltagssprachliche vom wissenschaftlichen Verständnis von Leistungsmotivation unterscheiden können.
- Wichtige Verfahren zur Messung des Leistungsmotivs kennen.
- Verhaltenskorrelate des Leistungsmotivs auf individueller und gesellschaftlicher Ebene kennen.
- Verstehen, wie eine psychologische Theorie mathematisch formalisiert werden kann.

- Die Kernaussagen des Risikowahl-Modells wiedergeben können und ihre Beschränkungen kennen.
- Die klassischen Studien zum Risikowahl-Modell kennen.
- Die Bedeutung gedanklicher Prozesse für Erleben und Verhalten erkennen.
- Zusammenhänge zwischen Ursachenzuschreibungen, Erwartungen und affektiven Reaktionen herstellen können.
- Die allgemein- und differentialpsychologische Perspektive im Hinblick auf leistungsbezogene Attributionen unterscheiden können.
- Ansatzpunkte für praktische Interventionen zur Förderung der Leistungsmotivation kennen.

Leistung ist das bis heute am intensivsten erforschte thematische Feld der Motivationspsychologie. Zu keinem anderen finden sich so viele empirisch überprüfte Theorien (für einen Überblick siehe Brunstein u. Heckhausen, 2018). Worin liegen die Gründe dafür? Sind doch Anschluss (▶ Kap. 4) und Macht (▶ Kap. 5) nicht minder sozial bedeutsame Bereiche menschlichen Zielstrebens.

Leistungsmotivation ist das am intensivsten erforschte Themenfeld der Motivationspsychologie.

Eine erste Antwort darauf findet sich im Einleitungskapitel des bahnbrechenden Buches *The Achievement Motive* von David McClelland et al. (1953), den Pionieren der **Leistungsmotivationsforschung**. Die Autoren wandten sich gegen die einseitige Beschäftigung mit biologisch verankerter Defizitmotivation bei Tieren, die man durch Nahrungs- oder Flüssigkeitsentzug experimentell erzeugt hatte. So forderten sie, dass sich die Motivationsforschung weiter entwickeln müsse und dazu psychogene Bedürfnisse beim Menschen experimentell zu untersuchen habe. Besonders betonten sie aber die Notwendigkeit, Standardverfahren zur Messung menschlicher Motivation zu entwickeln (McClelland et al., 1953, S.1-2).

Die Forschungsbemühungen von McClelland et al. zielten also in einem ersten wichtigen Schritt darauf, mithilfe empirischer Methoden ein Messverfahren psychogener Motive zu entwickeln. Theoretisch knüpften sie dabei explizit an Freud und Murray, methodisch an die tierexperimentellen Studien des Behavioristen Hull an.

Die Entscheidung, sich dem Leistungsstreben zuzuwenden, hatte zunächst einen rein forschungspragmatischen Grund: Die **Leistungsmotivation** erschien den Forschern schlichtweg einfacher zu untersuchen als andere Motivbereiche! In der Tat ist es durch spezifische Instruktionen leicht möglich, Leistungsmotivation zu erzeugen, indem man z. B. Probanden Leistungsziele unterschiedlicher Schwierigkeit überträgt und relevante Leistungsergebnisse (Erfolg und Misserfolg) induziert. Überdies ist »Leistung ein Ein-Personen-Spiel, bei dem man keinen anderen Mitspieler braucht« (McClelland, 1978, S. 185), und daher sicherlich einfacher zu untersuchen als das sich im komplexeren Kontext von sozialer Interaktion vollziehende Macht- und Kontaktstreben.

> Die Pioniere der Leistungsmotivationsforschung knüpften an die theoretischen und methodischen Arbeiten von Freud, Murray und Hull an und legten den Grundstein für die Messung von Motiven beim Menschen.

> McClelland und seine Kollegen wandten sich deshalb als erstes der Leistungsmotivation zu, weil diese leichter zu erforschen schien als die Macht- und Anschlussmotivation.

▶ **Definition**
Leistungsmotiviertes Verhalten

Definition

Leistungsmotiviertes Verhalten
Als leistungsmotiviert gilt ein Verhalten, wenn es auf die Erreichung eines Gütestandards gerichtet ist (»competition with some standard of excellence«, McClelland et al., 1953, p. 110), man also bestrebt ist, eine Aufgabe zu meistern, etwas besonders gut zu machen, sich selbst zu übertreffen oder auch sich im Wettbewerb mit anderen zu beweisen, wie dies bereits in der Beschreibung des Leistungsbedürfnisses (*n* Achievement) bei Murray (1938, S. 164) deutlich wird (▶ Kap. 2).

> Leistungsmotiviertes Verhalten zielt auf die Erreichung eines Gütestandards in den unterschiedlichsten Lebensbereichen.

> Die Anreize für leistungsmotiviertes Verhalten liegen in den Emotionen Stolz und Zufriedenheit bei Erfolg nach der selbstständigen Bewältigung herausfordernder Aufgaben.

Leistungsmotiviertes Verhalten ist in den unterschiedlichsten Lebensbereichen zu beobachten, überall dort, wo sich Menschen Herausforderungen stellen, bei denen sie sich bewähren oder aber versagen können.

Zentral ist darüber hinaus die Annahme, dass der Anreiz für die Handlung ausschließlich im **Genuss** der **aufgabenbezogenen Tätigkeit** selbst (»thrill of accomplishment«, Atkinson, 1957, S. 362) und/oder in den **selbstbewertenden Emotionen** bei Erfolg (Zufriedenheit, Stolz) bzw. Misserfolg (Beschämung, Niedergeschlagenheit) liegt. Fleiß, hartnäckige Ausdauer und Zielstrebigkeit sind umgangssprachliche Attribute eines »leistungsmotivierten Menschen«. Wenn sie allerdings ausschließlich gezeigt werden, um andere zu beeindrucken oder gar eine materielle Belohnung zu erhalten, sind sie im engeren motivationspsychologischen Sinne keineswegs Indikatoren von Leistungsmotivation. Es kommt also nicht auf die »Oberflächenmerkmale« der Handlung, sondern auf das affektive Erleben an, wie dies in einer Definition des Leistungsmotivs von Schultheiss (2008) deutlich wird. Er sieht den Kern des Leistungsmotivs darin, affektive Befriedigung aus der selbstgesteuerten Bewältigung von Leistungsanforderungen zu ziehen (Schultheiss, 2008, S. 604).

Neben den oben genannten forschungspragmatischen Aspekten ist ein weiterer Grund für das hohe Forschungsaufkommen zur Leistungsmotivation deren Bedeutsamkeit für die wirtschaftliche und soziale Entwicklung von Gesellschaften. Diesen Aspekt hat McClelland (1961) einerseits in seinen beeindruckenden empirischen Analysen zum Zusammenhang zwischen dem Leistungsmotiv eines Landes und dessen wirtschaftlicher Entwicklung sowie andererseits in praxisorientierten Trainingsprogrammen zur Wirtschaftsentwicklung durch Motivationsförderung thematisiert (McClelland u. Winter, 1969).

> McClelland erforschte den Zusammenhang zwischen dem Leistungsmotiv und wirtschaftlicher Entwicklung und machte diese Erkenntnisse für Leistungsmotiv-Trainingsprogramme fruchtbar.

3.2 Die Messung des Leistungsmotivs und seine Verhaltenskorrelate auf individueller und gesellschaftlicher Ebene

3.2.1 Verfahren zur Messung des Leistungsmotivs

Die Leistungsmotivationsforschung nahm ihren Ausgang mit dem Versuch McClellands und seiner Mitarbeiter (1953), ein Messverfahren für das Leistungsmotiv zu entwickeln. Mit der Konzeption des Leistungsmotivs als **stabiles Persönlichkeitsmerkmal** legten die Autoren das Fundament für eine differentialpsychologisch ausgerichtete Motivationsforschung.

> Das Leistungsmotiv gilt als stabiles Persönlichkeitsmerkmal.

Als Methode übernahmen sie den **Thematischen Apperzeptionstest (TAT)** von Morgan und Murray (1935), der auf der Idee beruht, dass Fantasien etwas über die eigenen Wünsche und Bedürfnisse (Motive) aussagen. Entsprechend werden bei diesem sog. projektiven Test die Probanden gebeten, zu mehrdeutigen Bildvorlagen Fantasiegeschichten zu formulieren.

Murray hatte den TAT im klinisch-psychologischen Kontext eingesetzt und die Geschichten seiner Probanden auf der Basis psychoanalytischer Konzepte im Hinblick auf verdrängte Bedürfnisse (»needs«) und bedürfnisbezogene Situationsmerkmale (»press«) ausgewertet. Es lag jedoch noch kein motivtheoretischer Auswertungsschlüssel vor. Die Forscher um McClelland und Atkinson haben über Jahre hinweg auf der Basis kontrollierter Experimente den TAT in diesem Sinne zum Motivtest weiterentwickelt (für eine umfassende Dokumentation siehe Atkinson, 1958). Neuerdings findet sich für den Motivtest auch die Bezeichnung »Bildgeschichtenübung« (Picture Story Exercise, PSE; Schultheiss u. Pang, 2007). Ein Beispielbild ist in ■ Abb. 3.1 wiedergegeben.

> ■ **Abb. 3.1** Beispielbild aus dem TAT mit leistungs-, anschluss- und machtthematischem Anregungsgehalt (Smith, 1992, p. 636, © Cambridge University Press 1992, mit freundlicher Genehmigung von Cambridge University Press)

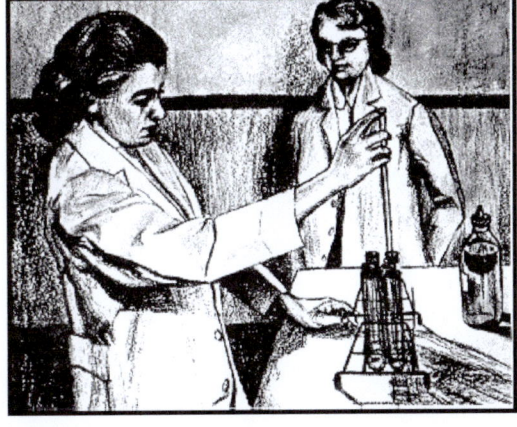

Das Motivmessverfahren des TAT basiert auf der Annahme, dass Fantasien über eigene Bedürfnisse Auskunft geben.

Der Motivtest ist im Hinblick auf die Durchführung und Auswertung sehr zeitaufwendig. Aber nicht nur diese ökonomischen Nachteile haben dem TAT Kritik eingebracht; kritisiert wurde er von Vertretern der klassischen Testtheorie für seine vergleichsweise geringe Objektivität und Reliabilität (für eine ausführlichere Diskussion siehe Brunstein u. Heckhausen, 2018; Schultheiss et al., 2008). Schultheiss et al. (2008) berichten zwar nur interne Konsistenzen (Cronbachs Alpha) von bis zu .43, jedoch sehr zufriedenstellende Interrater-Reliabilitäten von .70 bis .86 und Retest-Stabilitäten von .37 bis .61.

Die Kritik am TAT hat früh den Anstoß gegeben zur Entwicklung von Fragebogenverfahren zur Leistungsmotivmessung, die in überarbeiteter Form auch in aktueller Forschung zum Einsatz kommen (z. B. Achievement Motives Scale, Lang u. Fries, 2006; Leistungsmotiv-Gitter, Schmalt, 1999; Leistungsmotiv-Inventar, Schuler u. Prochaska, 2001). Wie in ▶ Kap. 6 ausführlicher dargelegt ist, messen diese jedoch ein spezifisches Motivsystem (**explizites Leistungsmotiv**), das eigenen Gesetzmäßigkeiten gehorcht und vom sog. **impliziten Leistungsmotiv** zu unterscheiden ist.

3.2.2 Leistungsmotiv und individuelles Verhalten

Um die prädiktive Validität des Leistungs-TATs zu belegen, wurden die aus den Fantasiegeschichten ermittelten Leistungsmotiv-kennwerte mit verschiedensten Leistungsindikatoren in Beziehung gesetzt.

Als der TAT als ein Messverfahren für das Leistungsmotiv vorlag, musste gezeigt werden, dass der Leistungsmotivkennwert eine Vorhersage relevanten Verhaltens erlaubte (prädiktive Validität). Eine Vielzahl an Studien wurde zur Validierung des TAT durchgeführt (s. Heckhausen et al., 1985), wobei die Versuchsanordnungen relativ simpel waren: Die Leistungsmotivkennwerte der Probanden wurden mit ihrer Leistung in Aufgaben, bei denen Anstrengung, Konzentration und Ausdauer erforderlich waren (z. B. Rechenaufgaben lösen), korreliert. Tatsächlich erbrachten in diesen experimentellen Aufgaben Personen mit einem starken Leistungsmotiv eine höhere Leistung als solche mit einem schwachen Leistungsmotiv. Interpretiert wurde dieser Befund so, dass Erstere die Herausforderung mehr genossen, mehr in der Aufgabe selbst aufgingen und bei (Teil-)Erfolgen größere Freude und Zufriedenheit erlebten, was sie zu Ausdauer und gründlichem Arbeiten motivierte.

Wenn das Leistungsmotiv **Leistungsverhalten** vorhersagte, lag die Vermutung nahe, dass Personen mit starkem Leistungsmotiv in Schule und Beruf mehr erreichen würden als Personen mit einem schwachen Leistungsmotiv, auch wenn für diese Situationen weitaus komplexere Einflüsse auf das Zustandekommen von Leistung zu erwarten sind. Tatsächlich berichten McClelland und Franz (1992) eine ansehnliche Korrelation zwischen dem im Alter von 31 Jahren gemessenen Leistungsmotiv und dem zehn Jahre später erzielten Einkommen berufstätiger Männer von $r = .38$. Andrews (1967) analysierte in einer Feldstudie den Zusammenhang zwischen Leistungsmotiv und beruflicher Position in einer Firma, in der Beförderungen nach dem Leistungsprinzip vollzogen wurden, und einer Firma, in der der berufliche Aufstieg nach dem Senioritätsprinzip erfolgte. In der erstgenannten Firma war eine hohe Ausprägung des Leistungsmotivs mit einer höheren beruflichen Position ($r = .43$) und höherem Einkommen ($r = .36$) verbunden. In der zweitgenannten Firma waren Leistungsmotiv und erreichter beruflicher Status nicht korreliert. Da die Leistungsmotivkennwerte zwei bis vier Jahre vor der Erfassung des beruflichen Leistungsmaßes erhoben worden waren, kann die Alternativerklärung, dass die betriebliche Position zu einer Motivstärkung geführt hat und nicht umgekehrt, ausgeschlossen werden. Die Studie von Andrews (1967) ist insofern bemerkenswert, als sie den motivthematischen Anregungsgehalt der Situation (Leistungsethos der Firma) mit berücksichtigte und damit die schon lange postulierte Person-Umwelt-Interaktion bei der Vorhersage von Verhalten ernst nahm. Der Autor verwendete hier den Begriff der »congruence between individual motive scores and dominant firm orientation« (Andrews, 1967, S. 164) – Kongruenz zwischen Motivausprägung der Person und motivthematischen Anreizen der Situation – ein theoretisches Konzept, das gerade in jüngster Zeit viel Aufmerksamkeit findet (▶ Kap. 6).

3.2.3 Leistungsmotiv und gesellschaftlich-ökonomische Entwicklung

Wenige Jahre nach Initiierung des Forschungsprogramms zur Entwicklung eines Leistungsmotivtests und seiner Validierung auf der Ebene individuellen Verhaltens schlug McClelland eine neue, ausgesprochen faszinierende Forschungsrichtung ein. In seinem 1961 erschienenen, über 500 Seiten umfassenden Buch *The Achieving Society* unternimmt McClelland den monumentalen Versuch, die Bedeutsamkeit psychologischer Einflussgrößen und speziell des Leistungsmotivs für die ökonomische Entwicklung einer Gesellschaft nachzuweisen. Im Klappentext zum Buch wird die Publikation folgendermaßen angekündigt:

» In particular, it shows how one human motive, the need for Achievement, appears with great regularity in the imaginative thinking of men and nations before periods of rapid economic growth. Evidence is drawn from history (Ancient Greece, England from 1400–1800 etc.) and some 40 contemporary nations (aus dem Klappentext zum Buch *The Achieving Society* von McClelland, 1961).

Der Autor verarbeitete eine Vielzahl an soziologischen und ökonomischen Forschungsarbeiten, und wie er in der Einleitung zu seinem Buch berichtet, hatte er große Anstrengungen unternommen, sich auf den Gebieten der Geschichte, Ökonomie und Kulturanthropologie kundig zu machen. Der zentrale theoretische Anknüpfungspunkt für McClelland waren die Schriften des deutschen Soziologen Max Weber (1904) zur protestantischen Ethik und dem Geist des Kapitalismus. Verkürzt dargestellt, sollen nach Weber grundlegende theologische Überzeugungen des Protestantismus, insbesondere die calvinistische Prädestinationslehre sowie die generell stärkere Betonung der Eigenverantwortung des Einzelnen (Heilserwartung durch disziplinierte Arbeit und wirtschaftliche Prosperität) für den wirtschaftlichen Aufstieg protestantischer Regionen verantwortlich sein.

McClelland (1961) entdeckte in Webers Ausführungen eine motivationspsychologische Erklärung, worüber dies vermittelt sein könnte:

3

> » […] the German sociologist Max Weber (1904) described in convincing detail how the Protestant Reformation produced a new character type which infused more vigorous spirit into the attitude of both workers and entrepreneurs and which ultimately resulted in the development of modern capitalism. […] Weber's description of the kind of personality type which the Protestant Reformation produced is startlingly similar to the picture we have drawn of a person with high achievement motivation. […] Weber feels that such a man »gets nothing out of this wealth for himself, except the irrational sense of having done his job well« (Weber, 1904, S. 71). This is exactly how we define the achievement motive in coding for it in fantasy (McClelland, 1961, p. 47).

McClelland vermutete, dass protestantische Werte in der Erziehung, wie Eigenverantwortung und harte Arbeit, das Leistungsmotiv fördern, was zu mehr unternehmerischer Aktivität und damit zu wirtschaftlichem Aufschwung führt.

McClelland stellte ein Wirkmodell auf, nach dem die religiösen Überzeugungen sich in den Erziehungspraktiken der Eltern mit einer Betonung der kindlichen Selbstständigkeit niederschlagen, was wiederum zur Entwicklung eines starken Leistungsmotivs beitragen soll. Dieses wiederum fördere die unternehmerische Aktivität des Einzelnen und damit die wirtschaftliche Entwicklung einer Gesellschaft.

Eine große empirische Herausforderung war der Nachweis, dass das Leistungsmotiv der Bürger eines Landes in Zusammenhang steht mit dessen **Wirtschaftsleistung**. Hier wählte McClelland ein überraschendes methodisches Vorgehen, das ein weiteres Beispiel für seine Brillanz und Kreativität darstellt: So wie Individuen sich in der Ausprägung von Motiven unterscheiden, können auch in Gesellschaften bestimmte Motive mehr oder weniger stark ausgeprägt sein. Man kann hier von motivationalen Leitbildern sprechen, die sich nach McClelland in den Texten niederschlagen, die die jeweilige Gesellschaft produziert. Dieser Überlegung folgend, ermittelte McClelland das »nationale« Leistungsmotiv, indem er Textquellen unterschiedlichster Art (z. B. Märchen, Gedichte, Reden oder Schulbuchtexte) mithilfe des üblichen Auswertungsschemas für TAT-Fantasiegeschichten analysierte.

McClelland konnte zeigen, dass in unterschiedlichen historischen Perioden eine Zunahme des nationalen Leistungsmotiv-Indexes mit wirtschaftlichem Aufschwung, eine Abnahme des Leistungsmotivs dagegen mit wirtschaftlichem Niedergang einherging.

Auf diese Weise eröffnete sich die Möglichkeit, auch für historische Kulturen die theoretische Annahme zu testen. Zu den Indikatoren wirtschaftlicher Aktivität lagen gut zugängliche historische Quellen vor (z. B. Landkarten zur Reichweite der Handelsbeziehungen des antiken Griechenlands; Angaben zur Tonnage spanischer Handelsschiffe, die in die Neue Welt ausliefen; Menge der Kohleeinfuhren nach London oder auch der Patentindex definiert als die jährliche Anzahl an Patentanmeldungen pro 1 Million Einwohner). In diesen Studien (für eine lesenswerte Zusammenfassung siehe McClelland, 1961; ▶ Kap. 4) zum antiken Griechenland, Spanien im späten Mittelalter, England im 15. bis 19. Jahrhundert sowie den USA für die Zeit zwischen 1800 und 1950 zeigte sich, dass Perioden des wirtschaftlichen Aufschwungs ein Anstieg im nationalen Leistungsmotiv-Index vorausgegangen war, dem wirtschaftlichen Niedergang hingegen eine Abnahme (z. B. deCharms u. Moeller, 1962).

Die Arbeiten zu Leistungsmotiv und Wirtschaftsentwicklung sind von hoher Relevanz für die ökonomische Psychologie. Von dieser Seite erfuhr McClellands Ansatz jedoch Kritik. Angeführt wird, dass die postulierten Zusammenhänge mehrfach nicht repliziert werden konnten und Reanalysen mit ausgefeilteren statistischen Methoden wesentlich schwächere Zusammenhänge als bei McClelland berichtet ergaben (Lea et al., 1987, S. 439). Trotz dieser Kritik ist der Beitrag McClellands nicht zu unterschätzen, wie auch Weiner (1985) betont, wenn er schreibt, dass die von McClelland (1961) berichteten Daten mehr als nur erste Hinweise darauf seien, dass das Leistungsmotiv ein wichtiger Einflussfaktor für die wirtschaftliche Entwicklung darstelle (Weiner, 1985, S. 220).

So zeigen McClellands Studien in unterschiedlichen Kulturen und mit ganz unterschiedlichen Operationalisierungen ein konsistentes, hypothesenkonformes Ergebnismuster. McClelland war sich dabei durchaus bewusst, dass er mit dem Leistungsmotiv nur *einen* von vielen Einflussfaktoren auf die Wirtschaftsentwicklung isoliert hatte und v. a. seine Studien keine Aussage zu den vermittelnden Mechanismen erlauben.

> Der Zusammenhang zwischen dem motivationspsychologischen Konstrukt des Leistungsmotivs und der wirtschaftlichen Prosperität einer Gesellschaft ist eindrücklich, auch wenn offen bleibt, wie dieser genau zustande kommt.

Studie

Engeser et al. (2009)

Ein aktueller Forschungsbeitrag zum Thema stammt von Engeser et al. (2009), die für zwei wirtschaftlich sehr unterschiedlich erfolgreiche deutsche Bundesländer eine Textanalyse der Deutsch- und Mathematikschulbücher für die 2. und 9. Klasse vornahmen. In ihrer korrelativen Feldstudie zeigte sich, dass die Schulbücher im wirtschaftlich weniger erfolgreichen Bundesland Bremen signifikant weniger leistungsthematische Inhalte als die im wirtschaftlich erfolgreicheren Baden-Württemberg enthielten (◻ Tab. 3.1). Keine Unterschiede zeigten sich hingegen für das Anschlussmotiv und mit einer Ausnahme auch nicht für das Machtmotiv. Dieser aktuelle Replikationsversuch ist insofern bemerkenswert, als er wiederum einen Zusammenhang zwischen leistungsthematischen verbalen Inhalten und gesellschaftlich-ökomischen Daten auf Makroebene zeigt. Aussagen zur Kausalrichtung sind jedoch auch hier nicht möglich.

◻ **Tab. 3.1** Mittlere Häufigkeit (Standardabweichung) von motivbezogenen Fantasieinhalten in Schulbüchern für die Fächer Deutsch und Mathematik nach Bundesland (adaptiert nach Engeser et al., 2009, S. 112)

Klassenstufe	Motiv	Fach	Bundesland Bremen	Bundesland Baden-Württemberg
2. Klasse	Leistung	Deutsch	0.57 (0.31)	1.06 (0.76)*
	Macht	Deutsch	1.44 (0.88)	1.30 (0.86)
	Affiliation	Deutsch	5.78 (3.14)	5.18 (5.25)
9. Klasse	Leistung	Deutsch	2.05 (0.76)	2.87 (1.02)*
		Mathe	0.57 (0.29)	1.99 (0.87)*
	Macht	Deutsch	3.53 (0.91)	4.12 (1.53)+
		Mathe	0.16 (0.38)	0.17 (0.08)
	Affiliation	Deutsch	1.83 (0.60)	2.00 (0.68)
		Mathe	0.17 (0.06)	0.16 (0.16)

Die Mittelwertunterschiede sind auf dem 5 %-Niveau signifikant bzw. auf dem 10 %-Niveau marginal signifikant. [a] $N = 27$ Bremen, $N = 24$ Baden-Württemberg. [b] Deutsch (Mathe): $N = 21$ (21) Bremen, $N = 115$ (123) Baden-Württemberg

3

3.3   Das Risikowahl-Modell von John W. Atkinson

Das Risikowahl-Modell zeigt auf, wie die Leistungsmotivation die Wahl von Aufgaben unterschiedlicher Schwierigkeit beeinflusst.

Die Wahl von Aufgaben mit angemessenem Schwierigkeitsgrad ist relevant im Hinblick auf den zu erzielenden Lernzuwachs und das Erleben von Selbstwirksamkeit.

Atkinson gliedert das Leistungsmotiv in eine Annäherungskomponente (Erfolg anstreben) und eine Vermeidungskomponente (Misserfolg vermeiden).

Unter **Atkinson** entwickelte sich eine zweite sehr einflussreiche Schule der Leistungsmotivationsforschung. Seine Publikation *Motivational determinants of risk-taking behavior* aus dem Jahre 1957 wurde zu einem der meist zitierten psychologischen Fachartikel. Atkinson stellt darin eine mathematisch formalisierte Theorie der Leistungsmotivation vor, deren Name »**Risikowahl-Modell**« schon nahelegt, dass es um Wahlentscheidungen unter Unsicherheit geht. Die zentrale Frage im Modell von Atkinson ist: Welche Aufgabe wählt eine Person, wenn ihr Aufgaben unterschiedlicher Schwierigkeit zur Auswahl stehen?

Diese Frage stellt sich häufig im Alltag. Welches Referatsthema nimmt sich eine Studentin vor? Ein intellektuell anspruchsvolles, das nur mit einem hohen Maß an Konzentration und Ausdauer zu bewältigen ist, oder ein leichtes Standardthema? Welchen beruflichen Weg schlägt ein Abiturient ein? Wählt er ein relativ einfaches oder aber ein schwieriges Studium? Der Aufgabenwahl kommt hohe Bedeutung zu, denn sie bestimmt letztlich darüber, welche Lernerfahrungen eine Person macht und damit auch, inwieweit sie ihre Kompetenzen weiterentwickelt. Unterfordernde oder überfordernde Aufgaben tragen nicht zu einem Lernzuwachs bei und verhindern das Erleben, durch eigene Anstrengung Erfolg erzielt zu haben – eine Erfahrung, die aus motivationspsychologischer Sicht sehr wichtig ist, weil sie das Selbstwirksamkeits-Erleben (Bandura, 1977; Meyer, 1984) stärkt.

Gegenüber der bislang präsentierten Forschung zum Leistungsmotiv bringt der Ansatz Atkinsons mehrere markante Neuerungen:

- Atkinson differenziert das Leistungsmotivkonstrukt und unterscheidet mit dem »Erfolgsmotiv« (Motiv, Erfolg zu erzielen) und dem »Misserfolgsmotiv« (Motiv, Misserfolg zu vermeiden) zwei Motivkomponenten.
- Zur Verhaltensvorhersage wird neben der Person- (Leistungsmotiv) auch eine Umweltkomponente (Aufgabenschwierigkeit und -attraktivität) berücksichtigt (Analyse der Person-Umwelt-Interaktion).
- Die Wahlentscheidung wird als Funktion der (Un-)Attraktivität (Wert) von Erfolg bzw. Misserfolg und der Wahrscheinlichkeit ihres Eintretens (Erwartung) betrachtet. Damit zählt das Risikowahl-Modell zu den in der Psychologie und Ökonomie weitverbreiteten und einflussreichen Erwartungs-Wert-Theorien.

Wovon hängt es also ab, ob eine Person eine anspruchslose, herausfordernde oder sogar eine ganz und gar überfordernde Aufgabe wählt? Zur Vorhersage braucht es nach Atkinson (1957, S. 360) drei theoretische Konstrukte: das individuelle Leistungsmotiv (»motive«), die subjektive Erwartung (»expectancy«) und den Anreiz der Aufgabenbewältigung (»incentive«).

Beginnen wir mit dem **Motivkonstrukt**. Atkinson (1957, S. 360) definiert ein Motiv als »disposition to strive for a certain kind of satisfaction«; betont wird hier also der affektive Charakter des Motivs. Weiter werden die beiden Motivkomponenten Erfolgsmotiv (M_e; »achievement motive«) und Misserfolgsmotiv (M_m; »motive to avoid failure«) unterschieden, deren Bezeichnungen im Englischen und

Deutschen ein wenig voneinander abweichen. Der affektive Kern des Erfolgsmotivs ist Stolz (»pride in accomplishment«), der des Misserfolgsmotivs Beschämung (»shame and humiliation as a consequence of failure«, Atkinson, 1957, S. 360). An dieser Stelle sei darauf hingewiesen, dass Atkinson in seinem Modell insofern eine Vereinfachung vornimmt, als das Leistungsmotiv und die antizipierten selbstbewertenden Emotionen als alleiniger Motor der Aufgabenwahl und des Leistungsverhaltens betrachtet werden und keine anderen Motive (z. B. bei anderen beliebt zu sein) oder Ziele (z. B. sich einen ökonomischen Vorteil zu verschaffen) eine Rolle spielen, was im Alltag ja durchaus der Fall ist.

Das zweite maßgebliche Konstrukt ist die **Erwartung**, inwieweit man die Aufgabe bewältigen oder aber versagen wird. Sie resultiert aus früheren Erfahrungen einer Person mit ähnlichen Aufgaben oder aus dem dispositionellen Selbstkonzept eigener Begabung (Dickhäuser, 2006; Meyer, 1984), kann aber auch situativ durch normative Informationen (z. B. »5 % bzw. 90 % Ihrer Altersgruppe konnten die Aufgabe lösen«) oder Probedurchgänge mit tatsächlich einfachen bzw. schwierigen Aufgaben induziert werden. Die Erfolgswahrscheinlichkeit wird auf einer Skala von 0 (Erfolg tritt sicher nicht ein, 0 % Erfolgswahrscheinlichkeit) bis 1 (Erfolg tritt sicher ein, 100 % Erfolgswahrscheinlichkeit) ausgedrückt.

> Die Erwartung bezeichnet die subjektive Wahrscheinlichkeit, mit der man eine Aufgabe erfolgreich lösen zu können glaubt.

Beim ersten Hinsehen könnte man annehmen, dass man nur Aufgaben wählen wird, bei denen man mit sehr hoher Wahrscheinlichkeit Erfolg haben wird. Aber wir dürfen nicht vergessen, dass es in Atkinsons Modell beim Leistungshandeln um positive Selbstbewertung geht! Und hier kommt das dritte Bestimmungsstück, der **Anreiz**, ins Spiel. Eine simple Aufgabe erfolgreich zu lösen, bringt nicht den angestrebten Stolz über die eigene Leistungsfähigkeit. Die Freude über einen Erfolg ist umso höher, je schwieriger die Aufgabe war. Besiegt man beispielsweise in einem Tennismatch einen schwachen Spielpartner, wird man (wenn überhaupt) nur einen Anflug von Freude empfinden; gewinnt man jedoch gegen einen routinierten Gegner, wird sich ein intensives Gefühl von Stolz und Genugtuung einstellen. Es wird also ein invers-linearer Zusammenhang zwischen der subjektiven Wahrscheinlichkeit für Erfolg (W_e) und dem Anreiz für Erfolg (A_e) angenommen, der sich mathematisch folgendermaßen ausdrücken lässt: $A_e = 1 - W_e$. Nun haben wir alle Bestimmungsstücke für Atkinsons Verhaltensformel fast beisammen.

> Erfolg beim Lösen einer schwierigeren Aufgabe besitzt einen höheren Anreiz als Erfolg beim Lösen einer sehr leichten Aufgabe.

Ein Aspekt fehlt jedoch noch: In einer Leistungssituation sind typischerweise gleichzeitig zwei Tendenzen angeregt, da man einerseits den Erfolg anstrebt (T_e; aufsuchende Erfolgstendenz; »motivation to achieve«), andererseits einen Misserfolg zu vermeiden sucht (T_m; meidende Misserfolgstendenz; »motivation to avoid failure«). Diese beiden Tendenzen müssen zur sog. resultierenden **Motivationstendenz** (T_r) verrechnet werden (Summe der aufsuchenden und meidenden Tendenz; $T_r = T_e + T_m$), denn »the act which is performed among a set of alternatives is the act for which the resultant motivation is most positive« (Atkinson, 1958, S. 361).

Die Erfolgstendenz (T_e) bestimmt sich algebraisch aus dem Produkt des Erfolgsmotivs (M_e), der subjektiven Erfolgswahrscheinlichkeit (W_e) und dem Erfolgsanreiz (A_e), d. h. das Produkt der Wert- und Erwartungsvariable wird mit dem Erfolgsmotiv gewichtet. Analog die Misserfolgstendenz.

3

Die (Miss-)Erfolgstendenz ergibt sich aus der multiplikativen Verknüpfung des (Miss-)Erfolgsmotivs, der (Miss-)Erfolgswahrscheinlichkeit und des (Miss-)Erfolgsanreizes.

Die resultierende Motivationstendenz ergibt sich aus der Summe der Erfolgstendenz und der Misserfolgstendenz.

Erfolgsmotivierte Personen zeigen sich bezüglich Leistungsaufgaben optimistisch, während Misserfolgsmotivierte von Befürchtungen und Zweifeln geplagt werden.

Erfolgsmotivierte sollten der Vorhersage des Risikowahl-Modells zufolge mittelschwierige Aufgaben, Misserfolgsmotivierte sehr leichte oder sehr schwierige wählen.

Die Annahme, dass Erfolgsmotivierte bevorzugt mittelschwierige Aufgaben wählen, ist empirisch gut gestützt. Bei Misserfolgsmotivierten ist die Datenlage weniger klar.

Mathematische Formulierung der beiden Motivationstendenzen in Leistungssituationen

Erfolgstendenz: $T_e = M_e \times W_e \times A_e$

Misserfolgstendenz $T_m = M_m \times W_m \times A_m$

Betrachten wir noch kurz, wie sich Misserfolgswahrscheinlichkeit und -anreiz bestimmen lassen. Da Erfolg und Misserfolg komplementäre Ereignisse sind ($W_e + W_m = 1.00$), kann man für die Misserfolgswahrscheinlichkeit schreiben $W_m = 1 - W_e$. Der Misserfolgsanreiz bestimmt sich ebenfalls aus der Erfolgswahrscheinlichkeit. Ist diese sehr hoch (wie bei einer sehr leichten Aufgabe), dann ist der negative Affekt bei Misserfolg (»sense of humiliation«, Atkinson, 1957, S. 362) stark. War die Erfolgswahrscheinlichkeit jedoch sehr gering, dann ist auch Beschämung nach Misserfolg gering (»Das hätte keiner geschafft!«). Formalisiert ausgedrückt ist der Misserfolgsanreiz $A_m = - W_e$.

Setzt man nun die bekannten Terme in diese Gleichung ein, ergibt sich: $T_r = (M_e - M_m) [W_e \times (1 - W_e)]$. Diese Gleichung macht zweierlei deutlich: Erstens, dass bei der empirischen Überprüfung nur das Erfolgs- und Misserfolgsmotiv sowie die subjektive Erfolgswahrscheinlichkeit der infrage stehenden Aufgabe gemessen werden muss; alle anderen Größen ergeben sich rechnerisch aus der subjektiven Erfolgswahrscheinlichkeit. Zweitens, dass beim Überwiegen des Erfolgsmotivs gegenüber dem Misserfolgsmotiv ($M_e > M_m$) – man spricht hier von **erfolgsmotivierten Personen** – die resultierende Motivationstendenz T_r einen positiven Wert annimmt, also eine generelle Hinwendung zu leistungsbezogenen Tätigkeiten besteht. Wenn jedoch das Misserfolgsmotiv stärker als das Erfolgsmotiv ist ($M_m > M_e$, Misserfolgsmotivierung), dann hat T_r für alle Aufgaben einen negativen Wert, d. h. diese Personen möchten leistungsbezogenen Tätigkeiten generell ausweichen.

Wie kann man sich Erfolgs- und Misserfolgsmotivierung anschaulich machen? **Erfolgsmotivierte Personen** gehen mit Optimismus und Offenheit an Leistungsaufgaben heran, äußern sogar oft ganz explizit die Zuversicht, dass »es schon klappen wird«, während **misserfolgsmotivierte Personen** von Befürchtungen und Zweifeln geplagt sind, weil ihnen eher der Misserfolg als der Erfolg vor Augen steht. In ◘ Abb. 3.2 sind die Vorhersagen graphisch illustriert.

Für erfolgsmotivierte Personen sollten Aufgaben mittlerer Schwierigkeit besonders motivierend, sehr leichte und sehr schwierige Aufgaben hingegen kaum motivierend sein. Für misserfolgsmotivierte Personen sind zwar alle Leistungsaufgaben aversiv (zu erkennen am Kurvenverlauf im negativen Bereich); sehr einfache und sehr schwierige Aufgaben sind jedoch relativ betrachtet am wenigsten abstoßend. Wenn misserfolgsmotivierte Personen aber eine Aufgabe wählen müssen, da man sich Leistungsanforderungen ja nicht gänzlich entziehen kann, werden sie sehr leichte oder sehr schwierige Aufgaben bevorzugen.

Wie sieht die Datenlage zu diesen theoretischen Annahmen aus? Die allererste Studie dazu stammt von Atkinson und Litwin (1960) und zeigt (◘ Abb. 3.3), dass erfolgsmotivierte Personen (bei denen der TAT-Kennwert für das Erfolgsmotiv n Ach größer war als der mit dem Ängstlichkeitsfragebogen TAQ gemessene Kennwert für das Misserfolgs-

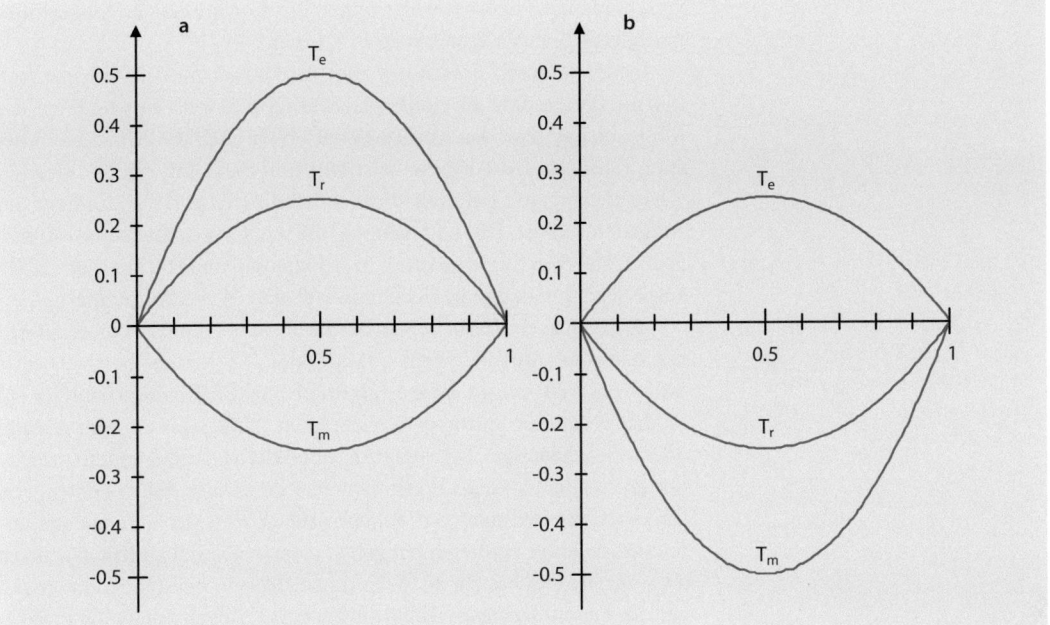

◻ Abb. 3.2 Stärke der resultierenden Tendenz sowie der Erfolgs- und Misserfolgstendenz in Abhängigkeit von der subjektiven Erfolgswahrscheinlichkeit, wenn (**a**) das Erfolgsmotiv stärker als das Misserfolgsmotiv und (**b**) das Misserfolgsmotiv stärker als das Erfolgsmotiv ist

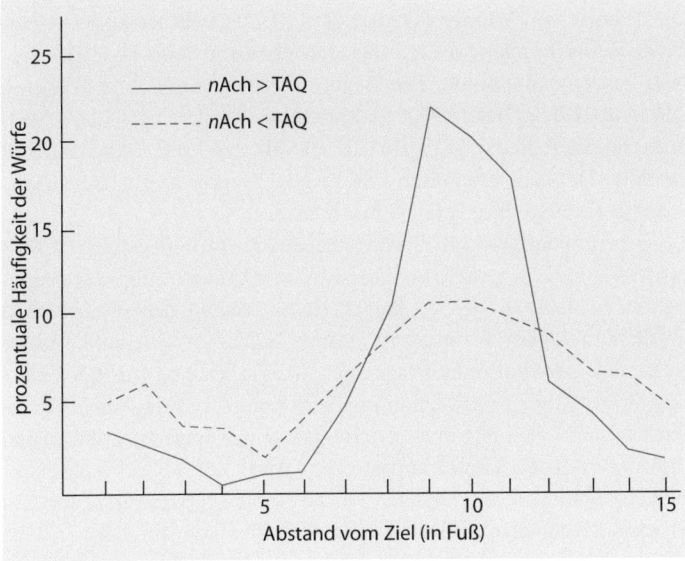

◻ Abb. 3.3 Relative Häufigkeit der gewählten Abwurfdistanzen bei erfolgs- (n Ach > TAQ) und misserfolgsmotivierten (n Ach < TAQ) Probanden (nach Atkinson u. Litwin, 1960, S. 55, this image is in the public domain)

motiv) in einem Ringwurfspiel tatsächlich häufiger als misserfolgsmotivierte Personen mittlere Wurfdistanzen wählten. Misserfolgsmotivierte Probanden warfen im Vergleich zu erfolgsmotivierten den Ring häufiger aus sehr geringer oder sehr großer Entfernung, bevorzugten insgesamt aber auch mittlere Distanzen. Offensichtlich stützen die Daten deutlicher die Hypothesen zum Wahlverhalten erfolgsmotivierter im Vergleich zu dem misserfolgsmotivierter Personen, was zu verschiedenen Theorieerweiterungen des Konstrukts der Misserfolgs-motivierung beigetragen hat (z. B. Schmalt, 1982).

In der weiteren Forschung zum Risikowahl-Modell befasste man sich mit theoretischen Detailfragen, wie beispielsweise mit der Frage der Motivabhängigkeit des Anreizes oder ob wirklich die Affektmaximie-rung (Stolz über die eigene Leistung) und nicht Informationsgewinn (Orientierung, wie gut man wirklich ist) die treibende Kraft hinter der Aufgabenwahl ist. Diese Forschung, die v. a. für Leistungsmotivations-Spezialisten von Interesse ist, ist in Heckhausen und Heckhausen (2018) sowie sehr umfassend in Heckhausen et al. (1985) dokumentiert.

Es liegen auch Versuche vor, das Risikowahl-Modell auf eine im All-tag relevante Aufgabenwahl anzuwenden. So konnte beispielsweise Isaacson (1964) zeigen, dass erfolgsmotivierte Studierende häufiger ein Studienprogramm mittlerer Schwierigkeit wählten als ein sehr leichtes oder sehr schwieriges; bei misserfolgsmotivierten Studierenden war wie-derum kein eindeutiges Ergebnismuster erkennbar. Sehr überzeugend sind auch die Befunde von Mahone (1960): 75 % der untersuchten er-folgsmotivierten Studierenden gaben einen realistischen Berufswunsch an, während dies nur für 39 % der misserfolgsmotivierten Studierenden galt; sie hatten Berufe im Auge, die nach Experteneinschätzung in Rela-tion zu ihren Fähigkeiten als unter- oder überfordernd anzusehen waren.

Das Risikowahl-Modell ließ sich erfolgreich auf leistungsbezogene Aufgabenwahl im Alltag anwenden.

3.4   Die attributionale Theorie der Leistungsmotivation von Bernard Weiner

Die Theorie von **Weiner** (Weiner et al., 1971) stellt subjektive **Ursa-chenzuschreibungen** für Leistungsergebnisse und damit kognitive Pro-zesse in den Mittelpunkt. Der Beginn dieser theoretischen Tradition fällt in die 1950er- und 1960er-Jahre und geht auf Fritz Heider (1958) und Harold Kelley (1967) zurück, die als erste die Bedeutsamkeit kausalen Denkens erkannten und es zum Gegenstand wissenschaft-licher psychologischer Analyse machten.

Der Ausgangspunkt attributionstheoretischer Überlegungen ist, dass es Menschen nicht genügt, Ereignisse in ihrer Umwelt lediglich zu regis-trieren, vielmehr streben sie danach, sie zu erklären, d. h. die Ursachen für diese Ereignisse ausfindig zu machen. Solche Ursachenerklärungen werden als **Attributionen** bezeichnet. Sie erfüllen eine wichtige Funk-tion für das handelnde Individuum: In die komplexe Folge von Ereignis-sen lässt sich Ordnung bringen, und man kann das eigene Verhalten den Erfordernissen der Umwelt anpassen und damit Kontrolle über sie erlan-gen; erst wenn ich weiß, welche Ursache für ein Ereignis verantwortlich ist, kann ich entsprechend handeln (z. B. Brennt das Licht nicht, weil die Glühbirne kaputt ist oder weil die Sicherung durchgebrannt ist? Bin ich durch die Prüfung gefallen, weil ich zu wenig gelernt habe oder weil ich mit 40 Grad Fieber in die Prüfung gegangen bin?).

Im Zusammenhang mit der Analyse von Ursachenzuschreibungen finden sich zwei unterschiedliche Forschungslinien. Die eine betrachtet, aufgrund welcher Informationen Menschen zu bestimmten Ursachen-zuschreibungen gelangen (z. B. Kovariationsprinzip; Kelley, 1967); dies sind Attributionstheorien i. e. S. Ansätze, die hingegen die Konsequen-zen von Attributionen auf Erleben und Verhalten thematisieren, werden

Attributionen sind subjektive Ursachenzuschreibungen für Ereignisse. Sie erlauben dem Indi-viduum Orientierung und Kontrolle seiner Umwelt.

als attributionale Theorien bezeichnet. Die Kernaussage der **attributionalen Theorie der Leistungsmotivation** ist, dass die beiden bereits im Risikowahl-Modell genannten Determinanten des Leistungsverhaltens »affektive Selbstbewertung« und »Erwartung« von der Art der Ursachenzuschreibung abhängen. Wir wollen dies anhand einer kurzen Selbstreflexions-Übung einführen.

Für die Praxis

Selbstreflexions-Übung

Bitte erinnern Sie sich an einen Erfolg sowie an einen Misserfolg, den Sie in den vergangenen Wochen erlebt haben und der Ihnen noch lebendig vor Augen steht. Wie haben Sie sich gefühlt in dem Augenblick des Erfolgs bzw. Misserfolgs?

Welche Erwartung hatten Sie für zukünftige Aufgabenstellungen vergleichbarer Art? Was war die Hauptursache dieser Leistungsergebnisse? Bitte machen Sie sich dazu schriftliche Notizen. Später werden Sie diese »auswerten« können.

Auch wenn unzählige mögliche Ursachen für Erfolg und Misserfolg existieren, so werden doch vier Faktoren überzufällig häufig genannt: Fähigkeit, Anstrengung/Engagement, Schwierigkeit der Aufgabe und Zufall (Glück/Pech), was sich auch im Kulturvergleich bestätigen lässt (Schuster et al., 1989).

Welche dieser vier Ursachen man nun für das Leistungsergebnis verantwortlich macht, entscheidet über die affektive Reaktion und die Erwartung für zukünftige Leistungssituationen. An einem Beispiel soll dies anschaulich gemacht werden: Zwei Freunde bestehen eine Prüfung nicht. Der eine führt seinen Misserfolg darauf zurück, dass »er zu dumm für dieses Fach ist«, während der andere sich sagt »Mensch, ich hatte einfach Pech, ich konnte in der Nacht vor der Prüfung überhaupt nicht schlafen!«. Die erstgenannte Person wird deprimiert sein und daran zweifeln, in diesem Fach je erfolgreich zu sein. Die zweitgenannte Person hingegen wird auch nicht erfreut sein über das Prüfungsergebnis, aber sie wird nicht in ihrem Selbstwert verletzt sein und zuversichtlich bleiben, in Zukunft bessere Leistungen zu erbringen. Das Faszinierende ist: Die Gedanken sind frei, und in vielen Situationen besteht ein beträchtlicher Interpretationsspielraum! Und so beeinflussen unsere Gedanken, wie wir uns fühlen und wie wir handeln.

Weiner et al. (1971) ordneten die Attributionen in einem zweidimensionalen Schema und unterschieden sie danach, ob sie einerseits in der Person (internal) oder außerhalb der Person (Umwelt, external) liegen und andererseits ob sie über die Zeit hinweg stabil oder variabel sind (◘ Abb. 3.4).

Später fügte Weiner (1979) noch die dritte Dimension der Kontrollierbarkeit hinzu, die für die theoretische Kernaussage jedoch nicht zentral ist und daher an dieser Stelle nicht weiter thematisiert wird. Die Dimension der »**Internalität/Externalität**« soll die affektiven Folgen eines Leistungsereignisses bestimmen, die Dimension der »**Stabilität/Instabilität**« hingegen Einfluss auf die Erwartung haben, wie man sich in zukünftigen Leistungssituationen bewähren wird. Weiner et al. (1971) postulieren, dass v. a. internal attribuierte Ereignisse affektrelevant sind – im positiven wie negativen Falle. Die Annahmen zur Stabilitätsdimension lauten: Erklärt man sich ein Leistungsergebnis mit einem stabilen Ursachenfaktor, dann sinkt die Erfolgserwartung nach Misserfolg, und

Fähigkeit, Anstrengung, Schwierigkeit und Zufall sind die vier meistgenannten Ursachen für Erfolg/Misserfolg.

Die subjektive Begründung von Erfolg respektive Misserfolg bestimmt, welche affektiven Konsequenzen erlebt werden und welche Erfolgserwartungen für ähnliche Aufgaben in der Zukunft bestehen.

Die am häufigsten genannten Ursachen für Leistungsergebnisse lassen sich anhand der Dimensionen »Internalität/Externalität« und »Stabilität« klassifizieren. Die Persondimension beeinflusst das emotionale Erleben und die Stabilitätsdimension die Erwartungen hinsichtlich zukünftiger Ergebnisse.

⊡ Abb. 3.4 Klassifikationsschema für Ursachen von Erfolg und Misserfolg (nach Weiner et al., 1971, mit freundlicher Genehmigung von Bernard Weiner)

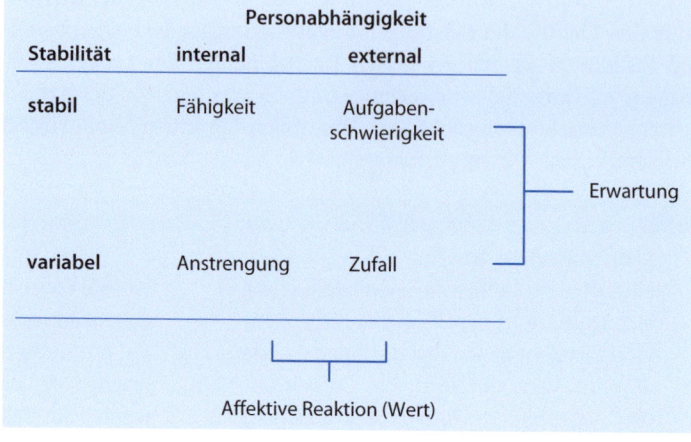

Erfolgsmotivierte zeigen ein motivational günstigeres Attributionsmuster als Misserfolgsmotivierte.

nach Erfolg steigt sie. Werden jedoch variable Faktoren für das Ergebnis verantwortlich gemacht, dann beobachtet man gleich bleibende oder nur leicht steigende Erfolgserwartung nach Erfolg und gleich bleibende oder leicht sinkende Erfolgserwartungen nach Misserfolg.

Die attributionale Theorie der Leistungsmotivation macht Vorhersagen zu den vorauslaufenden Bedingungen der subjektiven Erfolgswahrscheinlichkeit und des affektiven Erlebens (Erwartungs- und Wertkomponente). Dies bietet einen idealen Anknüpfungspunkt an das Risikowahl-Modell, zumal man entdeckt hatte, dass sich Erfolgs- und Misserfolgsmotivierte in ihren Attributionsgewohnheiten (sog. Attributionsstil; z. B. Stiensmeier-Pelster et al., 1994) unterscheiden. Erfolgsmotivierte attribuieren Erfolg gewohnheitsmäßig auf ihre eigene Fähigkeit (stabil, internal), Misserfolge werden von dieser Personengruppe hingegen variablen Faktoren zugeschrieben (z. B. mangelnde Anstrengung, Pech). Leistungssituationen bieten für sie im Erfolgsfall die Chance für positive Selbstbewertung, im Misserfolgsfall können sie zuversichtlich bleiben, dass es beim nächsten Mal besser laufen wird. Insgesamt ist dieses **Attributionsmuster** motivational günstig. Die Attributionsgewohnheiten von Misserfolgsmotivierten sind im Vergleich dazu wesentlich ungünstiger: Sie erklären Misserfolg mit mangelnder Fähigkeit und schreiben eigene Erfolge glücklichen Umständen oder der Aufgabenleichtigkeit zu. Entsprechend ungünstig erweisen sich die Selbstbewertungs- und Erfolgserwartungsbilanz: Erfolge werden nicht affektiv wirksam, es sind ja äußere Umstände, die einem zum Erfolg verholfen haben, warum sollte man da stolz auf sich sein? Noch düsterer sieht es bei Misserfolgen aus: Die Attribution auf einen stabilen internalen Faktor ist mit negativen selbstbewertenden Reaktionen und sinkender Erfolgserwartung verbunden. Über die Zeit hinweg kann sich bei Misserfolgsmotivierten das Syndrom »Gelernter Hilflosigkeit« entwickeln, weil Misserfolge für die betroffene Person als unkontrollierbar erlebt werden, was auf längere Sicht mit Resignation und depressiver Verstimmung verbunden ist (Stiensmeier-Pelster, 1988).

Die motivbedingten Attributionsunterschiede wurden von Meyer (1973) in einer Serie von Experimenten belegt. In einer dieser Studien erhielten erfolgs- und misserfolgsmotivierte Probanden fiktive Erfolgs- bzw. Misserfolgsrückmeldung und sollten daraufhin angeben, in wel-

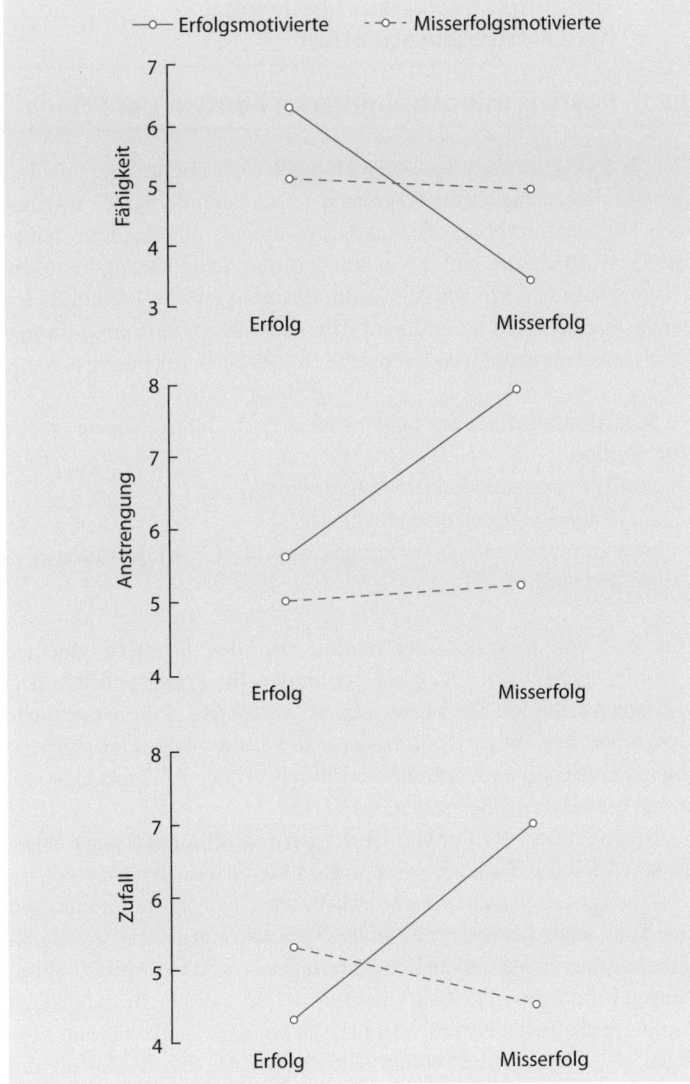

⬛ **Abb. 3.5** Subjektive Bedeutsamkeit verschiedener Ursachenfaktoren für Erfolg und Misserfolg bei erfolgs- und misserfolgsmotivierten Probanden (nach Meyer, 1973, S. 81–82, mit freundlicher Genehmigung von Wulf-Uwe Meyer)

chem Ausmaß ihre Fähigkeit, Anstrengung und Zufall für das Zustandekommen ihres Leistungsergebnisses eine Rolle gespielt hatten. ⬛ Abb. 3.5 zeigt, dass die gefundenen Attributionsunterschiede zwischen den beiden Motivgruppen mit den Vorhersagen übereinstimmen.

Diese wichtigen attributionstheoretischen Erkenntnisse hat Heckhausen (1972) mit den Annahmen des Risikowahl-Modells in seinem **Selbstbewertungsmodell** verknüpft. Es handelt sich um eine Prozesstheorie, bei der das Leistungsmotiv in seinen beiden Ausprägungen als ein sich selbst stabilisierendes System betrachtet wird, wodurch die hohe Stabilität der Motivausprägung einer Person verständlich wird. Die Teilprozesse, die wechselseitig aufeinander einwirken, umfassen die Zielsetzung (Aufgabenwahl), die Ursachenzuschreibung für Erfolg bzw. Misserfolg sowie die affektive Selbstbewertung. Die Konzeption des Leistungsmotivs als das Zusammenwirken verschiedener Teilprozesse eröffnet den Blick auf Ansatzpunkte, um die Leistungsmotivation zu fördern. Darum wird es im nächsten Abschnitt gehen.

Das Selbstbewertungsmodell von Heckhausen integriert die attributionstheoretischen Erkenntnisse und das Risikowahl-Modell.

3

3.5 Trainingsansätze zur Förderung der Leistungsmotivation

3.5.1 Reattributionstrainings im Kontext der Schule

Der Nachweis der negativen Auswirkungen eines ungünstigen Attributionsstils lässt natürlich die Frage nach dessen Veränderbarkeit aufkommen. Dies hat insofern große praktische Relevanz, als Zusammenhänge zwischen Attributionsstil, Lernverhalten und Schulleistung bestehen. Eine bestimmte Form von Motivationstraining setzt an leistungsbezogenen Attributionen an und wird daher als »**Reattributionstraining**« bezeichnet (für einen Überblick siehe Dresel, 2004; Rheinberg u. Krug, 2005).

Reattributionstrainings lassen sich danach unterscheiden, ob die Intervention

- von Trainern außerhalb des Unterrichts,
- im Unterricht durch die Lehrer oder
- im Rahmen eines Selbstlernprogramms für die Schüler durchgeführt wird.

> Reattributionstrainings haben das Ziel, bei Schülern günstige Ursachenerklärungen für Erfolg respektive Misserfolg zu fördern.

Das Ziel von Reattributionstrainings ist, den Schülern günstige Ursachenerklärungen (internale Attribution für Erfolg und internal-variable Attribution für Misserfolg) zu vermitteln. Eine wesentliche Gemeinsamkeit dieser Trainingsansätze ist, dass kognitive Prozesse (hier selbstbezogene Attributionen) durch verbale Rückmeldung von außen verändert werden sollen.

> Verbal geäußerte Ursachenzuschreibungen von anderen Personen können den eigenen Attributionsstil prägen.

Bislang haben wir nur von **Ursachenzuschreibungen** gesprochen, die eine Person gedanklich vornimmt. Tatsächlich spielen Ursachenzuschreibungen aber auch in der zwischenmenschlichen Kommunikation eine Rolle, wenn beispielsweise andere Personen eigene Leistungsergebnisse kommentieren und mehr oder weniger explizit Ursachenzuschreibungen für das jeweilige Leistungsergebnis ausdrücken, die schließlich von der betroffenen Person verinnerlicht werden. Denken Sie an Aussagen wie: »Na, da fehlt Dir offensichtlich das Zeug dazu!«; »Ein blindes Huhn findet auch mal ein Korn!«; »Hut ab, da zeigt sich mal wieder Ihre ganze Kompetenz und Erfahrung!«; »Macht nichts, das nächste Mal strengst Du Dich mehr an, dann klappt es bestimmt!« – hier schwingen jeweils ganz klare Annahmen über die Ursache der erbrachten Leistung mit. So ist es plausibel, anzunehmen, dass Lehrer, Vorgesetzte oder Eltern durch kommunizierte Ursachenzuschreibungen auf motivational bedeutsame Prozesse Einfluss nehmen können.

Bei einer Trainingsform (z. B. Krug u. Hanel, 1976) besuchten die Teilnehmer einen Kurs, in dem ein Trainer ihnen modellhaft angemessene Zielsetzungen, positive selbstbezogene Gefühle sowie günstige Ursachenzuschreibungen vormachte (Lernen am Modell). Zunächst wurde dies bei spielerischen, später bei schulischen Aufgaben eingeübt. Eine gewisse Schwierigkeit dieses Trainingsansatzes bestand jedoch darin, dass der Transfer in den Schulalltag nicht wirklich gelang.

Ziegler und Heller (1998) wählten daher einen anderen Zugang und konzipierten ein Reattributionstraining für den Einsatz direkt im Schulunterricht, dessen Wirksamkeit sie in einer bemerkenswerten experimentellen Längsschnittstudie belegen konnten. Zu Schuljahresbeginn wurde eine Gruppe von Lehrpersonen geschult, im Unterrichtsgespräch sowie bei schriftlichen Arbeiten motivationsförderliche Rückmeldungen zu formulieren. Eine zweite Gruppe von Lehrpersonen (Kontrollgruppe) unterrichtete nach ihrem herkömmlichen Vorgehen. Am Ende des Schuljahres hatten sich nicht nur der Attributionsstil und das Interesse an den Lerninhalten, sondern auch die Noten der Schüler aus den Trainingsklassen im Vergleich zu denen der Kontrollklassen verbessert. Dieses Training ist ein Beispiel für ein Verfahren, das völlig in den schulischen Unterrichtsablauf integriert ist mit all seinen Vor- (z. B. hohe ökologische Validität) und Nachteilen (z. B. hoher Aufwand für die Lehrperson; Frage des Wahrheitsgehalts der individuellen Rückmeldungen).

Eine Alternative hierzu bietet der dritte Trainingstypus, bei dem Schüler selbstgesteuert ein computerbasiertes Lernprogramm bearbeiten und zu ihren Leistungsergebnissen attributionale Rückmeldung erhalten. Ein Beispiel dieses Trainingsansatzes stammt von Dresel et al. (2001), der inzwischen in mehreren Studien evaluiert wurde (Dresel, 2010). Das Besondere an diesem Training ist, dass die motivationalen Trainingselemente in ein Mathematik-Lernprogramm eingebettet sind, bei dem der Lehrstoff der 5. und 6. Jahrgangsstufe in insgesamt 1052 Aufgaben unterschiedlicher Schwierigkeit zur Repetition dargeboten wird. Die Schüler können den Schwierigkeitsgrad der von ihnen zu bearbeitenden Aufgaben selbst auswählen (Zielsetzung) und erhalten nach der Bearbeitung eines Aufgabenblocks zunächst Rückmeldung über die Anzahl korrekter Lösungen. Daraufhin wird ihnen zusätzlich attributionale Rückmeldung gegeben, die sich basierend auf einem komplexen Computeralgorithmus an ihren individuellen Zielsetzungen und an ihrem Leistungsverlauf orientiert (z. B. »Wenn Du noch mehr übst, wirst Du die Aufgaben fehlerfrei schaffen!«). In einer quasi-experimentellen Längsschnittstudie mit 90 Sechstklässlern konnten Dresel und Haugwitz (2008) die Effektivität des Computer-Trainings eindrucksvoll belegen. Schüler bearbeiteten über einen Zeitraum von ca. drei Monaten in durchschnittlich bis zu neun Sitzungen die Lernsoftware »MatheWarp«. Eine Schülergruppe erhielt dabei jeweils nach der Aufgabenbearbeitung lediglich Informationen zur Anzahl von richtigen Lösungen, die zweite Schülergruppe erhielt zusätzlich das individualisierte attributionale Feedback. Zu drei Messzeitpunkten (zwei Wochen vor bzw. nach dem Training sowie fünf Monate nach dem Training) wurden Motivation und mathematisches Wissen gemessen. In ◘ Abb. 3.6 sind die Hauptergebnisse dargestellt.

3.5.2   David McClellands Leistungsmotivationstraining für Geschäftsleute

An eine ganz andere Zielgruppe richtet sich das **Motivationstraining** von McClelland und Winter, das sie 1969 in ihrem Buch *Motivating economic achievement* vorstellten. Die Befunde der Forschungsgruppe um McClelland, dass ein starkes Leistungsmotiv mit beruflichem Engagement und auf gesellschaftlicher Ebene mit Wirtschaftswachstum korreliert, hatte die Autoren zu der Überlegung veranlasst, dass man in Entwicklungsländern Trainingsprogramme anbieten könnte, um das

> Reattributionstrainings verbessern den Attributionsstil, stärken die erfolgszuversichtliche Komponente des Leistungsmotivs und fördern die Leistung.

> McClelland und Winter (1969) entwickelten ein Training, welches das Leistungsmotiv von Unternehmern stärken sollte.

■ **Abb. 3.6** Mittelwerte für Motivation und Wissen zu drei Messzeitpunkten in Abhängigkeit von der experimentellen Bedingung (nach Dresel u. Haugwitz, 2008, S.11, reprinted by permission of Taylor & Francis Ltd, http://www.tandf.co.uk/journals)

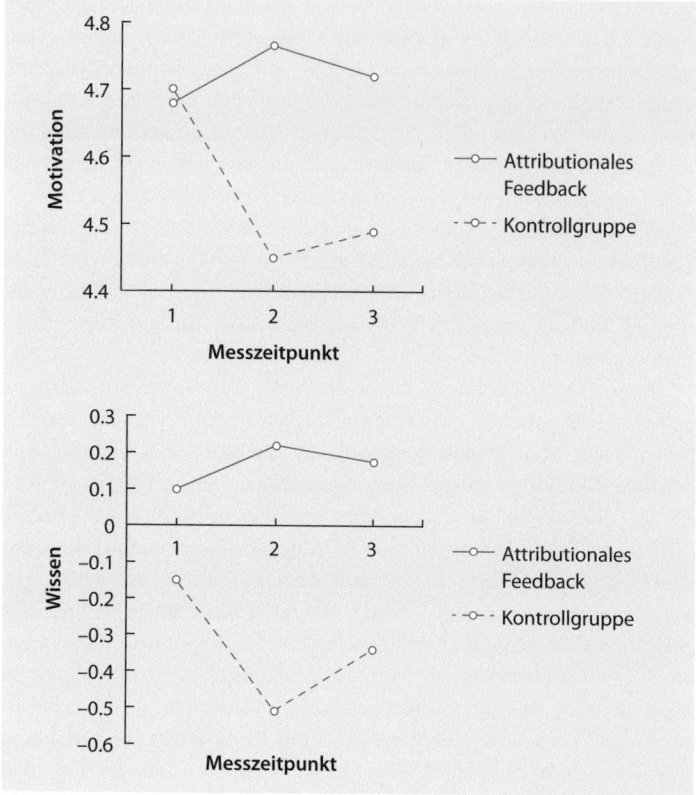

Die Teilnehmer am Motivationstraining von McClelland und Winter (1969) zeigten zwei Jahre nach dem Training mehr unternehmerische Aktivitäten, von welchen nicht nur sie selbst, sondern die ganze Region profitierte.

individuelle Unternehmertum und damit das Wirtschaftswachstum zu fördern. Obwohl das Leistungsmotiv als ein relativ stabiles Persönlichkeitsmerkmal aufgefasst wurde, vertraten die Autoren dennoch die Auffassung, dass es durch intensive Lernerfahrungen modifiziert werden könnte.

Studie

McClelland und Winter (1969)

In einem groß angelegten Feldexperiment im Nordosten Indiens wurden zwei nach geographischer Lage, Größe und wirtschaftlicher Struktur vergleichbare Städte (Kakinada, Rajahmundry) im Staat Andhra Pradesh ausgewählt. In Kakinada nahmen 52 interessierte Kleinunternehmer an einem zweiwöchigen Training teil, das in einem von ihrem Heimatort entfernt gelegenen Seminarzentrum bis zu zehn Stunden pro Tag durchgeführt wurde. Den Teilnehmern wurden in zwölf Trainingseinheiten die verschiedenen Facetten hoher Leistungsmotivation vermittelt (z. B. Erfolgsmotivierung, Erfolgszuversicht, realistische Zielsetzungen, positive Selbstbewertung bei

Erfolg). Zwei Jahre nach dem Training wurden Unternehmer beider Städte zu ihren Wirtschaftsaktivitäten befragt. Die trainierten Geschäftsleute hatten im Vergleich zu den nicht-trainierten Geschäftsleuten signifikant mehr Arbeitsplätze geschaffen, was sich auf die gesamtwirtschaftliche Situation ihrer Stadt auswirkte. Nicht nur aus der Perspektive der einzelnen Unternehmer, sondern auch in volkswirtschaftlicher Hinsicht kann der Trainingsansatz als erfolgreich gelten, wie Heckhausen et al. (1985) kommentieren: »From a cost-benefit standpoint, the training courses were more helpful than many projects of aid to developing countries« (Heckhausen et al., 1985, S. 54).

Mit diesem Blick auf zwei Trainingsansätze in Schule und Wirtschaft beenden wir das Kapitel zur Leistungsmotivation, die über Jahrzehnte die Motivationsforschung dominierte und nach wie vor die wissenschaftliche Debatte beschäftigt (Elliot u. Dweck, 2005). Besonders einflussreich sind die neueren Ansätze zu Leistungszielen, die in ► Kap. 9 zur Sprache kommen werden.

? Kontrollfragen

1. Worin liegt der Unterschied zwischen dem wissenschaftlichen und dem Alltagsverständnis des Begriffs der Leistungsmotivation?

2. Erklären Sie, weshalb Personen mit einem starken Leistungsmotiv bei der Bearbeitung von experimentellen Leistungsaufgaben ausdauernder und damit letztlich auch erfolgreicher sind als Personen mit einem schwach ausgeprägten Leistungsmotiv.

3. Inwiefern löst das Risikowahl-Modell die u. a. von Lewin geforderte Berücksichtigung personinterner und situationaler Faktoren (sog. Person-Umwelt-Interaktion) ein?

4. Im Risikowahl-Modell untergliedert Atkinson das Leistungsmotiv in zwei voneinander unabhängige Komponenten und betrachtet v. a. zwei Konstellationen. Wodurch sind diese charakterisiert?

5. Weshalb kann man das Risikowahl-Modell von Atkinson nicht direkt zur Vorhersage des

Leistungsverhaltens im Alltag (Beruf, Studium, Sport) heranziehen?

6. Inwieweit lassen sich das Risikowahl-Modell von Atkinson und die attributionale Theorie der Leistungsmotivation von Weiner aufeinander beziehen?

7. Welches Feedback führt gemäß attributionstheoretischen Überlegungen zu einem Anstieg der Erfolgserwartung im Hinblick auf zukünftige Leistungssituationen?
   – »Da hattest Du aber Glück, dass Dein Nachbar Dich hat abschreiben lassen!«
   – »Na, diesmal hast Du Dich aber bemüht!«
   – »Deine Auffassungsgabe für mathematische Fragestellungen ist gut.«

8. Skizzieren Sie ausgehend von gängigen Leistungsmotivationstheorien die zentralen Elemente eines Motivationsfördertrainings.

Försterling, F. (2001). *Attribution: An introduction to theories, research, and applications.* Hove, East Sussex: Psychology Press.
Heckhausen, H., Schmalt, H.-D., & Schneider, K. (1985). *Achievement motivation in perspective.* New York, NY: Academic Press.
Weiner, B. (1986). *An attributional theory of motivation and emotion.* New York, NY: Springer.

► **Weiterführende Literatur**

Literatur

Andrews, J. O. W. (1967). The achievement motive and advancement in two types of organization. *Journal of Personality and Social Psychology, 6*, 163–168.
Atkinson, J. W. (1957). Motivational determinants of risk-taking behavior. *Psychological Review, 64*, 359–372.
Atkinson, J. W. (1958). *Motives in fantasy, action, and society.* Princeton, NJ: Van Nostrand.
Atkinson, J. W., & Litwin, G. H. (1960). Achievement motive and test anxiety conceived as motive to approach success and motive to avoid failure. *Journal of Abnormal and Social Psychology, 60*, 52–63.
Bandura, A. (1977). Self-efficacy: Toward a unifying theory of behavioral change. *Psychological Review, 84*, 191–215.
Brunstein, J. C., & Heckhausen, H. (2018). *Leistungsmotivation.* In J. Heckhausen & H. Heckhausen (Hrsg.), *Motivation und Handeln* (5. Aufl., S. 163–221). Berlin: Springer.
Dickhäuser, O. (2006). Fähigkeitsselbstkonzepte: Entstehung, Auswirkung, Förderung. *Zeitschrift für Pädagogische Psychologie, 20*, 5–8.
Dresel, M. (2004). *Motivationsförderung im schulischen Kontext.* Göttingen: Hogrefe.

3

deCharmes, R., & Moeller, G. H. (1962). Values expressed in American children's readers: 1800–1950. *Journal of Abnormal and Social Psychology, 64*, 136–142.

Dresel, M. (2010). Förderung der Lernmotivation mit attributionalem Feedback. In C. Spiel, B. Schober, P. Wagner & R. Reimann (Hrsg.), *Bildungspsychologie* (S. 131–135). Göttingen: Hogrefe.

Dresel, M., & Haugwitz, M. (2008). A computer-based approach to fostering motivation and self-regulated learning. *The Journal of Experimental Education, 77*, 3–18.

Dresel, M., Ziegler, A., & Heller, K. (2001). *MatheWarp 5/6. Ein Mathematik-Lern- und Übungsprogramm mit integrierter Motivationsförderung*. München: BTA. Verfügbar unter: http://www.mathewarp.de

Engeser, S., Rheinberg, F., & Möller, M. (2009). Achievement motive imagery in German schoolbooks: A pilot study testing McClelland's hypothesis. *Journal of Research in Personality, 43*,110–113.

Elliot, A. J., & Dweck, D. S. (2005). Competence as the core of achievement motivation. *Handbook of Competence and Motivation*. New York, NY: Guilford Press.

Heckhausen, H. (1972). Die Interaktion der Sozialisationsvariablen in der Genese des Leistungsmotivs. In C. F. Graumann (Hrsg.), *Handbuch der Psychologie* (S. 955–1019). Göttingen: Hogrefe.

Heckhausen, J., & Heckhausen, H. (2018). *Motivation und Handeln* (5. Aufl.). Berlin: Springer.

Heckhausen, H., Schmalt, H.-D., & Schneider, K. (1985). *Achievement motivation in perspective*. New York, NY: Academic Press.

Heider, F. (1958). *The psychology of interpersonal behavior*. New York, NY: Wiley.

Isaacson, R. L. (1964). Relation between achievement, test anxiety and curricular choices. *Journal of Abnormal and Social Psychology, 68*, 447–452.

Kelley, H. H. (1967). Attribution theory in social psychology. In D. Levine (Ed.), *Nebraska symposium on motivation*. Lincoln: University of Nebraska Press.

Krug, S., & Hanel, J. (1976). Motivänderung: Erprobung eines theoriegeleiteten Trainingsprogramms. *Zeitschrift für Entwicklungspsychologie und Pädagogische Psychologie, 8*, 274–287.

Lang, J. W. B., & Fries, S. (2006). A revised 10-item version of the Achievement Motives Scale: Psychometric properties in German-speaking samples. *European Journal of Psychological Assessment, 22,* 216–224.

Lea, S. E. G., Tarpy, R. M., & Webley, P. (1987). *The individual in the economy. A survey of economic psychology*. Cambridge: Cambridge University Press.

Mahone, C. H. (1960). Fear of failure and unrealistic vocational aspiration. *Journal of Abnormal and Social Psychology, 60*, 253–261.

McClelland, D. C. (1961). *The achieving society*. Pricton, NJ: Van Nostrand (deutsch: Die Leistungsgesellschaft. Stuttgart: Kohlhammer, 1966).

McClelland, D. C. (1978). *Macht als Motiv*. Stuttgart: Klett-Cotta.

McClelland, D. C., Atkinson, J. W., Clark, R. A., & Lowell, E. L. (1953). *The achievement motive*. New York, NY: Appleton-Century Crofts.

McClelland, D. C., & Franz, C. E. (1992). Motivational and other sources of work accomplishment in mid-life: A longitudinal study. *Journal of Personality, 60*, 679–707.

McClelland, D. C., & Winter, D. G. (1969). *Motivating economic achievement*. New York, NY: The Free Press.

Meyer, W.-U. (1973). *Leistungsmotiv und Ursachenerklärung von Erfolg und Misserfolg*. Stuttgart: Klett.

Meyer, W.-U. (1984). *Das Konzept von der eigenen Begabung*. Bern: Huber.

Morgan, C. D., & Murray, H. H. (1935). A method for investigating fantasies: the thematic apperception test. *Archives of Neurology and Psychiatry, 34*, 289–306.

Murray, H. A. (1938). *Exploration in personality*. New York, NY: Oxford University Press.

Rheinberg, F., & Krug, S. (2005). *Motivationsförderung im Schulalltag* (3. Aufl.). Göttingen: Hogrefe.

Schmalt, H.-D. (1982). The two concepts of fear of failure motivation. In R. Schwarzer, H. M. van der Ploeg & C. D. Spielberger (Eds.), *Advances in test-anxiety research* (Vol. 1, pp. 45–52). Lisse: Swets & Zeitlinger.

Schmalt, H.-D. (1999). Assessing the achievement motive using the grid technique. *Journal of Research in Personality, 33*, 109–130.

Schuler, H., & Prochaska, M. (2001). *Leistungsmotivationsinventar*. Göttingen: Hogrefe.

Schultheiss, O. C. (2008). Implicit motives. In O. P. John, R. W. Robins & L. A. Pervin (Eds.), *Handbook of personality: Theory and research* (3rd ed., pp. 603–633). New York, NY: Guilford.

Schultheiss, O. C., Liening, S., & Schad, D. (2008). The reliability of a Picture Story Exercise measure of implicit motives: Estimates of internal consistency, retest reliability, and ipsative stability. *Journal of Research in Personality, 42*, 1560–1571.

Schultheiss, O. C., & Pang, J. S. (2007). Measuring implicit motives. In R. W. Robins, R. C. Fraley & R. Krueger (Eds.), *Handbook of Research Methods in Personality Psychology* (pp. 322–344). New York, NY: Guilford.

Schuster, B., Försterling, F., & Weiner, B. (1989). Perceiving the causes of success and failure. A cross-cultural examination of attributional concepts. *Journal of Cross-Cultural Psychology, 20*, 191–213.

Smith, C. P. (Ed.). (1992). *Motivation and personality: Handbook of thematic content analysis*. New York, NY: Cambridge University Press.

Stiensmeier-Pelster, J. (1988). *Erlernte Hilflosigkeit, Handlungskontrolle und Leistung*. Göttingen: Hogrefe.

Stiensmeier-Pelster, J., Schürmann, M., Eckert, C., & Pelster, A. (1994). *Attributionsstil-Fragebogen für Kinder und Jugendliche (ASF-KJ)*. Göttingen: Hogrefe.

Weber, M. (1904). Die protestantische Ethik und der Geist des Kapitalismus. *Archiv für Sozialwissenschaft und Sozialpolitik, 20*, 1–54.

Weiner, B. (1979). A theory of motivation for some classroom experiences. *Journal of Educational Psychology, 71*, 3–25.

Weiner, B. (1985). *Human motivation*. New York, NY: Springer.

Weiner, B., Frieze, I. H., Kukla, A., Reed, L., Rest, S., & Rosenbaum, R. M. (1971). *Perceiving the causes of success and failure*. New York, NY: General Learning Press.

Ziegler, A., & Heller, K. A. (1998). Motivationsförderung mit Hilfe eines Reattributions-trainings. *Psychologie in Erziehung und Unterricht, 3*, 216–229.

4 Anschlussmotivation

© Springer-Verlag GmbH Deutschland, ein Teil von Springer Nature 2018
V. Brandstätter et al., *Motivation und Emotion*, Springer-Lehrbuch
https://doi.org/10.1007/978-3-662-56685-5_4

Lernziele

- Die Wurzeln des Anschlussmotivs kennen.
- Beschreiben können, womit sich die An-
schlussmotivationsforschung befasst.
- Um die Unterscheidung in »Hoffnung auf
Anschluss« und »Furcht vor Zurückweisung«
wissen und verstehen, worin die wichtigsten
Unterscheidungsmerkmale liegen.

- Die wichtigsten Korrelate des Anschlussmotivs
nennen können.
- Die physiologischen Grundlagen des
Anschlussmotivs skizzieren können.

4.1 Einleitung

Menschen streben in allen Phasen ihres Lebens nach befriedigenden
zwischenmenschlichen Beziehungen in neuen Bekanntschaften,
Freundschaften, in Partnerschaften und in der Familie (Baumeister u.
Leary, 1995). Das Gefühl, sich sozial eingebunden zu fühlen, gilt als
wichtiges menschliches Basisbedürfnis, dessen Befriedigung positive
und dessen Frustration negative Konsequenzen für das subjektive
Wohlbefinden und das körperliche Wohlergehen hat (Deci u. Ryan,
1985, 2000). Wenn Menschen gefragt werden, welches besonders
bedeutende oder sinnstiftende Ziele in ihrem Leben sind, nennen sie
häufig Themen, die um soziale Beziehungen kreisen. Die Motivations-

Das fundamentale Bedürfnis nach
sozialen Kontakten wird in der
Motivationspsychologie in der
Forschung zum Anschlussmotiv
behandelt.

psychologie postuliert für das Streben nach zwischenmenschlich befriedigenden Beziehungen ein eigenes Motiv: das **Anschlussmotiv**. Im Folgenden werden die Wurzeln des Anschlussmotivs erläutert, seine Messung wird in ▸ Abschn. 6.4 dargestellt.

4.2   Die Wurzeln des Anschlussmotivs

4.2.1   Phylogenese des Anschlussmotivs

Evolutionsbiologisch betrachtet sind die Bindung an Bezugspersonen und das Zusammenleben in Gruppen eine Lebensnotwendigkeit. Diese hat die Ausbildung eines Bedürfnisses nach Anschluss mit sich gebracht.

Die **Bindung** an enge Bezugspersonen wie Eltern, Kinder und Partner sowie die Fähigkeit, sich in sozialen Gruppen zusammenzuschließen und hier Harmonie zugunsten des Zusammenhalts und Funktionierens der Gruppe aufrechtzuerhalten, war zu allen Menschheitszeiten eine wichtige Bedingung für das Überleben. Widrigen Lebensbedingungen effektiv trotzen zu können war nur in der Gruppe möglich. Auf sich alleine gestellt war ein Überleben des Menschen und der Menschheit kaum möglich. So war der Mensch beispielsweise auf Nahrungsbeschaffungsmaßnahmen, die nur in Gruppen möglich sind (bestimmte Formen der Jagd), angewiesen. Hinzu kam die Bedrohung durch Tiere. Die im Verhältnis zu anderen Lebewesen lange Schwangerschaft, in denen Mütter wie Kinder Feinden relativ schutzlos ausgeliefert sind, und die lange Kindheit, in der überlebensnotwendige Kompetenzen nur eingeschränkt vorhanden sind, sind nur einige Beispiele für die Verletzlichkeit des Individuums. Soziale Bindungen innerhalb (Kindes- und Elternliebe) und außerhalb der eigenen Familie (Zweckgemeinschaften, Freundschaften) sind also evolutionsbiologisch notwendig und bilden den Kern des Anschlussmotivs, wie es heute untersucht wird (Bischof-Köhler, 1985).

4.2.2   Ontogenese des Anschlussmotivs

Nach Bowlbys (1958) bindungstheoretischem Ansatz sind positive Emotionen bei der Zuwendung zu wichtigen Bezugspersonen und negative Emotionen bei einer Trennung von diesen in der Stammesgeschichte verankert.

Die phylogenetische Basis des Anschlussmotivs ist auch Kern des bindungstheoretischen Ansatzes von **Bowlby** (1958). Hiernach sind Mütter und Kinder stammesgeschichtlich prädisponiert, aufeinander mit emotionaler und körperlicher Zuwendung zu reagieren und Trauer und Angst bei Trennung zu empfinden. Während Babys etwa bis zum sechsten Lebensmonat auch auf Unbekannte mit positiven Reaktionen (Lächeln) reagieren, ist häufig zwischen dem siebten und neunten Monat eine Furcht gegenüber Fremden zu beobachten. Diese im Volksmund als »Fremdeln« bezeichnete Furcht reicht von Zurückhaltung bis zu intensiver Angst und kann bis über das erste Lebensjahr hinaus bestehen bleiben. Hoffnung und Furcht im Zusammenhang mit sozialen Kontakten sind somit **phylogenetisch fundierte »Erwartungsemotionen«** (Emotionen, die nicht an eine aktuelle Situation gebunden sind, sondern durch die Erwartung des Eintreffens eines zukünftiges Ereignis entstehen), die auch bei der späteren Ausbildung des Anschlussmotivs eine entscheidende Rolle spielen.

Nach Ainsworth et al. (1978) unterscheidet sich die Bindungsqualität zwischen Müttern und ihren Kindern. Diese lässt sich anhand von zeitlich relativ stabilen und auch für spätere soziale Beziehungen im

Erwachsenenalter relevanten **Bindungstypen** beschreiben. Die Bindungstypen werden mittels des »Fremden-Situation«-Paradigmas ermittelt, bei dem die Bindungsperson – zumeist die Mutter – ihr Kleinkind (1–1,5 Jahre) mit der Versuchsleiterin allein lässt. Das Verhalten der Kinder bei der Trennung und beim Wiedersehen wird beobachtet und ausgewertet. Folgende vier Bindungstypen lassen sich unterscheiden: sicherer **Bindungsstil** (Trennung von der Mutter löst beim Kind zwar negative Gefühle aus, es bleibt aber ruhig und zeigt Freude bei ihrer Rückkehr), unsicher-vermeidender Bindungsstil (Kind scheint von der Trennung unbeeindruckt und ignoriert Mutter bei ihrer Rückkehr), unsicher-ambivalenter Bindungsstil (bei Trennung wirkt Kind verzweifelt, bei Rückkehr zeigt es widersprüchliches Verhalten von anklammernd bis aggressiv-zurückweisend) sowie desorganisierter Bindungsstil (auffälliges Verhalten bei schwer vernachlässigten Kindern, keine Reaktion auf Bezugsperson, stereotypes Verhalten wie Schaukeln).

Als bedeutsamer Faktor für die Ausbildung der Bindungstypen gelten frühe Lernerfahrungen. So gilt die feinfühlige Reaktion der Mutter auf die nonverbalen Signale des Kindes als zentral für einen sicheren Bindungsstil.

> Ainsworth et al. (1978) unterscheiden die folgenden Bindungstypen: sichere Bindung, unsicher-vermeidende Bindung, unsicher-ambivalente Bindung und desorganisierte Bindung.

Auch wenn intuitiv naheliegt, dass die Bindungserfahrungen zur Herausbildung von Hoffnung-auf-Anschluss und Furcht-vor-Zurückweisung (siehe unten) beitragen, bestehen doch keine Studien, die diesen Zusammenhang empirisch prüfen. Auch Studien, die direkt die Entwicklung des Anschlussmotivs analysieren, gibt es nur wenige. McClelland et al. (1989) nennen Befunde von Langzeitstudien, nach denen das im Erwachsenenalter gemessene Anschlussmotiv mit dem Erziehungsstil der Eltern (Gebrauch bekräftigender Erziehungstechniken wie z. B. Lob) korreliert. Im Widerspruch dazu weist aber auch ein Befund darauf hin, dass das Anschlussmotiv seine Wurzeln in Zurückweisungsfurcht hat. So war der beste Prädiktor für ein hohes Anschlussmotiv von 31-jährigen Erwachsenen das Ignorieren des Weinens durch die Mutter in der frühen Kindheit.

4.3 Der Gegenstand der Anschlussmotivforschung

Wie bereits im Kapitel über die historischen Ansätze angesprochen (► Kap. 2), hat schon Henry Murray (1938) die Relevanz des Anschlussmotivs, das er als das Bestreben nach harmonischen und gleichberechtigten zwischenmenschlichen Beziehungen beschreibt, thematisiert. Dennoch wurde zu Beginn der eigentlichen Anschlussmotivationsforschung um 1950 (Shipley u. Veroff, 1952) das Anschlussmotiv zunächst als ein Furchtmotiv konzipiert, das durch die Gefahr einer Zurückweisung angeregt und verhaltenswirksam wird.

Studie

Atkinson et al. (1954)

In einer Studie von Atkinson et al. (1954) wurde beispielsweise das Anschlussmotiv angeregt, indem sich Bewohner eines Studentenwohnheims der öffentlichen soziometrischen Beurteilung durch ihre Mitbewohner aussetzen mussten. Im Anschluss an diese Situation, in der ihre (Un-) Beliebtheit eingestuft wurde, schrieben sie Fantasiegeschichten zu TAT-Bildern, die von den

4

Versuchsleitern inhaltsanalytisch nach anschluss-thematischen Inhalten ausgewertet wurden. Interessanterweise wurden Personen, die viel Anschlussthematik in den Geschichten äußerten, als weniger beliebt von ihren Mitbewohnern eingeschätzt. Dies und die Charakterisierung der Anregungssituation an sich lassen vermuten, dass es sich bei dieser Erfassung des Anschlussmotivs um eine Messung von Furcht vor Zurückweisung handelt.

Zu Beginn der Anschlussmotiva-tionsforschung in den 50er-Jahren galt das Anschlussmotiv als ein Furchtmotiv. Später wurde in die aufsuchende Motivkomponente »Hoffnung auf Anschluss« und in die meidende Motivkomponente »Furcht vor Zurückweisung« unter-schieden.

In der Fortsetzung der Anschlussmotivationsforschung gelang die kon-zeptionelle Unterscheidung in die aufsuchende Motivkomponente »Hoffnung auf Anschluss« und in die meidende Motivkomponente »Furcht vor Zurückweisung«.

4.4 »Hoffnung auf Anschluss« und »Furcht vor Zurückweisung«

4.4.1 Die dunkle und die helle Seite sozialer Beziehungen

Soziale Beziehungen sind eine Quelle für Glück, Zufriedenheit und Wohlbefinden. Die andere Seite der Medaille ist jedoch, dass sie auch eine der stärksten Quellen für Unglück, Unzufriedenheit und Missbe-finden sind. Zurückweisungen und Trennungen sind häufige Gründe für das Aufsuchen einer Beratung oder Psychotherapie. Soziale Zurück-weisung verursacht eine ganze Bandbreite negativer emotionaler Reak-tionen wie Kränkung, Angst, Trauer und Depression. Sie beeinträchtigt neben Emotionen auch kognitive Prozesse und die Selbstregulation.

Dass Zurückweisung im wahrsten Sinne des Wortes »schmerzt«, erklärt eine Studie von Eisenberger et al. (2003). Sie fanden mittels funk-tioneller Magnetresonanztomografie (fMRI), dass bei sozialer Ausgren-zung ein Mittelhirnareal (anteriorer Gyrus Cinguli) angesprochen wird, das auch bei körperlichen Schmerzen aktiv wird.

Soziale Zurückweisung hat eine starke emotionale Bedeutsamkeit (Angst, Depression), die hirnstruk-turell verankert ist.

Auch DeWall et al. (2010) argumentieren, dass körperliche Schmer-zen und »**soziale Schmerzen**« auf ähnlichen neuronalen Mechanismen beruhen. In ihren Experimenten testeten sie, ob ein häufig eingesetztes Schmerzmittel (Paracetamol) auch die negativen Auswirkungen sozia-ler Zurückweisung lindert. Sie fanden mittels funktioneller Magnet-resonanztomografie, dass Paracetamol tatsächlich die Nervenzellen-aktivität in jenen Hirnregionen herabsetzte, die mit »sozialem Schmerz« (und mit der affektiven Komponente des körperlichen Schmerzes) in Zusammenhang stehen (dorsal anteriorer zingulärer Kortex, anteriore Insel).

Wie auch beim Leistungsmotiv (▶ Kap. 3) und Machtmotiv (▶ Kap. 5) wird beim Anschlussmotiv eine Hoffnungs- und eine Furchtkompo-nente unterschieden. Während die »Hoffnung auf Anschluss« eine ge-neralisierte Erfolgserwartung in sozialen Beziehungen darstellt und darauf ausgerichtet ist, soziale Kontakte aufzubauen, hemmt die »Furcht vor Zurückweisung« als generalisierte Misserfolgserwartung in sozialen Beziehungen eine unangemessene Annäherung an andere Personen. Die Motivkomponenten wirken in entgegengesetzten Richtungen und regulieren sich dabei gegenseitig im Sinne einer optimalen Nähe und

Distanz zu anderen Menschen. Wenn in der Literatur und im Weiteren auch in diesem Kapitel von »Hoffnung-auf-Anschluss-Motivierten« und »Furcht-vor-Zurückweisung-Motivierten« die Rede ist, meint dies nicht ein Entweder-oder, sondern ein relatives Überwiegen einer der beiden Komponenten.

4.4.2 Merkmale »Hoffnung auf Anschluss«- und »Furcht vor Zurückweisung«-Motivierter

Nach Mehrabian und Ksionsky (1974) unterscheiden sich Personen mit »Hoffnung auf Anschluss« von Personen mit »Furcht vor Zurückweisung« in einer ganzen Reihe von Merkmalen. »Hoffnung auf Anschluss«-Motivierte sind beispielsweise durch folgende Merkmale gekennzeichnet: Sie beurteilen andere Personen positiver. Sie denken, andere Personen sind ihnen selbst ähnlicher. Sie geben an, andere mehr zu mögen und sie werden von anderen mehr gemocht. »Furcht vor Zurückweisung«-Motivierte neigen beispielsweise dazu, mehrdeutige Signale in sozialen Situationen als Zurückweisung zu interpretieren (s. auch Sokolowski u. Schmalt, 1996). Sie verhalten sich in sozialen Situationen nicht besonders geschickt und fühlen sich unbeliebter und einsamer. Die teilweise Überforderung in sozialen Situationen überträgt sich auf ihre sozialen Interaktionspartner (Mehrabian u. Ksionsky, 1974).

Die von »Hoffnung auf Anschluss«-Motivierten gezeigte offene und positive Zuwendung gegenüber anderen wirkt auf diese ansteckend und führt häufig zu einer entspannten, das Anschlussmotiv erfüllenden, sozialen Atmosphäre. »Hoffnung auf Anschluss«-Motivierte sind in ihrer Zuversicht gestärkt, positive Sozialkontakte herstellen zu können und werden sich auch zukünftig ähnlich sozial geschickt verhalten. In diesem Kreislauf stabilisiert sich die Hoffnung.

Das Prinzip der Selbstbekräftigung des Motivs gilt natürlich auch für »Furcht vor Zurückweisung«-Motivierte. Die Neigung, in sozialen Situationen rasch Zurückweisungssignale zu erkennen, führt unweigerlich zu einem unsicheren, vorsichtigen oder sogar ängstlichen Vorgehen. Die sozialen Interaktionspartner spüren die (An-)Spannung und fühlen sich in der sozialen Atmosphäre unbehaglich und senden eben keine (dringend erwünschten) Signale, die eindeutig auf soziale Akzeptanz hinweisen. Diese Mehrdeutigkeit wird von »Furcht vor Zurückweisung«-Motivierten wiederum zuungunsten der Beziehungsgüte interpretiert. Hier ist der Kreislauf ein Teufelskreis, der die Furcht stabilisiert.

Furchtmotivierte tendieren dazu, ihr Verhalten über Vermeidungsziele zu regulieren, während Hoffnungsmotivierte zu Annäherungszielen neigen. Gable (2006) unterstützt die theoretische Annahme, dass Hoffnung und Furcht und die mit ihnen assoziierten Annäherungs- und Vermeidungsziele im Anschlusskontext zu den erwünschten positiven bzw. zu den befürchteten negativen Konsequenzen führen. Sie fand, dass Studierende, die soziale Annäherungsziele wie »neue Freundschaften schließen« verfolgten, über weniger Einsamkeit und größere Zufriedenheit mit sozialen Beziehungen berichteten, während Studierende, die soziale Vermeidungsziele wie »vermeiden, mit meinem Freund zu streiten« verfolgten, sich einsamer fühlten und stärkere Beziehungsunsicherheit erlebten.

»Hoffnung auf Anschluss«- und »Furcht vor Zurückweisung«-Motivierte unterscheiden sich in der Interpretation sozialer Situationen und in ihren Gefühlen und Verhaltensweisen, wenn sie mit anderen interagieren. Annähernde und vermeidende Zielsetzungen und die Reaktionen des sozialen Umfeldes verstärken die Hoffnung bzw. Furcht in zukünftigen sozialen Situationen.

4.5   Korrelate des Anschlussmotivs

4.5.1   Anschlussmotiv und Sensibilität für soziale Reize

Personen mit einem hohen Anschlussmotiv haben eine höhere Sensibilität für soziale Reize (z. B. Wahrnehmung von Gesichtern) als Niedriganschlussmotivierte.

Anschlussmotivierte haben eine höhere **Sensibilität für andere Menschen**, was sich beispielsweise in einer schnelleren und besseren Gesichterwahrnehmung äußert. Atkinson und Walker (1956) argumentieren, dass Gesichter wichtige soziale Reize sind, die Informationen über die aktuelle Beziehungsgüte (Sympathie, Feindseligkeit) liefern und so von Anschlussmotivierten besser wahrgenommen werden sollen. Sie bestätigten diese Annahme in Studien zur Gesichterdetektion, und zwar sogar dann, wenn die Darbietung der Gesichter unterhalb der bewussten Wahrnehmungsschwelle lag. Schultheiss und Hale (2007) führten diesen Grundgedanken fort und zeigten, dass es bei einer kurzen Darbietung von Gesichtern zu einer automatischen Aufmerksamkeitslenkung Hochanschlussmotivierter auf freundliche Gesichter kam. Bei kurz dargebotenen ärgerlichen Gesichtern, die eine Form der Zurückweisung signalisierten, fand hingegen eine automatische Aufmerksamkeitsabwendung statt.

4.5.2   Anschlussmotiv und Anschlussverhalten

Die Studien zu den Verhaltenskorrelaten des Anschlussmotivs zeigen, dass **anschlussmotivierte Personen** Situationen bevorzugen, die **Anschlussanreize** kennzeichnen, und sich häufiger in **anschlussthematischem Verhalten** engagieren. Die wichtigsten Studienbefunde sind im Folgenden genannt.

Wenn Anschlussmotivierte die Wahl haben, ziehen sie Situationen mit Anschlussanreizen solchen Situationen vor, die andere Anreize (z. B. Leistungs- oder Machtanreize) versprechen. (French, 1958b). So bevorzugten sie beispielsweise ein Abenteuerspiel, in dem mit anderen interagiert werden musste, vor Videospielen ohne anschlussthematische Anreize, in denen es z. B. um ein Motorradrennen ging (Wegge et al., 1996).

Personen mit hohem Anschlussmotiv engagieren sich häufiger in Verhalten, das der sozialen Kontaktaufnahme und -pflege dient (Briefeschreiben, Besuche, gemeinsame Aktivitäten, Reflektieren über soziale Beziehungen) als Personen mit niedrigem Anschlussmotiv.

Anschlussmotivierte zeigen mehr anschlussförderliche Kontaktaufnahmen wie häufiges Telefonieren, häufiges Briefeschreiben und häufige Besuche (Lansing u. Heyns, 1959; McAdams u. Constantian, 1983). Hierzu passend zeigte sich in einer 4-wöchigen Tagebuchstudie von Langens und Schmalt (2002), dass Hochanschlussmotivierte häufiger anschlussthematisches Verhalten (Aktivitäten mit Freunden, Besuche) als bedeutsame Tagesereignisse nannten. Anschlussmotivierte nehmen mehr Augenkontakt mit anderen auf (Exline, 1963) und das Erlernen sozialer Sachverhalte (z. B. soziale Netzwerke) fällt ihnen leicht (McClelland, 1985).

Personen mit hohem Anschlussmotiv streben nach Harmonie. Dies bewegt sie auch dazu, soziale und politische Konflikte zu vermeiden oder entschärfen zu wollen.

Der Wunsch nach harmonischen Beziehungen lässt Anschlussmotivierte bemüht sein, Konflikten auszuweichen. So vermeiden sie kompetitive Aufgaben (Terhune, 1968) und sogar Spiele, in denen sie mit einem Gegner »streiten« (z. B. Schach; McClelland, 1975). Sie machen in Gruppenentscheidungen weniger Vorschläge, die die Arbeitsgruppenatmosphäre bedrohen würden (Exline, 1962). Winter (1993) fand mittels Inhaltsanalysen von Archivmaterial, wie beispielsweise Regierungsmitteilungen, dass ein hohes Ausmaß an Anschlussmotivation häufig zur Vermeidung oder zur Beendigung kriegerischer Handlungen beitrug.

Neben freundlichem, anschlussförderlichem Verhalten können Anschlussmotivierte jedoch auch distanziertes und sogar **anschlusshinderliches Verhalten** zeigen. So mögen sie andere nicht, wenn keine (harmoniebringende) Meinungsübereinstimmung herrscht und vermeiden Blickkontakt mit Personen, von denen kein Anschluss zu erwarten ist (Exline, 1963).

Mason und Blankenship (1987) zeigten, dass hochanschlussmotivierte Frauen unter Stress eher dazu neigen, ihre Lebenspartner körperlich und psychisch zu missbrauchen, und Zurbriggen (2000) fand sogar, dass ein hohes Anschlussmotiv mit aggressiverem Sexualverhalten bei Frauen einherging. Nach Meinung der Autoren stellt dies einen verzweifelten Versuch dar, die Beziehung aufrechtzuerhalten.

> Anschlussmotivierte sind nicht immer harmonisch: Sie sind distanziert gegenüber Personen, von denen kein harmonisches Miteinander zu erwarten ist. Sie können sich aggressiv verhalten, wenn sie eine wichtige Beziehung bedroht sehen.

Studie

Hagemeyer et al. (2015)

Hagemeyer, Schönbrodt, Neyer, Neberich und Asendorpf (2015) ziehen in Studien, in denen Paare befragt wurden, Motive heran, um die Güte von Paarbeziehungen vorherzusagen. Sie fassen Aspekte des Anschlussmotivs unter die übergeordnete Kategorie der gemeinschaftsbezogenen Bedürfnisse (»communal needs«), die durch den Wunsch nach Nähe und Vertrautheit in Paarbeziehungen gekennzeichnet sind, und grenzen diese von den agentischen Bedürfnissen (»agentic motives«) ab, bei denen der Wunsch nach Unabhängigkeit, Leistungserbringung und persönlicher Selbstverwirklichung im Vordergrund steht. Die Autoren argumentieren, dass diese entgegengesetzten Bedürfnisse ein hohes Konfliktpotenzial in sich bergen, das die Güte von Partnerschaften beeinträchtigen kann. Die agentischen Bedürfnisse sollten ebenfalls erklären können, ob Paare bevorzugen, zusammenzuleben oder zusammen getrennt – also in getrennten Haushalten (sog. »living apart together«-Paare, LAT-Paare) – zu leben. Zwei Auszüge des komplexen Befundmusters sind, dass in der Tat starke agentische Motive mit einer erhöhten Wahrscheinlichkeit für eine LAT-Beziehung einhergingen. Wie der Titel des Artikels *When »Together« means »Too Close«* sagt, kann bei einer starken Ausprägung des agentischen Motivs das Zusammenleben ein »too close« darstellen, das sich negativ auf die Beziehung auswirkt.

4.5.3 Anschlussmotiv und Leistung

Anschlussmotivierte bringen eine bessere **Leistung**, wenn die Leistungssituation anschlussthematische Anreize enthält. So erzielten sie beispielsweise bessere Noten bei sympathischen und ebenfalls anschlussmotivierten Lehrenden (McKeachie, 1961), erzielten die besten Arbeitsergebnisse, wenn sie in einer Gruppe anstatt allein arbeiteten (French, 1958a) und erbrachten die beste sportliche Leistung, wenn sie für ihr Team (statt im Individualwettkampf) antraten (Sorrentino u. Sheppard, 1978).

Wenn Anschlussmotivierte zwischen Arbeitspartnern wählen dürfen, die zwar kompetent aber nicht sonderlich sympathisch sind und solchen, die sympathisch aber nicht sonderlich kompetent sind, wählen sie häufiger Letztere als dies Niedriganschlussmotivierte tun (French, 1958b). Sie ziehen also Anschlussanreize, die sich durch die Zusammen-

Anschlussmotivierte werden durch anschlussthematische Anreize (z. B. Kooperation statt Kompetition) zu hoher Leistung motiviert.

arbeit mit einem sympathischen Kollegen ergeben würden, den besseren Leistungsergebnissen vor.

Personen mit starkem Anschlussmotiv erbringen bei Aufgaben, die Kooperation erfordern, gute Leistungen und schneiden schlecht ab, wenn Kompetition gefordert ist (z. B. Koestner u. McClelland, 1992). In hierarchischen Organisationen finden sich Hochanschlussmotivierte selten in Managerpositionen, wohl aber in Organisationen mit flachen Hierarchien, in denen es stärker auf harmonische Interaktionen von Gruppenprozessen ankommt (Litwin u. Siebrecht, 1967).

4.5.4 Anschlussmotiv und Gesundheit

Neben den positiven psychischen Konsequenzen scheint ein hohes Anschlussmotiv auch die **körperliche Gesundheit** zu begünstigen. McClelland (1979) maß die Ausprägung des Anschlussmotivs Studierender und erfasste 20 Jahre später deren diastolischen Blutdruck. Die gefundene negative Korrelation lässt vermuten, dass ein hohes Anschlussmotiv einen wichtigen Risikofaktor für z. B. koronare Herzerkrankungen eindämmt. Jemmott et al. (1990) konnten zeigen, dass ein hohes Anschlussmotiv mit einer hohen Funktionsfähigkeit des **Immunsystems** einhergeht. Hochanschlussmotivierte Studierende zeigten im Laufe ihres Studiums eine chronisch erhöhte Immunoglobin-A-Konzentration im Speichel (S-IgA), die sich nach einem Abfallen infolge einer stressreichen Prüfungssituation rasch wieder erholte. McClelland und Kirshnit (1988) gingen dem Zusammenhang von Anschlussmotivation und S-IgA-Konzentration mit einem experimentellen Design auf die Spur. Sie konnten nachweisen, dass die Anregung des Anschlussmotivs mit einem anschlussthematischen Film über Mutter Theresas Fürsorgeverhalten, nicht aber die Anregung des Machtmotivs mit einem Film über Kriegshandlungen zu einer erhöhten Ausschüttung von Immunoglobin A führte. Diese Befunde weitergedacht, trägt das Anschlussmotiv über ein gestärktes Immunsystem zur Widerstandsfähigkeit gegen Krankheiten bei.

Jedoch gibt es auch Studien, die den Zusammenhang zwischen Anschlussmotiv und Gesundheit weniger eindeutig aussehen lassen. Nach einer in McClelland (1989) zitierten Studie charakterisieren sich Diabetes-Patienten (Typ 1) durch ein hohes Anschlussmotiv und einem Mangel an Selbstsicherheit. Nachdem das Anschlussmotiv seiner Patientengruppe angeregt wurde, zeigten diese eine höhere Dopaminkonzentration, die mit einer für die Erkrankung ungünstigen Blutzuckermobilisation aus der Leber zusammenhängt. Dass sie zudem mehr aßen, wenn ihr Anschlussmotiv angeregt war, verschärfte das Gesundheitsproblem hoch Anschlussmotivierter noch zusätzlich.

Fasst man die Befunde bisheriger Studien zusammen, zeigt sich jedoch als Muster, dass Hochanschlussmotivierte mit geringerer Wahrscheinlichkeit krank werden als niedrig Anschlussmotivierte (Jemmot, 1987; McClelland u. Jemmott, 1980).

Ein hohes Anschlussmotiv ist der Gesundheit zuträglich (normaler Blutdruck, bessere Funktionsfähigkeit des Immunsystems).

4.6   Die Abgrenzung des Anschlussmotivs von verwandten Konstrukten

»Hoffnung auf Anschluss« und »Furcht vor Zurückweisung« können auf den ersten Blick anderen psychologischen Phänomenen ähnlich erscheinen. Im Folgenden werden die Abgrenzung zum Intimitätsmotiv, die soziale Eingebundenheit als Basisbedürfnis und soziale Ängste erläutert.

Im Vergleich zum Anschlussmotiv, das sich durch das Bestreben kennzeichnet, mit wenig bekannten Personen in eine positive Sozialbeziehung zu treten oder Zurückweisungen zu vermeiden, kennzeichnet sich das **Intimitätsmotiv** (McAdams, 1992) durch das Bedürfnis nach engen zwischenmenschlichen Beziehungen, nach gegenseitiger Anziehung, nach einem offenen Dialog frei von Manipulationsversuchen, nach Harmonie sowie nach gegenseitigem Sorge tragen füreinander (s. auch Sokolowski u. Heckhausen, 2010).

Das Gefühl sozialer Eingebundenheit und dazu zu gehören ist gemäß der Selbstbestimmungstheorie (Deci u. Ryan, 1985, 2000) ein fundamentales psychologisches Basisbedürfnis (neben dem Erleben von Autonomie und Kompetenz). Anders als die Konzeption von Motiven (McClelland, 1985) ist die **soziale Eingebundenheit** als ein angeborenes und universales Basisbedürfnis konzeptualisiert (anstatt als ein in der frühen Kindheit erlerntes Motiv). Soziale Eingebundenheit führt bei allen Menschen gleichermaßen zu psychologischem Wachstum, Wohlbefinden, intrinsischer Motivation und körperlichem Wohlergehen.

Die Furchtkomponente des Anschlussmotivs hat phänomenologisch Ähnlichkeiten mit verschiedenen **sozialen Ängsten** wie die Fremdenfurcht im Kleinkindalter oder die soziale Phobie im klinischrelevanten Kontext.

> Das Konzept des Anschlussmotivs ist gegenüber inhaltlich ähnlichen Konstrukten, wie dem Intimitätsmotiv, dem Basisbedürfnis nach sozialer Eingebundenheit und Formen der sozialen Angst, abzugrenzen.

4.7   Die Physiologie des Anschlussmotivs

4.7.1   Progesteron

Die bessere Immunabwehr Hochanschlussmotivierter durch eine höhere S-IgA-Konzentration sowie der Zusammenhang des Anschlussmotivs mit einem niedrigen diastolischen Blutdruck (Parasympathikusaktivität) wurden bereits im obigen Abschnitt über die gesundheitsförderlichen Effekte des Anschlussmotivs erläutert.

Weitere Studien weisen darauf hin, dass auch das Steroidhormon Progesteron mit dem Anschlussmotiv in Zusammenhang steht. Es gehört zur Gruppe der Sexualhormone und wird v. a. in der zweiten Hälfte des Menstruationszyklus und während der Schwangerschaft gebildet. Schultheiss et al. (2003) wiesen einen Zusammenhang zwischen dem Anschlussmotiv und ansteigender Progesteron-Konzentration während des Menstruationszyklus nach und zeigten, dass Frauen, die Progesteron-enthaltende Ovulationshemmer einnahmen, höhere Anschlussmotive zeigten als Frauen, die keine Ovulationshemmer nahmen. Wirth und Schultheiss (2006) nehmen eine bi-direktionale Wirkrichtung an: Ein starkes Anschlussmotiv führt zu einer erhöhten Progesteron-Ausschüttung, was auch die bessere Stressresistenz Anschlussmotivierter

> Das Anschlussmotiv steht mit dem Steroidhormon Progesteron (»Schwangerschaftshormon«) in einem positiven Zusammenhang.

4

über Angstreduktion erklären würde. Progesteron wiederum wirkt zurück und begünstigt anschlussthematisches Verhalten.

4.7.2 Oxytocin

Es liegt nahe, dass auch das Hormon Oxytocin an der Regulation des Anschluss- und v. a. des Intimitätsverhaltens beteiligt ist. Ihm wird eine bedeutende Rolle beim Geburtsprozess und bei der Mutter-Kind-Bindung zugesprochen, und es verstärkt durch die Ausschüttung beim Geschlechtsverkehr die Bindung der Sexualpartner.

Für Bindungsverhalten im Tierbereich (Bindung von Muttertier an Jungtier) und im Humanbereich (körperliche Zuwendung, Vertrauen) ist Oxytocin entscheidend.

Tierexperimentelle Studien und auch erste Studien im Humanbereich unterstützen den vermuteten Zusammenhang zwischen Oxytocin und anschlussrelevantem Verhalten. So ist bei körperlicher Zuwendung (wie z. B. einer Massage) eine Oxytocin-Ausschüttung zu beobachten (Uvnaes-Moberg, 1998). Oxytocin scheint aber nicht nur bei befriedigenden Sozialkontakten eine Rolle zu spielen, sondern auch dann, wenn soziale Beziehungen gefährdet sind und der Wunsch nach Wiederherstellung der Beziehung besteht. Eine Studie der Arbeitsgruppe um Taylor zeigte, dass Frauen, die über unzufriedene Sozialbeziehungen (Partnerschaftsprobleme, Unzufriedenheit mit Freundschaftsbeziehungen) berichteten, eine höhere Oxytocin-Konzentration aufwiesen (Taylor u. Gonzaga, 2007; siehe auch Taylor et al., 2006). Oxytocin scheint auch den Aufbau von Vertrauen in sozialen Beziehungen zu unterstützen (Kosfeld et al., 2005). So waren Versuchspersonen, denen vor einem Geldinvestitionsspiel Oxytocin über ein Nasenspray verabreicht wurde, vertrauensseliger gegenüber ihren Mitspielern. Sie vertrauten in ihren Treuhänder und überwiesen ihm mehr Geld als Personen, denen kein »Vertrauenshormon« verabreicht wurde.

4.7.3 Dopamin

Eine Anregung des Anschlussmotivs führt zu Dopamin-Ausschüttung.

Wie im Abschnitt über Anschlussmotiv und Gesundheit angeführt, wird das Anschlussmotiv auch mit Dopamin in Verbindung gebracht (McClelland, 1989). Die Anregung des Anschlussmotivs durch einen Liebesfilm machte sich in einem im Speichel und Blutserum messbaren Dopamin-Anstieg bemerkbar. Sokolowski et al. (1997) maßen bei Parkinsonpatienten, deren Krankheitsbild sich durch einen Dopamin-Mangel kennzeichnet, ein signifikant niedrigeres Anschlussmotiv als bei ebenfalls chronisch Kranken mit ähnlichen krankheitsbedingten Einschränkungen (z. B. Einschränkungen der Motorik). Die Tatsache, dass Dopamin ein wichtiger Neurotransmitter des positiven Verstärkungssystems ist, der für allgemeines Wohlbefinden (mit)verantwortlich ist, erklärt, warum anschlussthematisches Handeln initiiert und aufrechterhalten wird.

4.8 Praxisbezug: Nutzung sozialer Medien als anschlussthematische Handlung?

Die Wichtigkeit sozialer Beziehungen findet auch in den neuen Medien einen deutlichen Ausdruck. Die sog. **sozialen Medien** erfreuen sich eines rasanten Wachstums an Austauschformen. So werden Bilder und Videos (Picasa, YouTube, Flickr) und Erlebnisse (Blogs zu fast allen Themen) mitgeteilt und reger (manchmal süchtig machender) Austausch mit Freunden und Bekannten betrieben (Facebook, Twitter, Google+). Auf der deutschsprachigen Facebook-Homepage heißt es (wohlgemerkt gleich im vertraulichen »Du«): »Facebook ermöglicht es dir, mit den Menschen in deinem Leben in Verbindung zu treten und Inhalte mit diesen zu teilen.« Private Facebook-Nutzer werden als »Freunde« bezeichnet. Freundschaftsanfragen können elektronisch gestellt werden und vom Angefragten angenommen oder abgelehnt werden. Mit bestehenden Freunden werden Nachrichten ausgetauscht, es wird zu gemeinsamen Tätigkeiten eingeladen und zum Geburtstag gratuliert. Eben das, was Freunde tun.

Aber kann die Facebook-Benutzung tatsächlich dazu dienen, das Anschlussmotiv zu befriedigen? Fühlen sich Facebook-Nutzer also beispielsweise anderen zugehörig und sozial eingebunden? Sheldon et al. (2011) beantworteten diese Frage mit einem Ja und einem Nein. So zeigte ihre Studie eine positive Beziehung zwischen der Intensität der Facebook-Nutzung mit der Zufriedenheit wie auch mit der Unzufriedenheit mit der sozialen Eingebundenheit. Die Autoren erklären die Zusammenhänge durch zwei unterschiedliche Prozesse. Der Zusammenhang von Facebook-Nutzung und »Unverbundenheit« mit anderen (»disconnection«) besteht, da Personen mithilfe von Facebook ihre in der Realität erlebte Unverbundenheit kompensieren wollen. Der Zusammenhang zwischen Facebook-Nutzung und »Verbundenheit« mit anderen (»connection«) entsteht, da für Facebook-Nutzer tatsächlich ein Gefühl der Dazugehörigkeit zu einer sozialen Gruppe entsteht. Dies wiederum wirkt so belohnend, dass die Facebook-Nutzung nach den Prinzipien des operanten Konditionierens verstärkt wird. Die Autoren diskutieren eine neue Form der »Internet-Abhängigkeit«, die durch das Bedürfnis nach Anschluss angestoßen wird.

? Kontrollfragen

1. Welche Bindungstypen werden nach Ainsworth et al. (1978) unterschieden?

2. Zeichnen Sie in groben Zügen die Anschlussmotivationsforschung nach.

3. Schließen sich die Motivkomponenten »Hoffnung auf Anschluss« und »Furcht vor Zurückweisung« gegenseitig aus?

4. Welches sind Merkmale für Personen mit einem hohen Anschlussmotiv?

5. Ist ein hohes Anschlussmotiv der Gesundheit eher zu- oder abträglich?

6. Welche Möglichkeiten gibt es, das explizite Anschlussmotiv bzw. explizite Anschlussziele zu messen?

7. Welche Hormone werden mit dem Anschlussmotiv in Verbindung gebracht?

4

► **Weiterführende Literatur**

Baumeister, R., & Leary, M. R. (1995). The need to belong: Desire for interpersonal attachments as a fundamental human motivation. *Psychological Bulletin, 117*, 497-529.

Sokolowski, K., & Heckhausen, H. (2010). Soziale Bindung: Anschlussmotivation und Intimitätsmotivation. In J. Heckhausen & H. Heckhausen (Hrsg.), *Motivation und Handeln* (S. 193-210). Berlin: Springer.

Literatur

Ainsworth, M. D., Blehar, M. C., Waters, E., & Wall, S. N. (1978). *Patterns of attachment: A psychological study of the strange situation.* Hillsdale, New York: Erlbaum.

Atkinson, J. W., Heyns, R. W., & Veroff, J. (1954). The effect of experimental arousal of the affiliation motive on thematic apperception. *Journal of Abnormal and Social Psychology, 49*, 405–410.

Atkinson, J. W., & Walker, E. L. (1956). The affiliation motive and perceptual sensitivity to faces. *Journal of Abnormal and Social Psychology, 53*, 38–41.

Baumeister, R., & Leary, M. R. (1995). The need to belong: Desire for interpersonal attachments as a fundamental human motivation. *Psychological Bulletin, 117*, 497–529.

Bischof-Köhler, D. (1985). Zur Phylogenese menschlicher Motivation. IN L. H. Eckensberger & E.-D. Lantermann (Eds.), *Emotion und Reflexivität* (S. 3–47). München: Urban & Schwarzenberg.

Bowlby, J. (1958). The nature of the child's tie to his mother. *Interactional Journal of Psychoanalysis, 39*, 350–373.

Deci, E. L., & Ryan, R. M. (1985). *Intrinsic motivation and self-determination in human behaviour.* New York: Plenum.

Deci, E. L., & Ryan, R. M. (2000). The »what« and »why« of goal pursuits: Human needs and the self-determination of behavior. *Psychological Inquiry, 11*, 227–268.

DeWall, C. N., MacDonald, G., Webster, G. D., Masten, C., Baumeister, R. F., & Powell, C. (2010). Acetaminophen reduces social pain: Behavioral and neural evidence. *Psychological Science, 21*, 931–937.

Eisenberger, N. I., Liebermann, M. D., & Williams, K. D. (2003). Does rejection hurt? An fMRI study of social exclusion. *Science, 302*, 290–292.

Exline, R. V. (1962). Need affiliation and intial communication behavior in problem solving groups characterized by low interpersonal visibility. *Psychological Reports, 10*, 79–89.

Exline, R. V. (1963). Explorations in the process of person perception: Visual interaction in relation to competition, sex, and need for affiliation. *Journal of Personality, 31*, 1–20.

French, E. G. (1958a). Development of a measure of complex motivation. In J. W. Atkinson (Ed.), *Motives in fantasy, action, and society* (pp. 242–248). Princeton, NJ: Van Nostrand.

French, E. G. (1958b). Effects of the interaction of motivation and feedback on task performance. In J. W. Atkinson (Ed.), *Motives in fantasy, action, and society* (pp. 400–408). Princeton: Van Nostrand.

Gable, S. L. (2006). Approach and avoidance social motives and goals. *Journal of Personality, 74*(1), 175–222.

Hagemeyer, B., Schönbrodt, F. D., Neyer, F. J., Neberich, W., & Asendorpf, J. B. (2015). When «together» means «too close»: Agency motives and relationship functioning in co-resident and living-apart-together couples. *Journal of Personality and Social Psychology, 109*(5), 813–835.

Jemmott, J. B. (1987). Social motives and susceptibility to disease: Stalking individual differences in health risks. *Journal of Personality, 55*, 267–298.

Jemmott, J. B., Hellman, C., McClelland, D. C., Locke, S. E., Kraus, L., & Williams, R. M. (1990). Motivational syndroms associated with natural killer cell activity. *Journal of Behavioral Medicine, 13*, 53–73.

Koestner, R., & McClelland, D. C. (1992). The affiliation motive. In C. P. Smith (Ed.), *Motivation and personality: Handbook of thematic content analysis* (pp. 205–210). New York: Cambridge University Press.

Kosfeld, M., Heinrich, M., Zak, P. J., Fischbacher, U., & Fehr, E. (2005). Oxytocin increases trust in humans. *Nature, 435*, 673–676.

Langens, T. A., & Schmalt, H. D. (2002). Emotional consequences of positive day-dreaming: The moderating role of fear of failure. *Personality and Social Psychology Bulletin, 28*, 1725–1735.

Lansing, J. B., & Heyns, R. W. (1959). Need affiliation and frequency of four types of communication. *Journal of Abnormal and Social Psychology, 58*, 365–372.

Litwin, G. H., & Siebrecht, A. (1967). Integrators and entrepreneurs; their motivation and effect on management. *Hospital Progress, 48*(9), 67–71.

Mason, A., & Blankenship, V. (1987). Power and affiliation motivation, stress, and abuse in intimate relationship. *Journal of Personality and Social Psychology, 52*, 203–210.

McAdams, D. P. (1992). Experiences of intimacy and power: relationships between social motives and autobiographical memory. *Journal of Personality and Social Psychology, 42*, 292–302.

McAdams, D. P., & Constantian, C. A. (1983). Intimacy and affiliation motives in daily living: An experience sampling analysis. *Journal of Personality and Social Psychology, 45*(4), 851–861.

McClelland, D. C. (1975). *Power: The inner experience*. New York: Irvington.

McClelland, D. C. (1979). Inhibited poser motivation and high blood pressure in men. *Journal of Abnormal Psychology, 88*, 182–190.

McClelland, D. C. (1985). *Human motivation*. Glenview, IL: Scott, Foresman.

McClelland, D. C. (1989). Motivational factors in health and disease. *American Psychologist, 44*, 675–683.

McClelland, D. C., & Jemmott, J. B. (1980). Power motivation, stress and physical illness. *Journal of Human Stress, 6*, 6–15.

McClelland, D. C., & Kirshnit, C. (1988). The effect of motivational arousal through films on salivary immunoglobin A. *Psychology and Health, 2*, 31–52.

McClelland, D. C., Koestner, R., & Weinberger, J. (1989). How do self-attributed and implicit motives differ? *Psychological Review, 96*(4), 690–702.

McKeachie, W. J. (1961). Motivation, teaching methods, and college learning. In M. R. Jones (Ed.), *Nebraska Symposium on Motivation, 1961* (pp. 111–142). Lincoln: University of Nebraska Press.

Mehrabian, A., & Ksionsky, S. (1974). *A theory of affiliation*. Lexington, Mass: Heath.

Murray, H. A. (1938). *Explorations in Personality*. New York: Wiley.

Pöhlmann, K., & Brunstein, J. C. (1997). GOALS: Ein Fragebogen zur Messung von Lebenszielen. *Diagnostica, 43*, 63–79.

Schultheiss, O. C., Dargel, A., & Rohde, W. (2003). Implicit motives and gonadal steroid hormones: Effects of menstrual cycle phase, oral contraceptive use, and relationship status. *Hormones and Behavior, 43*, 293–301.

Schultheiss, O. C., & Hale, J. A. (2007). Implicit motives modulate attentional orientation to facial expressions of emotion. *Motivation and Emotion, 31,* 13–24.

Sheldon, K. M., Abad, N., & Hinsch, C. (2011). A two-process view of facebook use and relatedness need-satisfaction: Disconnection drives use, and connection rewards it. *Journal of Personality and Social Psychology, 100*(4), 766–775.

Shipley, T. E., & Veroff, J. (1952). A projective measure of need for affiliation. *Journal of Experimental Psychology, 43,* 349–356.

Sokolowski, K., & Heckhausen, H. (2010). Soziale Bindung: Anschlussmotivation und Intimitätsmotivation. In J. Heckhausen & H. Heckhausen (Hrsg.), *Motivation und Handeln* (S. 193–210). Berlin: Springer.

Sokolowksi, K., & Schmalt, H.-D. (1996). Emotionale und motivationale Einflussfaktoren in einer anschlussthematischen Konfliktsituation. *Zeitschrift für Experimentelle Psychologie, 18*, 461–482.

Sokolowski, K., Schmitt, S., Jörg, J., & Ringendahl, H. (1997). Anschlussmotiv und Dopamin: Ein Vergleich zwischen Parkinson- und Rheumaerkrankten anhand implizit und explizit gemessener Motive. *Zeitschrift für Differentielle und Diagnostische Psychologie, 18,* 251–259.

Sorrentino, R. M., & Sheppard, B. H. (1978). Effects of affiliation-related motives on swimmers in individual versus group competition: A field experiment. *Journal of Personality and Social Psychology, 36*, 704–714.

Taylor, S. E., & Gonzaga, G. C. (2007). Affiliative responses to stress: A social neuro-science model. In E. Harmon-Jones & P. Winkielman (Eds.), *Social neuroscience: Integrating biological explanations of social behavior* (pp. 454–473). New York: Guilford Press.

4

Taylor, S. E., Gonzaga, G., Klein, L. C., Hu, P., Greendale, G. A., & Seeman S. E. (2006). Relation of oxytocin to psychological stress responses and hypothalamic-pituitary-adrenocortical axis activity in older women. *Psychosomatic Medicine, 68*, 238–245.

Terhune, K. W. (1968). Motives, situation, and interpersonal conflict within prisoner's dilemma. *Journal of Personality and Social Psychology, 8*, 1–24.

Uvnaes-Moberg, K. (1998). Oxytocin may mediate the benefits of positive social interaction and emotions. *Psychoneuroendocrinology, 23*, 819–835.

Wegge, J., Quaeck, A., & Kleinbeck, U. (1996). Zur Faszinationskraft von Video- und Computerspielen bei Studenten: Welche Motive befriedigen die »bunte Welt am Draht«? In K. Bräuer & U. Kittler (Hrsg.), *Pädagogische Psychologie und ihre Anwendungen* (S. 51–76). Essen: Die blaue Eule.

Winter, D. G. (1993). Power, affiliation, and war: three tests of a motivational model. *Journal of Personality and Social Psychology, 65*, 532–545.

Wirth, M. M., & Schultheiss, O. C. (2006). Effects of affiliation arousal (hope of closeness) and affiliation stress (fear of rejection) on progesterone and cortisol. *Hormones and Behavior, 50*(5), 786–795.

Zurbriggen, E. L. (2000). Social motives and cognitive power sex associations: Predictors of aggressive sexual behavior. *Journal of Personality and Social Psychology, 78*, 559–581.

5 Machtmotivation

© Springer-Verlag GmbH Deutschland, ein Teil von Springer Nature 2018
V. Brandstätter et al., *Motivation und Emotion*, Springer-Lehrbuch
https://doi.org/10.1007/978-3-662-56685-5_5

Lernziele

- Den wissenschaftlichen Machtbegriff vom umgangssprachlichen abgrenzen können.
- Verstanden haben, was das Machtmotiv ist und wie es das Verhalten beeinflusst.
- Die physiologischen Korrelate des Machtmotivs wiedergeben können.
- Die wichtigsten Messinstrumente des Machtmotivs nennen und charakterisieren können.

5.1   Einleitung

Eine Gemeinsamkeit unzähliger Machtdefinitionen in Schriften aus verschiedenen Epochen und über verschiedene Disziplinen hinweg ist das Verständnis von **Macht** als die Einflussnahme auf andere gegen deren Willen. Dies löst unvermeidlich Assoziationen zu Machtmissbrauch, Tyrannei und Unterdrückung aus. In den folgenden Kapiteln erfahren Sie, wie nah oder fern dieses Verständnis vom motivationspsychologischen Machtbegriff ist – so viel sei vorweggenommen: Macht hat viele Facetten. Es ist an dieser Stelle darauf hinzuweisen, dass es zur Machtmotivation weit weniger Forschungsarbeiten als zur Leistungsmotivation (▶ Kap. 3) gibt und dass die relevanten theoretischen Ansätze weit weniger gut miteinander verbunden sind.

5.2   Definition und Gegenstandsbereich der Machtmotivationsforschung

Das Ziel des Machtmotivs ist ein Gefühl von Stärke und Überlegenheit, das bei der körperlichen, mentalen oder emotionalen Einflussnahme auf andere entsteht.

Schultheiss (2008) beschreibt das **Machtmotiv** als die Neigung, Befriedigung aus der physischen, mentalen oder emotionalen Einflussnahme auf andere zu ziehen. Auch im Zentrum früherer Machtmotivdefinitionen steht die Einflussnahme und Kontrolle anderer. So bezieht sich nach Lewin (1951) Macht auf eine andere Person, auf die Einfluss ausgeübt wird (die Macht von Person A über Person B). Wichtig ist, dass das mit Machtausübung assoziierte positive Gefühl von Stärke als das eigentliche Motivziel gilt (McClelland, 1985). Menschen handeln, weil das Erreichen ihrer (Macht-)Ziele mit Kontrollerleben und Selbstwirksamkeit verbunden ist, was wiederum erfolgreiches machtthematisches Verhalten verstärkt. Murray (1938) identifizierte in seinem Motivklassifikationsansatz das Bedürfnis nach Dominanz als ein wichtiges psychologisches Grundbedürfnis (▶ Kap. 2). Er umschreibt es mit den Stichworten »to influence or control others. To persuade, prohibit, dictate. To lead and direct. To restrain. To organize the behaviour of a group« (Murray, 1938, S. 82). Die Messung des Machtmotivs ist in ▶ Abschn. 6.4 ausführlich beschrieben.

5.3   Machtquellen und Machthandeln

Wie aber gelingt es, Einfluss auf andere auszuüben, um letztendlich ein Gefühl der Stärke erleben zu können? Nach French und Raven ist die Voraussetzung hierfür eine Ressourcenüberlegenheit gegenüber anderen Personen. Diese Ressourcen haben French und Raven (1959) in sechs **Machtquellen** kategorisiert:

- Belohnungs- und Bestrafungsmacht: Andere für ihr Verhalten belohnen oder bestrafen zu können (z. B. Notengebung durch Lehrpersonen, Sanktionierung der Vorgesetzten).
- Legitimierte Macht: Eine Person darf aufgrund von Normen oder Regeln einer Gesellschaft ganz legitim Macht auch gegen den Willen einer anderen Person ausüben (Festnahmen der Polizei, Sanktionen von Vorgesetzten bei mangelnder Arbeitsleistung).
- Vorbildmacht: Auch Vorbilder üben Macht in dem Sinne aus, dass sie andere dazu veranlassen, zu werden wie sie.
- Expertenmacht: Expertise ist eine weitere Quelle der Macht, bei der andere auf das Wissen oder die Fähigkeiten einer anderen Person angewiesen sind. Ein Beispiel für Expertenmacht sind ärztliche Gesundheitsempfehlungen, die mehr Einfluss auf die Verhaltensänderung haben als der Rat eines Bekannten, doch endlich mit dem Rauchen aufzuhören.
- Informationsmacht: Die Quelle der Macht sind hier Informationen über die zu beeinflussenden Personen und die Möglichkeit, diese zugunsten oder zuungunsten dieser Personen einzusetzen (z. B. strategische Informationsausspielung am Arbeitsplatz, Erpressung).

Weitere theoretische Überlegungen und empirische Studien zu Machtquellen zeigen zwar, dass allein der wahrgenommene Besitz von Machtquellen (ohne dessen Ausübung) das Machtmotiv zu befriedigen vermag, aber auch, dass der Besitz von Machtquellen, wie beispielsweise die
Fähigkeit, die Ressourcen anderer kontrollieren zu können, machtthematische Handlungen anstößt.

French und Raven (1959) unterscheiden sechs Machtquellen: (1)
Belohnungsmacht, (2) Bestrafungsmacht, (3) Legitimierte Macht, (4)
Vorbildmacht, (5) Expertenmacht,
(6) Informationsmacht

5.4   Die Entwicklung des Machtmotivs

5.4.1   Das Machtmotiv als gelernte Disposition

Wie auch für andere Motivsysteme wird für das Machtmotiv angenommen, dass es durch Anreize angeregt wird, deren Erreichen mit positiven
affektiven Konsequenzen assoziiert ist. Für das Machtmotiv ist der **Anreiz** das Erleben von Einfluss, das wiederum mit positiven Erlebnisqua-
litäten wie einem Gefühl der Stärke assoziiert ist (McClelland, 1985).
Interindividuelle Unterschiede im Machtmotiv kommen durch unterschiedliche Erfahrungen mit positiven (Belohnung) und negativen (Bestrafung) Folgen des Machthandelns in der frühen Kindheit zustande.

McClelland und Pilon (1983) erfragten 1951 die Erziehungstechniken von Müttern und sagten aus den so gewonnenen Parametern über
25 Jahre später die Motive der nun Erwachsenen vorher. Als Prädiktor
eines hohen Machtmotivs erwies sich die Toleranz, die die Mütter ihren
5-jährigen Kindern gegenüber aggressivem Verhalten zeigten. Die
Autoren interpretierten diesen Zusammenhang so, dass die weniger
strikte Kontrolle und Sanktionierung von Verhalten die Erfahrung von
Einflussnahme und den mit ihr assoziierten affektiven Konsequenzen
ermöglichte.

Unterschiede im Machtmotiv gehen
auf Lernerfahrungen in der frühen
Kindheit zurück.

5.4.2   Die Entwicklungsstadien der Macht
         (McClelland, 1975)

In *Power – The inner experience* thematisiert McClelland (1975) schon
in der Einleitung, dass es viele verschiedene Handlungen gibt, die auf
den ersten Blick nicht viele Gemeinsamkeiten haben und die bei empirischer Testung bestenfalls moderat miteinander korrelieren würden.
Sie führen jedoch alle ein ähnliches Gefühl von Stärke und Macht herbei
(»Different actions, same effect: a feeling of power«, McClelland, 1975,
S. 12). Daraus lässt sich schlussfolgern, dass das Gefühl der Stärke als
das eigentliche Motivziel durch sehr unterschiedliche Verhaltensweisen
erreicht werden kann. McClellands Anliegen war, diese Äußerungsfor-
men von Machthandeln zu klassifizieren.

Die zwei Klassifikationsdimensionen sind die **Quelle der Macht**,
die entweder in oder außerhalb der Person liegen kann und das **Objekt
der Macht**, das entweder das Selbst oder der Andere sein kann. Mc-
Clelland betrachtet die so entstehenden vier Machttypen anlehnend an
die Stadien der Ich-Entwicklung nach Erikson als Entwicklungsstadien,
die eine Person vom Kindes- zum Erwachsenenalter durchläuft. Die
Stadien bauen aufeinander auf, nicht jede Person erreicht aber das
höchste Stadium.

5

In McClellands (1975) Stadienmodell der Macht werden vier Entwicklungsstufen unterschieden. Stadium 1 ist das anlehnende Machtstreben (»Es stärkt mich«), Stadium 2 ist das selbstbezogene Machtstreben (»Ich stärke mich«), im Stadium 3 steht die Beeinflussung anderer im Vordergrund (»Ich kontrolliere andere«) und in Stadium 4 wird die Machtausübung in den Dienst einer höheren »Sache« gestellt (Unternehmen, Religion).

Im **Machtstadium 1**, dem anlehnenden Machtstreben (Quelle: andere, Objekt: Selbst) liegt die Quelle der Macht außerhalb der Person (z. B. beim Lesen von machtorientierten Magazinen), stärkt aber das Selbst (sich stark und mächtig fühlen). Das Stadium wird auch als »Es stärkt mich« umschrieben. Es hat seinen Ursprung im frühen Säuglingsalter, in der die Mutter oder andere Bezugspersonen die überlebensnotwendige Milch und emotionale Unterstützung gegeben haben. Hier kommt die Quelle der Macht von außen (z. B. Mutter, die Milch gibt) und stärkt das Selbst. Im späteren Leben äußert sich diese Machtform weiterhin darin, Stärke aus anderen, z. B. dem Partner oder einer Führungskraft, zu ziehen.

Das **Machtstadium 2**, auch selbstbezogenes Machtstreben genannt (Quelle: Selbst, Objekt: Selbst), ist beispielsweise durch das Sammeln von Prestigegütern (z. B. teure Autos, einflussreiche Positionen) gekennzeichnet, mit dem das Individuum ebenfalls das Selbst stärkt, jedoch diesmal durch eigenes Handeln. Im Sinne eines »Ich stärke mich selbst« lernt das Kind während der Sauberkeitserziehung, die eigenen Körperfunktionen zu kontrollieren. Im Erwachsenenalter äußert sich diese Machtmodalität in einem selbstbezogenen Machstreben, das darauf abzielt, andere Dinge, wie teure Autos und Geld, die einen Teil der eigenen Identität repräsentieren, zu »kontrollieren«. Auch neigen Personen zu starker Selbstkontrolle und Selbstdisziplin.

Beim **Machtstadium 3** liegt die Quelle der Macht in der Person selbst, bezieht sich aber auf andere, die besiegt werden wollen, wie beispielsweise im Wettkampfsport. Nachdem das Kind gelernt hat, sich selbst zu kontrollieren (s. Stadium 2), lernt es, dass es gelingen kann, andere zu kontrollieren (»Ich habe Einfluss auf andere«). Angefangen mit körperlicher Durchsetzung eigener Interessen und Aggression, entwickelt sich diese Machtmodalität im Erwachsenenalter zu subtileren Formen der Beeinflussung, wie andere zu überzeugen, zu helfen und geschickt und strategisch zu verhandeln, weiter. Zwar finden Machtmotivierte in diesem Stadium Genuss daran, anderen deren Machtlosigkeit vor Augen zu führen, sie sind aber auch charmant und gute Menschenkenner mit großem Einfühlungsvermögen.

Eine Ausdrucksform des **Machtstadiums 4** (Quelle: andere, Objekt: andere) ist, sich einflussreichen Organisationen (politischen Parteien, religiösen Vereinigungen, mächtigen Konzernen) anzuschließen und in ihrem Sinne, sozusagen als Instrument dieser Machtquelle, zu handeln und andere zu beeinflussen. Dies spiegelt eine externe Machtquelle mit anderen Personen als Machtobjekt wider. Personen in diesem Stadium wird zugeschrieben, Eigeninteressen zugunsten von Interessen der Organisationen, denen sie dienen, zurückzustellen, hohe Selbstkontrolle zu besitzen und soziale Kompetenzen zu zeigen. Sie können überzeugend argumentieren und andere für »ihre Sache« gewinnen.

5.5 · Wie beeinflusst das Machtmotiv Wahrnehmen, Denken und Handeln?

71

5

5.5 Wie beeinflusst das Machtmotiv Wahrnehmen, Denken und Handeln?

5.5.1 Machtmotiv, Wahrnehmung und Denken

Das Machtmotiv beeinflusst wie das Leistungsmotiv (▶ Kap. 3) und das Anschlussmotiv (▶ Kap. 4) die Wahrnehmung und das Denken. Im Folgenden wird ausgeführt, wie das Machtmotiv die Ansprechbarkeit auf Machtanreize, die affektive Reaktion auf Machtanreize, die Erinnerungsleistung machtthematischer Inhalte und das Lernen bestimmt.

Das Machtmotiv macht Personen besonders ansprechbar für Machtanreize. Wie für die anderen impliziten Motive gilt auch für das Machtmotiv, dass es für die **Wahrnehmung** motivrelevanter Informationen sensibilisiert und stärkere Reaktionen auf diese hervorruft. Dies liegt darin begründet, dass das Machtmotiv wie ein Affektverstärker (Schultheiss, 2008) wirkt. Es macht das Erreichen **machtthematischer Anreize** für Hochmachtmotivierte belohnender als für Niedrigmachtmotivierte. Entsprechend berichten Hochmachtmotivierte über höhere wahrgenommene Aktivierung in Reaktion auf machtthematische Reden (Steele, 1977) und beim Spielen von Computerspielen mit Machtanreizen (Schultheiss u. Brunstein, 1999). Die Anregung des Machtmotivs und der mit ihm assoziierten machtthematischen Anreize kann durchaus unbewusst geschehen.

Das Machtmotiv bestimmt auch die affektive Reaktion auf Machtanreize. Eine von der bewussten Einflussnahme relativ unabhängige affektive Reaktion ist der **Gesichtsausdruck**, der beispielsweise über die elektromyographische Aktivität der Gesichtsmuskulatur objektiv messbar ist. Dies machten sich Fodor et al. (2006) zunutze. Sie ließen Hoch- und Niedrigmachtmotivierte entweder ein Video über eine Person sehen, die sich als sehr bestimmt und durchsetzungsfähig präsentierte (Machtanreizgruppe) oder über eine Person, die sich moderat bis submissiv präsentierte (Kontrollgruppe). Sie fanden die stärkere affektive Reaktion Hochmachtmotivierter bestätigt: Diese runzelten bei der Konfrontation mit der Dominanz einer anderen Person intensiver die Stirn (gemessen mit EMG) als Niedrigmachtmotivierte und als Hochmachtmotivierte in der Kontrollgruppe.

> Personen mit hohem Machtmotiv zeigen eine stärkere affektive Reaktion auf machtthematische Situationen als Personen mit niedrigem Machtmotiv.

Das Machtmotiv beeinflusst, wie eine Reihe von Studien zeigt, die **Informationsaufnahme** und **Erinnerungsleistung**. Dies gilt, wie erwartet, nur für machtmotivrelevante Informationen. Hochmachtmotivierte erinnern sich besser als Niedrigmachtmotivierte an Inhalte ihrer eigenen Biographie, ihres Alltagerlebens oder an Inhalte fiktiver Geschichten, wenn es sich um machtthematische, nicht aber um andersthematische Inhalte handelt (McAdams et al., 1996; McClelland, 1984; Woike, 1995).

> Ein hohes Machtmotiv begünstigt die Informationsaufnahme und Erinnerungsleistung machtthematischer Inhalte.

Das Machtmotiv ist durch frühe **Lernerfahrungen** erworben worden (▶ Abschn. 5.4), beeinflusst aber auch andersherum das **Lernen**, wenn machtthematisch relevante Informationen im Spiel sind. Dem Prinzip des klassischen Konditionierens folgend lösen beispielsweise Stimuli (abstrakte Gebilde), die gleichzeitig mit Machtanreizen (dominanzausdrückende Gesichter) auftreten, ähnlich starke Reaktionen (Vermeidung der Aufmerksamkeitsausrichtung auf dominante Gesichter) aus wie die ursprünglichen Machtanreize.

Dem Prinzip des operanten Konditionierens folgend, werden beispielsweise Verhaltensweisen, die zu machtthematischen Erfolgen (z. B. Überlegenheit gegenüber anderen, niedrige Dominanz des Gegenübers) führen, besser gelernt als Verhaltensweisen, die machtthematischen Misserfolg herbeiführen (z. B. Niederlage, hohe Dominanz einer anderen Person).

Neuere experimentelle Arbeiten, die den Zusammenhang von Machtmotiv und Lernen prüften, fanden Hinweise darauf, dass (nicht zwingend bewusste) Lernprozesse für machtmotiviertes Verhalten verantwortlich sind (Schultheiss u. Rohde, 2002). Basierend auf dem Prinzip des operanten Konditionierens nehmen Schultheiss et al. (2005) an und finden empirisch bestätigt, dass Personen mit starkem Machtmotiv dann eine verbesserte Lernleistung in einer als Wettkampf inszenierten Aufgabe (visuomotorische Reaktionsaufgabe) zeigten, wenn sie zuvor als Gewinner (= machtbezogene Belohnung) hervorgingen. Nach einer Niederlage (= machtbezogene Bestrafung) zeigten sich hypothesenkonform Beeinträchtigungen in einem folgenden Lerndurchgang.

> Die Lernprinzipien des operanten und des klassischen Konditionierens sind für die Entstehung des Machtmotivs und später für die Strukturierung der Umwelt (z. B. welche Inhalte wahrgenommen und gelernt werden) verantwortlich.

5.5.2 Machtmotiv und Verhalten

Das Machtmotiv ist mit einer Vielzahl an **Verhaltenskorrelaten** assoziiert, zu denen beispielsweise das Innehaben von Ämtern, die Bevorzugung von Wettkampfsportarten, das Schreiben von Leserbriefen, das Besitzen von Prestigegütern, das Konsumieren von Alkohol und das Lesen von Sport- und Erotikmagazinen zählen (Winter, 1973).

Neuere Studien zum Machtmotiv zeigen (Schultheiss u. Brunstein, 2002), dass die Ausdrucksformen des Machtmotivs weit subtiler als die plumpe physische Aggression gegen andere oder die Zurschaustellung von Prestigegütern sind. So wurden Hochmachtmotivierte als kompetenter und überzeugender eingeschätzt, wobei das Mittel der Einflussnahme nicht verbale Argumente, sondern die Gestik und Mimik (z. B. Heben der Augenbrauen, um die Wichtigkeit des Gesagten zu unterstreichen) waren. Im Beruf treten Hochmachtmotivierte durch strategisch geplante Karrieren, die häufig in Führungspositionen münden, hervor. Zudem bevorzugen Machtmotivierte Berufe, in denen Einfluss ausgeübt werden kann, wie beispielsweise im Lehrerberuf, in dem Einfluss auf die Wissensentwicklung der Schüler genommen wird, als Pfarrer, der religiöse Normvorstellungen vermittelt, und als Psychotherapeut, der Personen in schwächeren Positionen unterstützt. Aber auch im Privatleben bieten sich zahlreiche Möglichkeiten der Einflussnahme in alle Richtungen. Machtmotivierte sind Stimmungsmacher auf Partys, besitzen viele Luxusgüter und beeindrucken andere durch risikoreiches Spielverhalten.

> Die Verhaltensweisen von Personen mit hohem Machtmotiv im Berufs- und Privatleben sind vielseitig. Sie reichen von plumpen Beeinflussungen (z. B. andere Personen körperlich bedrohen) bis hin zu subtiler Manipulation (z. B. geschicktes Überzeugen in Verkaufsgesprächen).

Ein experimentelles Paradigma zur Erfassung des Machtmotivs

Eine sozial weniger verträgliche Ausdruckform machtmotivierten Verhaltens kommt im Gefangenen-Dilemma-Spiel zutage. In diesem können Spielpartner verschieden hohe Gewinne in Abhängigkeit davon erzielen, wie sich ein Partner im Vergleich zum anderen verhält. Bei einer Kooperation beider Partner erzielen beide einen Gewinn, beim Wettbewerb gegeneinander verlieren beide Partner. Die Strategie, bei der am meisten Gewinn für die eigene Person erzielt werden kann, ist, sich selbst kompetitiv zu verhalten, während sich der Spielpartner kooperativ verhält. Diese Strategie wird von Machtmotivierten bevorzugt verwendet, während sich Leistungsmotivierte eher kooperativ verhalten (Terhune, 1968). Die Befunde zeigen, dass Machtmotivierte soziale Situationen und die »Spielzüge« anderer sehr gut wahrnehmen und ihr eigenes Verhalten optimal angepasst zugunsten ihres eigenen Vorteils nutzen können.

5.5.3 Aktivitätshemmung versus Konquistadoren

Bei der Analyse von TAT-Geschichten machte McClelland (McClelland et al., 1972) eine interessante Entdeckung. Er zählte die Anzahl des Wortes »nicht«, interpretierte es als eine **Aktivitätshemmung** (»activity inhibition«; Fähigkeit, Impulse kontrollieren zu können) und untersuchte, wie diese auf die Verhaltensäußerungsformen des Machtmotivs Einfluss nahm. Personen mit hohem Machtmotiv bei gleichzeitig hoher Aktivitätshemmung zeigten »sozialisierte« Formen des Machthandelns – von McClelland als »social power« bezeichnet –, wie beispielsweise eine soziale Verantwortungsübernahme durch das Innehaben von hohen Ämtern. Hochmachtmotivierte mit gleichzeitig geringer Hemmungstendenz hingegen neigten zu Verhaltensweisen, die auf die eigene Person bezogen waren (»personalisierte« Form des Machthandelns, »personal power«), wie beispielsweise exzessiver Alkoholkonsum und die Anhäufung von Prestigegütern. Die Kombination aus hohem Machtmotiv und geringer Aktivitätshemmung nannte McClelland bezeichnenderweise »conquistador motive pattern« in Analogie zu den spanischen Konquistadoren. Diese zur Zeit der Renaissance und dem elisabethanischen Zeitalter lebenden Eroberer kennzeichneten sich durch Reichtum, Macht, Prestige und Rücksichtslosigkeit und verfolgten mit diesen Mitteln das Ziel, Ungläubige zur katholischen Glaubenslehre zu bekehren und ein spanisches Imperium aufzubauen.

McClelland et al. (1972) unterscheiden die sozialisierte Form des Machthandelns (hohes Machtmotiv und hohe Aktivitätshemmung) und das personalisierte Machthandeln (hohes Machtmotiv und geringe Aktivitätshemmung).

5.6 Machtmotiv, physiologische Korrelate und Gesundheit

Das Machtmotiv ist wie auch das Leistungs- und Anschlussmotiv (▶ Kap. 3, ▶ Kap. 4) eng an physiologische Prozesse gebunden. Diese haben Einfluss auf die Gesundheit. Auch hier war es wieder McClelland (1979), der den Zusammenhang von Machtmotiv und **Krankheit** thematisierte. Ein zentrales Konstrukt in seinen Überlegungen ist ein unter Druck stehendes Machtmotiv, das er als »**power stress**« bezeichnete. Der Druck, der motivbefriedigendes Machthandeln behindert, kann zwei Ursachen haben. Zum einen kann ein hohes Machtmotiv auf innere Widerstände treffen, also auf Mechanismen der Selbstkontrolle,

5

die physiologische Aktivierung, Gefühle von Ärger und den Durchsetzungswillen hemmen. Dies bezeichnet McClelland als Aktivitätshemmung (»activity inhibition«), also als einen Druck auf das Machtmotiv, der von innen kommt. Die zweite Form von »power stress« entsteht durch äußere soziale Faktoren (Erwartungen, Normen, instrumentelle Behinderung von assertivem Verhalten, z. B. bei Gefängnisinsassen), die das Ausleben von Macht verhindern.

Ein unter innerem oder äußerem Druck stehendes Machtmotiv führt zur Aktivierung des sympathischen Nervensystems, das unter anderem zur Ausschüttung von Noradrenalin und Adrenalin führt. Dies wiederum bedingt eine niedrige Immunoglobin-A-Konzentration, die eine wichtige Rolle für die Immunabwehr des Körpers spielt. Ist das Machtmotiv nun häufig unter Druck, entsteht eine chronische **Stressreaktion**. Es kommt zu einer dauerhaften Immunoglobin-A-Absenkung. Die hierüber vermittelte **Schwächung des Immunsystems** resultiert schließlich in häufigeren und schwerwiegenderen Krankheiten (McClelland, 1979; McClelland u. Jemmott, 1980).

Insgesamt führen machtthematische Situationen bei Personen mit hohem Machtmotiv zu einer erhöhten Aktivierung des sympathischen Nervensystems, was sich durch die Messung eines erhöhten Blutdrucks zeigt und sich durch die Bestimmung von Katecholaminen (»Stresshormon« Adrenalin, Noradrenalin) im Urin und Speichel nachweisen lässt (McClelland, 1985).

Ein hohes Machtmotiv resultiert aber nicht immer in Gesundheitsbeeinträchtigungen. Ein Machtmotiv, das nicht unter Druck steht, sondern mit erfolgreichen Machthandlungen, die sozial akzeptiert sind (z. B. Führung), verbunden ist, steht mit Gesundheit in einem positiven Zusammenhang (McClelland, 1989).

Für Männer steht das Machtmotiv zudem in Zusammenhang mit dem Sexualhormon Testosteron. Vor allem in erfolgreichen (im Vergleich zu erfolglosen) Dominanzsituationen ist ein positiver Zusammenhang der Machtmotivausprägung mit dem Testosteron-Niveau (gemessen über Speichel) zu messen. Für Frauen ist der Zusammenhang zwischen Machtmotivausprägung und Testosteron weniger eindeutig. Hier scheint eher das Östradiol (ein Estrogen, ebenfalls ein Sexualhormon) mit erfolgreichem Machthandeln in Verbindung zu stehen (Stanton u. Schultheiss, 2007).

5.7 »Hoffnung auf Macht« und »Furcht vor Machtverlust«

Wie oben bereits beschrieben, kann das Machtmotiv sich in einer großen Bandbreite an Verhalten zeigen. Die Gemeinsamkeit – das angestrebte Gefühl der Stärke – wurde bereits thematisiert. Ein markanter Unterschied machtthematischen Verhaltens besteht darin, ob es direkt darauf ausgerichtet ist, andere Personen zu beeinflussen, oder ob es darin besteht, sich durch Ersatzhandlungen ohne direkte Konfrontation mit anderen ein Gefühl der Stärke zu verschaffen. Wenngleich frühe Methoden der Machtmotivmessung schon andeuten, dass sich das Machtmotiv in einer Furchtkomponente »**Furcht vor Machtverlust**« (auch Furcht vor Kontrollverlust genannt) und einer Hoffnungskompo-

Ein dauerhaft gehemmtes Machtmotiv wirkt wie ein chronischer Stressor, der die Gesundheit beeinträchtigt.

Das Machtmotiv besteht aus den Komponenten »Hoffnung auf Kontrolle« (Zuversicht, erfolgreich Macht auszuüben) und »Furcht vor Machtverlust« (Befürchtung, keine Kontrolle über andere zu haben oder Kontrolle über andere zu verlieren).

nente »**Hoffnung auf Macht**« (auch Hoffnung auf Kontrolle genannt) ausdrückt, gelang es erst mit dem Multi-Motiv-Gitter (Sokolowski et al., 2000, s. u.), eine Hoffnungs- und Furchtkomponente getrennt voneinander zu erfassen. Mit dieser Unterscheidung lässt sich die Vielfalt von Machthandeln ordnen: »Furcht vor Machtverlust«-Motivierte präferieren Ersatzbefriedigungen wie das Lesen von Sport- und Sexmagazinen und das Konsumieren von Alkohol, die ein Gefühl von Überlegenheit mit sich bringen, aber gleichzeitig durch das Vermeiden tatsächlicher Interaktionspartner die Gefahr eines Machtverlustes ausschließen. »Hoffnung auf Macht«-Motivierte hingegen suchen die tatsächliche Einflussnahme auf andere. Ihre Zuversicht, in Machtsituationen erfolgreich zu sein, erlaubt ihnen die Konfrontationen mit anderen. Sie nehmen beispielsweise wichtige Positionen und Ämter ein und führen, lenken und leiten andere ganz explizit (z. B. als Führungspersonen).

5.8 Machtmotivation, Krieg und Politik

Wie das Leistungsmotiv (▶ Kap. 3) wurde auch das Machtmotiv in einem größeren Zusammenhang mit gesellschaftlichen und politischen Prozessen analysiert. David McClellands und David Winters Studien zum Zusammenhang von Motiven und kriegerischen Handlungen beruhen auf der Annahme, dass – neben zahlreichen anderen politischen, gesellschaftlichen und wirtschaftlichen Faktoren – psychologische Faktoren einen nicht unbedeutenden Anteil daran haben, wie politische Konflikte gelöst werden. Eine bedeutende psychologische Variable wiederum ist das Machtmotiv wichtiger politischer Entscheidungsträger und das kollektive Machtmotiv, das sich in historischen Dokumenten einer Gesellschaft ausdrückt. Das Bedürfnis, Einfluss auf andere auszuüben, sie zu kontrollieren, zu beeindrucken und hierzu kraftvolle Handlungen einzusetzen (▶ Kap. 6; Winters Kodiersystem für Macht), sollte die Bereitschaft zu kriegerischem Verhalten begünstigen. Das im Anschlussmotiv sich widerspiegelnde Bedürfnis nach harmonischen zwischenmenschlichen Beziehungen und freundlichen Haltungen und Gefühlen gegenüber anderen ist hingegen mit Kriegsführung inkompatibel. Für das Leistungsmotiv, das kein soziales Motiv, sondern ein Individualmotiv ist (»one-man-show«), sollte sich kein Zusammenhang mit Krieg oder Frieden finden.

Winter fand seine Hypothesen in Studien bestätigt, in denen er sich der Inhaltsanalyse politischer Dokumente, Reden, Schriftwechsel und historischen Materials bediente. So ermittelte Winter (2002) beispielsweise Macht- und Anschlussmotivkennwerte für US-Präsidenten aus deren Amtsantrittsreden und fand, dass ein hohes Machtmotiv des Präsidenten die Beteiligung der USA an Kriegen vorhersagte. Hingegen hing ein hohes Anschlussmotiv mit friedlichen Rüstungsvereinbarungskontrollen zusammen. Hierzu passend fand auch McClelland (1975) aus der Analyse kultureller Dokumente, dass ein hohes Machtmotiv bei geringem Anschlussmotiv mit gewalttätigen Ausschreitungen und politischer Instabilität des Landes zusammenhing.

Winter (1993) zeigte, dass die Beendigung eines Krieges nur durch ein Absinken des Machtmotivs, nicht aber durch ein Ansteigen des An-

McClelland (1975) und Winter (2002) nahmen inhaltsanalytische Verrechnungen von politischen und gesellschaftlichen Dokumenten (z. B. Antrittsreden von Präsidenten) vor. Es fand sich über verschiedene Studien hinweg, dass das Machtmotiv die Beteiligung an Konflikten und kriegerischen Auseinandersetzungen vorhersagte, während sich das Anschlussmotiv streitschlichtend und friedensförderlich auswirkte.

schlussmotivs vorhergesagt werden konnte. Dem Kriegsende folgte ein weiterer Abfall des Machtmotivs, das den Frieden unterstütze.

In einer weiteren Studie verglich Winter (2007) Paare von Krisen – bestehend aus jeweils einer Krise, die friedlich gelöst wurde (»Friedenskrisen«) und einer Krise, die in Kriegshandlungen mündete (»Kriegskrisen«; z. B. Kubakrise, 1961, versus Schweinebuchtkrise, 1962) miteinander. Er fand, dass in sechs der insgesamt acht Paare das Machtmotiv in den Kriegskrisen höher war als in den Friedenskrisen. Für das Anschlussmotiv war der Effekt schwächer. In fünf der insgesamt acht Krisenpaare fand sich das erwartete Befundmuster nur deskriptiv, nicht aber statistisch signifikant.

5.9 Praxisbezug: das Führungsmotivmuster

Auf den ersten Blick mag man denken, dass sich Personen in Managementpositionen durch das Bestreben, einzigartige Leistungen zu erbringen und zielstrebig nach Optimierungs- und Entwicklungsmöglichkeiten zu suchen, kennzeichnen. Denkt man spezifischer an konkrete Aufgaben, die Manager zu erfüllen haben, erstaunt McClellands (1975) Erkenntnis, dass das Leistungsmotiv in großen Firmen eher eine untergeordnete Rolle spielt, jedoch nicht. Führungskräfte müssen vor allem andere Personen anleiten und motivieren, eben lenken und führen können. Dies ist ein Tätigkeitsfeld, das Machtmotivierten liegt. Leistungsmotivierten steht ihre Sachorientierung, die sich in einer (häufig nicht immer sehr ökonomischen) Optimierung von Details und einer Orientierung an der Aufgabe selbst anstatt an den beteiligten Personen äußert, im Wege.

Als Motivkonstellation einer erfolgreichen Führungskraft vermutete McClelland (1975) die Kombination aus einem hohen Machtmotiv mit hoher Inhibitionstendenz bei gleichzeitig geringem Anschlussmotiv. Diese Konstellation bezeichnete McClelland als »**Führungsmotivmuster**« (»motive leadership pattern«). Diese Personen üben »sozialisierte Macht« (s. o.) im Sinne einer verantwortlichen Führung der Mitarbeitenden im Dienste der Unternehmensziele (Machtstadium 4) aus. Sie zeichnen sich durch Loyalität, Begeisterungsfähigkeit und eine strukturierte Führung aus, die von Mitarbeitenden geschätzt wird. In einer klassischen Studie zur Überprüfung dieser Zusammenhänge fanden McClelland und Boyatzis (1982) ihre Annahmen bestätigt. Sie maßen Motive von Mitarbeitenden einer einflussreichen großen amerikanischen Firma (American Telephone and Telegraph Company) und beobachteten die Karriereentwicklungen über mehrere Jahre. Wie vorhergesagt, korrelierte das zu Beginn der beruflichen Laufbahn gemessene »Führungsmotivmuster« mit dem Erreichen von Führungspositionen im höheren Management nach 8 und 16 Jahren.

Erfolgreiche Führungskräfte zeichnen sich durch ein »Führungsmotivmuster« (»motive leadership pattern«; McClelland, 1975) aus, bestehend aus hohem Machtmotiv und hoher Inhibitionstendenz bei gleichzeitig geringem Anschlussmotiv. Neuere Arbeiten betonen jedoch auch die Wichtigkeit des Anschlussmotivs.

Die Annahme des beschriebenen Führungsmotivmusters (hoch Macht, hoch Inhibition, niedrig Anschluss) fand jedoch nicht in allen Studien Unterstützung. Auch eine hohe Ausprägung aller drei Komponenten, also auch des Anschlussmotivs, stand im Zusammenhang mit der Effektivität von Führung (Steinmann, Dörr, Schultheiss u. Maier, 2015).

Das Machtstreben zeigt sich unter anderem schon bei der Berufswahl. Abele et al. (1999) zeigten, dass Hochschulabsolventen mit hohem

Machtmotiv besonders häufig Berufe mit hohem Prestige und Einfluss-bereich anstrebten.

Die Vorteile, die ein hohes Machtmotiv hat, scheinen auf bestimmte Unternehmensgrößen und -strukturen begrenzt zu sein. So entfaltet das Machtmotiv vor allem in großen Unternehmen mit starker hierarchischer Struktur seine positive Wirkung. In kleineren Unternehmen mit flachen Hierarchien hingegen stehen Individualleistungen stärker als Führungsleistungen im Vordergrund. Hier finden sich häufig auch Hochleistungsmotivierte erfolgreich in Führungspositionen. Auch für die Neugründung eines Unternehmens scheint ein hohes Leistungsmotiv bedeutsamer zu sein als ein starkes Machtmotiv. So konnten Wainer und Rubin (1971) beispielsweise aus der Kombination eines hohen Leistungs- und geringen Anschlussmotivs den wirtschaftlichen Erfolg (Geschäftsumsatz) neu gegründeter Unternehmen vorhersagen.

Wenngleich prinzipiell zwar gilt, dass ein hohes Machtmotiv mit dem Innehaben von Managementpositionen und erfolgreichen Karriereentwicklungen assoziiert ist (McClelland u. Franz, 1992), gibt es doch auch Nachteile eines hohen Machtmotivs. So deckten Fodor und Farrow (1979) als Schwächen Hochmachtmotivierter auf, dass sich diese durch Schmeicheleien ihrer Mitarbeitenden in der Beurteilung von Arbeitsleistung beeinflussen ließen. Sie neigten zudem in fiktiven Machtsituationen dazu, weniger mit Sachinformationen zu Gruppendiskussionen beizutragen und bei Entscheidungsfindungen die Ansichten ihrer Mitarbeitenden unberücksichtigt zu lassen.

> In großen und stark hierarchisch strukturierten Unternehmen ist das Machtmotiv ein guter Prädiktor für Führungserfolg. In kleinen Unternehmen mit flachen Hierarchien ist das Leistungsmotiv für den Führungserfolg entscheidender.

❓ Kontrollfragen

1. Was ist, gemäß aktueller Machtmotivationsforschung, das eigentliche Ziel machtthematischen Handelns?

2. Bitte nennen Sie die sechs Machtquellen nach French und Raven (1959). Fällt Ihnen zu jeder ein Beispiel ein?

3. Wie entsteht das Machtmotiv?

4. McClelland (1975) unterscheidet vier Entwicklungsstadien der Macht. Nach welchem Prinzip werden diese eingeteilt?

5. Welche Wirkung hat das Machtmotiv auf Wahrnehmung, affektive Reaktionen, Erinnerungen und Lernen?

6. Welches sind Verhaltensweisen hoch machtmotivierter Personen? Bitte nennen Sie auch Beispiele aus ihren Lebenskontexten.

7. Warum wirkt ein unter Druck stehendes Machtmotiv gesundheitsbeeinträchtigend?

8. Wie ermittelten McClelland (1975) und Winter (2002) Macht- und Anschlussmotivkennwerte, anhand derer sie Konflikte und kriegerische Auseinandersetzungen von Nationen vorhersagten?

▶ Weiterführende Literatur

McClelland, D. C. (1975). *Power: The inner experience*. New York: Irvington.
Schmalt, H.-D., & Heckhausen, H. (2010). Machtmotivation. In J. Heckhausen & H. Heckhausen (Hrsg.), *Motivation und Handeln* (S. 211–236). Berlin: Springer.

Literatur

Abele, A. E., Andrä, M. S., & Schute, T. (1999). Wer hat nach dem Hochschulexamen eine Stelle? Erste Ergebnisse einer Längsschnittstudie. *Zeitschrift für Arbeits- und Organisationspsychologie, 43*, 95–101.
Fodor, E. M., & Farrow, D. L. (1979). The power motive as an influence on use of power. *Journal of Personality and Social Psychology, 37*, 2091–2097.

5

Fodor, E. M., Wick, D. P., & Harsen, K. M. (2006). The power motive and affective response to assertiveness. *Journal of Research in Personality, 40*, 598–610.

French, J. R. P., & Raven, B. H. (1959). *The basis of social power*. In D. Carwright (Ed.), Studies in social power (pp. 150–167). Ann Arbor: The University of Michigan.

Lewin, K. (1951). *Field theory in social sciences*. Chicago: University of Chicago Press.

McAdams, D. P., Hoffmann, B. J., Mansfield, E. D., & Day, R. (1996). Themes of agency and communion in significant autobiographical scenes. *Journal of Personality, 65*, 339–377.

McClelland, D. C. (1975). *Power: The inner experience*. New York: Irvington.

McClelland, D. C. (1979). Inhibited power motivation and high blood pressure in men. *Journal of Abnormal Psychology, 88*, 182–190.

McClelland, D. C. (1984). The empire-building motivational syndrome. In D. C. Mc-Clelland (Ed.), *Motives, personality, and society: Selected papers* (pp. 147–174). New York: Praeger.

McClelland, D. C. (1985). *Human motivation*. Glenview: Scott, Foresman and Comp.

McClelland, D. C. (1989). Motivational factors in health and disease. *American Psychologist, 44*, 675–683.

McClelland, D. C., & Boyatzis, R. E. (1982). Leadership motive pattern and long-term success in management. *Journal of Applied Psychology, 67*, 737–743.

McClelland, D. C., Davis, W. N., Kalin, R., & Wanner, E. (1972). *The drinking man*. New York: Free Press.

McClelland, D. C., & Franz, C. E. (1992). Motivational and other sources of work accomplishment in mid-life: A longitudinal study. *Journal of Personality, 60*, 680–707.

McClelland, D.C., & Jemmott, J. B. (1980). Power motivation, stress and physical illness. *Journal of Human Stress, 6*, 6–15.

McClelland, D. C,. & Pilon, D. A. (1983). Sources of adult motives in patterns of parent behavior in early childhood. *Journal of Personality and Social Psychology, 44*, 564–574.

Murray, H. (1938). *Explorations in Personality*. New York: Oxford University Press.

Schultheiss, O. C. (2008). Implicit motives. In O. P. John, R. W. Robins & L. A. Pervin (Eds.), *Handbook of Personality: Theory and Research* (3rd ed., pp. 603–633). New York: Guilford.

Schultheiss, O. C., & Brunstein, J. C. (1999). Goal imagery: Bridging the gap between implicit motives and explicit goals. *Journal of Personality, 67*, 1–38.

Schultheiss, O. C., & Brunstein, J. C. (2002). Inhibited power motivation and persuasive communication: A lens model analysis. *Journal of Personality, 70*, 553–582.

Schultheiss, O. C., & Rohde, W. (2002). Implicit power motivation predicts men's testosterone changes and implicit learning in a contest situation. *Hormones and Behavior, 41*, 195–202.

Schultheiss, O. C., Wirth, M. M., Torges, C.M., Pang, J.S., Villacorta, M. A., & Welsh, K. M. (2005). Effects of implicit power motivation on men's and women's implicit learning and testosterone changes after social victory or defeat. *Journal of Personality and Social Psychology, 88*(1), 174–188.

Sokolowski, K., Schmalt, H. D., Langens, T. A., & Puca, R. M. (2000). Assessing achievement, affiliation, and power motives all at once: The Multi-Motive Grid (MMG). *Journal of Personality Assessment, 74*(1), 126–145.

Stanton, S. J., & Schultheiss, O. C. (2007). Basal and dynamic relationships between implicit power motivation and estradiol in women. *Hormones and Behavior, 52*, 571–580.

Steele, R. S. (1977). *The physiological concomitants of psychogenic motive arousal in college males*. Unpublished dissertation thesis, Harvard University, Boston, MA.

Steinmann, B., Dörr, S. L., Schultheiss, O. C., & Maier, G. W. (2015). Implicit motives and leadership performance revisited: What constitutes the leadership motive pattern? *Motivation and Emotion 39*(2), 167–174.

Terhune, K. W. (1968). Motives, situation, and interpersonal conflict within Prisoner's Dilemma. *Journal of Personality and Social Psychology, 8*(3), 1–24.

Wainer, H. A., & Rubin, I. M. (1971). Motivation of research and development entrepreneurs: Determinants of company success. In D. A. Kolb, I. M. Rubin & J. McIntire (Eds.), *Organizational Psychology* (pp. 131–139). Englewood Cliffs: Prentice Hall.

Winter, D. G. (1973). *The power motive*. New York: Free Press.

Winter, D. G. (1993). Power, affiliation and war: Three tests of a motivational model. *Journal of Personality and Social Psychology, 65*, 532–545.

Winter, D. G. (2002). Motivation and political leadership. In L. Valenty & O. Feldman (Eds.), *Political leadership for the new century: Personality and behavior among American leaders* (pp. 25–47). Westport, CT: Praeger.

Winter, D. G. (2007). The role of motivation, responsibility, and integrative complexity in crisis escalation: Comparative studies on war and peace crises. *Journal of Personality and Social Psychology, 92*(5), 920–937.

Woike, B. A. (1995). Most-memorable experiences: Evidence for a link between implicit and explicit motives and social cognitive processes in everyday life. *Journal of Personality and Social Psychology, 68*, 1081–1091.

6 Implizite und explizite Motive: Zwei voneinander unabhängige Motivationssysteme

© Springer-Verlag GmbH Deutschland, ein Teil von Springer Nature 2018
V. Brandstätter et al., *Motivation und Emotion*, Springer-Lehrbuch
https://doi.org/10.1007/978-3-662-56685-5_6

Lernziele

- Die Geschichte der konzeptionellen Unterscheidung in implizite und explizite Motive kennen.
- Die wichtigsten Unterscheidungsmerkmale von impliziten und expliziten Motiven auflisten und Beispiele nennen können.

- Motivinkongruenz definieren können.
- Die wichtigsten Folgen von Motivinkongruenz nennen können.
- Das Prinzip, wie Motivinkongruenz verändert werden kann, wiedergeben können.

6.1 Einleitung

Motive können unterschiedlich systematisiert werden. In den vorangegangenen Kapiteln zum Leistungs-, Anschluss- und Machtmotiv (▶ Kap. 3, ▶ Kap. 4, ▶ Kap. 5) wurden Motive nach ihren Inhalten geordnet. Ein weiteres Einteilungsmerkmal ist jenes in »implizit« und »explizit«. Implizite Motive sind dem Bewusstsein nicht direkt zugänglich und daher nur indirekt messbar. Explizite Motive sind bewusst repräsentiert und über den Selbstbericht erfassbar.

Es wird zunächst erläutert, wie es in der Theorieentwicklung zur Unterscheidung in implizite und explizite Motive kam und worin die wichtigsten Unterscheidungsmerkmale bestehen. Die Annahme von **zwei unabhängigen Motivationssystemen** bedingt zudem, dass diese koalieren oder konfligieren können. Dieser Sachverhalt wird im Ab-

6

schnitt über Motivkongruenz und Motivinkongruenz behandelt. Das Kapitel schließt mit Implikationen für die Praxis.

6.2   Die Geschichte der Unterscheidung in implizite und explizite Motive

Die Geschichte der Unterscheidung in implizite und explizite Motive wird hier erläutert, weil sie gut die wechselseitige Wirkung von Empirie (Studienbefunden) und Theorieentwicklung, die Forschungsprozessen so häufig eigen ist, illustriert. Die Geschichte hat ihren Beginn in zwei unterschiedlichen Methoden, wie Motive gemessen wurden. Vertreter von indirekten Motivmessinstrumenten wie der Bildgeschichtenübung (z. B. Thematischer Auffassungstest, TAT; Murray, 1938, 1943; McClelland, Atkinson, Clark u. Lowell, 1953) (▶Abschn. 3.2.1, ▶ Abschn. 6.4 und ▶ Abschn. 6.4.1 für eine detaillierte Darstellung) gingen davon aus, dass Motive sich nur indirekt, d. h. unabhängig von bewusster Selbstreflexion, unter Umgehung von Selbstdarstellungstendenzen, messen lassen. Sie können aus Geschichten, die Personen zu vorgelegten motivanregenden Bildvorlagen schreiben (darum »Bildgeschichtenübung«), erschlossen werden. Eine direkte offene Befragung ist keine adäquate Messmethode, da sich Personen ihrer impliziten Motive gar nicht bewusst sind (McClelland, 1958). Dem widersprachen Befürworter der Motivmessung mittels Selbstbericht, die Motive direkt über Antworten zu Items in Fragebogen erfassen (Gjesme u. Nygard, 1970; Mehrabian, 1969) (▶ Abschn. 6.4 und ▶ Abschn. 6.4.2 für eine detaillierte Darstellung). Sie führen in erster Linie die hohe Objektivität der Auswertung, überzeugende Reliabilitätskennwerte und nicht zuletzt die ökonomische Anwendbarkeit als Argumente für die Fragebogenmessung an.

Nun zeigte sich aber wiederholt, dass mittels Bildgeschichten gemessene und über den Selbstbericht erfasste Motive nicht miteinander korrelierten (deCharms, Morrison, Reitman u. McClelland, 1955; McClelland et al., 1953). Als Erklärung führten die Vertreter der beiden Messmethoden zunächst methodische Kritik (vorwiegend mangelnde Validität) am jeweils anderen Messinstrument an.

McClelland et al. (1989) hingegen wählten nicht einen methodischen, sondern einen theoretischen Erklärungsansatz für die statistische Unabhängigkeit der beiden Messmethoden und entschieden damit eine über Jahrzehnte geführte Debatte: Die mittels Bildgeschichtenübung und mittels Fragebogenverfahren gemessenen Motive erfassen zwei voneinander unabhängige Motivationssysteme, von denen deshalb gar nicht erwartet werden kann, dass sie miteinander korrelieren. Diese nannten sie »**implizite Motive**« (»implicit motives«) und »**selbstzugeschriebene Motive**« (»self-attributed motives«) – später auch »**explizite Motive**« genannt.

Nach McClelland et al. (1989) beruhen **implizite Motive** auf ontogenetisch frühen, vor-sprachlichen affektiven Erfahrungen, die Kinder mit bestimmten Anreizen in ihrer sozialen Umwelt gemacht haben. Für das Leistungsmotiv ist es der Stolz, wenn man eine herausfordernde Aufgabe gemeistert hat (Schwierigkeitsanreize im Falle des Leistungsmotivs). Für das Machtmotiv ist es die positive affektive Erfahrung, sich

McClelland et al. (1989) gehen von zwei unabhängigen Motivationssystemen aus: ein implizites und ein explizites Motivationssystem.

als stark zu erleben, wenn es gelingt, andere zu beeinflussen (Wirksamkeitsanreize im Falle des Machtmotivs). Für das Anschlussmotiv ist es ein Gefühl sozialer Harmonie, wenn man Zuwendung und Sympathie von anderen Personen erfährt (Bindungsanreize im Falle des Anschlussmotivs). Durch diese positiven affektiven Erfahrungen kommt es zur Ausbildung stabiler Präferenzen, sich auch in Zukunft mit ähnlichen Anreizen auseinandersetzen zu wollen, die ähnliche Affekte versprechen. Implizite Motive werden auch als **affektgesteuerte Bedürfnisse** bezeichnet (Brunstein, 2010). Diese affekt-basierten Präferenzen sind unbewusst und können deshalb auch nicht über den Selbstbericht erfasst werden. Sie erfordern einen indirekten Zugang, der affektnah ist und bewusste Kognitionen (z. B. Reflexion über sich selbst) weitgehend ausschließt. Dies wird durch die Methode der Bildgeschichtenübung gewährleistet.

Explizite Motive hingegen sind bewusste Selbstzuschreibungen, die sich durch Anforderungen und Erwartungen wichtiger Bezugspersonen und Normen und Regeln der sozialen Umwelt als Teil des Selbstkonzeptes entwickelt haben (McClelland et al., 1989). Sie basieren auf sozialen Interaktionen, die eng an Sprache gebunden sind, und bleiben auch im Erwachsenenalter durch Sprache – genauer gesagt über den Selbstbericht – zugänglich. Sie sind auf Kognitionen basierende motivationale Selbstbilder, die mittels Fragebogen erfasst werden können.

Implizite und explizite Motive sind zwei unabhängige Motivationssysteme, die funktional zusammenwirken. So energetisieren die relativ abstrakten impliziten Motive das Verhalten, während die konkreteren expliziten Motive und ihre Übersetzung in verhaltensnahe Ziele dieser Energie eine Richtung geben (McClelland, 1985). So wird beispielsweise das abstrakte implizite Leistungsmotiv (Genuss herausfordernder Aufgaben) über das explizite Leistungsmotiv (»Ich bin eine leistungsorientierte Person«) in Leistungsziele und -verhalten übersetzt (Wahl herausfordernder beruflicher Ziele und entsprechendes Handeln), die das implizite Motiv befriedigen können.

6.3 Die Unterscheidungsmerkmale impliziter und expliziter Motive

6.3.1 Verhaltenskorrelate impliziter und expliziter Motive

Explizite Motive sagen Verhalten in eher klar strukturierten Situationen vorher (»**respondentes Verhalten**«), während implizite Motive Verhalten in offenen Situationen (»**operantes Verhalten**«) prognostizieren. Zu den klar strukturierten Situationen gehören Entscheidungen und Bewertungen, beispielsweise im beruflichen Kontext im Falle des Leistungsmotivs (z. B. Wahl verschieden schwieriger Aufgaben in einem Projekt). Diese beruhen auf der Grundlage von bewussten Abwägungen (z. B. »Kann ich durch die Übernahme dieses Jobs zeigen, was ich kann?«) und auf dem Abgleich mit dem Selbstbild (z. B. »Ich bin eine leistungsorientierte Person«). Auslöser dieser Entscheidungen und Bewertungen ist meist nicht die Person selbst, sondern diese reagiert

---

Implizite Motive sind früh in der Kindheit erlernte Präferenzen für bestimmte Anreize. Sie sind affekt-basiert. Da sie unbewusst sind, müssen sie mit indirekten Verfahren wie der Bildgeschichtenübung erfasst werden.

Explizite Motive werden etwas später in der Kindheit in der Auseinandersetzung mit der sozialen Umwelt erlernt. Sie sind auf Kognitionen basierende motivationale Selbstbilder und können über Fragebogen erfasst werden.

Explizite Motive sagen respondentes Verhalten vorher. Respondentes Verhalten ist eine Reaktion auf eine stark strukturierte Situation.

6

Implizite Motive sagen operantes Verhalten vorher. Operantes Verhalten ist ein frei auftretendes Verhalten in strukturell offenen Situationen.

(= »respondent«) auf äußere Faktoren (z. B. Anforderungen oder Wahlentscheidungen, die vom Vorgesetzten vorgegeben sind).

Im Gegensatz dazu sagen implizite Motive Verhalten vorher, das von sich aus auftritt (= »operant«), also spontan ist und auf Eigeninitiative beruht (z. B. »Welche Möglichkeiten gibt es, meine Fähigkeiten im Bereich X zu verbessern und etwas hinzuzulernen?«). Beispiele hierfür sind die längerfristige berufliche Karriere und unternehmerische Erfolge, die zahlreiche und wiederholte Auseinandersetzungen mit inneren Leistungsmaßstäben erfordern. Schränkt das situative Umfeld die Handlungsmöglichkeiten und die Ausdrucksformen von Leistungshandeln durch eine zu starke Strukturierung ein, wie McClelland (1980) dies vom schulischen Kontext behauptet, sagt das implizite Leistungsmotiv die Leistung (z. B. Schulnoten) nicht vorher.

Studie

Brunstein und Hoyer (2002) und McAdams und Constantian (1983)

Wie zwei Studien im Leistungs- und Anschlusskontext bestätigten, sagen implizite Motive spontanes und an der Aufgabe orientiertes Verhalten vorher, während explizite Motive bewusst reflektiertes Wahlverhalten und Beurteilungen vorhersagen. So strengten sich Probanden mit einem hohen impliziten Leistungsmotiv in einer Studie von Brunstein und Hoyer (2002) bei einer Konzentrationsaufgabe nach einer negativen Leistungsrückmeldung mehr an und erzielten bessere Leistungen, während das explizite Leistungsmotivmaß hier keine Vorhersage erlaubte. Stattdessen sagte das explizite Leistungsmotiv die Wahlentscheidung der Probanden vorher, wenn diese in der Konzentrationsaufgabe angeblich schlechter abschnitten als eine soziale Norm. Sie wählten dann häufiger die Option, weitere ähnliche Leistungsaufgaben angehen zu wollen, anstatt sich mit leistungsunabhängigen Aufgaben zu beschäftigen. Ähnliches gilt für das Anschlussmotiv. McAdams und Constantian (1983) konnten mit dem impliziten, nicht aber mit dem expliziten Anschlussmotiv die Häufigkeit tatsächlicher sozialer Interaktionen (spontane Gespräche, Briefeschreiben) vorhersagen. Personen mit einem hohen expliziten Anschlussmotiv sagten hingegen (in einem Fragebogen) von sich, dass sie bestimmte Aktivitäten lieber mit anderen gemeinsam, anstatt alleine ausführen würden.

6.3.2 Anreize für implizite und explizite Motive

Motive wurden bereits als eine wichtige Determinante von Verhalten eingeführt. Die andere Determinante, ohne die Motive gar nicht verhaltenswirksam werden können, sind **Anreize**. Sie stammen aus der Umwelt, wie z. B. die Möglichkeit, sich im Arbeitsumfeld mit herausfordernden Aufgaben auseinanderzusetzen oder mit freundlichen Menschen eine vertrauensvolle Beziehung aufzubauen. Sie regen das entsprechende Motiv, wie beispielsweise das Leistungs- und Anschlussmotiv, an und führen so zur Initiierung zielgerichteten Verhaltens.

Implizite Motive werden von Anreizen, die in der Tätigkeit selbst liegen, angeregt. Explizite Motive werden von sozial-evaluativen Anreizen angeregt.

Implizite und explizite Motive unterscheiden sich in den Anreizen, also in den Situationen und Bedingungen, die sie anregen. Implizite Motive sprechen auf **intrinsische Anreize** an, die in der Aufgabe oder Tätigkeit selbst liegen. So reizen beispielsweise hoch implizit Leistungsmotivierte Aufgaben, die im Schwierigkeitsgrad etwas über bereits gemeisterten ähnlichen Aufgaben liegen, oder aber sie sprechen neue und komplexe Aufgaben an, für die noch kein Referenzwert besteht. Diese Aufgabentypen sind informativ hinsichtlich individueller Leistungssteigerungen, und an ihnen kann am besten hinzugelernt werden. Von außen kommende Erwartungen, Anforderungen oder Leistungsdruck interessieren hoch implizit Leistungsmotivierte wenig. Ihnen geht es um die Auseinandersetzung mit einem individuellen Gütemaßstab (»Bin ich besser geworden?«). Hingegen kommt es Personen mit einem expliziten Leistungsmotiv auf von außen kommende Anreize an. Da es ihnen darum geht, Leistung nach außen zu demonstrieren und sie sich an sozialen, statt individuellen Bezugsnormen (»Bin ich besser als andere?«) orientieren, brauchen sie **extrinsische Anreize**, wie beispielsweise sozial-evaluative Anreize. Zu diesen zählen Konkurrenzsituationen, Leistungsbewertungen und die Anerkennung durch andere. Für Personen mit einem hohen impliziten Motiv liegen die Anreize also in der Leistungs-, Anschluss- oder Machtsituation selbst (Tätigkeitsanreize nach McClelland et al., 1989), während Personen mit einem hohen expliziten Motiv von den sozialen Konsequenzen des Handelns in diesen Situationen angeregt werden (soziale Anreize nach McClelland et al., 1989).

6.3.3 Die Entstehung impliziter und expliziter Motive

McClelland et al. (1989) nehmen an, dass, wenn sich implizite und explizite Motive in den sie anregenden Anreizen und dem dadurch initiierten Verhalten unterscheiden, sie auch unterschiedliche Entwicklungsgeschichten in der Ontogenese haben. So beruhen implizite Motive auf affektiven Erfahrungen in der vor-sprachlichen Kindheit. So führt beispielsweise die frühe positive Erfahrung, eine herausfordernde Aufgabe gemeistert zu haben (z. B. ein Hindernis nun umkrabbeln zu können) und sich als effektiv in der Auseinandersetzung mit der Umwelt zu erleben (z. B. mit dem Schlagen eines Holzlöffels auf einen Kochtopf Lärm zu erzeugen) zu dem Wunsch, diese freudvollen und mit Stolz verbundenen Effizienzerfahrungen auch zukünftig wieder zu erleben. Explizite Motive hingegen entstehen später in der Kindheit, wenn für das Kind sprachliche Interaktionen mit wichtigen Bezugspersonen bedeutsam werden, Normen des Umfelds erfasst werden können und ein Verständnis von komplexen Begriffen wie Leistung, Freundschaft und Einfluss vorhanden ist. Explizite Motive entwickeln sich aus Zielen, Werten und Normvorstellungen der Bezugspersonen, die diese für wichtig halten und dem Kind kommunizieren (»Im Leben zählt der Erfolg«, »Freunde zu haben ist sehr wichtig«, »Du musst dich gegen andere durchsetzen«).

Die empirische Absicherung für McClellands Annahmen fußt lediglich auf einer Studie, in der Mütter hinsichtlich ihrer Erziehungspraktiken bei ihren 5-jährigen Kindern befragt wurden (McClelland u. Pilon, 1983). Diese ergab beispielsweise, dass feste Fütterungszeiten und eine strenge Sauberkeitserziehung mit dem impliziten, nicht aber mit dem expliziten Leistungsmotiv korrelierten.

6.4 Die Messung impliziter und expliziter Motive

Im obigen Abschnitt zur Geschichte der Unterscheidung in implizite und explizite Motive (► Abschn. 6.2) und auch im Kapitel über das Leistungsmotiv (▶ Abschn. 3.2) wurde die Motivmessung wegen ihrer engen Verwobenheit mit der theoretischen Entwicklungsgeschichte des Motivkonstrukts bereits thematisiert. An dieser Stelle werden die Grundprinzipien der impliziten und expliziten Motivmessung noch einmal kurz zusammengefasst und konkrete Beispiele für Messinstrumente genannt.

6.4.1   Übersicht über die gängigsten impliziten Motivmessinstrumente

Da implizite Motive unbewusst sind, können sie nur indirekt, d. h. unter Umgehung der bewussten Angabe über die eigenen Motive erfasst werden. Würde man Personen direkt nach ihren Motiven fragen, werden bewusst zugängliche motivationale Selbstbilder (s. explizite Motive), nicht jedoch implizite Motive erfasst. Es folgt eine Beschreibung der gängigsten **indirekten Messmethoden**.

Bildgeschichtenübung

Der Thematische Auffassungstest (TAT) von Morgan und Murray (1935) und Murray (1943) zielte darauf ab, unbewusste Beweggründe durch nicht-verbale Hinweisreize bei Personen anzuregen, sodass diese ihre Beweggründe in das Bildmaterial projizieren und in Geschichten zu den Bildern zum Ausdruck bringen. Der TAT ist der Vorläufer der Bildgeschichtenübung (Picture Story Exercise, PSE; Schultheiss u. Pang, 2007; ▶ Abschn. 3.2.1), wie sie aktuell zur Messung von impliziten Motiven verwendet wird. Auch in der Bildgeschichtenübung schreiben Probanden Geschichten über die in den Bildern dargestellten Personen und nicht über sich selbst. Diese Umgehung von bewussten Vorstellungen von sich selbst und Selbstdarstellungstendenzen lässt die impliziten Motive in den Geschichten sichtbar werden. Das Vorgehen bei der Bildgeschichtenübung ist wie folgt: Den Probanden wird jeweils ein Bild vorgelegt (z. B. zwei Chemikerinnen im Labor [▶ Abschn. 3.2.1], Mann und Frau auf einer Bank am Fluss, ein Boxer vor einem Kampf, ein Paar am Trapez). Nachdem sie das Bild für einen Moment angesehen haben, werden sie aufgefordert, eine fantasievolle und vollständige Geschichte zu verfassen und erhalten einige Leitfragen, die als Anhaltspunkte für die Geschichte dienen können (»Was denken, fühlen oder wollen die dargestellten Personen?«). Nach etwa fünf Minuten wird zum nächsten Bild übergegangen. Die Geschichten werden anschließend von der Studienleitung nach dem Vorliegen von leistungs-, anschluss- und machtthematischen Inhalten ausgewertet. Hierzu stehen strenge Kategoriensysteme zur Verfügung, die genau festlegen, unter welchen Umständen welche Inhalte als Äußerung der jeweiligen Motivthematik zählen. Nach frühen Inhaltsschlüsseln, die für einzelne Motive entwickelt wurden (z. B. Leistungsmotiv: Heckhausen, 1963; McClelland et al., 1953; Anschlussmotiv: Heyns et al., 1958; Machtmotiv: Veroff, 1957), entwickelte Winter (1994) ein komplexes Verrechnungssystem, das die drei Motive Macht, Leistung und Anschluss gleichzeitig zu verrechnen erlaubt. Eine Verrechnungskategorie für das Leistungsmotiv ist beispielsweise die positive Bewertung von Leistung (Beispiel für Geschichteninhalt: »Ihre Leistung war unübertroffen«), für das Anschluss-

---

Implizite Motive werden über indirekte Messmethoden erfasst, die keine bewusste Repräsentation von Motiven benötigen. Ein Beispiel für ein solches Testverfahren ist die Bildgeschichtenübung (Picture Story Exercise, PSE). Hier schreiben Probanden zu vorgelegten Bildern Geschichten, die von der Versuchsleitung mithilfe von Kategoriesystemen nach ihrer Motivthematik (Leistung, Macht, Anschluss) verrechnet werden.

Abb. 6.1 Beispiele von Bildgeschichten, wie sie von Personen mit
hohem Leistungsmotiv (A), Anschlussmotiv (B) und Machtmotiv
(C) geschrieben sein könnten. Die
Bildvorlage ist einem Bild aus dem
TAT (vgl. Smith, 1992) nachgestellt
(mit freundlicher Genehmigung von
Oliver Schultheiss)

motiv die Äußerung positiver Gefühle gegenüber anderen Personen
(»Sie fühlten sich einander sehr nahe«) und für das Machtmotiv die
Absicht, andere Personen beeinflussen zu wollen (»Er wollte auf sie
Eindruck machen«). Zur weiteren Absicherung der Auswertungsobjek-
tivität werten meist mehrere geschulte und voneinander unabhängige
Kodierer und Kodiererinnen die Geschichten aus. Deren Übereinstim-
mung gilt als Maß für die Auswertungsobjektivität.

Die ◘ Abb. 6.1 kontrastiert an fiktiven Beispielen, wie die Geschich-
teninhalte einer hoch leistungsmotivierten (A), einer hoch anschlussmotivierten (B) und einer hoch machtmotivierten (C) Person ausfallen
könnten.

A. Wie muss sie konstruiert sein – die perfekte Brücke? Sie hatten
   mit der Übernahme des Baus der großen Brücke eine immense
   Herausforderung angenommen. Eine Riesenchance für ihr auf-
   strebendes Architekturbüro, sich mit einem imposanten und
   technisch ausgefeilten Projekt zu profilieren. Sie würden sich
   von großen Baumeistern inspirieren lassen und dazu architek-
   tonische Meisterwerke besuchen. Diese kreative Vorgehens-
   weise wird ihre Früchte tragen und sie sind sich sicher: Ihr Bau-
   werk wird Maßstäbe setzen. Zufrieden und glücklich packen sie
   voller Energie das Projekt an.
B. Er war gerne mit ihr hier. Vor allem nach der langen Bezie-
   hungspause, unter der er sehr gelitten hatte. Das durfte nicht
   noch einmal passieren; er kommt ohne sie nicht klar. Er will
   alles daran setzen, dass ihre Beziehung wieder so gut wird wie
   früher. Einfach gemeinsam glücklich sein. Ihren Hobbies, die sie
   so verbinden, nachgehen: gemeinsam reisen, die Welt entdecken, einen Tanzkurs machen … Gemeinsame Gespräche,
   zum Beispiel hier am Fluss, werden ihnen dabei helfen, wieder
   ein glückliches Paar zu werden.
C. Er versuchte die Tricks, die er im Seminar »Argumentieren und
   Überzeugen« gelernt hatte, gleich bei ihr anzuwenden. Eine
   vertraute Umgebung voller Erinnerungen hier unten am Fluss

würde sicher dazu beitragen. Er brauchte dringend das Geld von ihr. Doch sie war nicht so leicht zu überzeugen, wie von ihm beabsichtigt. Seine Argumente und Versprechungen ließen sie unbeeindruckt. Ganz im Gegenteil: Sie verblüffte ihr völlig irritiertes Gegenüber mit dem Vorschlag, nur in das Finanzgeschäft einzusteigen, wenn er sie als Geschäftspartnerin akzeptieren würde. Damit hatte er nicht gerechnet.

Hagemeyer und Neyer (2012) konzipierten eine Variante der Bildgeschichtenübung, die spezifisch implizite motivationale Orientierungen in Paarbeziehungen misst. Im Partner-Related Agency and Communion Test (PACT) werden acht Bilder dargeboten, die zwischenmenschliche Situationen darstellen. Die von den Probanden verfassten Geschichten werden anhand eines eigenen Kategoriensystem hinsichtlich eines agentischen Bedürfnisses (»agentic need«; Streben nach Unabhängigkeit, Können und Bewältigung) und eines gemeinschaftsbezogenen Bedürfnisses (»communion need«; Bedürfnis nach Nähe, Zweisamkeit) bezogen auf Paarbeziehungen ermittelt.

Operanter Motivtest

Auch der operante Motivtest (OMT; Kuhl u. Scheffer, 1999) lehnt, wie die Bildgeschichtenübung, an den Thematischen Auffassungstest (Murray, 1943) an und zieht zudem aktuelle gedächtnispsychologische Erkenntnisse heran, nach denen Assoziationen zu bestimmten Reizvorlagen unbewusste kognitive und emotionale Motivinhalte widerspiegeln können.

Die Probanden werden aufgefordert, sich eine kurze Geschichte zu Strichzeichnungen einfallen zu lassen, diese jedoch nicht als Ganze aufzuschreiben, sondern lediglich Stichpunkte zu vorformulierten Fragen zu notieren (z. B. »Was ist für die Person wichtig und was fühlt sie?«). Für den OMT existiert ein differenziertes Kategoriensystem (Kuhl u. Scheffer, 1999), das theoretisch aus der Persönlichkeitssystem-Interaktionstheorie (PSI-Theorie; Kuhl, 2001; ▶ Abschn. 9.4.3) abgeleitet ist. Beispiele für die komplexen Subkategorien sind innerer Gütemaßstab, Misserfolgsbewältigung und Flow für das Leistungsmotiv, Geselligkeit, Vertrautheit und Umgang mit Zurückweisung für das Anschlussmotiv und Status, Selbstbehauptung und Unterordnung für das Machtmotiv.

Multi-Motiv-Gitter

Weitere Beispiele für Messinstrumente impliziter Motive sind der Operante Motivtest (OMT, Kuhl u. Scheffer, 1999) und das Multi-Motiv-Gitter (MMG, Sokolowski et al., 2000).

Der theoretische Grundgedanke des Multi-Motiv-Gitters (MMG; Sokolowski et al., 2000) ist ebenfalls, dass Motive durch Bildmaterial angeregt werden. Anders als beim PSE oder OMT ist beim MMG jedoch nicht das Schreiben von Geschichten oder Stichpunkten (und deren aufwendige Auswertung) notwendig, sondern der Ausdruck des Motivs wird über vorformulierte Items zur bildlich dargestellten Situation erfasst. Die Probanden erfahren in den Instruktionen, dass es um die Bewertung von Lebenssituationen geht, die mit Gedanken und Gefühlen zusammenhängen und in die es sich im Folgenden hineinzuversetzen gilt. Unter jeder Strichzeichnung (z. B. Seilkletterer, Kneipenszene) finden sich Aussagen zur dargestellten Situation, denen als passend zugestimmt werden kann oder die als unpassend abgelehnt werden können. Anders als bei den bisher genannten Verfahren können durch das MMG die Hoffnungs- und die Furchtkomponente der jeweiligen Motive erfasst werden. Die Auswertung der Hoffnungs- und Furchtkomponenten des Leistungsmotivs (Bsp.: Hoffnung: sich hierbei den Erfolg zutrauen; Furcht: bei diesen Aufgaben an mangelnde Fähigkeiten denken), des Machtmotivs (Bsp.: Hoffnung: selber Einfluss haben wollen; Furcht: hier kann das eigene Ansehen verloren gehen) und des Anschlussmotivs (Bsp.: Hoffnung: man ist froh, den Anderen getroffen zu haben; Furcht: man fürchtet, den Anderen zu langweilen) erfolgt wie bei einem herkömmlichen Fragebogen objektiv durch die Summation der motivzugehörigen Items.

6.4.2 Übersicht über die gängigsten expliziten Motivmessinstrumente

Die Messinstrumente für das explizite Motivationssystem (explizite Motive und Ziele) sind **Selbstberichte** in Form von Items in Fragebogen oder vorgegebenen Zielen, die bzgl. des Zutreffens auf die eigene Person bewertet werden. Die Auswertung geschieht durch das Aufsummieren der im Sinne der Merkmalsausprägung angekreuzten Antworten. Die Verfahren lassen sich in solche unterscheiden, die die drei Motive Leistung, Anschluss und Macht simultan erfassen können (z. B. PRF, UMS, PSE-Q und GOALS), und solche, die spezifisch auf eines der Motive fokussieren. Die wichtigsten sind im Folgenden dargestellt.

Explizite Motive werden über Fragebogen erfasst. Beispiele für Messinstrumente, die die drei Motive Leistung, Macht und Anschluss simultan erfassen können, sind die Personality Research Form (PRF), die Unified Motives Scale (UMS), der PSE-Q und der Zielfragebogen GOALS.

Personality Research Form (PRF)

Die Personality Research Form (PRF; dt. Version von Stumpf et al., 1985) ist ein Fragebogen zur Messung grundlegender Persönlichkeitseigenschaften. Die Subskalen »Leistung« (z. B. »Ich arbeite an Problemen weiter, bei denen andere schon aufgegeben haben«), »Affiliation« (z. B. »Ich versuche, so oft wie möglich in der Gesellschaft von Freunden zu sein«) und »Dominanz« (z. B. »Ich versuche, andere unter meinen Einfluss zu bekommen, anstatt zuzulassen, dass sie mich kontrollieren«) werden häufig zur Operationalisierung des expliziten Leistungs-, Anschluss- und Machtmotivs herangezogen.

Die Instruktionen beinhalten, dass die folgenden Aussagen als Selbstbeschreibungen zu verstehen sind, denen die Probanden durch ein Kreuz im entsprechenden Antwortfeld zustimmen oder die sie ablehnen können.

GOALS

Zum expliziten Motivationssystem gehören auch **Ziele**, die sich Menschen in ihrem Leben zu erreichen vornehmen. Im Gegensatz zur ideographischen Erfassung von Zielen, bei denen die Probanden aufgefordert werden, ihre persönlichen Ziele frei zu nennen und sie meist zusätzlich anhand von Zielmerkmalen zu bewerten, basiert der »GOALS« (Pöhlmann u. Brunstein, 1997) auf einem nomothetischen Vorgehen. Die Probanden bewerten anhand einer 5-stufigen Likertskala vorgegebene Ziele aus verschiedenen Inhaltsbereichen (z. B. Leistung:

Das explizite Motivationssystem wird auch über Ziele erfasst. Ein Beispiel für eine nomothetische Zielmessung ist der »GOALS« (Pöhlmann u. Brunstein, 1997).

mich ständig verbessern; Affiliation: viel unter Menschen sein; Macht: Einfluss ausüben können) nach ihrer Wichtigkeit, Realisierbarkeit und dem bisher in diesen Zielen erreichten Erfolg.

Unified Motive Scales (UMS)

Die Unified Motives Scale (UMS; Schönbrodt u. Gerstenberg, 2012) misst in einer Ultra-Kurz- (15 Items), Kurz- (30 Items) und Langversion (54 Items) die Motive Leistung, Anschluss, Intimität und Angst. Die Skala ist das Ergebnis einer Analyse (basierend auf der Item Response-Theorie), der 14 existierende Motivmessinstrumente – beispielsweise auch der hier ebenfalls erläuterter PRF und der GOALS – zugrunde liegen. Sie legt den Probanden zum einen Statements vor (z. B. Leistung: »Ich fühle mich zu Arbeiten hingezogen, in denen ich die Möglichkeit habe, meine Fähigkeiten zu prüfen«; Anschluss: »Ich schließe gern so viele Freundschaften wie ich kann«; Macht: »Ich strebe nach Positionen, in denen ich Autorität habe«) und lässt zum anderen Ziele nach der persönlichen Wichtigkeit bewerten (Leistung: »Mich ständig verbessern«, Anschluss: »Viel mit anderen Menschen zusammen unternehmen«, Macht: »Einfluss ausüben können«).

PSE – Questionnaire (PSE-Q)

Ein aktueller Ansatz zur Messung expliziter Machtmotive basiert auf der direkten Übersetzung der Verrechnungskategorien für Bildgeschichtenübungen in ein Fragebogenformat (Schultheiss et al., 2009). Die Probanden erhalten die Aufgabe, sich nacheinander in eine Person auf dargebotenen Bildern (z. B. Brücke am Fluss, ◼ Abb. 6.1) hineinzuversetzen und im Anschluss anhand von vorformulierten Aussagen (z. B. »In dieser Situation ... würde ich versuchen, eine einzigartige Leistung zu erbringen/ ... hätte ich der anderen Person gegenüber warme, freundschaftliche Gefühle/ ... würde ich versuchen, die Kontrolle über die andere Person zu erlangen«) zu beurteilen, wie sie in dieser Situation denken, fühlen oder handeln würde.

Motivspezifische Fragebogen

Neben expliziten Messmethoden, die die Motive Leistung, Anschluss und Macht simultan erfassen, existieren Fragebogen, die auf einzelne Motive fokussieren. Zur Messung des Leistungsmotivs wurden beispielsweise die Achievement Motives Scale (Lang u. Fries, 2006), das Leistungsmotiv-Gitter (Schmalt, 1999), das Leistungsmotiv-Inventar (Schuler u. Prochaska, 2001) und die Mehrabian Achievement Risk Preference Scale (MARPS; Mehrabian, 1969; deutsche modifizierte Version von Mikula et al., 1976) entwickelt. Ein Beispiel für das Anschlussmotiv sind Fragebogen von Mehrabian (1969), die die Unterscheidung in eine Hoffnungskomponente (»Wenn ich reise, bevorzuge ich es, Leute zu treffen, mit denen ich Erlebnisse teilen kann, anstatt alleine zu reisen«) und eine Furchtkomponente (»Ich bevorzuge Aktivitäten, bei denen ich unabhängig bin, wie Kreuzworträtsel lösen, anstatt Gruppenaktivitäten, wie Karten oder Monopoly zu spielen«) berücksichtigen.

6.5   Das Zusammenspiel von impliziten und expliziten Motiven

Der statistische Sachverhalt, dass implizite und explizite Motive nicht oder nur gering miteinander korrelieren (McClelland, 1989), bedeutet vereinfacht gesagt, dass etwa gleich viele Personen mit einem hohen impliziten über ein hohes, mittleres oder niedriges korrespondierendes explizites Motiv verfügen. Stimmen implizite und explizite Motive in ihrer Ausprägung miteinander überein, wird dies als **Motivkongruenz** bezeichnet, klaffen die Ausprägungsgrade impliziter und expliziter Motive auseinander, ist von **Motivinkongruenz** die Rede.

Ein **Motivkongruenztyp** ist gekennzeichnet durch eine niedrige Ausprägung im impliziten und expliziten Motiv. Am Beispiel des Leistungsmotivs wäre dies eine Person, die nicht danach strebt, sich mit Gütemaßstäben auseinanderzusetzen, um sich als kompetent und tüchtig zu erleben, und für die gleichzeitig eine hohe Leistungsorientierung kein bedeutender Teil des Selbstkonzeptes ist. Dieser Motivkongruenztyp ist hinsichtlich der Motive konfliktfrei. Dennoch können natürlich Konflikte durch externe Faktoren entstehen, wenn beispielsweise die geringe Leistungsmotivation nicht den Erwartungen am Arbeitsplatz entspricht.

Der zweite **Motivkongruenztyp** hat hohe Ausprägungen in beiden Motivtypen. Das implizite und explizite Motiv spielen gut zusammen. Beispielsweise führt das explizite Leistungsmotiv zum Setzen von anspruchsvollen Leistungszielen, deren Verfolgung mit der Auseinandersetzung mit Gütemaßstäben und dem Erleben von Kompetenz und Fortschritten einhergeht und so wiederum das implizite Leistungsmotiv befriedigt werden kann. Die Motive koalieren hier und bündeln ihre Energie, um zielführendes Verhalten optimal auszurichten.

Im Gegensatz zu den harmonisch zusammenwirkenden Motivkongruenztypen bergen die beiden Motivinkongruenztypen ein hohes Konfliktpotenzial. Für den einen **Motivinkongruenztyp** besteht das Problem darin, dass das mit der hohen Ausprägung im impliziten Leistungsmotiv verbundene Verlangen, nach herausfordernden Aufgaben zu streben und deren Bewältigung zu genießen, durch das niedrige explizite Motiv nicht gesättigt wird. Das niedrige explizite Motiv generiert keine anspruchsvollen Leistungsziele und lässt Personen sich in leistungsneutralen Situationen aufhalten. Das implizite Motiv findet keinen Ausdruck im Verhalten, und die Motivbefriedigung entfällt. Mögliche Aussagen von Personen mit diesem Motivkonflikt wären »Mir fehlt etwas« oder »Ich habe das Gefühl, nicht so zu handeln, wie ich wirklich bin«.

Beim zweiten **Motivinkongruenztyp** besteht ein anderer Konflikt zwischen den Motiven. Das hohe explizite Motiv führt zur Generierung von Zielen, wie beispielsweise anspruchsvollen Leistungszielen, für deren Umsetzung dann jedoch die Energie, die durch das implizite Motiv bereitgestellt wird, fehlt. Da die ausgeübte Tätigkeit an sich keine Freude bereitet und so eine wichtige Energiequelle fehlt, muss der Antrieb allein aus der Antizipation der sozial-evaluativen Anreize (z. B. Anerkennung durch andere) oder dem Wunsch, dem eigenen Selbstbild genügen zu wollen, kommen. Der Prozess der Zielverfolgung muss willentlich kontrolliert werden, was mit einem Anstrengungserleben ein-

Motivkongruenz ist die Übereinstimmung der Ausprägung impliziter und expliziter Motive. Motivinkongruenz ist die Nicht-Übereinstimmung derselben.

Kombiniert man vereinfacht die starke und schwache Ausprägung des impliziten und des expliziten Motivs, entsteht ein Vier-Felder-Schema mit zwei Motivkongruenztypen (implizites und explizites Motiv stark ausgeprägt; implizites und explizites Motiv schwach ausgeprägt) und zwei Motivinkongruenztypen (implizites Motiv stark und explizites Motiv schwach ausgeprägt; implizites Motiv schwach und explizites Motiv stark ausgeprägt).

Die beiden Typen von Motivinkongruenz führen zu unterschiedlichen Konflikten. Bei Personen mit einem hohen impliziten, aber niedrigen expliziten Motiv bleibt die Befriedigung des impliziten Motivs aus. Personen mit hohem expliziten, aber niedrigem impliziten Motiv müssen sich häufig willentlich anstrengen, da die Ziele, die sie auf der Grundlage ihres motivationalen Selbstbildes generieren, keine Energetisierung durch das implizite Motiv erfahren.

hergeht. Personen mit diesem Motivkonflikt könnten beispielsweise von sich sagen: »Ich fühle mich häufig angestrengt« oder »Ich muss mich überwinden, die Tätigkeit anzugehen«.

6.5.1 Welche Folgen hat Motivinkongruenz?

Der von McClelland häufig zitierte Satz »Whatever the reasons for discordance between implicit and explicit motives, it can certainly lead to trouble« (McClelland et al., 1989, S. 700) thematisiert, dass für Motivinkongruenz negative Folgen vermutet werden. Der Grund hierfür ist, dass der mit Motivinkongruenz assoziierte **Konflikt** wie ein permanenter, im Hintergrund wirkender Stressor (»**hidden stressor**«; Baumann et al., 2005) wirkt, der die Handlungsausführung und das emotionale und körperliche Wohlbefinden ähnlich beeinträchtigt wie andere Stressoren (z. B. Zeitdruck, Lärm) auch. Eine Reihe von Studien bestätigen mittlerweile über verschiedene Stichproben (z. B. Manager, Lehrer und Lehrerinnen, Studierende) hinweg, dass Motivinkongruenz volitionale Ressourcen und emotionales Befinden mindert (Kehr, 2004), während die Kongruenz des impliziten und expliziten Motivationssystems (explizite Motive und Ziele) zu emotionalem Wohlbefinden führt (Baumann et al., 2005; Brunstein et al., 1998; Hofer et al., 2006; Wagner, Baumann u. Hank, 2016; für einen Überblick s. Brunstein, 2010).

Neuere Arbeiten zur Motivinkongruenz zielen auf das Aufdecken von Faktoren, die die Effekte von Motivinkongruenz auf das Befinden (Affekt, Depressivität, Lebenszufriedenheit) mehr oder weniger stark ausfallen lassen. Beispiele für solche Moderatoren sind mit dem impliziten Motiv korrespondierende Anreize (Schüler, 2010), Perfektionismus und Kontrollorientierung (z. B. Langan-Fox u. Canty, 2010). Neuere Studien zeigen zudem, dass auch die Übereinstimmung von Komponenten innerhalb des expliziten Motivationssystems – genauer gesagt die Kongruenz von expliziten Motiven und persönlichen Zielen – eine wichtige Voraussetzung für emotionales Wohlbefinden ist (Job et al., 2009).

Motivinkongruenz verursacht dauerhafte intrapsychische Konflikte, die wie ein Stressor wirken. Motivinkongruenz führt zur Beeinträchtigung des Wohlbefindens, der Lebenszufriedenheit und der Gesundheit.

6.5.2 Wie entsteht Motivinkongruenz und wie kann sie verändert werden?

Die Tatsache, dass Motivinkongruenz bedeutende negative Folgen hat, ließ nach Erklärungen und v. a. nach Veränderungsmöglichkeiten suchen. Als Erklärung von Motivinkongruenz führen McClelland et al. (1989) unter anderem an, dass die implizite und affektive Motivanregung häufig nicht gut wahrgenommen und so auch nicht als Information für die expliziten Zielsetzungen genutzt werden kann. Eine weitere Ursache für Inkongruenz ist eine starke Orientierung an der sozialen Umwelt bei gleichzeitiger Vernachlässigung von innerhalb der Person liegenden Informationsquellen, wie z. B. Affekten. McClellands Annahmen werden durch empirische Arbeiten gestützt, die zeigen, dass implizite und explizite Motive dann positiv miteinander zusammenhingen – also Motivkongruenz vorlag –, wenn Personen einen guten Zugang zu ihrem **Körpergefühl** hatten (»private body consciousness«) und über eine *niedrige* Ausprägung der **Selbstüberwachung** (»self-monitoring«) verfügten (Thrash et al., 2007). Die Studienbefunde legen also nahe, dass die Fähigkeit, non-verbale Körpergefühle aufmerksam wahrzunehmen, und eine geringe Neigung, die soziale Angemessenheit des eigenen Verhaltens zu bewerten, zur Entwicklung eines motivationalen Selbstbildes führen, das zu den impliziten Motiven passt.

In einer weiteren Studie wurde das Persönlichkeitskonstrukt der **Handlungs- und Lageorientierung** untersucht. Die Argumentation, die sich empirisch stützen ließ, war, dass es handlungsorientierten Personen (im Vergleich zu lageorientierten Personen) gut gelingt, negative Emotionen nach Misserfolgen und Frustrationen rasch zu senken und so einen Zustand der Entspannung herbeizuführen. Entspannung wiederum ist notwendig, um einen Zugriff auf das implizite Motivationssystem zu haben, der wiederum eine motivpassende Zielwahl begünstigt (Brunstein, 2001).

Schultheiss und Kollegen (Schultheiss, 2001; Schultheiss et al., 2001) halten ein anderes Persönlichkeitsmerkmal für einen bedeutenden Prädiktor für Motivinkongruenz. Sie nehmen an, dass es einen stabilen Unterschied zwischen Personen gibt, Informationen zwischen dem non-verbalen impliziten und dem auf Sprache basierenden expliziten Motivationssystem austauschen zu können. Sie bezeichnen diesen Sachverhalt als **referentielle Kompetenz** (»referential competence«) und meinen damit die Fähigkeit, non-verbale in verbale Repräsentationen (und umgekehrt) übersetzen zu können.

Zur Veränderung von Motivinkongruenz oder ihrer Folgen liegen bislang erst wenige Arbeiten vor. Erste Studien weisen in die Richtung, dass emotionale Bewältigungsstrategien, wie das Mitteilen emotionaler Erlebnisse (»**emotional disclosure**«), die negativen Folgen, die Motivinkongruenz auf das Befinden hat, mindern können (Schüler et al., 2009). Während diese kurative Strategie die negativen Folgen von Motivinkongruenz abschwächt, setzen die folgenden Strategien schon früher, also präventiv an und verhindern, dass Motivinkongruenz überhaupt entsteht. Sie basieren auf den beiden Grundgedanken, dass Menschen häufig **Ziele** setzen, die nicht zu den eigenen impliziten Motiven passen und dass eine bessere Abstimmung der Ziele an die impliziten Motive gelingt, wenn Menschen ihre Affekte und weniger rationale Überlegungen bei der Zielsetzung berücksichtigen. Schultheiss und Brunstein (1999) vermuten, dass das **Imaginieren von Zielen**, also die lebhafte Vorstellung des Prozesses der Zielverfolgung, eine Brücke zwischen den abstrakten impliziten Motiven und den konkreten expliziten Zielsetzungen darstellen kann. Die gedankliche Simulation von Handlungsabläufen fokussiert auf die Erfahrungen und Affekte während des Zielstrebens. Laut den Autoren kommt diese erfahrungsbasierte Informationsverarbeitung den impliziten Motiven näher als rationale Abwägungsprozesse. Eine Weiterentwicklung dieser Methode, Ziele den impliziten Motiven anzupassen, ist, über verschiedene Zieloptionen zu fantasieren und hierbei den Fokus auf motiv-spezifische affektive Anreize wie Freude und Flow (Leistung), Glück (Anschlussmotiv) und ein Gefühl der Stärke (Machtmotiv) zu legen. Die auf dieser Grundlage gewählten Ziele weisen eine höhere Übereinstimmung mit den impliziten Motiven auf als Ziele, die von den Personen nicht über einen Zugriff über den Affekt »analysiert« werden (Job u. Brandstätter, 2009).

Als Erklärung für die Entstehung von Motivinkongruenz werden eine starke Orientierung an der sozialen Umwelt anstatt an den eigenen Affekten (McClelland et al., 1989), ein schlechter Zugang zum Körpergefühl und hohe Selbstüberwachung (Thrash et al., 2007) sowie eine geringe Fähigkeit, non-verbale in verbale Repräsentationen (und umgekehrt) übersetzen zu können (referentielle Kompetenz; Schultheiss, 2001) angeführt.

Bislang gibt es erst wenige Ansätze, wie Motivinkongruenz reduziert werden kann. So gibt es erste Hinweise, dass eine Emotionsbewältigungsstrategie (emotionales Mitteilen) die negativen Auswirkungen von Motivinkongruenz mildern kann. Um Inkongruenz von vornherein zu vermeiden, müssen Ziele gesetzt werden, die zu den impliziten Motiven passen. Der Zugang zu impliziten Motiven gelingt bildhaft, z. B. über das lebhafte Imaginieren eines Ziels, des Zielverfolgungsprozesses und den mit dem Ziel verbundenen Affekten.

6

Ziele, die im Alltag verfolgt werden, sollten zu den impliziten Motiven passen, damit Wohlbefinden und freudvolles Zielstreben resultiert.

6.6   Alltagsbezug und Anwendungsaspekte

Welchen Nutzen bringt es nun für die Praxis und den Alltag, zu wissen, dass implizite und explizite Motive voneinander unterschieden werden und dass ihre Nicht-Übereinstimmung (Motivinkongruenz) negative Folgen für das Befinden hat?

Zum einen helfen diese Erkenntnisse, zu verstehen, dass persönliches Unbehagen oder Missbefinden in bestimmten Situationen darin begründet liegen können, dass das Herz (implizite Motive) und der Kopf (explizite Motive) nicht das Gleiche wollen. So kann es beispielsweise sein, dass sich eine Person in einem beruflichen Kontext, in dem »nach außen hin« (also nach der eigenen kognitiven Einschätzung) alles stimmt, dennoch nicht wohl fühlt. Der sich durch herausfordernde und ständig neue Aufgaben am Leistungslimit bei gleichzeitig vollumfassendem Handlungsspielraum kennzeichnende »Traumjob« kann für Personen, die ein geringes Leistungsmotiv haben, auf Dauer zu anstrengend sein, da die benötigte Energie zur Bewältigung der Aufgabe nicht aus dem impliziten Motiv automatisch generiert wird, sondern durch Willensanstrengungen aufgebracht werden muss. Gleichzeitig benötigen anspruchsvolle Jobs meistens Zeit, die wiederum nur noch in geringerem Ausmaße für die Befriedigung anderer Motive (z. B. Anschlussmotiv: Zeit mit Freunden zu verbringen) zur Verfügung steht. Zusammenfassend kann eine mögliche Ursache für Unbehagen oder Missbefinden also darin bestehen, dass sich Personen in Situationen bewegen, die nicht ihren impliziten Motiven entsprechen.

Woher weiß man aber von sich selbst, welche impliziten Motive stark ausgeprägt sind, wenn sie doch unbewusst sind? Für den Alltagsgebrauch eignen sich Zielimaginationen, das Fantasieren über Ziele und die Selbstbeobachtung, wie sich die Zielverfolgung anfühlt. Das Reflektieren der eigenen Tätigkeitsvorlieben ist eine weitere Methode, näher an implizite Motive heranzukommen. Rheinberg (2004) schlägt beispielsweise die folgenden Reflexionsfragen vor: Welche Aktivitäten mache ich auch ohne Belohnung immer wieder und ziehe sie zeitlich häufig vor? Wann habe ich mich über ein erzieltes Ergebnis besonders gefreut? Wann konnte ich mich trotz eines Erfolgs erstaunlicherweise gar nicht richtig freuen?

? **Kontrollfragen**

1. Wie kam es zu der konzeptionellen Unterscheidung in implizite und explizite Motive?
2. Wie entstehen implizite und explizite Motive?
3. Worin unterscheiden sich implizite und explizite Motive?

4. In welchen Beziehungen können implizite und explizite Motive zueinander stehen und welche Folgen haben diese?

▶ **Weiterführende Literatur**

Brunstein, J. C. (2010). *Implizite und explizite Motive*. In J. Heckhausen & H. Heckhausen (Hrsg.), *Motivation und Handeln* (S. 237-256). Heidelberg: Springer.
Schultheiss, O. C., & Brunstein, J. C. (2010). *Implicit motives*. Oxford: Oxford University Press.

Literatur

Baumann, N., Kaschel, R., & Kuhl, J. (2005). Striving for unwanted goals: Stress-dependent discrepancies between explicit and implicit achievement motives reduce subjective well-being and increase psychosomatic symptoms. *Journal of Personality and Social Psychology, 89*(5), 781–799.

Brunstein, J. C. (2001). Persönliche Ziele und Handlungs- versus Lageorientierung: Wer bindet sich an realistische und bedürfniskongruente Ziele? *Zeitschrift für Differentielle und Diagnostische Psychologie, 22*, 1–12.

Brunstein, J. C. (2010). Implicit motives and explicit goals: The role of motivational congruence in emotional well-being. In O. C. Schultheiss & J. C. Brunstein (Eds.), *Implicit motives* (pp. 47–374). New York, NY: Oxford University Press.

Brunstein, J. C. (2010). *Implizite und explizite Motive.* In J. Heckhausen & H. Heckhausen (Hrsg.), *Motivation und Handeln* (S. 237–256). Heidelberg: Springer.

Brunstein, J. C., & Hoyer, J. (2002). Implizites versus explizites Leistungsstreben: Befunde zur Unabhängigkeit zweier Motivationssysteme. *Zeitschrift für Pädagogische Psychologie, 16*, 51–62.

Brunstein, J. C., Schultheiss, O. C., & Grässmann, R. (1998). Personal goals and emotional well-being: The moderating role of motive dispositions. *Journal of Personality and Social Psychology, 75*(2), 494–508.

deCharms, R., Morrison, H. W., Reitman, W., & McClelland, D. C. (1955). Behavioral correlates of directly and indirectly measured achievement motivation. In D. C. McClelland (Ed.), *Studies in motivation* (pp. 414–423). New York: Appleton-Century-Crofts.

Gjesme, T., & Nygard, R. (1970). *Achievement-related motives: Theoretical considerations and construction of a measuring instrument.* Unpublished manuscript. Oslo: University of Oslo.

Hagemeyer, B., & Neyer, F. J. (2012). Assessing implicit motivational orientations in couple relationships: The Partner-Related Agency and Communion Test (PACT). *Psychological Assessment, 24*, 114–128.

Heckhausen, H. (1963). *Hoffnung und Furcht in der Leistungsmotivation.* Meisenheim am Glan: Anton Hain.

Hofer, J., Chasiotis, A., & Campos, D. (2006). Congruence between social values and implicit motives: Effects on life satisfaction across three cultures. *European Journal of Personality, 20*, 305–324.

Job, V., & Brandstätter, V. (2009). Get a taste of your goals: Promoting motive-goal congruence through affect-focus goal fantasy. *Journal of Personality, 77*, 1527–1559.

Job, V., Langens, T. A., & Brandstätter, V. (2009). Effects of achievement goal striving on well-being: The moderating role of the explicit achievement motive. *Personality and Social Psychology Bulletin, 35*, 983–996.

Kehr, H. M. (2004). Implicit/explicit motive discrepancies and volitional depletion among managers. *Personality and Social Psychology Bulletin, 30*(3), 315–327.

Kuhl, J. (2001). *Motivation und Persönlichkeit. Interaktionen psychischer Systeme.* Göttingen: Hogrefe.

Kuhl, J., & Scheffer, D. (1999). *Der operante Multi-Motive-Test (OMT): Manual.* Osnabrück: Universität Osnabrück.

Langan-Fox, J., & Canty, J. M. (2010). Implicit and self-attributed affiliation motive congruence and depression: The moderating role of perfectionism. *Personality and Individual Differences, 49*, 600–605.

Lang, W. B. & Fries, S. (2006). A Revised 10-Item Version of the Achievement Motives Scale. *European Journal of Psychological Assessmen, 22*, 216–224.

McAdams, D. P., & Constantian, C. A. (1983). Intimacy and affiliation motives in daily living: An experience sampling analysis. *Journal of Personality and Social Psychology, 45*, 851–861.

McClelland, D. C. (1980). Motive dispositions. The merits of operant and respondent measures. In L. Wheeler (Ed.), *Review of Personality and Social Psychology* (pp. 10–41). Beverly Hills, CA: Sage.

McClelland, D. C. (1985). How motives, skills, and values determine what people do. *American Psychologist, 40*, 812–825.

McClelland, D. C., Atkinson, J. W., Clark, R. A., & Lowell, E. L. (1953). *The achievement motive.* New York: Appleton-Century-Crofts.

McClelland, D. C., Koestner, R., & Weinberger, J. (1989). How do self-attributed and implicit motives differ? *Psychological Review, 96*(4), 690–702.

McClelland, D. C., & Pilon, D. A. (1983). Sources of adult motives in patterns of parent behavior in early childhood. *Journal of Personality and Social Psychology, 44,* 564–574.

Mehrabian, A. (1969). Measures of achieving tendency. *Educational and Psychological Measurement, 29,* 445–451.

Mikula, G., Uray, H., & Schwinger, T. (1976). Die Entwicklung einer deutschen Fassung der Mehrabian achievement risk preference scale. *Diagnostica, 22,* 87–97.

Morgan, C. & Murray, H. A. (1935). A method for investigating fantasies: The Thematic Apperception Test. *Archives of Neurology and Psychiatry, 34,* 289–306.

Murray, H. A. (1938). *Explorations in Personality.* New York: Wiley.

Murray, H. A. (1943). *Thematic Apperceptive Test Manual.* Cambridge: Harvard University Press.

Pöhlmann, K., & Brunstein, J. C. (1997). Goals: Ein Fragebogen zur Erfassung von Lebenszielen. *Diagnostica, 43,* 63–79.

Rheinberg, F. (2004). *Motivation.* Stuttgart: Kohlhammer.

Schmalt, H.-D. (1999). Assessing the achievement motive using the grid technique. *Journal of Research in Personality, 33*(2), 109–130.

Schönbrodt, F. D., & Gerstenberg, F. X. R. (2012). An IRT analysis of motive questionnaires: The Unified Motive Scales.*Journal of Research in Personality, 6,* 725–742. doi:10.1016/j.jrp.2012.08.010

Schuler, H., & Prochaska, M. (2000). *Das leistungsmotivationsinventar (lmi). Handanweisung.* Göttingen: Hogrefe.

Schüler, J. (2010). Achievement incentives determine the effects of achievement-motive incongruence on flow experience. *Motivation and Emotion, 34,* 2–14.

Schüler, J., Job, V., Fröhlich, S., & Brandstätter, V. (2009). Dealing with a »hidden stressor«: Emotional disclosure as a coping strategy to overcome the negative effects of motive incongruence on health. *Stress and Health, 25,* 221–233. DOI: 10.1002/smi.1241.

Schultheiss, O. C. (2001). An information processing account of implicit motive arousal. In M. L. Maehr & P. Pintrich (Eds.), *Advances in motivation and achievement* (vol. 12, pp. 1–41). Greenwich, CT: JAI Press.

Schultheiss, O. C., & Brunstein, J. C. (1999). Goal imagery: Bridging the gap between implicit motives and explicit goals. *Journal of Personality, 67,* 1–38.

Schultheiss, O. C., & Pang, J. S. (2007). Measuring implicit motives. In R. W. Robins, R. C. Fraley, & R. F. Krueger (Eds.), *Handbook of research methods in personality psychology* (pp. 322–344). New York: Guilford Press.

Schultheiss, O. C., Pathalak, M., Rawolle, M., Liening, S., & MacInnes, J. J. (2001). Referential competence is associated with motivational congruence. *Journal of Research in Personality, 45,* 59–70.

Schultheiss, O. C., Yankowa D., Dirlikov B., & Schad D.J. (2009). Are implicit and explicit motive measures statistically independent? A fair and balanced test using the Picture Story Exercise and a cue- and response-matched questionnaire measure. *Journal of Personality Assessment, 91,* 72–81.

Sokolowski, K., Schmalt, H.-D., Langens, T. A., & Puca, R. M. (2000). Assessing achievement, affiliation, and power motives all at once – The Multi-Motive Grid (MMG). *Journal of Personality Assessment, 74,* 126–145.

Stumpf, H., Angleitner, A., Wieck, T., Jackson, D. N., & Beloch-Till, H. (1985). *Deutsche Personality Research Form (PRF).* Göttingen: Hogrefe.

Thrash, T. M., Elliot, A. J., & Schultheiss, O. C. (2007). Methodological and dispositional predictors of congruence between implicit and explicit need for achievement. *Personality and Social Psychology Bulletin, 7,* 961–974.

Veroff, J. (1957). Development and validation of a projective measure of power motivation. *The Journal of Abnormal and Social Psychology, 54*(1), 1–8.

Wagner, L., Baumann, N., & Hank, P. (2016). Enjoying influence on others: Congruently high implicit and explicit power motives are related to teachers' well-being. *Motivation and Emotion, 40,* 69–81.

Winter, D. G. (1994). *Manual for scoring motive imagery in running text* (4th ed.). Department of Psychology, University of Michigan, Ann Arbor: Unpublished manuscript.

7 Annäherungs- und Vermeidungsmotivation

© Springer-Verlag GmbH Deutschland, ein Teil von Springer Nature 2018
V. Brandstätter et al., *Motivation und Emotion*, Springer-Lehrbuch
https://doi.org/10.1007/978-3-662-56685-5_7

Lernziele

- Mit den psychobiologischen Aspekten von Annäherung und Vermeidung vertraut sein.
- Verstehen, welche Gemeinsamkeit den vielseitigen Konzepten zu Annäherung und Vermeidung (als Dispositionen, als Regulationsfokus, als Zielrichtungen) zugrunde liegt.
- Annäherungs- und Vermeidungsmotivation definieren können.
- Beispiele für Konstrukte für Annäherung und Vermeidung als Disposition und als veränderbare Zustände nennen und skizzieren können.
- Die wichtigsten Ergebnisse der Forschung zu Annäherungs- und Vermeidungszielen kennen.

7.1 Einleitung

Während sich die vorangegangenen Kapitel mit den Inhaltsbereichen von Motivation wie Leistung, Anschluss und Macht (▸ Kap. 3, ▸ Kap. 4, ▸ Kap. 5) und deren Repräsentation in einem impliziten bzw. expliziten

7

Die Bewegung auf etwas zu (Annäherung) und von etwas weg (Vermeidung) sind fundamentale Bewegungsrichtungen.

Motivationssystem (▶ Kap. 6) befassten, geht es nun um eine ganz basale Unterscheidung von Motivation, nämlich in Annäherung und Vermeidung. Basal ist diese Unterscheidung deshalb, weil sie Lebewesen auf unterschiedlichen phylogenetischen Entwicklungsstufen gemeinsam ist. Die elementarsten Reaktionen, die Organismen auf ihre Umwelt zeigen, sind, sich auf einen positiven Stimulus zuzubewegen oder sich von einem negativen schädigenden Stimulus wegzubewegen. Diese grundlegenden Bewegungsrichtungen sichern das Fortbestehen einer Art, das ganz entscheidend davon abhängig ist, sich lebenserhaltenden Zuständen (z. B. Nahrungssuche) zu nähern und lebensbedrohende Zustände (z. B. Schmerz) zu vermeiden (Tooby u. Cosmides, 1990). Frühe Vorläufer der heutigen **Annäherungs- und Vermeidungsmotivationsforschung** sind Überlegungen griechischer Philosophen, die den Hedonismus begründeten. Nach ihnen liegt der Ursprung menschlichen Handelns im Bestreben, Freude und Lustvolles anzustreben (Annäherung) und Schmerz und Missbefinden zu vermeiden (Vermeidung).

Auch frühe psychologische Ansätze (Freud, 1915; James, 1890; Wundt, 1887) sahen in Freude und Leid die angestrebt oder zu vermeiden gesucht werden, die **zentralen Antriebskräfte** des Menschen.

Die im Folgenden dargestellten aktuellen theoretischen Ansätze zur Annäherungs- und Vermeidungsorientierung sind danach geordnet, ob sie Annäherung und Vermeidung als stabile Persönlichkeitseigenschaften oder als der jeweiligen Situation anpassbare Strategien der Selbstregulation verstehen. Zum ersten Theorietyp zählen die Ausführungen zu Annäherung und Vermeidung als Temperamente (▶ Abschn. 7.3), als Hoffnungs- und Furchtmotive (▶ Abschn. 7.4) und als Regulationsfokus (▶ Abschn. 7.5). Zum zweiten Typus zählt v. a. die Forschung zu Annäherungs- und Vermeidungszielen in der Leistungs- und Anschlussmotivationsforschung (▶ Abschn. 7.7). Zunächst aber zu den psychobiologischen Hintergründen für Annäherung und Vermeidung.

7.2 Psychobiologische Aspekte von Annäherung und Vermeidung

7.2.1 Neuroanatomische Strukturen

Davidson et al. (1979) haben schon vor über 20 Jahren auf der Grundlage von EEG-Messungen grob lokalisiert, wo im Gehirn die Korrelate von Annäherung und Vermeidung zu finden sind. Viele seitdem durchgeführte Studien bestätigen die Annahme der Autoren, dass Annäherungs- und Vermeidungsmotivation in einer **asymmetrischen Frontalkortexaktivität** wiederzufinden sind. So wird Vermeidungsmotivation mit einer stärkeren rechts- als linksfrontalen kortikalen Aktivierung und umgekehrt Annäherungsmotivation mit einer stärkeren links- als rechtsfrontalen kortikalen Aktivierung in Verbindung gebracht (Davidson, Jackson u. Kalin, 2000).

Neuere bildgebende Verfahren erlauben differenziertere Einblicke in die Funktionen des menschlichen Gehirns. So wird angenommen und empirisch bestätigt, dass der Präfrontalkortex für Funktionen der höheren Handlungskontrolle verantwortlich ist, die auch für motivationale Prozesse entscheidend sind. So ist er beispielsweise in das Speichern, Planen und Realisieren von Handlungszielen (dorsolateraler Präfrontalkortex), in die Handlungskontrolle und in die Kontrolle von kognitiven und emotionalen Handlungskonflikten (mesialer Präfrontalkortex) eingebunden. Eine besondere Rolle für Annäherung und Vermeidung spielt der Orbitofrontalkortex, da er Teil eines Verstärkungssystems ist, das die Auftretenswahrscheinlichkeit, die Häufigkeit und die Intensität von Verhalten verstärkt. Weitere am Verstärkungssystem beteiligte Strukturen sind die Amygdala und das ventrale Striatum. Dieses Verstärkungssystem zeigt neuronale Aktivität, nachdem primäre Verstärker (Nahrung) und sekundäre Verstärker (soziale Akzeptanz) präsentiert wurden wie auch schon bei der Erwartung des Verstärkers. Verstärkende Stimuli haben eine affektive Komponente, die über andere Neurotransmittersysteme (GABA, Endorphine) und Hirnregionen (kortikale Strukturen, Hypothalamus) vermittelt wird als die Anreizkomponente der Verstärkung, die auf dem dopaminergen System und auf dem ventralen Striatum und der Amygdala als anatomische Struktur beruht. Dieses physiologische Verstärkungssystem beinhaltet mit dem Bezug zu Anreizen, Affekten und Erwartungen wichtige Komponenten, die auch in rein psychologischen Theorien zentrale Stellenwerte zur Erklärung von Annäherungsmotivation einnehmen.

> Annäherungsmotivation wird mit einer stärkeren links- als rechtsfrontalen kortikalen Aktivierung in Verbindung gebracht. Für Vermeidungsmotivation findet sich eine stärkere rechts- als linksfrontale kortikale Aktivierung. Für Annäherung und Vermeidung spielen Hirnstrukturen, die einem Verstärkungssystem angehören (z. B. Amygdala, ventrales Striatum), eine zentrale Rolle.

7.2.2 Belohnungs- und Bestrafungssensibilität

Gray (1982) postuliert in seiner Theorie über Belohnungs- und Bestrafungssensibilität, dass es anatomisch abgrenzbare Systeme für die Verarbeitung von Belohnungs- und Bestrafungsreizen gibt. Das **Verhaltensinhibitionssystem** (BIS für »behavioral inhibition system«) hemmt Verhalten, wenn zuvor gelernte Hinweisreize für Bestrafung auftauchen oder wenn Reize neu sind und somit ihre Gefährlichkeit nicht ausgeschlossen werden kann. Die Aktivierung des BIS führt zu einer hohen autonomen Erregung, die der Mobilisierung des Organismus dient. Die mit der Aktivierung des BIS zusätzlich assoziierte Aufmerksamkeitsausrichtung auf bedrohliche Reize wird als Ursache für die Persönlichkeitsdimension »Ängstlichkeit« und für pathologische Formen der Angst angenommen. Das für das BIS zentrale neuroanatomische Substrat ist das sich im Temporallappen befindende septo-hippocampale System. Wie bereits erläutert, gilt die Sensibilität des BIS als relativ stabile Eigenschaft einer Person. Die Reaktionen des BIS können aber – im Falle von pathologischer Angst – durch angstlösende Medikamente abgeschwächt werden.

Das **Verhaltensaktivierungssystem** (BAS für »behavioral activation system«) aktiviert Verhalten, wenn gelernte Hinweisreize für Belohnung auftreten. Die erhöhte autonome Erregung im Sinne einer Mobilisierung des Organismus findet zumeist in Annäherungsverhalten Ausdruck. Während Angst die zentrale Emotion des BIS ist, ist das BAS mit dem Erleben positiver Emotionen verbunden. Die neuroanatomischen Substrate des BAS sind das dorsale und ventrale Striatum und der Nucleus accumbens, die als Teile der Basalganglien beidseitig unterhalb der Großhirnrinde liegen.

Nach Gray (1982) unterscheiden sich Menschen darin, wie schnell bzw. leicht ihr Belohnungs- bzw. Bestrafungssystem angesprochen wird.

In Grays (1982) Theorie über Belohnungs- und Bestrafungssensibilität wird in ein Verhaltensinhibitionssystem (BIS) und ein Verhaltensaktivierungssystem (BAS) unterschieden.

Annäherung und Vermeidung sind hier also als biologisch basierte stabile Persönlichkeitseigenschaften konzipiert.

7.3 Annäherung und Vermeidung als »Temperamente«

7.3.1 Annäherung und Vermeidung als Kerndimensionen der Persönlichkeit

Eine theoretische Position ist, dass Annäherung und Vermeidung **Temperamente** im Sinne von grundlegenden Dimensionen der Persönlichkeit darstellen. Elliot und Thrash (2010) fanden, dass Annäherung und Vermeidung den Kern der folgenden drei Konstrukte darstellt: Extraversion versus Neurotizismus (McCrae u. Costa, 1987), positive versus negative Emotionalität (Watson u. Clark, 1993) und behaviorales Aktivierungssystem (BAS) versus behaviorales Hemmungssystem (BIS) (Gray, 1987). Extraversion beschreibt die Neigung, sozial offen, aktiv und zuversichtlich zu sein, während Neurotizismus die Neigung zu Unsicherheit und Grübelei ist. Positive Emotionalität ist die grundsätzliche Tendenz, eher positive Emotionen zu erleben, während der Fokus bei negativer Emotionalität auf dem Erleben negativer Emotionen liegt. Das BAS und BIS sind im obigen Abschnitt bereits als Aktivierungs- und Hemmungssysteme erläutert worden.

Elliot und Thrash (2010) unterscheiden in Annäherungs- und Vermeidungstemperamente, denen eine neurobiologische Sensibilität gegenüber positiven Reizen (Belohnungen) bzw. negativen Reizen (Bestrafungen) zugrunde liegt.

Die Gemeinsamkeit dieser drei Persönlichkeitsansätze ist, dass Extraversion, positive Emotionalität und BAS Persönlichkeitseigenschaften mit einer positiven Valenz sind, während Neurotizismus, negative Emotionalität und BIS Merkmale negativer Valenz darstellen. Positive Valenzen richten den Organismus auf das Streben nach erwünschten Zuständen und negative Valenzen auf das Vermeiden von unerwünschten Zuständen aus. Elliot und Thrash (2010) schlagen nun vor, Annäherungs- und Vermeidungstemperamente als Kerndimensionen dieser Persönlichkeitskonstrukte anzunehmen. Das **Annäherungstemperament** ist eine »generelle neurobiologische Sensibilität gegenüber positiven (z. B. Belohnungen) Stimuli (vorhanden oder vorgestellt), die in einer wahrnehmungsmäßigen Vigilanz für, einer affektiven Reaktion auf und einer verhaltensmäßigen Prädisposition gegenüber solche(n) Stimuli zum Ausdruck kommt« (Elliot u. Thrash, 2010, S. 866; Übersetzung durch die Autorinnen). Das **Vermeidungstemperament** ist entsprechend als generelle neurobiologische Sensibilität konzipiert, auf negative Stimuli wie Bestrafung eine hohe Vigilanz, affektive Reaktion und entsprechendes Vermeidungsverhalten zu zeigen.

Wie bei anderen Persönlichkeitseigenschaften auch unterscheiden sich Menschen in ihren Annäherungs- und Vermeidungstemperamenten, die zeitlich relativ stabil sind. Die Temperamente haben zwar eine biologische Basis, sind aber durch Reifung und Erfahrung in einem gewissen Grade formbar.

7.4 Annäherung und Vermeidung als Motive: Hoffnungs- und Furchtmotive

7.4.1 Hoffnung und Furcht als Dimensionierung der Motivinhaltsklassen

In diesem Kapitel wird erneut auf die Richtungsdimension von Motiven in **Hoffnung** und **Furcht** (Lewin, 1935), die bereits in den Kapiteln zu den Motivinhaltsklassen Leistung, Anschluss und Macht (▶ Kap. 3, ▶ Kap. 4, ▶ Kap. 5) thematisiert wurde, eingegangen. So besteht das Leistungsmotiv aus den Komponenten »Hoffnung auf Erfolg« und »Furcht vor Misserfolg«, das Machtmotiv aus den Komponenten »Hoffnung auf Kontrolle« und »Furcht vor Kontrollverlust« und das Anschlussmotiv aus den Komponenten »Hoffnung auf Anschluss« und »Furcht vor Zurückweisung«. Die **Hoffnungsmotive** sind darauf ausgerichtet, einen motivspezifischen positiven Anreiz und den mit ihm verbundenen positiven Affekt zu erreichen und stellen somit eine dispositionelle Annäherungsorientierung dar. Im Gegensatz dazu sind die **Furchtmotive** darauf ausgerichtet, einen motivspezifischen negativen Anreiz und den damit einhergehenden negativen Affekt zu vermeiden und stellen eine dispositionelle Vermeidungsorientierung dar.

Die Kombination von Motivinhaltsklassen und Dimensionen ergibt 3 (Motive) × 2 (Annäherung vs. Vermeidung) Motivkennwerte, die zur Beschreibung von Personen benutzt werden können. ◘ Tab. 7.1 fasst diese und ihre Anreize zusammen.

Wie die Inhaltsklassen der Motive selbst, sind auch ihre Richtungskomponenten »Hoffnung« und »Furcht« als relativ zeitstabile Dispositionen konzipiert, die für die Wahrnehmung und Interpretation von Situationen verantwortlich sind. Die Zeitstabilität von Hoffnungs- und Furchtdispositionen entsteht durch einen Stabilisierungsprozess bestehend aus Erwartungen und Erfahrungen. Die positiven oder negativen Erwartungen lassen Menschen ihre Umwelt, einer Analogie von Rheinberg (2008) zufolge, durch spezifisch eingefärbte Brillen sehen. Personen mit hohen Furchtmotiven »sehen« in bestimmten Situationen automatisch, d. h. ohne dass hierzu bewusste Reflexion nötig wäre, die persönliche Gefahr, zu versagen (Furcht vor Misserfolg), keine Kontrolle über andere zu haben (Furcht vor Kontrollverlust) und von anderen Personen zurückgewiesen zu werden (Furcht vor Zurückweisung). Dies können Situationen wie z. B. eine anstehende Prüfung, eine Diskussion, in der man sich anderen gegenüber behaupten muss,

Für die Motive Leistung, Macht und Anschluss wird je eine Hoffnungs- und eine Furchtkomponente unterschieden. Die Hoffnungsmotive zielen darauf ab, einen motivspezifischen positiven Anreiz zu erreichen. Die Furchtmotive sind darauf ausgerichtet, einen motivspezifischen negativen Anreiz zu vermeiden.

◘ **Tab. 7.1** Die Hoffnungs- und Furchtkomponenten des Leistungs-, Macht- und Anschlussmotivs und ihre übergeordneten Anreize

	Hoffnung	Furcht
Leistungsmotiv Anreiz:	Hoffnung auf Erfolg: Kompetenzerleben	Furcht vor Misserfolg: Vermeiden von Inkompetenz
Machtmotiv Anreiz:	Hoffnung auf Kontrolle: Beeinflussung anderer	Furcht vor Kontrollverlust: Vermeiden von Machtlosigkeit
Anschlussmotiv Anreiz:	Hoffnung auf Anschluss: soziale Einbindung	Furcht vor Zurückweisung: Vermeidung von Zurückweisung durch andere

Hoffnungs- und Furchtmotive sind relativ zeitstabile Dispositionen. Furchtmotive führen zu einem Erleben von Versagen (Leistungsmotiv), Kontrollverlust (Machtmotiv) und Zurückweisung (Anschlussmotiv), das wiederum die negativen Erwartungen in zukünftigen ähnlichen Situationen bestimmt.

oder eine Gelegenheit, bei der man mit Unbekannten in Kontakt kommt, sein. Hoffnungsmotive sind darauf ausgerichtet, einen motivspezifischen positiven Anreiz zu erreichen und stellen somit eine dispositionelle Annäherungsorientierung dar. Im Gegensatz dazu sind die Furchtmotive darauf ausgerichtet, einen motivspezifischen negativen Anreiz zu vermeiden und stellen eine dispositionelle Vermeidungsorientierung dar.

Das durch situative Hinweisreize angeregte Furchtmotiv löst Furcht aus, die ironischerweise häufig zu genau dem führt, was gerade verhindert werden soll. Personen mit der Erwartung, in Leistungskontexten zu versagen, sind durch die angeregte Furcht in ihren kognitiven Leistungen eingeschränkt und im Verhalten blockiert und erbringen als Folge schlechtere Leistungen. Personen mit der Erwartung, keinen Einfluss auf andere nehmen zu können, sind unsicher im Auftreten anderen gegenüber und verspielen so ihre ansonsten vielleicht sogar inhaltlich argumentative Überlegenheit. Personen mit der Erwartung, von anderen zurückgewiesen zu werden, vereiteln ihren Wunsch nach harmonischem und entspanntem Miteinander durch ihre eigene Angespanntheit. Das Erleben von Versagen, Kontrollverlust und Zurückweisung wiederum stabilisiert die Erwartungen, die in zukünftigen Situationen ähnliche wie die bereits beschriebenen Wirkungen zeigen.

Aber wo nimmt dieser negative Kreislauf seinen Anfang? Hoffnungs- und Furchtmotive werden in der frühen Kindheit erlernt. Wird leistungs-, macht- und anschlussthematisches Verhalten belohnt (Lob, Zuwendung durch Bezugsperson), entwickeln sich stabile Erfolgserwartungen. Wird Versagen in einem der Verhaltensbereiche bestraft (Kritik, Zurückweisung durch Bezugsperson), entwickeln sich Misserfolgserwartungen.

7.5   Annäherung und Vermeidung als Selbstregulation: Regulationsfokustheorie

7.5.1   Merkmale des Promotions- und Präventionsfokus

Nach Higgins (1997) gibt es dispositionelle Promotions- und Präventionsfokusse. Personen mit einem dispositionellen Promotionsfokus fokussieren darauf, wie sie gerne sein möchten und streben Gewinne an. Ihr Zielstreben ist durch ein aktives, freudvolles Engagement gekennzeichnet und auf positive Ergebnisse hin ausgerichtet.

Ein weiterer theoretischer Ansatz, der Annäherung und Vermeidung in den Fokus stellt, ist die Regulationsfokustheorie (Higgins, 1997). Sie geht davon aus, dass prinzipiell das hedonistische Prinzip gilt, nach dem Menschen sich angenehmen Dingen annähern und Unangenehmes vermeiden wollen. Menschen unterscheiden sich jedoch dispositionell darin, worauf sie bei diesem Anliegen fokussieren. Personen mit einem **Promotionsfokus** fokussieren auf ein Idealselbst (»ideal self«), also darauf, wie sie gerne sein möchten. Es geht ihnen um das Maximieren von Gewinnen jeglicher Art (Persönlichkeitsentwicklung, Hinzulernen, finanzielle Gewinne), das durch das Bedürfnis nach der Verwirklichung von Selbstidealen (Selbstverwirklichung) angetrieben ist. Somit ist die Repräsentation des Ziels von Personen mit Promotionsfokus das Eintreten eines positiven Zustandes (Gewinn). Um diesen zu erreichen, setzen sie Promotionsstrategien ein, die sich v. a. dadurch kennzeichnen, dass die Personen mit Freude und Eifer daran arbeiten, ihren Idealzielen näher zu kommen. Personen mit Promotionsfokus handeln aktiv, energetisch, kreativ und teilweise riskant. Sie handeln schnell auf Kosten der Genauigkeit (vgl. Werth u. Förster, 2007).

Personen mit einem **Präventionsfokus** hingegen fokussieren auf ein Sollselbst (»ought self«), also darauf, wie sie glauben, nach Meinung anderer sein zu sollen. Angetrieben durch das Bedürfnis nach Sicherheit, geht es ihnen um die Vermeidung, Pflichtziele zu verfehlen, also Verluste jeglicher Art (Zurückweisung, Prestigeverlust, Verfehlen persönlicher und beruflicher Ziele und dessen Konsequenzen) zu minimieren. Das Ziel präventionsfokusorientierter Personen ist es, das Eintreten eines negativen unerwünschten Ergebnisses (Verlust) zu vermeiden. Dazu setzen sie Präventionsstrategien ein. Diese kennzeichnen sich durch die Aufmerksamkeitsausrichtung auf Pflicht- und Minimalziele im Dienste des Schutzes und der Sicherheit. Personen mit Präventionsfokus sind häufig passiv, vorsichtig und konservativ. Sie handeln präzise auf Kosten der Schnelligkeit.

> Personen mit dispositionellem Präventionsfokus fokussieren darauf, wie sie sein sollten und streben das Vermeiden von Verlusten und Sicherheit an. Sie verfolgen Pflicht- und Minimalziele und sind häufig passiv, vorsichtig und konservativ.

7.5.2 Die Entstehung eines Promotions- und Präventionsfokus

Nach Higgins (1997) basiert die Selbstregulation auf unterschiedlichen fundamentalen Bedürfnissen. Diese sind das Bedürfnis nach Fürsorge und Nahrung auf der einen Seite und nach Sicherheit und Schutz auf der anderen Seite. Der elterliche Erziehungsstil kann mehr auf das Eine oder auf das Andere fokussieren und so die Ausbildung eines entsprechenden Regulationsfokus (Promotion vs. Prävention) fördern. Emotionale Zuwendung, wenn das Kind erwünschtes Verhalten zeigt, und Liebesentzug, wenn das Kind unerwünschtes Verhalten zeigt, bringen einen Promotionsfokus im Kind hervor. Der elterliche Erziehungsstil kann aber auch das Sicherheitsbedürfnis hervorheben, indem immer wieder auf mögliche Gefahren und Risiken hingewiesen wird. Sicherheit wird somit erreichbar durch erwünschtes Verhalten, unerwünschtes Verhalten ist mit Kritik und negativen Sanktionen verbunden. Hieraus stabilisiert sich ein Präventionsfokus.

> Die dispositionellen Regulationsfokusse entstehen durch die Betonung der fundamentalen Bedürfnisse nach Sicherheit und Schutz (für Präventionsfokus) und nach Fürsorge und Nahrung (Promotionsfokus) in der elterlichen Erziehung.

7.5.3 Die Auswirkungen eines Promotions- und Präventionsfokus

Wie eine Vielzahl an Studien zeigt, beeinflussen die Regulationsfokusse zahlreiche Aspekte menschlicher Motivation, Kognition und Emotion. So bestimmen sie beispielsweise Präferenzen für Aufgabenwahlen und Entscheidungen, die Motivation und den Affekt nach Erfolg und Misserfolg sowie Verarbeitungsstile beim Wahrnehmen und Handeln (für eine Zusammenfassung s. Werth u. Förster, 2007). An dieser Stelle sollen die motivationalen und affektiven Konsequenzen näher erläutert werden. Weder Personen im Promotions- noch im Präventionsfokus sind gegen negatives emotionales Erleben gefeit. Prinzipiell gilt, dass die Höhe der Diskrepanz zwischen dem aktuell wahrgenommenen Selbst und dem Ideal- bzw. Sollselbst das Ausmaß des Missbefindens bestimmt. Hohe Diskrepanzen zum Idealselbst resultieren in depressiver Stimmung, während hohe Diskrepanzen zum Sollselbst zu ängstlicher

> Personen mit Promotions- und Präventionsfokus zeigen unterschiedliche affektive Reaktionen auf Erfolg und Misserfolg. Erfolge und Misserfolge führen bei Ersteren zu Freude bzw. Trauer und bei Letzteren zu Erleichterung bzw. Angst. Die Motivation betreffend, werden Personen mit Promotionsfokus besser durch Erfolge und Personen mit Präventionsfokus besser durch Misserfolge motiviert.

Stimmung führen. Auch in ihren affektiven und motivationalen Reaktionen nach Erfolg und Misserfolg unterscheiden sich Personen mit unterschiedlichen Regulationsfokussen. Im Falle eines Erfolgs, der für Personen mit Promotionsfokus das Eintreten eines positiven Ereignisses und für Personen mit einem Präventionsfokus das Ausbleiben eines negativen Ereignisses bedeutet, ist bei Ersteren Freude, Enthusiasmus und eine Steigerung zukünftiger Motivation zu beobachten. Letztere empfinden Erleichterung, was ihre zukünftige Motivation senkt. Im Falle eines Misserfolges, der für Personen mit Promotionsfokus das Ausbleiben eines positiven Zustandes und für Personen mit Präventionsfokus das Eintreffen eines negativen Ereignisses bedeutet, fühlen sich Erstere traurig und deprimiert, und ihre Motivation sinkt. Personen mit Präventionsfokus erleben Angst und Anspannung beim Eintreffen eines negativen Ereignisses, was ihre Motivation, sich für das Ziel zu engagieren, erhöht. Personen mit Promotionsfokus werden also durch Erfolge und Personen mit Präventionsfokus werden durch Misserfolge günstiger motiviert.

7.6 Annäherungs- und Vermeidungsziele

Die Unterschiede in den oben genannten grundlegenden und stabilen Persönlichkeitsmerkmalen (Temperamente, Hoffnungs- und Furchtmotive) finden in verhaltensnahen Annäherungs- und Vermeidungszielen ihren Ausdruck. Sie beziehen sich auf einen spezifizierten positiven oder negativen Zielzustand, den es zu erreichen (**Annäherungsziel**) bzw. zu vermeiden (**Vermeidungsziel**) gilt und konkretisieren hierdurch das zur Zielerreichung erforderliche Verhalten. Vermeidungsziele (»Ich will nicht versagen«, »Ich will nicht von anderen zurückgewiesen werden«) halten dem Individuum die bedrohlichen negativen Folgen ständig vor Augen. Dies erzeugt Anspannung, Angst und selbstschützende Prozesse, die wiederum die Freude am Zielstreben beeinträchtigen. Da das Verfolgen von Vermeidungszielen die Wahrnehmung der eigenen Kompetenz erschwert, sind auch der Selbstwert und das Gefühl von Kontrolle betroffen. So erstaunt es nicht, dass Vermeidungsziele mit beeinträchtigtem subjektivem Wohlbefinden, geringerer Zufriedenheit, negativer Emotionalität und mit körperlichen Krankheitssymptomen einhergehen.

Annäherungs- und Vermeidungsziele wurden v. a. in der Leistungsmotivationsforschung, aber auch in der Anschlussmotivationsforschung ausführlich untersucht.

> Annäherungsziele beziehen sich auf einen spezifizierten positiven Zustand, den es zu erreichen gilt. Vermeidungsziele beziehen sich auf einen negativen Zustand, den es zu vermeiden gilt.

7.6.1 Annäherung und Vermeidung in der Leistungszielforschung

Merkmale und Konsequenzen von Annäherungs- und Vermeidungszielen im Leistungskontext

Obwohl die Formulierung von leistungsbezogenen Annäherungszielen (»Ich habe zum Ziel, die Prüfung zu bestehen«) häufig nur geringfügig anders als die Formulierung von Vermeidungszielen (»Ich habe zum Ziel, nicht durch die Prüfung zu fallen«) ist, macht sie einen entscheidenden Unterschied für Emotion, Kognition und Verhalten. Personen, die Annäherungsziele verfolgen, konzentrieren sich auf positive Leistungsausgänge und sind dadurch für die Wahrnehmung von Zielfortschritten und für die Gelegenheiten und Chancen sensibilisiert, ihr Ziel vorantreiben zu können. Sie erleben ein Gefühl der Selbstbestimmung und erleben sich als kompetent. Im Gegensatz dazu wird durch den Fokus auf einen negativen Zustand (Misserfolg, Versagen) bei Personen, die Vermeidungsziele verfolgen, ein Gefühl der (Test-)Angst ausgelöst. Das Zielstreben ist unangenehm und nicht durch Kompetenzerleben gekennzeichnet. Die Fortschritte bei Vermeidungszielen sind schlecht messbar (Wann genau ist denn das Nichtversagen eingetroffen?). Die Konsequenzen von leistungsbezogenen Vermeidungszielen sind körperliche Symptome, beeinträchtigtes emotionales Wohlbefinden, Leistungsbeeinträchtigungen, verminderte Persistenz bei schwierigen Aufgaben und beeinträchtigte intrinsische Motivation.

> Annäherungsziele sensibilisieren für die Wahrnehmung von Zielfortschritten. Vermeidungsziele halten einen negativen Zustand vor Augen (Versagen) und lösen ein Gefühl der Angst aus. Vermeidungsziele beeinträchtigen u. a. die intrinsische Motivation, das emotionale Wohlbefinden und die Leistung.

Der 2 × 2-Leistungsziel-Ansatz

Im 2 × 2-Leistungsziel-Ansatz von Elliot und McGregor (2001) werden Leistungsziele anhand von zwei Dimensionen mit je zwei Abstufungen beschrieben. Die Dimensionen sind die »Valenz des Ziels« und der »Referenzstandard«. Die **Valenz eines Ziels** meint, ob dieses darauf ausgerichtet ist, einen positiven Zustand zu erreichen, oder darauf, einen negativen Zustand zu vermeiden. Hier sind also Annäherung und Vermeidung die unterscheidenden Abstufungen. Der **Referenzstandard** bezieht sich auf die Bezugsnorm, anhand der die eigene Kompetenz beurteilt wird. So kann Kompetenz danach bewertet werden, ob man eine Aufgabe gemeistert und die Sachverhalte verstanden hat und das eigene Wissen und die Fähigkeiten erweitert wurden. Dies führt zum Setzen von Lernzielen (z. B. »Ich will bei der Aufarbeitung des Vorlesungsmaterials alles gut verstehen und mein Wissen erweitern«). Die Bewertung eigener Kompetenz anhand normativer Maßstäbe führt zu Performanzzielen wie beispielsweise »Ich will bei der Prüfung besser abschneiden als meine Kommilitonen«.

> In ihrem 2 × 2-Leistungsziel-Ansatz unterschieden Elliot und McGregor (2001) die Zieldimensionen der Valenz (Annäherung vs. Vermeidung) und die des Referenzstandards (Vergleich mit der eigenen vergangenen Leistung vs. Vergleich mit der Leistung anderer Personen).

Die Referenz- und Valenz-Unterscheidungen lassen sich nun miteinander kombinieren. Es entstehen **vier Typen von Zielen im Leistungsbereich**:

- Annäherungsorientierte Lernziele sind darauf ausgerichtet, eine Aufgabe erfolgreich zu meistern und hinzuzulernen (»Ich will so viel wie möglich in der Vorlesung lernen«).
- Annäherungsorientierte Performanzziele sind darauf ausgerichtet, besser als andere abzuschneiden (»Ich will besser sein als die Anderen«).
- Vermeidungsorientierte Lernziele sind darauf ausgerichtet, zu vermeiden, eine Aufgabe nicht bewältigen zu können und Fähigkeiten und Wissen nicht zu optimieren oder gar zu verlieren (»Ich will vermeiden, dass ich die Inhalte der Vorlesung nicht so sorgfältig verstehe, wie ich es möchte«).
- Vermeidungsorientierte Performanzziele zielen darauf ab, im Vergleich mit anderen nicht schlechter abzuschneiden (»Ich möchte vermeiden, in dieser Vorlesung schlechter abzuschneiden als andere«).

> Die Kombination der Dimensionen Valenz und Referenzorientierung führt zu vier Zieltypen: annäherungsorientierte Lernziele, annäherungsorientierte Performanzziele, vermeidungsorientierte Lernziele und vermeidungsorientierte Performanzziele.

7

Die vier Zieltypen sagen Lernen und Leistung sowie Gesundheit und Wohlbefinden unterschiedlich vorher. Beispielsweise begünstigen annäherungsorientierte Lernziele die Leistung, während vermeidungsorientierte Performanzziele diese beeinträchtigen. Vermeidungsorientierte Performanzziele sagen die Anzahl von Arztbesuchen positiv und annäherungsorientierte Lernziele sagen diese negativ vorher.

Die Analyse der Konsequenzen der Zieltypen im universitären Lernkontext zeigte beispielsweise, dass die Zieltypen unterschiedlichen Einfluss auf die Lernstrategien, die Leistung und das Befinden nahmen (Elliot u. McGregor, 2001). So sagten annäherungsorientierte Lernziele eine tiefe Verarbeitung der Vorlesungsmaterialien vorher, während vermeidungsorientierte Performanzziele ein negativer Prädiktor waren. Die beiden anderen Zieltypen waren mit der Verarbeitungstiefe unverbunden. Beide Vermeidungszieltypen, nicht aber die Annäherungszieltypen sagten Desorganisation beim Lernen vorher und waren mit Testangst und Beunruhigung verbunden. Nur annäherungs- und vermeidungsorientierte Performanzziele, nicht aber Lernziele sagten die Leistung in einem Test positiv bzw. negativ vorher.

Die Zieltypen wirken sich auch unterschiedlich auf Wohlbefinden und Gesundheit aus. So zeigte sich beispielsweise in einer Studie, dass annäherungsorientierte Lernziele die Anzahl der Arztbesuche negativ vorhersagten, während vermeidungsorientierte Performanzziele positive Prädiktoren waren.

7.6.2 Annäherung und Vermeidung in der Anschlusszielforschung

Anschlussbezogene Annäherungsziele wie beispielsweise »Ich will das Treffen mit Max genießen und einen guten Eindruck machen« richten sich auf das Herstellen einer positiven sozialen Beziehung, wie Sympathie und Freundschaft. Anschlussbezogene Vermeidungsziele wie »Ich will mich beim Treffen mit Max nicht blamieren oder ihn gar langweilen« richten sich darauf, negative soziale Beziehungen, wie nicht gemocht zu werden und von anderen zurückgewiesen zu werden, zu vermeiden.

Annäherungsziele sagen eine hohe Zufriedenheit mit sozialen Beziehungen und die Abwesenheit von Gefühlen der Einsamkeit vorher, während Vermeidungsziele mit Einsamkeit, Unsicherheit in sozialen Beziehungen und negativen sozialen Einstellungen zusammenhängen (Gable, 2006). Als vermittelnder Mechanismus wurde vermutet, dass Menschen, die sich Annäherungsziele setzen, vermehrt soziale Situationen aufsuchen und positive soziale Ereignisse initiieren, was zu den positiven sozialen Konsequenzen führt. Vermeidungsziele führten dagegen über eine starke emotionale Reaktion auf Zurückweisungserlebnisse zu den oben berichteten negativen Konsequenzen.

Anschlussbezogene Annäherungsziele sind mit Zufriedenheit in sozialen Beziehungen verbunden, während Vermeidungsziele mit Einsamkeit, Unsicherheit in sozialen Beziehungen und negativen sozialen Einstellungen assoziiert sind. Auch in Paarbeziehungen wirkt sich eine annäherungsorientierte im Vergleich zu einer vermeidungsorientierten Bindung positiv auf die Beziehungsqualität aus.

Eine Vermeidungsorientierung wirkt sich nicht nur in der Interaktion mit unbekannten Personen, sondern auch mit vertrauten Beziehungspartnern negativ aus. Während eine annäherungsorientierte Bindung an den Partner, die darauf abzielt, die Partnerschaft um ihrer positiven Aspekte willen aufrechterhalten, die Qualität der Beziehung positiv vorhersagte, ging eine vermeidungsorientierte Bindung, die darauf abzielt, die negativen Konsequenzen eines Beziehungsabbruchs zu vermeiden, mit einer negativen Beziehungsqualität einher (Frank u. Brandstätter, 2002).

Studien, die die Lebenszeitperspektive berücksichtigen, finden eine Verschiebung von sozialen Annäherungszielen hin zu sozialen Vermeidungszielen über das Alter (Nikitin, Schoch u. Freund, 2014). Ältere

Personen versuchen eher, Verluste zu vermeiden, anstatt Gewinne zu erzielen. Im sozialen Kontext bedeutet dies, den Abbruch von langjährigen guten Beziehungen zu vermeiden anstatt neue Freundschaften zu schließen und Beziehungen aufzubauen.

7.6.3 Die positiven Auswirkungen von Vermeidungszielen

Können Vermeidungsziele aber auch positive Konsequenzen haben? Forscher, die sich mit der Psychologie der Lebensspanne beschäftigen, argumentieren, dass unterschiedliche Zieltypen in verschiedenen Altersklassen unterschiedlich adaptiv sind (Ebner et al., 2006; Freund, 2006). Junge Erwachsene haben eine weite Zukunftsperspektive, verfügen über eine Vielzahl an Ressourcen (Zeit, Gesundheit, Kraft), die in die Zielverfolgung investiert werden können, und richten sich so auf Wachstum und die Optimierung ihrer geistigen und körperlichen Fähigkeiten aus. Mit dem Alter und mit der damit einhergehenden verkürzten Lebenszeit sowie körperlichen und geistigen Abbauprozessen gehen diese Ressourcen immer mehr verloren. Der Fokus ist auf das Kompensieren und Aufhalten dieser Verluste ausgerichtet. Der Zielfokus ändert sich also mit dem Alter von einem Streben nach Gewinnen und besserer Leistung (**Optimierung**) im jungen Erwachsenenalter hin zu einem Entgegenwirken von Verlusten (**Kompensation**) im höheren Erwachsenenalter.

Weitere empirische Unterstützung für die Nützlichkeit von Vermeidungszielen stammt aus der Gesundheitspsychologie. Hier zeigt sich, dass vermeidungsorientierte »Heilungsziele« (»cure goals«; »Ich will nicht mehr rauchen, um meine körperliche Fitness zu verbessern«) im Vergleich zu ebenfalls vermeidungsorientierten »Verhinderungszielen« (»prevent goals«; z. B. »Ich will nicht mehr rauchen, um ein Erkranken an Lungenkrebs zu verhindern«) durchaus positive Konsequenzen für das Gesundheitsverhalten haben können.

> Vermeidungsziele wirken nicht prinzipiell negativ. So können sie für ältere Personen durchaus adaptiv sein.

7.6.4 Die unbewusste Anregung von Annäherungs- und Vermeidungszielen

Handelt es sich bei Annäherungs- und Vermeidungszielen immer um bewusste Prozesse oder zumindest um solche, die auf Nachfrage berichtet werden können? Die Forschung zur unbewussten Anregung von Annäherungs- und Vermeidungstendenzen beantwortet diese Fragen mit einem klaren Nein. Das Hauptargument für die Existenz einer unbewussten Zielverfolgung ist, dass das Bewusstsein begrenzt ist und gar nicht alle Ziele, die ein Mensch gleichzeitig verfolgt, bewusst repräsentiert halten könnte.

Die Bahnung von Annäherung und Vermeidung in der Automotiv-Theorie

Eine einflussreiche Theorie des **unbewussten Zielstrebens** ist die Automotiv-Theorie von Bargh (1994; Bargh u. Chartrand, 1999). Sie basiert auf einer netzwerktheoretischen Annahme, nach der Ziele men-

Die Annahme von Barghs (1994) Automotiv-Theorie besagt, dass Umweltstimuli, die in der Vergangenheit gleichzeitig mit einem Ziel aufgetreten und auf diese Weise mit ihm assoziiert worden sind, zielführendes Verhalten automatisch auslösen können.

Priming (Bahnung)

tal repräsentiert und Teil eines komplexen Wissensnetzwerkes sind, das aus der Repräsentation des Ziels selbst, zahlreichen Handlungen und Vorgehensweisen zur Zielerreichung sowie aus zielbezogenen situativen Kontextmerkmalen besteht. Die Annahme ist, dass Umweltstimuli, die in der Vergangenheit gleichzeitig mit dem Ziel aufgetreten und so mit ihm assoziiert worden sind, zielführendes Verhalten automatisch auslösen können, d. h. ohne dass hierzu Bewusstsein erforderlich wäre.

Ein übliches Untersuchungsparadigma zur Prüfung dieser Annahme ist das »Priming« oder im Deutschen die »Bahnung«. Hierunter wird eine passive und subtile Aktivierung relevanter mentaler Strukturen durch Umweltstimuli verstanden, die den Personen nicht bewusst sind. In Studien mit Priming-Paradigmen werden den Probanden (ohne deren Wissen) Reize dargeboten, die mit dem Ziel assoziiert sind und so die Verhaltensreaktion bahnen.

Neben zahlreichen Priming-Studien, in denen Inhaltsklassen von Zielen und Verhalten gebahnt wurden (z. B. Leistung, Kreativität, Stereotype, soziale Normen), beschäftigt sich ein Forschungszweig mit der Bahnung von Annäherung und Vermeidung. Dieser beruht auf der Annahme, dass Menschen eingehende Stimuli automatisch danach klassifizieren, ob sie angenehm oder unangenehm sind, um daraufhin sehr schnell unbewusst mit Annäherungs- bzw. Vermeidungstendenzen reagieren zu können (Bargh u. Chartrand, 1999).

Ein Beispiel für einen Stimulus, der unbewusst mit Vermeidungsmotivation verknüpft ist, ist die Farbe Rot. Elliot und seine Arbeitsgruppe argumentieren, dass die Farbe Rot in Leistungskontexten mit negativen Ereignissen wie drohenden Misserfolgen assoziiert ist (Elliot et al., 2007). So wird im schulischen Kontext die Farbe Rot häufig zur Markierung von Fehlern verwendet. Ein drohender Misserfolg wiederum regt Vermeidungsmotivation an, die – so zeigen zahlreiche Befunde – zur Beeinträchtigung kognitiver Leistungen und des Befindens führt.

Eine Studie von Elliot et al. (2007) im Lernkontext zeigt: Die Farbe Rot löst, da sie mit Misserfolg assoziiert ist, Vermeidungsmotivation aus und beeinträchtigt so die Leistung.

Studie

Elliot et al. (2007)

Elliots (z. B. Elliot et al., 2007) Studien zeigen, dass allein eine kurze Konfrontation mit der Farbe Rot Vermeidungsmotivation anregt, die wiederum Leistungsbeeinträchtigungen zur Folge hat. So nahmen beispielsweise in einem seiner Experimente Personen an einem Intelligenztest teil. Die experimentelle Bedingungsmanipulation bestand darin, Annäherung und Vermeidung zu bahnen, indem die Deckblätter des Intelligenztests entweder grün oder rot waren. Die Kontrollgruppe erhielt ein graues Deckblatt, das hinsichtlich Annäherung und Vermeidung neutral war.

Diese kurzfristige Konfrontation mit den verschiedenen Farben führte zu einem signifikanten Unterschied in der darauf folgenden Leistung im Intelligenztest. Probanden der »Rot-Bedingung« lösten signifikant weniger Aufgaben als Probanden der »Grün-Bedingung«. Die Kontrollgruppen-Probanden lagen in ihrer Leistung zwischen beiden Gruppen. Dieser Effekt wurde über angeregte Vermeidungsmotivation, die mittels Fragebogen und in anderen Studien auch über physiologische Indikatoren gemessen wurde, vermittelt.

Als Fazit aus den empirischen Befunden ist zu ziehen, dass es kein Bewusstsein erfordert, um Annäherung und Vermeidung zu initiieren. Eine Vielzahl an Stimuli kann eine ganze Bandbreite von Annäherungs- und Vermeidungsverhalten automatisch auslösen.

Annäherung und Vermeidung im Motor-Prozess-Ansatz

Die Motor-Prozess-Hypothese (Cacioppo et al., 1993) betont den engen Zusammenhang zwischen Annäherung, Vermeidung und Motorik. Zum einen zeigte sich, dass motorische Prozesse, wie beispielsweise das Beugen des Arms, das dazu dient, etwas Positives an die eigene Person anzunähern (Annäherung), und das Strecken des Arms, das dazu dient, etwas Negatives vom eigenen Körper zu entfernen (Vermeidung), Annäherungs- bzw. Vermeidungsmotivation hervorrufen, die wiederum Überzeugungen, Einstellungen und den Informationsabruf beeinflussen. Andersherum zeigte sich auch, dass Menschen Armbewegungen von sich weg machten, wenn sie negative verbale Stimuli beurteilten, während sie Armbewegungen zu sich hin machten, wenn positive Stimuli präsentiert wurden.

Die Motor-Prozess-Hypothese (Cacioppo et al., 1993) berücksichtigt die enge Verbindung von Motorik und Annäherung und Vermeidung. So bewirkt z. B. das Beugen des Arms (Bewegung auf den Körper zu) Annäherungsmotivation, während das Strecken des Arms (Wegbewegung vom Körper) Vermeidungsmotivation auslöst.

7.7 Das Zusammenspiel dispositioneller und situativer Annäherung und Vermeidung

Im Folgenden werden die oben geschilderten theoretischen Ansätze, die Annäherung und Vermeidung als stabile Eigenschaften einer Person bzw. als variable Selbstregulationsstrategien konzipieren, in einer integrativen Betrachtung zusammengeführt.

7.7.1 Der »regulatorische Fit«

In einem oberen Abschnitt wurde der Promotions- und Präventionsfokus als ein zeitstabiles Persönlichkeitsmerkmal erläutert. Die beiden Fokusse können aber auch zeitlich umgrenzte, durch bestimmte Situationsmerkmale angeregte Zustände sein. In experimentellen Studien ließ sich z. B. ein situativer Promotionsfokus dadurch erzeugen, dass bei einer Aufgabe ein Gewinn oder eine Belohnung in Aussicht gestellt wurde, während ein Präventionsfokus durch das In-Aussicht-Stellen eines Verlusts und einer Bestrafung herbeigeführt wurde. Auch das Nachdenken über Erfahrungen, die mit einem Promotions- (Wünsche) oder Präventionsfokus (Pflichtaufgaben) assoziiert sind, lässt einen situativen Fokus entstehen. Der situative Fokus wird durch bestimmte Situationen aktiviert, erlischt aber mit dem Wechsel der Situation.

Die **regulatorische Passungstheorie** von Higgins (2000) besagt nun, wie der chronische, dispositionelle und der situative Regulationsfokus zusammenwirken. Sie geht davon aus, dass die Passung der dispositionellen Orientierung (Promotion versus Prävention) und der Mittel, mit denen das angestrebte Ziel erreicht wird (z. B. Annäherung versus Vermeidung), positive Konsequenzen für beispielsweise das Befinden und das Zielstreben hat.

Personen mit einem chronischen Promotionsfokus, die zugleich annähernde Wege zum Ziel wählen (Idealziele oder Maximalziele; auf positive Zustände gerichtet), erleben eine **regulatorische Passung**. Eine Person mit einem Promotionsfokus will beispielsweise eine gute Freundin und im Beruf erfolgreich sein und verfolgt beide Ziele aktiv und energisch. Sie engagiert sich in herausfordernden Jobprojekten. Im privaten Bereich veranstaltet sie häufig Treffen mit Freunden.

Higgins (2000) untersucht in seiner regulatorischen Passungstheorie die Passung von dispositionellem Regulationsfokus (Promotions- vs. Präventionsfokus) und situativ angeregtem Regulationsfokus.

Personen mit chronischem Präventions- bzw. Promotionsfokus wählen häufig korrespondierende Zieltypen (Idealziele bzw. Pflichtziele). Eine Fokus-Ziel-Passung führt zu höherer Motivation bei der Zielverfolgung.

Entsprechend liegt auch eine regulatorische Passung vor, wenn Personen mit einem dispositionellen Präventionsfokus dazu passende Mittel (z. B. Pflichtziele oder Minimalziele; auf Vermeidung negativer Ausgänge gerichtet) der Zielverfolgung wählen. Eine Person mit einem Präventionsfokus will beispielsweise ihre Freundschaften aus Furcht vor Einsamkeit bestätigt wissen (z. B. durch erhoffte Einladungen von Freunden) und vermeiden, ihren Job zu verlieren oder nicht mithalten zu können. Sie trifft z. B. Maßnahmen zur Absicherung am Arbeitsplatz, indem sie pflichtbewusst arbeitet und keine Fehler macht. Higgins (2000) argumentiert und zeigt empirisch, dass ein zum chronischen Regulationsfokus passender Weg der Zielverfolgung zu einer höher eingeschätzten Wertigkeit des eigenen Handelns führt und die Motivation bei der Zielverfolgung erhöht.

7.7.2 Das hierarchische Modell der Leistungsmotivation

Nach dem hierarchischen Modell der Leistungsmotivation (Elliot u. Church, 1997) führen Hoffnungs- und Furchtmotive zu annähernden bzw. vermeidenden Zielsetzungen und entsprechendem Verhalten.

Der Gegenstandsbereich des hierarchischen Modells der Leistungsmotivation ist im Prinzip der regulatorischen Passungstheorie von Higgins (2000) ähnlich: Auch hier geht es um die Beschreibung, wie stabile Merkmale einer Person mit zeitlich variablen Zielausrichtungen zusammenwirken. Elliot und Churchs (1997) hierarchisches Modell der Leistungsmotivation besagt im Kern, dass Motive als hierarchisch übergeordnete, aber doch recht abstrakte Konstrukte zwar die Energiequelle für Verhalten darstellen, ihm aber keine inhaltliche Ausrichtung geben oder gar konkrete Anweisungen enthalten, wie diese Motive befriedigt werden können. Die Funktion der spezifischen Richtungsgeber übernehmen die Ziele, die in der Hierarchie tiefer und näher am Verhalten angeordnet sind. Die Motive führen zur Generierung von Zielen, die wiederum verhaltenswirksam werden können. So führt eine hohe Ausprägung von »Hoffnung auf Erfolg« zur Generierung leistungsbezogener Annäherungsziele, während durch »Furcht vor Misserfolg« leistungsbezogene Vermeidungsziele entstehen.

Das hierarchische Modell der Leistungsmotivation wurde später von Gable (2006) auf den Anschlusskontext übertragen. Hypothesenkonform sagten durch »Hoffnung auf Anschluss« generierte Annäherungsziele soziales Wohlbefinden, psychische und physische Gesundheit vorher, während durch »Furcht vor Zurückweisung« generierte Vermeidungsziele diese beeinträchtigten.

7.8 Abschließende Bemerkungen

Die eingangs erläuterte evolutionsbiologische Funktion von Annäherung und Vermeidung und die Verankerung in neurophysiologischen Substraten bedeutet, dass beide Orientierungen funktional und prinzipiell auf das Wohlergehen des Menschen ausgerichtet sind. Die vielen aktuellen Theorien und Studien zu Annäherungs- und Vermeidungsmotivation und Annäherungs- und Vermeidungszielen zeigen jedoch, dass Vermeidungstendenzen, selbst wenn sie unter bestimmten Umständen wie beispielsweise im höheren Lebensalter adaptiv sein mögen, mit beeinträchtigtem Befinden, v. a. mit ängstlicher Besorgnis einhergehen. Auch die Konsequenzen von Vermeidungsverhalten sind häufig nicht die erwünschten. Häufig tritt das, was mit allen Mitteln zu vermeiden versucht wird, genau aus diesem Grund ein. Soziale Situationen aus Furcht vor Zurückweisung oder Leistungssituationen aus Furcht vor Misserfolg gänzlich zu vermeiden, verunmöglicht die Erfahrung, dass diese Situationen mit positiven Erlebnissen assoziiert sein können. Diesen Situationen mit Furchterwartungen zu begegnen, löst Prozesse aus, welche die »negative Prophezeiung« erfüllen.

In der klinischen Psychologie wird zudem die theoretische Auffassung vertreten, dass Vermeidungsverhalten zur Aufrechterhaltung von Angst und Phobien beiträgt. Angst und Furcht sind eben nicht nur die Ursache, sondern auch die Folge von Vermeidung. Die Lösung bzw. Auflösung der Angst geschieht durch Annäherungsverhalten, z. B. indem Betroffene sich dem Angst auslösenden Objekt aussetzen. Zusammenfassend sind Angst und Furcht – wie auch der Volksmund weiß – eben keine guten Ratgeber. Entsprechend ist Vermeidungsmotivation selten eine gute Selbstregulationsstrategie.

> **? Kontrollfragen**
>
> 1. Wie sind Annäherung und Vermeidung im Gehirn verankert?
> 2. Was besagt Grays (1982) Theorie der Belohnungs- und Bestrafungssensibilität im Hinblick auf dispositionelle Unterschiede in Annäherungs- und Vermeidungstendenzen?
> 3. Ein grundsätzliches Unterscheidungsmerkmal von aktuellen psychologischen Konzepten zu Annäherung und Vermeidung ist ihr Verständnis als Disposition (»trait«) oder als Zustand (»state«). Welches sind Beispiele für diese beiden groben Kategorien?
> 4. Was kennzeichnet Personen mit einem chronischen Promotionsfokus und Präventionsfokus?
> 5. Nennen Sie Beispiele für Annäherungs- und Vermeidungsziele aus den Kontexten Leistung, Anschluss und Macht.
> 6. Bitte reflektieren Sie: Haben Vermeidungsziele immer negative Konsequenzen?
> 7. Was besagt die Automotiv-Theorie von Bargh (1994)?
> 8. Was ist unter einem »regulatorischen Fit« zu verstehen?

Elliot, A. J. (2008). *Handbook of approach and avoidance motivation*. New York: Psychology Press.

▶ Weiterführende Literatur

Literatur

Bargh, J. A. (1994). The four horseman of automaticity. In R. S. Wyer & T. K. Srull (Eds.), *Handbook of Social Cognition* (pp. 1–40). Hillsdale, NJ: Erlbaum.

Bargh, J. A., & Chartrand, T. (1999). The unbearable automaticity of being. *American Psychologist, 54*, 462–479.

Cacioppo, J. T., Priester, J. R., & Berntson, G. G. (1993). Rudimentary determinants of attitudes. Arm flexion and extension have differential effects on attitudes. *Journal of Personality and Social Psychology, 65*, 5–17.

Davidson, R. J., Jackson, D. C., & Kalin, N. H. (2000). Emotion, plasticity, context, and regulation: Perspectives from affective neuroscience. *Psychological Bulletin, 126*, 890–909.

Davidson, R. J., Schwartz, G. E., Saron, C., Bennett, J., & Goleman, D. J. (1979). Frontal versus parietal EEG asymmetry during positive and negative affect. *Psychophysiology, 16*, 202–203.

Ebner, N. C., Freund, A. M., & Baltes, P. B. (2006). Developmental changes in personal goal orientation from young to late adulthood: From striving for gains to maintenance and prevention of losses. *Psychology and Aging, 21*, 664–678.

Elliot, A. J., & Church, M. (1997). A hierarchical model of approach and avoidance achievement motivation. *Journal of Personality and Social Psychology, 72*, 218–232.

Elliot, A. J., Maier, M. A., Moller, A. C., Friedman, R., & Meinhardt, J. (2007). Color and psychological functioning: The effect of red on performance attainment. *Journal of Experimental Psychology:* General, 136(1), 154–168.

Elliot, A. J., & McGregor, H. A. (2001). A 2 x 2 achievement goal framework. *Journal of Personality and Social Psychology, 80*(3), 501–519.

Elliot, A. J., & Thrash, T. M. (2010). Approach and avoidance temperaments as basic dimensions of personality. *Journal of Personality, 78*(3), 865–906.

Frank, E., & Brandstätter, V. (2002). Approach versus avoidance: Different types of commitment in intimate relationships. *Journal of Personality and Social Psychology, 82*(2), 208–221.

Freud, S. (1915/1952). *Triebe und Triebschicksale* (GW, Bd. X). Frankfurt: Fischer.

Freund, A. M. (2006). Differential motivational consequences of goal focus in younger and older adults. *Psychology and Aging, 21*, 240–252.

Gable, S. (2006). Approach and avoidance social motives. *Journal of Personality, 74*(1), 175–222.

Gray, J. A. (1982). *The neuropsychology of anxiety: An enquiry into the functions of the septo-hippocampal system.* New York: Oxford University Press.

Gray, J. A. (1987). *The psychology of fear and stress* (2nd ed.). New York: Cambridge University Press.

Higgins, E. T. (1997). Beyond pleasure and pain. *American Psychologist, 52*, 1280–1300.

Higgins, E. T. (2000). Making a good decision: Value from fit. *American Psychologist, 55*, 1217–1230.

James, W. (1890). *The principles of psychology* (Vol. 2). New York: Henry Holt & Co.

Lewin, K. (1935). *A dynamic theory of personality.* New York: McGraw–Hill.

McCrae, R. R., & Costa, P. T. (1987). Validation of the five-factor model of personality across instruments and observers. *Journal of Personality and Social Psychology, 52*, 81–90.

Nikitin, J., Schoch, S., & Freund, A. M. (2014). The Role of Age and Motivation for the Experience of Social Acceptance and Rejection. *Developmental Psychology, 50*(7), 1943–1950.

Rheinberg, F. (2008). *Motivation.* Stuttgart: Kohlhammer.

Tooby, J., & Cosmides, L. (1990). On the universality of human nature and the uniqueness of the individual: The role of genetics and adaptation. *Journal of Personality, 58,* 17–67.

Watson, D., & Clark, L. A. (1993). Behavioral inhibition versus constraint: A dispositional perspective. In D. Wegner & J. Pennebaker (Eds.), *Handbook of mental control* (pp. 506–527). New York: Prentice Hall.

Werth, L., & Förster, J. (2007). Regulatorischer Fokus. *Zeitschrift für Sozialpsychologie, 38*(1), 33–42.

Wundt, W. (1887). *Grundzüge der physiologischen Psychologie* (3. Aufl.). Leipzig: Engelmann.

7

8 Intrinsische Motivation

© Springer-Verlag GmbH Deutschland, ein Teil von Springer Nature 2018
V. Brandstätter et al., *Motivation und Emotion*, Springer-Lehrbuch
https://doi.org/10.1007/978-3-662-56685-5_8

Lernziele

- Verschiedene theoretische Ansätze zur intrinsischen Motivation nennen können.
- Wissen, aus welchen Teiltheorien die Selbstbestimmungstheorie besteht.
- Erklären können, wie intrinsische Motivation aus Sicht der Selbstbestimmungstheorie, des Ansatzes zu Tätigkeitsanreizen, der Ansätze zu intrinsischer Motivation und Zielen, der Interessensforscher und der Flow-Theorie entsteht.
- Den Flow-Zustand beschreiben können.
- Die wichtigsten Messinstrumente der intrinsischen Motivation und des Flow-Erlebens kennen.

8.1   Einleitung

Der Begriff »Motivation« stammt von dem lateinischen Wort »movere« und bedeutet »sich oder etwas bewegen«. Woher aber kommt Motivation? Die Kräfte, die Menschen zu etwas bewegen, stammen entweder aus der Person selbst oder von außen. **Intrinsische Motivation** bedeutet ein in der Person liegendes Interesse, Neugier oder Werte, die diese dazu bewegt, etwas zu tun (z. B. konzentriert lernen, selbstvergessen spielen, tiefes Involviertsein in der Arbeitstätigkeit, das Aufgehen im Sporttreiben). Es ist kein Steuerungsinstrument von außen nötig, um eine Tätigkeit freudvoll und ausdauernd auszuüben. Die Tätigkeit wird um ihrer selbst willen ausgeführt. Dies ist anders bei der **extrinsischen Motivation**, die durch äußere Faktoren, materielle Belohnung und Bestrafung, Überwachung oder soziale Bewertung (Tadel, Noten) angestoßen wird. Extrinsisch motiviertes Verhalten ist häufig unmittelbar abhängig von äußeren Steuerungsinstanzen und erlischt, wenn deren Kontrollinstrumente wegfallen.

Intrinsisch motiviert bedeutet, dass eine Tätigkeit um ihrer selbst willen, unabhängig von außerhalb der Person liegenden Faktoren ausgeführt wird.

Im ersten Abschnitt dieses Kapitels werden die wichtigsten Ansätze zur intrinsischen Motivation skizziert, so dass Gemeinsamkeiten und Unterschiede deutlich werden. Der zweite Abschnitt dieses Kapitels geht auf die Messung intrinsischer Motivation ein. Der dritte Abschnitt zeigt beispielhaft einen praktischen Anwendungsbezug der intrinsischen Motivationsforschung.

8.2 Theoretische Ansätze intrinsischer Motivation

8.2.1 Intrinsische Motivation in der Selbstbestimmungstheorie

Die Selbstbestimmungstheorie (Deci u. Ryan, 1985, 2000) ist eine aus mehreren Teiltheorien bestehende zentrale Theorie intrinsischer Motivation.

Die Selbstbestimmungstheorie von Deci und Ryan (1985, 2000) besteht aus fünf verschiedenen Teiltheorien (z. B. Theorie der Zielinhalte, Theorie der Kausalitätsorientierung). Von diesen haben die kognitive Bewertungstheorie (»Cognitive Evaluation Theory«), die Theorie der organismischen Integration (»Organismic Integration Theory«) und die Theorie der Basisbedürfnisse (»Basic Psychological Needs Theory«) den direktesten Bezug zur intrinsischen Motivation. Vallerands (1997) hierarchisches Modell intrinsischer Motivation basiert auf Überlegungen der Selbstbestimmungstheorie. Diese Ansätze werden in den folgenden Abschnitten näher ausgeführt.

Kognitive Bewertungstheorie (»cognitive evaluation theory«)

Decis (1975) kognitive Bewertungstheorie besagt, dass Menschen von sich aus motiviert sind, Neues zu erlernen, Herausforderungen zu suchen und sich beständig weiterzuentwickeln. Eine solche, dem Organismus innewohnende Neigung (organismische Wachstumstendenz) stand zur Zeit der Theorieentwicklung im deutlichen Gegensatz zum Prinzip der operanten Konditionierung (Skinner, 1971), nach der Lebewesen v. a. durch äußere Belohnungen und Bestrafungen zu Verhalten motiviert werden. Verhalten, das um seiner selbst willen – also intrinsisch – ausgeübt wird und dabei in sich befriedigend ist, passte nicht in diese Vorstellungen. Die Annahme, dass es ein solches Verhalten gibt, wurde aber eindeutig empirisch unterstützt. So zeigte Deci (1971), dass die Vergabe von Belohnungen – die laut Vertretern der operanten Konditionierung die Auftretenswahrscheinlichkeit von Verhalten erhöhen sollten – dieses sogar hemmen kann. Werden beispielsweise Personen für eine Tätigkeit, die sie ursprünglich intrinsisch motiviert und mit Freude ausführen, mit Geld belohnt, sinkt die Wahrscheinlichkeit, dass sich die Personen anschließend aus freien Stücken und langfristig in dieser Tätigkeit engagieren. Dieser Effekt heißt »**Korrumpierungseffekt**« und wird so erklärt, dass sich der wahrgenommene Ort der Verursachung des eigenen Handelns von innen (»Ich tue es, weil ich es will«) nach außen (»Ich tue es, weil andere es von mir erwarten«) verlagert, die kognitive Bewertung des Handelns sich also ändert. Menschen verlieren so das Gefühl, selbstbestimmt zu handeln, und fühlen sich kontrolliert. Die erlebte Einschränkung der Autonomie führt, gemäß Selbstbestimmungstheorie dazu, dass das freiwillige Engagement deutlich sinkt oder gar unterlassen wird.

Decis (1971) Studie folgten weitere, die den Korrumpierungseffekt hinsichtlich seiner Folgen und Bedingungen weiter differenzierten (Deci et al., 1999). So schränken kontrollierende Bedingungen, die von Personen (z. B. Vorgesetzte, die Arbeit »überwachen«) oder Situationen (z. B. Fristen, zu denen ein Arbeitsergebnis abgeliefert werden muss) ausgehen können, nicht nur die intrinsische Motivation ein, sondern mindern auch die kognitive Flexibilität und Kreativität und führen zu oberflächlichem Lernen. Eine aktuelle Metaanalyse zeichnet jedoch ein weniger dunkles Bild von externen Belohnungen (Cerasoli, Nicklin u. Ford, 2014). Hier erwiesen sich von außen gesetzte Anreize sogar als leistungsförderlich, vorausgesetzt, die Quantität der Leistung wurde als Maßstab herangezogen. Intrinsische Motivation hingegen war ein guter Prädiktor für die Qualität von Leistung.

Als eine zentrale Bedingung für das Untergraben intrinsischer Motivation erwies sich, dass die Belohnung eine kontrollierende Funktion hat (»Ich tue es für Geld«). Hat sie hingegen einen informativen Wert, der hilft, die eigene Leistung zu beurteilen (»Ich habe dieses Jahr das Preisgeld gewonnen, weil ich eine hervorragende Leistung erbracht habe«), bleibt die intrinsische Motivation unberührt. Der Korrumpierungseffekt tritt bei angekündigter Belohnung (nur sie kann überhaupt kontrollierend wirken), nicht aber bei unangekündigter Belohnung auf. Er ist weniger stark bei Belohnungen, die Personen für ihre Leistung erhalten, da eine Leistungsrückmeldung eine Information darstellt, als bei Belohnungen, die Personen nur deswegen erhalten, weil sie sich anstrengten. Neben Belohnungen untergraben auch andere äußere Faktoren wie Zeitdruck, Bewertungen und (die Androhung von) Bestrafung die intrinsische Motivation.

Theorie der organismischen Integration (»organismic integration theory«)

Von der intrinsischen Motivation unterscheiden Deci und Ryan (1985, 2000) die extrinsische Motivation, die wiederum in verschiedene Formen unterteilt ist. In der Theorie der organismischen Integration (»Organismic Integration Theory«) sind die intrinsische und die Formen der extrinsischen Motivation auf einem Kontinuum der Selbstbestimmung, das von gänzlich fremdbestimmt (kontrolliert) bis gänzlich selbstbestimmt reicht, angeordnet (◘ Abb. 8.1).

Ein vielbeachtetes Konstrukt in Decis (1975) kognitiver Bewertungstheorie ist der Korrumpierungseffekt. Er bedeutet, dass intrinsische Motivation durch äußere Faktoren (Belohnungen, Bestrafungen, Bewertungen, Zeitdruck) untergraben werden kann. Zahlreiche Studien spezifizierten die Bedingungen und Konsequenzen des Effekts.

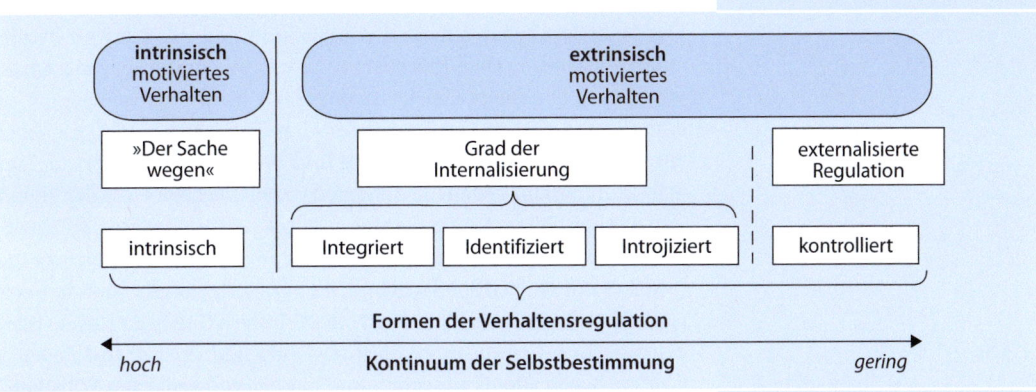

◘ **Abb. 8.1** Das Kontinuum der Selbstbestimmung in der Theorie der organismischen Integration (nach Deci u. Ryan 1985)

Die Theorie der organismischen Integration nimmt verschiedene Formen der Verhaltensregulation an. Neben der intrinsischen Motivation bestehen vier Formen der extrinsischen Motivation, die wiederum in fremd- und selbstbestimmte Regulationsformen unterteilt werden:
fremdbestimmt:
(1) externale Regulation: Verhalten durch äußere Belohnung oder Bestrafung reguliert
(2) introjizierte Regulation: Handeln, um Schuld oder Angst zu vermeiden
selbstbestimmt:
(3) identifizierte Regulation: Handeln in Übereinstimmung mit eigenen Werten
(4) integrierte Regulation: Handeln als Teil des Selbstkonzepts

Neben der intrinsischen Motivation (Handeln um seiner selbst willen) nehmen die Autoren vier Formen extrinsischer Motivation an. Zu den **fremdbestimmten**, kontrollierten Formen extrinsischer Motivation zählen die externale Regulation (Verhalten wird durch äußere Belohnung oder Bestrafung reguliert) und introjizierte Regulation (Handeln, um Schuld oder Angst zu vermeiden). Zu den **selbstbestimmten** Formen zählen die identifizierte Regulation (Handeln in Übereinstimmung mit seinen Werten und Idealen) und die integrierte Motivation (Handeln ist »ins Selbst integriert«, also ein wichtiger Teil des Selbstkonzeptes). Da sich die integrierte Regulation empirisch nicht von der intrinsischen Motivation trennen ließ, wird bei der Messung häufig auf diese verzichtet (z. B. in der Studie von Ryan u. Connell, 1989 unten; Selbstkonkordanzmessung nach Sheldon u. Elliot, 1999). Die Theorie bestätigend zeigen zahlreiche Forschungsbefunde, dass intrinsische Regulation (gefolgt von identifizierter Regulation) zu den positivsten Effekten (z. B. Verhaltenspersistenz, positives Befinden) führt. Die positiven Effekte nehmen auf dem Kontinuum der Selbstbestimmung bis zur externalen Regulation hin ab und die negativen Konsequenzen zu (Deci u. Ryan, 1985, 2000). So zeigten sich bei externaler Regulation deutliche Einbußen für das Wohlbefinden (z. B. Depressivität).

Studie

Ryan und Connell (1989)

In ihrer Pionierarbeit zum Kontinuum der Selbstbestimmung und Internalisierung fragten Ryan und Connell (1989) Schulkinder in verschiedenen Altersstichproben danach, warum sie bestimmte Tätigkeiten (z. B. Hausaufgaben machen) ausführen. Sie gaben eine Liste mit möglichen Gründen vor, aus denen die Schüler auswählen konnten. Die Gründe repräsentierten die vier Regulationsformen external (»weil ich Ärger bekomme, wenn ich keine Hausaufgaben mache«), introjiziert (»weil ich will, dass der Lehrer glaubt, ich bin ein guter Schüler«), identifiziert (»weil ich den Schulstoff verstehen will«) und intrinsisch (»weil es mir

Spaß macht«). Als abhängige Maße erfassten Ryan und Connell die Bewältigungsstile bei Misserfolgen, Ängstlichkeit in Bezug auf Schulaktivitäten, Freude am Lernen und Anstrengungsbereitschaft. Wie erwartet waren positive Bewältigungsstrategien und die Anstrengungsbereitschaft mit allen nicht-externalen Gründen korreliert. Ängstlichkeit war mit der introjizierten Regulationsform (etwas aus Angst oder Schuld zu tun) verbunden. Zudem zeigte sich, dass je selbstbestimmter die Gründe für das Lernen waren, desto stärker war die Freude beim Lernen.

Das **Selbstkonkordanzmodell** von Sheldon und Elliot (1999) beruht auf der organismischen Integrationstheorie, beschreibt aber Merkmale von Zielen. Die Hauptaussage ist, dass Ziele mehr oder weniger gut zu einer Person passen. Der Begriff der »Ich-Nähe« beschreibt, wie dicht ein Ziel an den eigenen Interessen und Werten ist. Zur Messung der Selbstkonkordanz geben die Befragten an, aus welchen Gründen sie ein Ziel wie beispielsweise das Gesundheitsziel »Ich will zweimal wöchentlich eine halbe Stunde joggen« verfolgen. Dieses Ziel kann intrinsische (»weil es mir einfach Spaß macht«), identifizierte (»weil es gut für mich ist«), introjizierte (»weil ich sonst ein schlechtes Gewissen hätte«) oder extrinsische (»weil Personen, die mir wichtig sind, mich dazu drängen«) Gründe haben (Items aus sport- und bewegungsbezogenen Selbstkonkordanzskala; Seelig u. Fuchs, 2007).

Theorie der Basisbedürfnisse (»basic psychological need theory«)

Während in der organismischen Integrationstheorie die intrinsische Motivation von extrinsischen Motivationsformen abgegrenzt wird, erläutert die Theorie der Basisbedürfnisse, wie intrinsische Motivation entsteht. Entscheidend ist die Befriedigung der drei psychologischen Basisbedürfnisse nach Autonomie, Kompetenz und sozialer Eingebundenheit (Deci u. Ryan, 2000).

- Autonomie-Erleben ist als das Bedürfnis definiert, sich selbst als Verursacher der eigenen Handlungen zu erleben und in Übereinstimmung mit seinen Werten und Interessen über sich selbst zu bestimmen.
- Kompetenzerleben meint das Bedürfnis, sich als kompetent und effektiv bei der Verfolgung von Zielen zu erleben.
- Soziale Eingebundenheit ist das Bedürfnis, sich anderen Personen oder Gruppen (Partner, Familie, Freunde, Arbeitskollegen) zugehörig und verbunden zu erleben.

Von diesen Basisbedürfnissen wird angenommen, dass sie universell sind, also für alle Menschen gleichermaßen gelten (Deci u. Ryan, 2000). Sie sind angeboren und stellen psychologische Notwendigkeiten dar, die für das psychische Überleben des Menschen ebenso wichtig sind wie biologische Bedürfnisse (z. B. Hunger, der zur überlebensnotwendigen Nahrungsaufnahme führt) für das körperliche Überleben unabdingbar sind. Die Befriedigung der Basisbedürfnisse führt zu intrinsischer Motivation, Wohlbefinden und persönlichem Wachstum, während die Bedürfnisfrustration zu Demotivation und Missbefinden führt. Zahlreiche Studien zeigen ein breites Spektrum der positiven Auswirkungen von Basisbedürfnisbefriedigung, das von intrinsischer Motivation in Lern-, Arbeits- und Sportkontexten über verschiedene Formen subjektiven Wohlbefindens, Gesundheit und langfristiger Gesundheitsverhaltensänderung reicht.

Die vermutete Universalität des Geltungsbereichs der Basisbedürfnisbefriedigung wird durch Studien gestützt, die zeigen, dass die Effekte für verschiedenste Personengruppen gleich sind. So wurden die Auswirkungen der Basisbedürfnisbefriedigungen gleichermaßen bei Männern und Frauen, Arbeitern und Managern sowie bei Personen aus individualistischen (westlichen) und kollektivistischen (östlichen) Kulturen gefunden.

Die zu beobachtenden Unterschiede zwischen Menschen in der intrinsischen Motivation und im Befinden werden in der Selbstbestimmungstheorie über **Bedingungen der sozialen Umwelt**, die die Basisbedürfnisbefriedigung mehr oder weniger stark fördern oder behindern, erklärt. Für das Autonomie-Erleben ist eine Umwelt, die autonomieunterstützend statt kontrollierend ist, entscheidend. Viele Studien zeigen, dass offensichtliche Kontrolle wie Belohnungen und auch subtilere Manipulationen wie kontrollierende Sprache (»Du sollst« statt »Du kannst«) und die Induktion von Schuldgefühlen der intrinsischen Motivation abträglich sind. Für das Erleben von Kompetenz ist entscheidend, dass die Umwelt gut strukturierte (statt unübersichtliche) Rahmenbedingungen bietet. Nur so ist die eigene Bewertung der Leistung und somit ein Gefühl von Kompetenz möglich. Für das Erleben

Die Theorie der Basisbedürfnisse postuliert drei universelle psychologische Basisbedürfnisse. Diese sind das Autonomie- und Kompetenzerleben und das Erleben sozialer Eingebundenheit. Zahlreiche Studien zeigen, dass die Befriedigung dieser Bedürfnisse zu intrinsischer Motivation und Wohlbefinden führt, während die Bedürfnisfrustration negative Konsequenzen hat.

von sozialer Eingebundenheit ist ein warmes und zugewandtes soziales Umfeld statt einer distanzierten und gleichgültigen Umgebung entscheidend. Ein Wirkmechanismus ist die erlebte emotionale soziale Unterstützung, die auch in der Forschung zu sozialer Unterstützung erwiesenermaßen positive Effekte hat.

Studie

Meyer et al. (2007)

Basierend auf der Annahme, dass Menschen intrinsisch motiviert sind und über Wohlbefinden berichten, wenn sie sich mit Tätigkeiten beschäftigen, die die drei Grundbedürfnisse erfüllen, schlussfolgerten Meyer et al. (2007), dass es professionellen Mode- und Foto-Modellen weniger gut gehen sollte. Da sie ausschließlich nach oberflächlichen Werten (ihrer Schönheit) beurteilt werden, relativ wenig Kontrolle über den Erfolg in ihrem Beruf haben und berufsbedingt wenig Gelegenheiten haben, tiefe zwischenmenschliche Beziehungen aufzubauen, sollten ihre psychologi-

schen Basisbedürfnisse unerfüllt bleiben. In zwei Studien mit professionellen Mode-Models bestätigten sich die Hypothesen der Autorengruppe. Die Models berichteten über geringere Lebenszufriedenheit, geringeres emotionales Wohlbefinden und ein geringeres Selbstwertgefühl als eine hinsichtlich zentraler Variablen (Alter, Bildungsstand) vergleichbare Stichprobe. Dieser Zusammenhang war über eine geringere Befriedigung der drei essentiellen Basisbedürfnisse vermittelt. Schön, aber unglücklich.

Vallerands hierarchisches Modell intrinsischer Motivation

Das hierarchische Modell von Vallerand (1997) berücksichtigt die Formen der Motivation (intrinsisch, extrinsisch, amotiviert) auf einer globalen, kontextuellen und situativen Ebene.

Das hierarchische Modell von Vallerand (1997) erweitert das Verständnis intrinsischer Motivation der Selbstbestimmungstheorie um den Gedanken, dass die Formen der Motivation (intrinsisch, extrinsisch oder nicht motiviert = amotiviert) auf verschiedenen Ebenen berücksichtigt werden müssen. Diese sind die globale, kontextuelle und situative Ebene. Auf der **globalen Ebene** werden die intrinsische und extrinsische Motivation und die Amotivation als relativ stabile Persönlichkeitseigenschaft verstanden. Diese dispositionelle motivationale Orientierung tritt in Wechselbeziehung mit der **kontextuellen Ebene**, auf der verschiedene Lebensbereiche voneinander unterschieden werden. In diesen können die Motivationsformen aufgrund kontextueller Unterschiede durchaus unterschiedlich ausfallen (z. B. intrinsisch motiviert in der Schule, extrinsisch motiviert im Sport). Die kontextuelle Ebene wiederum steht in Beziehung mit der **situativen Ebene**, die situationsbezogene Motivation bei ganz konkreten Aufgaben umfasst (Rechenaufgaben in Schule, Kräftigungsübungen im Sport). Die hierarchische Betrachtung intrinsischer Motivation ermöglicht es, Wechselwirkungen zwischen den verschiedenen Ebenen zu berücksichtigen. So kann z. B. eine lang andauernde niedrige intrinsische Motivation auf der situativen Ebene (Rechenaufgaben machen keinen Spaß) dazu führen, dass die intrinsische Motivation auf der kontextuellen Ebene (Freude an Schule und Ausbildung) sinkt.

8.2.2 Tätigkeits- und Zweckanreize

Erwartung-Wert-Theorien der Motivation (▶ Kap. 3) unterstellen menschlichem Handeln eine Zweckrationalität. Eine bestimmte

Handlung wird ausgeführt, weil ihr Ergebnis einen hohen Wert für die betreffende Person hat und es wahrscheinlich erscheint, das Handlungsergebnis auch erreichen zu können. Wie aber werden Verhaltensweisen erklärt, bei denen es nicht um das Ergebnis des Handelns geht? Bei denen der Zweck sogar gänzlich fehlen kann? Bei denen das Ausführen der Tätigkeit einfach nur Freude bereitet und in sich selbst belohnend ist? In Rheinbergs (1989) Worten sind es die **Tätigkeitsanreize**, die neben den **Zweckanreizen** menschliches Handeln antreiben. Der Anreiz liegt im Vollzug der Tätigkeit selbst.

Rheinbergs (1989) Anreizanalysen verschiedener Tätigkeiten brachten beispielsweise für das Skifahren das perfekte Zusammenspiel von Mensch und Material (»Schöne und elegante Bewegungen erleben; perfektes Zusammenspiel von Skiern und eigener Bewegung«) und für das Musizieren das Dahinfließen (»Die Finger laufen über das Instrument, ganz leicht, fast ohne jede Mühe. Wenn dann die Melodien spannende Bögen schlagen, ineinander fließen, bleibt die Zeit stehen«) als wichtige Tätigkeitsanreize hervor.

> Anreize, die in der Tätigkeit selbst (z. B. Freude am Sporttreiben) und nicht im Ergebnis der Tätigkeit (z. B. Gewichtsreduktion durch Sporttreiben) liegen, heißen Tätigkeitsanreize (Rheinberg, 1989).

8.2.3 Intrinsische Motivation und Ziele

Die zuvor skizzierten theoretischen Ansätze sagen aus, dass intrinsische Motivation aus der Befriedigung von Basisbedürfnissen resultiert (Selbstbestimmungstheorie) oder in der Fokussierung auf Anreize in der Tätigkeit selbst begründet liegt (Tätigkeitsanreize). In den beiden folgenden Abschnitten wird hingegen argumentiert, dass die **Ziele**, die sich Menschen setzen, ihre intrinsische Motivation bestimmen. Ein Forschungsansatz legt hierbei den Fokus auf die Struktur von Zielen und ein weiterer auf die Zielorientierung.

Kognitive Aspekte intrinsischer Motivation: Zielsystem-Theorie

Shah und Kruglanski (2000) beschäftigen sich in ihrer Zielsystem-Theorie (▶ Kap. 9) mit den kognitiven Aspekten der intrinsischen Motivation und sehen die Übereinstimmung von Zielen und den Mitteln ihrer Erreichung als bedeutsam an. Hierbei gehen sie davon aus, dass Menschen zeitgleich verschiedene Ziele verfolgen (z. B. das Studium erfolgreich abschließen, Freundschaften pflegen). Diese können durch eine oder mehrere Aktivitäten (= Mittel der Zielerreichung) erreicht werden. Als Äquifinalität bezeichnen die Autoren den Sachverhalt, dass ein Ziel über mehrere verschiedene Wege erreicht werden kann. So führen verschiedene Aktivitäten, wie für eine Prüfung zu lernen und regelmäßig Vorlesungen zu besuchen, zum Ziel des erfolgreichen Abschluss des Studiums. Als **Multifinalität** bezeichnen die Autoren den Sachverhalt, dass eine Aktivität auf mehrere Ziele gerichtet ist. So kann das gemeinsame Lernen mit Freunden sowohl dem Ziel, das Studium erfolgreich zu bewältigen, als auch dem Ziel, Freundschaften über gemeinsame Aktivitäten zu pflegen, dienen.

> Shah und Kruglanskis (2000) Zielsystem-Theorie beruht auf der Tatsache, dass Menschen gleichzeitig mehrere Ziele verfolgen und diese durch verschiedene Aktivitäten (= Mittel der Zielerreichung) zu erreichen suchen. Äquifinalität bedeutet, dass ein Ziel mit verschiedenen Mitteln erreicht werden kann. Multifinalität meint, dass eine Aktivität (ein »Mittel«) auf mehrere Ziele gerichtet sein kann.

Bezogen auf die intrinsische Motivation nehmen Shah und Kruglanski (2000) an, dass eine entscheidende Bedingung das Ausmaß der Übereinstimmung von Mittel und Zweck, also zwischen den Handlungen und den Zielen ist. Äquifinalität sowie Multifinalität schwächen

Nach Shah und Kruglanski (2000) resultiert intrinsische Motivation, wenn Ziele und Mittel der Zielerreichung übereinstimmen.

hingegen die intrinsische Motivation. Die beste Voraussetzung für intrinsische Motivation besteht demnach, wenn

- jedes Mal, wenn die Aktivität ausgeführt wird, auch das Ziel verfolgt wird (z. B. jedes Mal, wenn die Person lernt, dient dies dem Ziel, die Prüfung zu bestehen).
- die Aktivität gleichzeitig nicht mit der Verfolgung eines anderen Ziels assoziiert ist (z. B. dient das Lernen nicht dazu, jemand anderen mit seinem Wissen beeindrucken zu wollen).
- keine andere Aktivität mit der Erreichung des Ziels assoziiert ist (nichts, außer dem Lernen zielt auf das Bestehen der Prüfung ab; z. B. auch nicht das Diskutieren über die Prüfungsinhalte mit anderen).

Zielorientierung und intrinsische Motivation

Eine Performanzzielorientierung ist der intrinsischen Motivation abträglich, während eine Lernzielorientierung intrinsische Motivation begünstigt.

Wie ausführlicher in ▶ Kap. 9 beschrieben, unterscheidet die zielpsychologische Forschung in Performanzzielorientierung (auch: Leistungszielorientierung, »performance goal orientation«) und Lernzielorientierung (»mastery goal orientation«). Bei einer **Performanzzielorientierung** wird die Leistung auf stabile Fähigkeiten zurückgeführt. Dies bringt mit sich, dass in Leistungssituationen das angestrebte Leistungsergebnis und weniger die Tätigkeit selbst im Fokus der Aufmerksamkeit steht; zudem entstehen – vor allem bei Personen mit negativem Begabungs-Selbstkonzept-Zweifel, die mit einer drohenden negativen Bewertung der eigenen Fähigkeiten assoziiert sind. Dies wiederum ist intrinsischer Motivation abträglich (Elliot u. McGregor, 2001; Molden u. Dweck, 2000). Bei einer **Lernzielorientierung** hingegen wird Leistung als eine veränderbare Kompetenz angesehen. Misserfolge und Rückschläge lösen keine Besorgnis aus und tangieren nicht den Selbstwert, da sie Teil des Lernprozesses sind. Lernzielorientierung fördert intrinsische Motivation (Elliot u. McGregor, 2001).

8.2.4 Intrinsische Motivation und Interesse

Individuelles Interesse ist eine stabile Orientierung auf einen bestimmten Gegenstandsbereich (z. B. Interesse für Naturwissenschaften). Situatives Interesse bezieht sich hingegen auf einen Erlebniszustand, der sich durch Aufmerksamkeitsfokussierung und eine positive Stimmung kennzeichnet.

Wie sich die Konzepte **Interesse** und intrinsische Motivation zueinander verhalten, wird unterschiedlich diskutiert. Beispielsweise wird Interesse als Synonym für intrinsische Motivation gebraucht. Andere Forschende verstehen Interesse als einen Beweggrund für intrinsisch motiviertes Verhalten. Eine grobe Klassifikation theoretischer Ansätze zu Interesse ist die in **individuelles** und in **situatives Interesse**:

- Individuelles Interesse ist eine relativ stabile Orientierung auf einen bestimmten Gegenstandsbereich (z. B. »Ich interessiere mich für Physik«) (Schiefele, 1999). Die intrinsische Motivation ist zwar prinzipiell gegenstandsunspezifisch, kann aber durch individuelles Interesse in spezifischen Situationen bestimmt werden.
- Situatives Interesse hingegen bezieht sich nicht auf ein Objekt, sondern auf einen Erlebniszustand. In ihrem Modell der Selbstregulation sehen Sansone und Smith (2000) Interesse als eine wichtige Komponente der Selbstregulation. Die Initiierung und Aufrechterhaltung einer Aktivität (z. B. studiumsbezogenes Lernen) wird hiernach durch kontextuelle Merkmale (z. B. objektive Aufgabenmerkmale) und Merkmale der Person (z. B. Ziele)

bestimmt. Das Interesse an der Tätigkeit wird durch die Aktivität selbst und durch die Motivation zur Zielerreichung bestimmt. So kann beispielsweise eine Lernaktivität begonnen werden, weil eine Prüfung bevorsteht bzw. bestanden werden muss. Ist die Aktivität einmal begonnen, kann das Interesse das Ruder bei der Selbststeuerung übernehmen. Interesse wird häufig der unmittelbare Motivator für die Aufrechterhaltung und das Engagement in einer Tätigkeit.

8.2.5 Flow-Erleben

Warum üben Menschen zeitraubende, schwierige und zum Teil sogar gefährliche Aktivitäten aus, für die sie keine irgendwie geartete Belohnung enthalten? Diese Frage trieb den Begründer der Flow-Theorie Mihalyi Csikszentmihalyi (1975, 1990) dazu an, eine Vielzahl von Personen, die »zweckfrei« handeln (z. B. Felskletterer, Künstler, Schachspieler), zu interviewen. Als Gemeinsamkeit der verschiedenen Tätigkeiten identifizierte er ein besonderes subjektives Erleben, dass er als »Flow-Erleben« bezeichnete. Der Begriff ergibt sich aus dem Erleben, dass Tätigkeiten störungsfrei »im Fluss« zu sein scheinen.

Der Name der Flow-Theorie von Csikszentmihalyi (1975, 1990) beruht auf dem Erleben einer Tätigkeit als »fließend«.

Merkmale des Flow-Erlebens

Flow ist ein phänomenologisch wie empirisch facettenreiches Konstrukt. Das übergeordnete Merkmal ist das **tiefe Involviertsein in eine Handlung**, welches so weit führt, dass nichts außer der momentanen Handlungsausführung zählt. Müdigkeit und das Reflektieren über sich selbst treten hinter die glatt laufende, absorbierende Handlungsausführung zurück. Diese tiefe Involviertheit ist für drei weitere Merkmale verantwortlich: das Verschmelzen von Bewusstsein und Handlung, ein Gefühl starker Kontrolle und eine verzerrte Zeitwahrnehmung. **Bewusstsein und Handlung verschmelzen**, da die Konzentration hundertprozentig auf die Handlung gerichtet ist und im Bewusstsein kein Platz für selbstreflektive Prozesse bleibt. Auch Zweifel an den eigenen Kompetenzen oder Bewertungsangst haben keinen Raum. Stattdessen herrscht ein **Gefühl starker Kontrolle** über die Handlungsausführung. Eine **verzerrte Zeitwahrnehmung** ist ein weiteres Merkmal des Flow-Erlebens. Bei flow-assoziierten Tätigkeiten scheinen Stunden häufig wie Minuten zu vergehen.

Die Hauptmerkmale des Flow-Erlebens sind: tiefes Involviertsein in eine Handlung, Verschmelzung von Handlung und Bewusstsein, Gefühl von Kontrolle, verzerrte Zeitwahrnehmung.

> **Definition**
>
> **Flow**
>
> »You are so involved in what you're doing you aren't thinking about yourself as separate from the immediate activity. You're no longer a participant observer, only a participant. You're moving in harmony with something else you're part of« (Csikszentmihalyi, 1975, p. 86).

► Definition
Flow

Bedingungen des Flow-Erlebens

Wie aber kommt es zum Flow-Erleben? Csikszentmihalyi (1975, 1990) nennt drei zentrale Bedingungen. Eine zentrale Voraussetzung ist, dass eine **Passung** von Anforderungen der Aufgabe und den eigenen Fähig-

8

Drei zentrale Bedingungen des Flow-Erlebens sind Passung von Anforderungen und Fähigkeiten, klare Zielsetzung und unmittelbares Feedback.

Die »autotelische Persönlichkeit« kennzeichnet sich durch die folgenden Merkmale: häufige selbstbestimmte realistische Zielsetzung, Betrachtung von Schwierigkeiten als Herausforderungen, ständige Verbesserung von Fähigkeiten in Lerngelegenheiten, reduzierte Selbstaufmerksamkeit.

▶ **Definition**
   Motivationale Kompetenz

keiten wahrgenommen wird. Dies ist beispielsweise der Fall, wenn ein mittelmäßiger Skifahrer eine seinem Leistungsniveau angemessen steile Piste hinunterwedeln kann. Übersteigen die Anforderungen der Aufgabe die Fähigkeiten (z. B. zu steiler Hang), resultiert Angst. Übersteigen andersherum die Fähigkeiten die Anforderungen (z. B. »Idiotenhügel«), resultiert Langeweile.

Eine weitere Bedingung ist eine **klare Zielsetzung**. Diese wird nicht benötigt, um das Handlungsergebnis bewerten zu können (dies wäre eine Zweckorientierung), sondern hilft, die Handlung zu strukturieren und auszurichten. Eine Informatikerin braucht ein Programmierziel, um sich während des Programmierens im Flow zu verlieren. Der Musizierende will ein Stück fehlerfrei spielen und hält so die für Flow notwendige Konzentration aufrecht.

Die dritte Bedingung ist ein möglichst sofortiges **Feedback** zur Handlungsausführung. Dies muss nicht unbedingt eine Rückmeldung von außen (Trainerin, Lehrer) sein, sondern kann sich unmittelbar aus der Handlung ergeben. So hört sich eine Melodie schräg an, wenn nicht der richtige Ton getroffen wird. Es entsteht ein Gefühl, dass eine Bewegung beim Turnen nicht rund läuft, oder beim Skifahren kommt man einfach nicht richtig in den Fluss. Das Feedback erlaubt die Handlungsausführung zu korrigieren und wieder auf Zielkurs zu bringen.

Neben den genannten Hauptbedingungen des Flow-Erlebens gibt es weitere flow-begünstigende Situationsmerkmale wie das Arbeiten an neuen oder ungewöhnlichen Aufgaben. Flow-behindernde äußere Faktoren sind Störungen von außen (z. B. Telefonanrufe, E-Mails), ungute Arbeitsatmosphäre und Zeitdruck.

Wenngleich theoretisch jede Person Flow bei den verschiedensten Aktivitäten erleben kann, dominieren doch Tätigkeiten wie Freizeit-, Sport- und musische Aktivitäten, vermutlich v. a. deshalb, weil diese meistens selbstbestimmt gewählt werden. Zudem unterscheiden sich Menschen in der Häufigkeit, in der sie Flow erleben. Csikszentmihalyi beschreibt mit der »**autotelischen Persönlichkeit**« quasi ein dispositionelles Flow. Autotelische Persönlichkeiten kennzeichnen sich dadurch, dass sie sich selbstbestimmt realistische Ziele setzen, auftretende Schwierigkeiten als Herausforderungen wahrnehmen, ihre Fähigkeiten in Lerngelegenheiten verbessern und sich nicht allzu sehr auf sich selbst, sondern stattdessen auf die Handlung zentrieren (reduzierte Selbstaufmerksamkeit). Dieses Konglomerat aus Persönlichkeitseigenschaften und Fähigkeiten beschert autotelischen Personen ein häufigeres Erleben von Flow als Personen mit geringer Ausprägung in diesen Merkmalen.

Rheinberg (2002) sieht das häufige Auftreten von Flow als eine Folge von motivationaler Kompetenz.

Definition ────────────────

Motivationale Kompetenz
Motivationale Kompetenz ist »die Fähigkeit, aktuelle und künftige Situationen so mit den eigenen Tätigkeitsvorlieben in Einklang zu bringen, dass effizientes Handeln auch ohne ständige Willensanstrengung möglich wird« (Rheinberg, 2002, S. 202).

Ein wichtiger Bestandteil dieser Kompetenz ist die Übereinstimmung der impliziten Motive einer Person mit ihren expliziten Motiven (▶ Kap. 6). Diese führt zu Zielsetzungen im Alltag, die Gelegenheiten für die Befriedigung impliziter Motive bieten und volitionales, nicht motivgestütztes Handeln (▶ Kap. 9) umgehen. Kurzum: Motivational kompetente Menschen wissen, was ihnen leicht fällt und gut tut und richten ihre Alltagsziele daraufhin aus. Bei der Verfolgung dieser Ziele sind sie intrinsisch motiviert.

Konsequenzen des Flow-Erlebens

Das Flow-Erleben wird in der Literatur als »optimal motivational state«, als »optimal experience« und als »peak performance state« bezeichnet. Die Bezeichnung eines **optimalen Motivationszustandes** rührt aus der vollständigen Aufmerksamkeitsausrichtung auf die Handlungsausführung, die somit vor konkurrierenden Absichten geschützt ist. Die Handlung wird mit vollem Engagement auf Zielkurs gehalten. Zudem wirkt die mit Flow assoziierte positive Erlebnisqualität so belohnend, dass die Handlungsausführung verstärkt wird und (den Prinzipien des Verstärkungslernens folgend) so mit größerer Wahrscheinlichkeit wieder ausgeführt wird. Das Flow-Erleben sagt motivationale Variablen wie Verhaltenspersistenz, Lernmotivation und problemfokussierte Bewältigungsstrategien vorher.

Als **optimaler Erlebenszustand** wird das Flow-Erleben bezeichnet, da es mit der Abwesenheit von Angst und Sorge (»Mir kann nichts passieren. Ich beherrsche diese Tätigkeit vollkommen«), einem hohen Selbstwertgefühl in Bezug auf die ausgeführte Tätigkeit (»Ich bin eine gute Sportkletterin«), positivem Befinden (»Ich genieße das Klettern«) und hoher Lebenszufriedenheit (»Ich bin mit meinem Leben zufrieden«) einhergeht.

Flow ist ein Zustand, in dem hohe Leistungen wahrscheinlich und sogar **Spitzenleistungen** möglich sind (»peak performance state«). Dies bestätigen Studien im akademischen Lernkontext, im Arbeitskontext und im Sport. Zudem begünstigt Flow die Kreativität und die Entwicklung von Innovationen.

Ein aktuell aufkeimendes Forschungsfeld beschäftigt sich mit den negativen Folgen des Flow-Erlebens. Seine prinzipiell positiven Merkmale wie das völlige Absorbiert-Sein in einer Handlung ohne Selbstreflexion, das Gefühl von Kontrolle sowie die mit Flow assoziierte positive Erlebnisqualität können auch zu Internet- und Sportsucht und zu Risikoverhalten im Sport führen.

In der Literatur finden sich zahlreiche positive Konsequenzen des Flow-Erlebens. Diese betreffen die hohe Motivation, das Befinden und Erleben und die Leistung. Aktuelle Studien weisen jedoch auch auf die negativen Konsequenzen des Flow-Erlebens hin (Suchtverhalten, Risiko).

8.3   Messung intrinsischer Motivation und Flow

8.3.1   Die Messung intrinsischer Motivation

Das »free choice«-Paradigma

Intrinsische Motivation ist das Engagement in einer Aktivität, die man um ihrer selbst willen ausführt. Das Beobachten des Ausführens einer Tätigkeit, an die keine Belohnung geknüpft ist, ist somit eine gute Messmethode für intrinsische Motivation. Das »free choice«-Paradigma trägt seinen Namen, weil in Studien üblicherweise Probanden in einem

Intrinsische Motivation kann über das »free choice«-Paradigma gemessen werden. Hier wird in einem gewissen Zeitfenster beobachtet, wie lange sich Probanden aus freien Stücken (also z. B. ohne dass es die Versuchsinstruktionen vorsehen) mit einer Aufgabe beschäftigen.

gewissen Zeitfenster die Wahl gelassen wird, sich mit verschiedenen Tätigkeiten zu beschäftigen. Eine klassische Studie (Deci, 1971), an die weitere Forschungsarbeiten anlehnen, erläutert das Paradigma näher.

Studie

Deci (1971)

Deci (1971) bat seine Probanden, in drei verschiedenen Sitzungen an Puzzleaufgaben zu arbeiten. In der ersten Sitzung beschäftigen sich alle Probanden mit der Puzzleaufgabe, für die eine hohe intrinsische Motivation berichtet wurde. In der zweiten Sitzung erhielten die Probanden der Experimentalbedingung einen US-Dollar für jedes gelöste Puzzle, während die Probanden der Kontrollgruppe keine monetäre Belohnung erhielten. In der dritten Sitzung erhielten beide Gruppen keine Belohnung für das Lösen der Puzzles. Um die intrinsische Motivation zu erfassen, wurde eine »free choice«-Periode eingeführt. In allen drei Sitzungen verließ der Versuchsleiter unter einem Vorwand für acht Minuten den Versuchsraum und überließ es den Probanden, in der Zwischenzeit zu tun, wozu sie Lust hatten. Prinzipiell bestand die Möglichkeit, an den Puzzles weiterzuarbeiten, in Zeitschriften, die auf dem Versuchstisch auslagen, zu lesen oder etwas ganz anderes zu tun. Die intrinsische Motivation wurde als die Zeit, die sich die Probanden mit den Puzzles beschäftigten, operationalisiert. Die Ergebnisse zeigten, dass die Geldbelohnung die intrinsische Motivation der Experimentalgruppe in der zweiten im Vergleich zur ersten Sitzung erhöhte. Die Kontrollgruppe beschäftigte sich in der zweiten Sitzung gleichlang mit den Puzzles wie in der ersten Sitzung. Wie angenommen, sank jedoch die intrinsische Motivation der Experimentalgruppe (nicht aber die der Kontrollgruppe) in der dritten Sitzung, und zwar deutlich unter das Niveau der ersten Sitzung. Die Geldbelohnung in der zweiten Sitzung hatte gemäß dem Autor dazu geführt, dass die Probanden aufgrund einer kognitiven Neubewertung der Aktivität zu dem Schluss kamen, dass sie die Aktivität nicht aus freien Stücken ausübten, sondern weil sie dafür belohnt wurden. Die wahrgenommene äußere Kontrolle wiederum führte zur Minderung intrinsischer Motivation (Korrumpierungseffekt, s. o.).

8

Fragebögen

Eine Möglichkeit, um intrinsische Motivation zu erfassen, ist der Selbstbericht. So existieren Fragebögen, die die vier oben genannten Regulationsformen messen.

Zur Messung intrinsischer Motivation existieren zahlreiche Fragebögen für verschiedene Lebensdomänen (Freizeit, Therapiemotivation, Sport, Lernkontext). Diese basieren größtenteils auf der organismischen Integrationstheorie von Deci und Ryan (1985) (s. o.) und messen die vier Regulationsformen externale, introjizierte, identifizierte und intrinsische Motivation (z. B. Ryan u. Connell, 1989; auch Sport Motivation Scale, SMS; Pelletier et al., 1995). Beispiele zur Erfassung der Regulationsformen der Lernmotivation von Schülern sind: »Ich lerne … weil es der Lehrer will (external), … weil ich mich sonst schuldig fühlen würde (introjiziert), … weil ich es wichtig finde, zu lernen (identifiziert) und … weil es mir Spaß macht (intrinsisch).« Das »Intrinsic Motivation Inventory« (IMI; Ryan, 1982) erfasst mit insgesamt sechs Subskalen das subjektive Erleben während einer Tätigkeit (z. B. Kompetenzerleben, wahrgenommene Wahlmöglichkeiten, Interesse und Freude).

8.3.2 Die Messung von Flow

Bei der Erlebnisstichproben-Methode werden Personen mehrmals zufällig über den Tag hinweg nach ihrem Erleben und Befinden befragt.

Die **Erlebnisstichproben-Methode** (»experience sampling method«, ESM; Csikszentmihalyi et al., 1977) nimmt, wie der Name schon sagt, Stichproben des Erlebens. Die Probanden erhalten einen Signalgeber (z. B. Mobiltelefon, Pager), der sie – meist mehrmals täglich über mehrere Tage – zur Einschätzung ihres Befindens und Angabe ihrer aktuellen Tätigkeit aufgefordert. Die Erlebnis-Stichproben-Methode wird auch in der Emotionsforschung (▶ Kap. 3) verwendet.

Studie

Csikszentmihalyi und LeFevre (1989) und Rheinberg et al. (2007)

Csikszentmihalyi und LeFevre (1989) wollten herausfinden, ob sich das Flow-Erleben in der Arbeit und in der Freizeit voneinander unterscheiden und untersuchten Arbeitnehmende verschiedener Berufssparten (Manager, Büroangestellte, Arbeiter) mit der Erlebnisstichproben-Methode. Das Flow-Erleben trat bei der Arbeit dreimal häufiger auf als in der Freizeit. Dies mag an sich schon erstaunlich sein, wird jedoch durch einen weiteren Befund noch überraschender: Paradoxerweise gaben die Studienteilnehmenden bei der Arbeit häufiger als beim Ausüben ihrer Freizeitaktivitäten an, lieber etwas anderes als die derzeitige Tätigkeit ausüben zu wollen. Eine Folgestudie weist darauf hin, dass dieses »**Paradoxon der Arbeit**« auf unterschiedlich starke Zielfokussierungen zurückzuführen ist (Rheinberg et al., 2007). Arbeitstätigkeiten sind deutlich auf ein Ziel hin ausgerichtet, was eine wichtige Bedingung für das Erleben von Flow darstellt. Der häufig unstrukturierte Charakter von Freizeitaktivitäten hingegen ist dem Flow-Erleben nicht zuträglich, wenngleich er auch zum Erleben von Glück und Zufriedenheit beiträgt.

Die »**Flow-Kurz-Skala**« (FKS; Rheinberg et al., 2003) ist ein reliabler, valider und ökonomisch einzusetzender Fragebogen mit zehn Items, der die zwei Subskalen »Absorbiertheit in der Handlung« (»Ich merke gar nicht, wie die Zeit vergeht«) und »automatischer Handlungsablauf« (»Meine Gedanken bzw. Aktivitäten laufen flüssig und glatt«) enthält.

Jackson und Eklund (2002) wurden mit ihrer Unterteilung in eine »Flow State Scale« und eine »Flow Trait Scale« der empirischen Beobachtung gerecht, dass einige Personen »chronisch« mehr Flow erleben als andere. Die Items wurden in enger Anlehnung an die Flow-Theorie von Csikszentmihalyi (1975, 1990) formuliert und beziehen sich auf den Sportbereich. Bei der Beantwortung der Items (z. B. »I have a sense of control over what I am doing«) sollen die Probanden sich entweder auf eine ganz spezifische Situation (Flow state) oder aber auf eine größere Bandbreite an Situationen (Flow trait) beziehen.

> Das Paradoxon der Arbeit besagt, dass während der Arbeit zwar häufiger Flow erlebt wird als in der Freizeit, dass aber dennoch Personen lieber Zeit in Freizeit- als in Arbeitstätigkeiten verbringen.

> Die zehn Items umfassende Flow-Kurz-Skala (FKS; Rheinberg et al., 2003) misst mit der Absorbiertheit in der Handlung und dem Erleben eines glatten, automatisierten Handlungsablaufs die wichtigsten Flow-Merkmale. Jackson und Eklund (2002) entwickelten Fragebögen, die Flow als Zustand (Flow State Scale) und Flow als Eigenschaft (Flow Trait Scale) erfassen.

8.4 Praktischer Anwendungsbezug

Die Diskussionen um den Korrumpierungseffekt haben Fragen in verschiedenen Praxisfeldern aufgeworfen. Zahlreiche soziale Systeme funktionieren über Belohnungen und Kontrolle: Wird die intrinsische Lernmotivation von Schülern nun durch externe Bewertung (Noten) untergraben? Untergraben Eltern die intrinsische Motivation ihrer Kinder, wenn sie mit klaren Regeln die Autonomie ihrer Kinder einschränken? Deci und Ryan (1985, 2000) antworten auf diese Fragen, dass der soziale Kontext und die Gestaltung der äußeren kontrollierenden Faktoren deutlich mitbestimmen, ob intrinsische Motivation untergraben wird oder nicht. So können Belohnungen so gestaltet werden, dass sie als informationales Feedback (z. B. Leistungsfeedback) anstatt als Kontrollinstrument wahrgenommen werden. Einschränkungen von Autonomie – z. B. bei der Erziehung von Kindern – wirken nicht motivationshemmend, wenn sie nicht willkürlich sind, sondern gut erklärt

In zahlreichen Anwendungsfeldern zeigt sich: Der Korrumpierungseffekt muss spezifiziert werden. Der soziale Kontext und die Gestaltung der äußeren kontrollierenden Faktoren bestimmen, ob intrinsische Motivation untergraben wird oder nicht.

und begründet werden und vor allem in einem Klima von Wertschätzung und liebevoller Zuwendung erfolgen.

Im betriebswirtschaftlichen Kontext wird nach wie vor kontrovers diskutiert, ob Arbeitnehmende weniger intrinsische Arbeitsmotivation zeigen, wenn sie mit monetären Anreizen (z. B. Boni) gelockt werden (zusammenfassend s. Frey u. Osterloh, 2005). Der Position, dass leistungsabhängige monetäre Belohnung die Motivation und somit die Leistung der Mitarbeitenden erhöht, steht die Position entgegen, dass monetäre Anreize die intrinsische Motivation senken und nachteilige Effekte für das Unternehmen haben. Letztere Position basiert beispielsweise auf den folgenden Argumenten:

- Leistungsabhängige Belohnungen fördern die Manipulation oder Fälschung von Leistungsbeurteilungskriterien.
- Leistungsabhängige Belohnung verschiebt das Interesse an der Aufgabe (intrinsisch) auf das Interesse am Aufgabenresultat (Entlohnung; extrinsisch).
- Für Leistung zu bezahlen signalisiert, dass Leistung ohne Verpflichtung oder Entlohnung unangemessen ist.
- Leistungsabhängige Anreize führen zu einer kompetitiven Atmosphäre, die prosoziales Verhalten unwahrscheinlicher machen könnte.

? **Kontrollfragen**

1. Aus welchen fünf Teiltheorien besteht die Selbstbestimmungstheorie (Deci u. Ryan, 1985, 2000)?
2. Was besagt der Korrumpierungseffekt?
3. Welche Formen der Regulation werden in der Theorie der organismischen Integration unterschieden?
4. Welches sind die drei psychologischen Basisbedürfnisse in der Theorie der Basisbedürfnisse und was bedeutet die Aussage, sie seien universell?

5. Beschreiben Sie anhand eines persönlichen Beispiels (z. B. akademischer Kontext, Freunde, Musik, Sport) die Merkmale des Flow-Erlebens.
6. Welches sind die Bedingungen und Konsequenzen des Flow-Erlebens?
7. Lob ist eine Form von Belohnung, die nach der Selbstbestimmungstheorie doch eigentlich die intrinsische Motivation von Schülern untergraben sollte. Oder etwa nicht?

▶ Weiterführende Literatur

Deci, E. L., & Ryan, R. M. (1985). *Intrinsic motivation and self-determination in human behaviour*. New York: Plenum.
Rheinberg, F. (2010). Intrinsische Motivation und Flow-Erleben. In J. Heckhausen & H. Heckhausen (Hrsg.), *Motivation und Handeln* (365 -388). Berlin: Springer.
Sansone, C., & Smith, J. M. (2000). *Intrinsic and extrinsic motivation*. San Diego: Academic Press.

Literatur

Cerasoli, C. P., Nicklin, J. M., & Ford, M. T. (2014). Intrinsic Motivation and Extrinsic Incentives Jointly Predict Performance: A 40-Year Meta-Analysis. *Psychological Bulletin, 140*(4), 980–1008.
Csikszentmihalyi, M. (1975). *Beyond boredom and anxiety.* San Francisco: Jossey-Bass (dt: Das Flow-Erleben. Stuttgart: Klett-Cotta, 1999).
Csikszentmihalyi, M. (1990). *Flow: The psychology of optimal experience.* New York: Harper u. Row.
Csikszentmihalyi, M., Larson, R., & Prescott, S. (1977). The ecology of adolescence activity and experience. *Journal of Youth and Adolescence, 6*, 281–294.

Csikszentmihalyi, M., & LeFevre, J. (1989). Optimal experience in work and leisure. *Journal of Personality and Social Psychology, 56*, 815–822.

Deci, E. L. (1971). Effects of externally mediated rewards on intrinsic motivation. *Journal of Personality and Social Psychology, 18*, 105–115.

Deci, E. L. (1975). *Intrinsic motivation*. New York: Plenum.

Deci, E. L., Koestner, R., & Ryan, R. M. (1999). A meta-analytic review of experiments examining the effects of extrinsic rewards on intrinsic motivation. *Psychological Bulletin, 125*, 627–668.

Deci, E. L., & Ryan, R. M. (1985). *Intrinsic motivation and self-determination in human behaviour*. New York: Plenum.

Deci, E. L., & Ryan, R. M. (2000). The »what« and »why« of goal pursuits: Human needs and the self-determination of behavior. *Psychological Inquiry, 11*, 227–268.

Elliot, A. J., & McGregor, H. A. (2001). A 2 x 2 achievement goal framework. *Journal of Personality and Social Psychology, 80*, 501–519.

Frey, B. S., & Osterloh, M. (2005). Yes, Managers Should Be Paid Like Bureaucrats. *Journal of Management Inquiry, 14*(1), 96–111.

Jackson, S. A., & Eklund, R. C. (2002). Assessing Flow in Physical Activity: The Flow State Scale-2 and Dispositional Flow Scale-2. *Journal of Sport and Exercise Psychology, 24*, 133–150.

Meyer, B., Enström, M. K., Harvstveit, M., Bowles, D. P., & Beevers, C. G. (2007). Happiness and dispair on the catwalk: need satisfaction, well-being, and personality adjustment among fashion models. *The Journal of Positive Psychology, 2*(1), 2–17.

Molden, D. C., & Dweck, C. S. (2000). Meaning and motivation. In C. Sansone & J. M. Dweck (Eds.), *Intrinsic and extrinsic motivation* (pp. 131–159). San Diego: Academic Press.

Pelletier, L., Fortier, M., Vallerand, R., Tuson, K., Briere, N., & Blais, M. (1995). Toward a new measure of intrinsic motivation, extrinsic motivation and amotivation in sport: The Sport Motivation Scale (SMS). *Journal of Sport and Exercise Psychology, 17*, 35–53.

Rheinberg, F. (1989). *Zweck und Tätigkeit*. Göttingen: Hogrefe.

Rheinberg, F. (2002). Freude am Kompetenzerwerb, Flow-Erleben und motivpassende Ziele. In M. v. Salisch (Hrsg.), *Emotionale Kompetenz entwickeln* (S. 179–206). Stuttgart: Kohlhammer.

Rheinberg, F., Manig, Y., Kliegl, R., Engeser, S., & Vollmeyer, R. (2007). Flow bei der Arbeit, doch Glück in der Freizeit. *Zeitschrift für Arbeits- und Organisationspsychologie, 51*(3), 105–115.

Rheinberg, F., Vollmeyer, R., & Engeser, S. (2003). Die Erfassung des Flow Erlebens. In J. Stiensmeier-Pelster & F. Rheinberg (Hrsg.), *Diagnostik von Motivation und Selbstkonzept* (pp. 261–279). Göttingen: Hogrefe.

Ryan, R. M. (1982). Control and information in the intrapersonal sphere: An extension of cognitive evaluation theory. *Journal of Personality and Social Psychology, 43*, 450–461.

Ryan, R. M., & Connell, J. P. (1989). Perceived locus of causality and internalization: Examining reasons for acting in two domains. *Journal of Personality and Social Psychology, 57*, 749–761.

Sansone, C., & Smith, J. L. (2000). Interest and self-regulation: The relation between having to and wanting to. In C. Sansone & J. M. Dweck (Eds.), *Intrinsic and extrinsic motivation* (pp. 341–372). San Diego: Academic Press.

Schiefele, H. (1999). Interest and learning from text. *Scientific Studies of Reading, 3*, 257–280.

Seeling, H., & Fuchs, R. (2006). Messung der sport- und bewegungsbezogenen Selbstkonkordanz. *Sportpsychologie, 13*(4), 121–139.

Shah, J. Y., & Kruglanski, A. W. (2000). The structure and substance of intrinsic motivation. In C. Sansone & J. M. Dweck (Eds.), *Intrinsic and extrinsic motivation* (pp. 106–127). San Diego: Academic Press.

Sheldon, K. M., & Elliot, A. J. (1999). Goal striving, need satisfaction, and longitudinal well-being: The self-concordance model. *Journal of Personality and Social Psychology, 7*(3), 482–497.

Skinner, B. F. (1971). *Beyond freedom and dignity*. New York: Knopf.

Vallerand, R. J. (1997). Toward a hierarchical model of intrinsic and extrinsic motivation. In M. P. Zanna (Ed.), *Advances in experimental social psychology* (vol. 29, pp. 271–360). San Diego: Academic Press.

9   Ziele, Volition und Handlungskontrolle

© Springer-Verlag GmbH Deutschland, ein Teil von Springer Nature 2018
V. Brandstätter et al., *Motivation und Emotion*, Springer-Lehrbuch
https://doi.org/10.1007/978-3-662-56685-5_9

Lernziele

- Verstehen, wie Ziele in unserem Gedächtnis
  repräsentiert sind.
- Die Bedeutsamkeit von Zielen für Erleben und
  Verhalten begründen können.
- Überblick gewinnen über die Zielmerkmale,

die für erfolgreiches Zielstreben wichtig sind.
- Den konzeptuellen Unterschied zwischen Ziel-
  wahl und Zielrealisierung benennen können.
- Überblick über die wichtigsten theoretischen
  Ansätze zur Zielrealisierung erhalten.

9.1   Einführung

Es waren, wie in ▸ Kap. 2 dargelegt, wesentlich Kurt Lewin und Narziss Ach, die zu Beginn des 20. Jahrhunderts mit ihren Arbeiten zur Nachwirkung von Absichten (Spannungszustand aufgrund eines Quasibedürfnisses, determinierende Tendenz) und zur willentlichen Überwindung von Schwierigkeiten bei der Absichtsrealisierung (primärer Willensakt) den Grundstein für die heutige Zielforschung gelegt haben. Als kognitives Konzept war das Zielkonstrukt jedoch der behavioristischen Wissenschaftsauffassung zum Opfer gefallen, die in einem Zitat des Begründers des Behaviorismus John B. Watson deutlich zum Ausdruck kommt:

❯❯   The Behaviorist [...] dropped from his scientific vocabulary all subjective terms such as sensation, perception, image, desire, purpose, and even thinking and emotion as they were originally defined.
       [...] Let us limit ourselves to things that can be observed, and formulate laws concerning only the observed things. Now what can

we observe? Well, we can observe behavior – what the organism does or says« (Watson, 1929, S. 12 ff/17 f).

Erst Jahrzehnte später in den 1980er-Jahren erkannte man die Vorzüge des Zielkonzepts für die Motivationspsychologie und es wurde zum zentralen Forschungsgegenstand. Eine Vielzahl an Handbüchern zum Thema dokumentiert diese Entwicklung (Aarts u. Elliot, 2012; Heckhausen u. Dweck, 1998; Morsella et al., 2009; Moskowitz u. Grant, 2009; Shah u. Gardner, 2008; Vohs u. Baumeister, 2016).

Das Zielkonzept integriert kognitive, affektive und verhaltensbezogene Prozesse. Unsere **Ziele**, Anliegen oder Absichten – all diese Begriffe werden häufig synonym verwendet –, also das, was wir zukünftig zu erreichen oder zu verhindern versuchen, strukturieren unser Leben, beschäftigen unsere Gedanken, steuern unser Verhalten, eröffnen oder verschließen uns Erfahrungsmöglichkeiten und geben damit letztlich den Ausschlag für Wohlbefinden oder Unbehagen.

Entsprechend vielfältig sind die Forschungsfragen der aktuellen Zielpsychologie: Wie sind Ziele kognitiv repräsentiert? Welche Zusammenhänge bestehen zwischen unseren Zielen und unserem Befinden und Verhalten? Welche Zielmerkmale fördern Leistung und Wohlbefinden? Wie gelingt es Menschen, sich an attraktive und gleichzeitig realistische Ziele zu binden? Wie ist es zu erklären, dass manchmal unser »Wille versagt« und wir eine Absicht auf die lange Bank schieben, einen guten Vorsatz angesichts einer Verlockung gänzlich fallen lassen oder im Gegenteil uns an ein unerreichbares Ziel klammern? Bevor wir jedoch diese Themenfelder näher betrachten, soll das Zielkonstrukt eingeführt werden.

9.2 Ziele als kognitive Repräsentationen erwünschter Zustände

> ► Definition
> Ziele

> **Definition**
>
> **Ziele**
>
> Ziele sind kognitive Repräsentationen erwünschter Zustände. Ziele unterscheiden sich von Wünschen durch die Verbindlichkeit, die sie für die Person haben. Während man bei Wünschen noch in positiven Fantasien schwelgt, »wie schön es doch wäre, wenn …«, sind Ziele mit einem definitiven Handlungsentschluss, d. h. mit der Absicht (Intention) verbunden, den angestrebten Zielzustand aktiv herbeiführen zu wollen (Bargh et al., 2010).

Die Ziele eines Menschen bilden ein komplexes Gefüge mit einer hierarchischen Struktur (Carver u. Scheier, 1998; Kruglanski et al., 2002; Miller et al., 1960). Abstrakten, übergeordneten Zielen (z. B. ein Studium abschließen) lassen sich verschiedenste konkretere Subziele zuordnen (z. B. eine schriftliche Semesterarbeit verfassen; ein Praktikum absolvieren; eine Prüfung bestehen), die wiederum durch noch konkretere, verhaltensnahe Subziele (oft auch als »Mittel« bezeichnet) spezifiziert sind (z. B. Literatur recherchieren; Exzerpte der Prüfungsliteratur anfertigen; in einer Lerngruppe den Lernstoff diskutieren).

Marginalien (linke Spalte)

Im Mittelpunkt der aktuellen motivationspsychologischen Forschung stehen das Zielkonzept und die Regulation des Zielstrebens.

Das Zielkonzept integriert kognitive, affektive und verhaltensbezogene Prozesse.

Die wichtigsten aktuellen Forschungsfragen zu Zielen lauten: Wie sind Ziele kognitiv repräsentiert? Welche Zielmerkmale fördern Wohlbefinden und Leistung? Welche Probleme können bei der Zielrealisierung auftreten und wie kann man ihnen begegnen?

► Definition
Ziele

Die Ziele eines Menschen bilden ein komplexes hierarchisches Gefüge.

Eine einflussreiche Forschungsrichtung befasst sich mit den für die Handlungssteuerung bedeutsamen kognitiven Merkmalen von Zielen und Zielsystemen (Förster et al., 2005; Goschke, 2008; Kruglanski et al., 2002). Ein wichtiger Sachverhalt ist dabei, dass Ziele im **Gedächtnis** aktiviert bleiben müssen, auch wenn sich gerade keine Gelegenheit zum Handeln ergibt oder eine Handlungssequenz unterbrochen werden muss (Goschke u. Kuhl, 1993). Eine Absicht zu vergessen, wie man eine Telefonnummer vergisst, wenn man sie nicht braucht, wäre einer wirksamen Handlungssteuerung sehr abträglich. Wir würden dann nur solche Handlungen ausführen, die direkt von Reizen aus dem Körperinnern oder aus der Umwelt ausgelöst würden (z. B. bei Hunger nach etwas Essbarem suchen; bei Dunkelheit das Licht einschalten). Längerfristiges, planvolles, von unmittelbaren Umwelteinflüssen weitgehend losgelöstes Handeln wäre ohne eine spezifische Repräsentation von Absichten im Gedächtnis nicht möglich (Goschke, 2008; J. Heckhausen, 2000). Wodurch zeichnet sich diese aber aus? Wie in ▶ Kap. 2 dargelegt, hatte schon Lewin (1926) postuliert, dass sich Absichten in einem besonderen Aktivierungszustand befinden, was in neueren Studien belegt werden konnte (Goschke u. Kuhl, 1993) und anhand eines Experiments von Förster et al. (2005) illustriert werden soll.

> Eine einflussreiche Forschungsrichtung befasst sich mit der kognitiven Repräsentation von Zielen und bedient sich dabei Methoden der sozialen Kognitionsforschung.

> Ziele befinden sich im Gedächtnis in einem besonderen Aktivierungszustand.

Studie

Förster et al. (2005, Studie 1)

Versuchsteilnehmern wurden vier Serien von Bildern alltäglicher Gegenstände (z. B. Schere, Brille, Regenschirm, Glocke, Brief) präsentiert. In der Zielbedingung erhielten sie den Auftrag, nach der Bilderabfolge »Brille–Schere« zu suchen und sich zu melden, sobald sie diese gesehen hätten. Diese Bilderkombination würde insgesamt aber nur einmal vorkommen; tatsächlich erschien sie in der dritten Bilderserie. Folglich war das Ziel, die besagte Bildabfolge zu suchen, in Serie 1 und Serie 2 aktiviert, nach Serie 3 jedoch erledigt. Die Versuchspersonen der Kontrollbedingung betrachteten die Bilder ohne diesen Suchauftrag. Nach jeder Bilderserie war eine sog. lexikalische Entscheidungsaufgabe zu bearbeiten, bei der so schnell wie möglich anzugeben war, ob auf dem Computerbildschirm dargebotene Buchstabenkombinationen Wörter (z. B. SONNE) oder Nicht-Wörter (z. B. ONNES) darstellten. Es wurden Wörter präsentiert, die semantisch mit dem Wort »Brille« verbunden waren (z. B. SONNE), als auch solche, die in keinem Sinnzusammenhang (z. B. KATZE) damit standen. Als Maß für die erhöhte kognitive Aktivierung des Ziels galt eine verkürzte Reaktionszeit auf zielbezogene im Vergleich zu nicht-zielbe- zogenen Wörtern. Wie vorhergesagt, wurden in der zweiten Bilderserie (wenn sich das Ziel richtig etabliert hatte) in der Zielbedingung die zielbezogenen Wörter schneller als echte Wörter erkannt als nicht-zielbezogene Wörter (◻ Abb. 9.1). Dieser Unterschied trat in der Kontrollbedingung nicht auf. Bemerkenswert an dieser Studie ist darüber hinaus der hier erstmals gezeigte Hemmungseffekt: In Bilderserie 3 war für die Versuchspersonen der Zielbedingung das Ziel ja erledigt und sollte daher keine erhöhte Zugänglichkeit mehr aufweisen. Tatsächlich zeigten sich in Serie 3 und 4 sogar *langsamere* Reaktionen auf zielbezogene Wörter im Vergleich zu nicht-zielbezogenen Wörtern. Besonders interessant ist weiterhin der Befund, dass die Zugänglichkeit zielbezogener Wörter in direktem Zusammenhang mit den motivationalen Charakteristika (Wert und Erfolgserwartung) des Ziels (die Bilderabfolge »Brille-Schere« finden) stand. Die Forscher hatten dazu experimentell beispielsweise den Wert durch die Ankündigung variiert, dass die Versuchspersonen für das korrekte Identifizieren der kritischen Bilderabfolge 1 Euro (hoher Wert) bzw. 5 Cents (geringer Wert) erhalten würden.

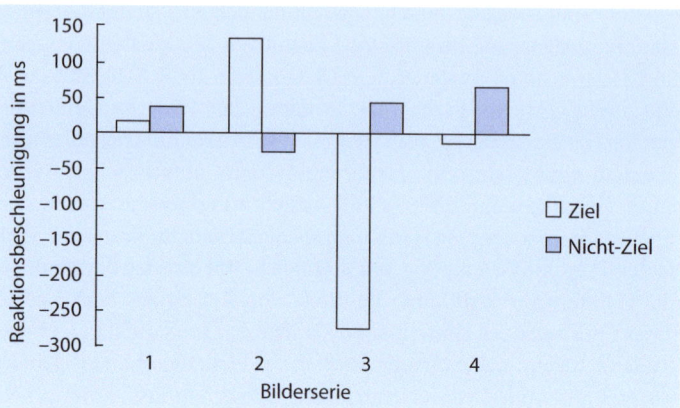

Abb. 9.1 Reaktionsbeschleunigung bzw. -verlangsamung bei Wörtern, die semantisch mit »Brille« verwandt sind in Abhängigkeit von der experimentellen Bedingung (Ziel vs. Nicht-Ziel)

9.2.1 Zielsystem-Theorie und Construal Level-Theorie

Der Nachweis, dass Absichten – solange sie unerledigt sind – im Gedächtnis stärker aktiviert sind, ist sicherlich grundlegend für das Verständnis der Funktion von Zielen in der **Handlungssteuerung**. Ein wichtiger Aspekt bleibt dabei aber unberücksichtigt: Wir verfolgen ja nicht nur *ein* Ziel, sondern eine Vielzahl an Zielen, die in einer wechselseitigen Beziehung zueinander stehen können.

Zielsystem-Theorie

Die Zielsystem-Theorie von Kruglanski et al. (2002) betrachtet Zielsysteme als Wissensstrukturen und knüpft damit an kognitionspsychologische Modelle an. Wie semantische Netzwerke auch lassen sich Zielsysteme im Hinblick auf ihre strukturellen und dynamischen Merkmale beschreiben.

Kruglanski et al. (2002) behandeln in ihrer Zielsystem-Theorie die Frage der kognitiven Aktivierung und daraus resultierender motivationaler Prozesse unter diesem Aspekt. Die Autoren postulieren, dass die Vielzahl an Zielen in einem Netzwerk (Zielsystem) kognitiv repräsentiert ist. Ein besonderes Merkmal dieses Netzwerks ist, dass es hierarchisch aufgebaut ist, d. h. dass übergeordneten Zielen (z. B. sich fit halten) die zu ihrer Realisierung nötigen Ziele (sog. Mittel, z. B. joggen gehen; sich gesund ernähren) untergeordnet sind. Das Zielsystem lässt sich nun anhand seiner strukturellen (Beziehung zwischen den Elementen, d. h. über- und untergeordneten Zielen) sowie dynamischen (Ausbreitung der kognitiven Aktivierung zwischen den Elementen) Merkmale beschreiben. Ein **strukturelles Merkmal** betrifft, wie bereits oben erwähnt, die möglichen Mittel-Ziel-Relationen. So kann eine Person über nur einen oder über mehrere Handlungswege (Mittel) für die Erreichung eines Ziels verfügen, die dann entweder nur diesem einen Ziel oder mehreren Zielen dienlich sind (Multifinalität). So dient z. B. die Aktivität »mit einer Freundin joggen gehen« sowohl dem Ziel, sich fit zu halten, als auch dem Ziel, die Freundschaft zu pflegen. Ebenso können verschiedenste Mittel auf ein und dasselbe Ziel hinführen (Äquifinalität), was in dem Sprichwort »Viele Wege führen nach Rom« zum Ausdruck kommt (Abb. 9.2).

Besonders wichtig sind die Annahmen zu den **dynamischen Merkmalen** eines Zielsystems. Hier werden Anleihen bei assoziativen Netzwerktheorien aus der kognitiven Psychologie (z. B. ACT*-Theorie von Anderson, 1983) gemacht. Zielsysteme werden als Wissensstrukturen betrachtet, deren Elemente (Ziele und Mittel) denselben kognitiven Mechanismen unterliegen wie die Elemente semantischer Netzwerke

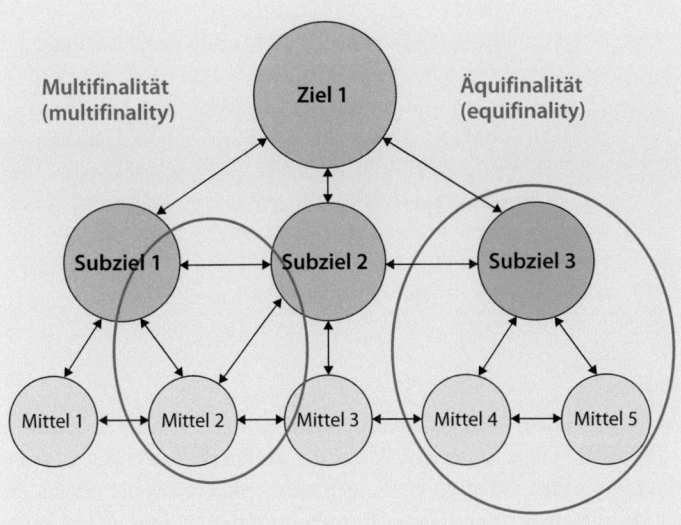

Multifinalität (multifinality)

Ziel 1

Äquifinalität (equifinality)

Subziel 1 **Subziel 2** **Subziel 3**

Mittel 1 Mittel 2 Mittel 3 Mittel 4 Mittel 5

◼ **Abb. 9.2** Illustration der Äquifinalität und Multifinalität nach der Zielsystem-Theorie von Kruglanski et al. (2002, © 2002, with permission from Elsevier)

(z. B. APFEL-BAUM-HOLZ-TISCH). Sie sind mehr oder weniger eng miteinander verknüpft, können automatisch durch situative Hinweisreize (z. B. das Hören eines Wortes) aktiviert werden (Priming), und die kognitive Aktivierung eines Elements kann sich je nach Stärke der Verbindung zwischen den Elementen auf andere Elemente des Netzwerks übertragen (»spreading activation«). Beispielsweise löst im semantischen Netzwerk das Wort APFEL eher die Assoziation BAUM aus als die Assoziation MARMELADE. Übertragen auf Zielsysteme lässt sich dieses Grundprinzip der Übertragbarkeit der kognitiven Aktivierung beispielhaft wie folgt beschreiben: Wenn PETER mein Tennispartner (Mittel zum Tennisspielen) ist, erinnert mich PETER an TENNIS und TENNIS an PETER.

Die Zielsystem-Theorie geht aber noch einen Schritt weiter, indem sie annimmt, dass nicht nur die kognitive Aktivierung, sondern auch motivationale Merkmale (z. B. Wichtigkeit, Realisierbarkeit, affektive Bewertung) zwischen einzelnen Elementen des Zielsystems übertragen werden können.

Zentrale Annahmen der Zielsystem-Theorie

— Die Übertragung kognitiver Aktivierung zwischen einem Mittel und einem Ziel ist umso größer, je geringer die Anzahl der mit diesem Ziel verknüpften Mittel bzw. je geringer die Anzahl an Zielen ist, die mit dem Mittel verbunden sind. Beispiel: Wenn ich nur einen Tennispartner (Mittel), nämlich PETER, habe, dann denke ich bei TENNIS (Ziel) sofort und in aller Klarheit an PETER, wohingegen ich bei vielen Tennispartnern zwar an alle, aber insgesamt wenig konkret an sie denke (Äquifinalität). Umgekehrt würde PETER, wenn ich mit ihm nur Tennis spiele, vor allem Gedanken an TENNIS aktivieren, wohingegen STEFAN, mit dem ich Tennis spiele, aber auch andere Freizeitaktivitäten teile (z. B. Schwimmen und ins Kino gehen), nicht direkt Gedanken an TENNIS aktivieren würde (Multifinalität).

> — Motivationale Charakteristika eines Ziels (z. B. seine Wichtigkeit, Realisierbarkeit, affektive Reaktionen auf das Ziel) übertragen sich je nach der Anzahl an Mittel-Ziel-Bezügen auf die entsprechenden Mittel und umgekehrt. Die Aktivierung eines hoch positiv bewerteten Ziels (TENNIS) lässt ein relevantes Mittel (PETER) umso attraktiver (hier z. B. sympathischer) erscheinen, je weniger alternative Mittel (weitere Tennispartner) zur Zielerreichung verfügbar sind. Dieser Aspekt hat auch Bezüge zu Fragen der intrinsischen Motivation (▶ Kap. 8).

Construal Level-Theorie

Eine eng mit dem Konzept eines hierarchisch strukturierten Zielsystems verbundene Frage ist, welche Ebene der Zielhierarchie einer Person in einer konkreten Situation vor Augen steht – denkt sie eher an das Ziel selbst mit seinen angestrebten Konsequenzen oder aber an die Mittel und damit an konkrete Handlungen zur Zielerreichung? Diese für Motivation und Handlungsregulation zentrale Frage wird in der Construal Level-Theorie von Trope und Liberman (2010) thematisiert. Die Autoren postulieren, dass mit höherer psychologischer Distanz (z. B. die Zielrealisierung liegt weit in der Zukunft) Ziele auf einem höheren Abstraktionsniveau repräsentiert werden und damit die eigentlichen Gründe für das Zielstreben (warum?) handlungsleitend sind. Steht die Realisierung eines Ziels jedoch unmittelbar bevor (geringe psychologische Distanz), so richtet sich die Aufmerksamkeit auf die erforderlichen konkreten Handlungsschritte (wie?). Mit diesem Wandel des Aufmerksamkeitsfokus lässt sich u. a. erklären, weshalb man eine unangenehme Handlung (das ganze Wochenende lernen) unterlässt, obwohl sie für die Erreichung eines wichtigen Ziels (Prüfung bestehen) erforderlich wäre – man nimmt vor allem die Anstrengungen und Mühen des Lernens und nicht mehr die erstrebenswerten Aspekte des Ziels wahr.

Im Mittelpunkt der Zielsystem-Theorie und verwandter Theorien stehen zielbezogene kognitive Prozesse, die mit laborexperimentellen Methoden der sozialen Kognitionsforschung (Priming, Reaktionszeitmessung) untersucht werden. Diese Forschung hat unser Wissen um die kognitive Architektur und Funktionsweise von Zielen und Zielsystemen deutlich erweitert. Keine Antworten liefert sie jedoch auf die Fragen nach der Rolle von Zielen für Erleben und Verhalten; darum geht es im nächsten Abschnitt.

9.3 Die Bedeutung von Zielen für Wohlbefinden und Verhalten

Selbstreflexionsübung

Beginnen wir mit einer Selbstreflexionsübung, um daran die wichtigsten Fragestellungen zielpsychologischer Forschung zu entwickeln. Nehmen Sie ein Blatt Papier zur Hand und schreiben Sie in freier Abfolge Anliegen und Ziele auf, die Sie derzeit verfolgen. Gehen Sie dann Ihre Liste anhand der folgenden Fragen durch: Handelt es sich bei Ihren Zielen um eher abstrakte, zeitlich weiter gefasste (z. B. mich politisch betätigen) oder um konkrete, handlungsnahe Ziele mit einer kürzeren Zeitperspektive (z. B. nächste Woche am Treffen von Partei X teilnehmen)? Hängen Sie an dem Ziel so stark, dass Sie es selbst unter größten Schwierigkeiten noch zu erreichen versuchen (Zielbindung)? Bietet Ihnen Ihre Umwelt günstige Gelegenheiten und Unterstützung, etwas für Ihre Ziele zu tun? Ist die Realisierung Ihrer Ziele mit einer gewissen Herausforderung für Sie verbunden oder sind es Dinge, die Sie routinemäßig erledigen können? Haben Sie Ihre Ziele ausschließlich als Annäherungsziele (z. B. meine Freundschaften pflegen) formuliert oder finden sich auch einige Vermeidungsziele (z. B. meine Freunde nicht vernachlässigen) darunter?

9.3.1 Die Bedeutung persönlicher Ziele für das subjektive Wohlbefinden

Ziellos zu sein, nichts zu wollen, sich für nichts zu interessieren, ist ein belastender psychischer Zustand (Klinger, 1977). Ohne Ziele fehlen uns Orientierung im Leben, die Erfahrung eines erfüllten und selbstbestimmten Lebens und der Ansporn, unsere psychischen und physischen Ressourcen einzusetzen (Brunstein u. Maier, 2002). Ganz abgesehen davon, könnten wir ohne Ziele in unserer hochtechnisierten Welt nicht einmal unser Überleben sichern – wir können nicht einfach einem spontanen Hungerimpuls folgend im Wald nach etwas Essbarem suchen. Leben und Überleben muss von langer Hand geplant sein.

Die Bedeutsamkeit von **persönlichen Zielen** gehört seit den späten 1970er-Jahren zum Wissenskanon der Psychologie. So wird in verschiedenen Subdisziplinen der Psychologie die Rolle von Zielen für die Herausbildung der Identität einer Person (Persönlichkeitspsychologie: Pervin, 1989), für die erfolgreiche Gestaltung von Entwicklungsprozessen (Lebensspannenpsychologie: Brandtstädter, 2007; Heckhausen et al., 2010) und die Bewältigung von Lebenskrisen in einer Psychotherapie (Klinische Psychologie: Grosse Holtforth et al., 2006) betont.

Genügt es, Ziele zu haben, gleich welcher Art, um sich wohl zu fühlen, oder sind manche Ziele dem Befinden zuträglicher als andere? Auf welche Weise führen Ziele zu **Wohlbefinden**? Das von Joachim Brunstein (1993) entwickelte, auf dem Zielkonzept beruhende Modell des Wohlbefindens macht dazu folgende Aussagen: Wohlbefinden resultiert, wenn die Person Fortschritte bei der Verfolgung ihrer Ziele macht. Diese Annahme steht in Einklang mit kybernetischen Modellen der Selbstregulation (z. B. Carver u. Scheier, 1998), nach denen das Handeln immer wieder darauf hin überprüft wird, ob und in welchem Tempo sich der aktuelle Ist-Zustand (z. B. momentaner Kenntnisstand der zu lernenden Italienisch-Vokabeln) dem angestrebten Soll-Zustand

Das Konzept persönlicher Ziele spielt in verschiedenen Teilbereichen der wissenschaftlichen Psychologie (z. B. Persönlichkeits-, Entwicklungs- und klinische Psychologie) eine prominente Rolle.

Fortschritte auf dem Weg zu persönlich bedeutsamen Zielen fördern das subjektive Wohlbefinden.

Wichtig für Zielfortschritte sind gleichermaßen hohe Zielbindung und günstige Realisierungsbedingungen.

In der Forschung zu persönlichen Zielen bedient man sich der idiographisch-nomothetischen Methode, bei der individuelle Ziele anhand vorgegebener Beurteilungsdimensionen eingeschätzt werden.

Zielfortschritte fördern dann das Wohlbefinden, wenn es sich um ein motivkongruentes Ziel handelt.

Die Theorie der Fantasierealisierung thematisiert die Frage, wie es Menschen gelingen kann, eine hohe Bindung an attraktive und realisierbare Ziele zu entwickeln.

(z. B. Italienisch-Vokabeln von Kapitel 1 bis 10 fehlerfrei beherrschen) annähert.

Damit Zielfortschritte erzielt werden können, muss sich die handelnde Person einerseits mit ihrem Ziel identifizieren und entschlossen sein, auch angesichts von möglicherweise auftretenden Schwierigkeiten Zeit und Mühe in ihr Ziel zu investieren (Zielbindung), andererseits müssen sich günstige Realisierungsbedingungen bieten (Realisierbarkeit). Das postulierte Zusammenwirken von Zielbindung, Realisierbarkeit und Zielfortschritten auf das subjektive Wohlbefinden konnte bei verschiedensten Stichproben empirisch belegt werden (zusammenfassend Brunstein u. Maier, 2002). Eine Erkenntnis dieser Studien ist, dass das Befinden am stärksten beeinträchtigt ist, wenn sich jemand trotz ungünstiger Realisierungsbedingungen stark an sein Ziel gebunden fühlt.

In methodischer Hinsicht verwendet man in dieser Forschungsrichtung einen sog. idiographisch-nomothetischen Ansatz, bei dem die Probanden aktuelle persönliche Ziele auflisten (idiographisch) und diese dann zu mehreren Messzeitpunkten (Längsschnittdesign) anhand standardisierter Skalen (nomothetisch; z. B. Zielbindung, Realisierbarkeit, Fortschritte) einschätzen. Das längsschnittliche Design erlaubt mittels spezifischer statistischer Verfahren eine kausale Interpretation der eigentlich korrelativen Daten zum Zusammenhang zwischen Zielmerkmalen und Wohlbefinden.

Weiterführende Studien zeigten, dass Fortschritte bei der Verfolgung eines für die Person verbindlichen Ziels nur dann einen positiven Effekt auf das Wohlbefinden haben, wenn das infrage stehende Ziel im Einklang mit den impliziten Motiven der Person ist (z. B. Brunstein et al., 1998; Schultheiss et al., 2008).

Umso wichtiger erscheint es im Alltag, einerseits realistische Ziele zu wählen, bei deren Verwirklichung man zugleich den persönlich wichtigen Bedürfnisse und Wertorientierungen gerecht wird, andererseits sich diesen Zielen mit Entschlossenheit und einer gewissen Hingabe zu verschreiben, um die für ihre Umsetzung nötige Anstrengung mobilisieren zu können. Auf den letztgenannten Aspekt (Bindung an realistische Ziele) gehen wir im Folgenden ein.

9.3.2 Die Theorie der Fantasierealisierung

Nicht alles, was uns attraktiv und auch realisierbar erscheint, nehmen wir uns vor. Vieles bleibt im Format eines unverbindlichen Wunsches (z. B. »Ich wünschte, mein Italienisch wäre besser!«). Wie die oben berichteten Arbeiten von Brunstein zeigen, ist jedoch eine starke Bindung an realistische Ziele eine wichtige Voraussetzung für erfolgreiches Zielstreben und damit für das Wohlbefinden. Die Theorie der Fantasierealisierung von Gabriele Oettingen (2012; Oettingen u. Reininger, 2016) spezifiziert eine mentale Strategie, die Menschen darin unterstützt, sich an attraktive und realisierbare Ziele zu binden.

Die Strategie wird als **mentales Kontrastieren** bezeichnet und besteht in einer systematischen Abfolge der Gedanken an die positiven Konsequenzen der Zielerreichung (z. B. sich fließend in Italienisch unterhalten zu können) im Wechsel mit Gedanken an die Hürden, die auf dem Weg zum Ziel noch überwunden werden müssen (z. B. angesichts hoher Arbeitsbelastung Zeit für einen Sprachkurs zu finden). Das gedankliche Hin- und Herpendeln zwischen den positiven Fantasien und den noch zu überwindenden Schwierigkeiten bewirkt zweierlei: Zum einen wird der Person deutlich, dass sie Anstrengung mobilisieren muss, um den aktuellen Zustand in den positiv bewerteten Zielzustand zu überführen, was die Motivation, sich für das Ziel einzusetzen, stärkt. Zum anderen werden Einschätzungen der Realisierbarkeit des Ziels aktiviert. Fallen diese positiv aus, wird sich die Person an das infrage kommende Ziel binden, fallen sie negativ aus, wird sie davon Abstand nehmen – mentales Kontrastieren hilft also, zwischen erreichbaren und unerreichbaren Zielen zu unterscheiden und die **Zielbindung** an der Realisierbarkeit eines Ziels auszurichten (Oettingen u. Reininger, 2016).

In einer Vielzahl an experimentellen Studien in den verschiedensten Lebensbereichen konnte belegt werden, dass mentales Kontrastieren im Vergleich zu reinem Schwelgen in positiven Fantasien oder Grübeln über die negative Realität zu angemessener Zielbindung, höherer Anstrengungsbereitschaft und Ausdauer führte (zusammenfassend Oettingen, 2012). Diese Befunde weisen Lebensberater mit ihrer Aufforderung »Think positive!« in ihre Schranken.

Bislang war die Rede von einem allgemeinen Prinzip erfolgreichen Zielstrebens – der Bindung an attraktive und v. a. realisierbare Ziele. Was heißt aber realisierbar? Soll man immer den einfachsten Weg gehen, oder können Herausforderungen eine Person auch beflügeln?

Auf diese Frage gibt die Zielsetzungstheorie der beiden Organisationspsychologen Edwin Locke und Gary Latham (1990, 2013) eine klare Antwort. Diese Theorie ist mit weit über 400 empirischen Untersuchungen eine der am besten überprüften motivationspsychologischen Theorien, die außerdem in der Praxis in vielfältige Maßnahmen zur Förderung von Leistung und Arbeitszufriedenheit umgesetzt wurde.

9.3.3 Zielsetzungstheorie und Intensitätstheorie der Motivation

Vielfach hört man Vorgesetzte, Trainer oder Lehrer sagen: »Gib Dein Bestes!«. Nur, worin besteht »das Beste«? Bei einer solch vagen Zielvorgabe bleibt unklar, was konkret erreicht werden soll, welche Strategien dazu erforderlich sind und wie viel Anstrengung über welche Zeit dafür aufgewendet werden muss.

Zielsetzungstheorie

Wie die Forschung zur **Zielsetzungstheorie** von Locke und Latham (1990, 2013) zeigt, bleiben Personen mit »Do your best«-Zielen weit unter ihrem Leistungspotenzial. Als leistungsförderlich erweisen sich im Gegensatz dazu spezifische, herausfordernde Ziele. Statt »So viele Kreditpunkte wie möglich in diesem Semester sammeln!« wäre ein geeigneteres Ziel: »In den acht Seminaren, die mich auf meinen Masterschwerpunkt vorbereiten, 24 Kreditpunkte erwerben!«

Die Methode des mentalen Kontrastierens, bei der der erwünschte Zielzustand gedanklich den zu überwindenden Hürden auf dem Weg zum Ziel gegenübergestellt wird, fördert die Bindung an attraktive und realisierbare Ziele.

Eine zentrale Frage ist, ob man sich lieber einfach zu realisierende oder herausfordernde Ziele setzen soll. Eine Antwort darauf gibt die sehr gut empirisch fundierte Zielsetzungstheorie von Locke und Latham (1990, 2013).

Spezifische, schwierige Ziele führen zu markanten Leistungssteigerungen, da sie der Person Aufschluss über die erforderlichen Handlungsstrategien geben, die Aufmerksamkeit entsprechend lenken sowie Anstrengung und Ausdauer zu regulieren helfen.

Studie

Latham und Baldes (1975)

Sehr anschaulich lässt sich der leistungsförderliche Effekt konkreter und schwieriger Ziele anhand einer Studie mit Holztransporteuren von Latham und Baldes (1975) illustrieren. Die Fahrer hatten unter der in der Firma üblichen Leistungsvorgabe, »sein Bestes zu geben«, ihre Lastwagen im Durchschnitt mit nur 60 % des zulässigen Ladegewichts beladen. Eine Beladung zu 94 % galt jedoch als möglich, wenn auch schwierig, weil man dazu die Holzstämme geschickt zu stapeln hatte.

Nur vier Wochen nachdem die Transporteure diese herausfordernde Zielvorgabe von ihrem Arbeitgeber erhalten hatten, steigerten sie ihre Leistung anhaltend – wie in ◻ Abb. 9.3 illustriert – auf etwa 90 % der erlaubten Zuladung. Der leistungsförderliche Effekt wird gemäß Zielsetzungstheorie über die Wahl geeigneter Handlungsstrategien, die Fokussierung der Aufmerksamkeit auf die aufgabenrelevanten Aspekte, einen dosierten Einsatz der Anstrengung sowie höhere Ausdauer vermittelt.

◻ **Abb. 9.3** Zuladung in Prozent des zulässigen Ladegewichts in Abhängigkeit von der Zielvorgabe des Arbeitgebers (nach Latham u. Baldes, 1975, Copyright © 1975 by the American Psychological Association. Reproduced with permission. The use of APA information does not imply endorsement by APA.)

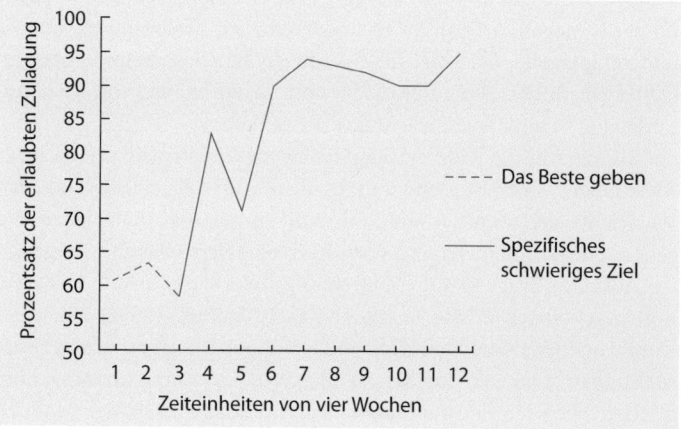

Die Wirkung von spezifischen, schwierigen Zielen hängt von folgenden Moderatorvariablen ab: Fähigkeiten/Fertigkeiten der Person, Selbstwirksamkeit, Zielbindung und Rückmeldung über Zielfortschritt.

Tritt dieser Effekt der schwierigen und spezifischen Zielformulierung unter allen Umständen und bei allen Typen von Aufgabenstellungen auf? Folgestudien spezifizieren den Effekt durch die Benennung von sog. Moderatorvariablen wie folgt: Die Wirkung spezifischer, herausfordernder Ziele zeigt sich plausibler Weise nur dann, wenn die handelnde Person über die für die Aufgabenerledigung nötigen Fertigkeiten und Mittel verfügt. Wichtig ist darüber hinaus, dass die Person das Ziel als für sich verbindlich erachtet, die Aufgabenstellung als sinnvoll erlebt und sich die Aufgabe zutraut (**Selbstwirksamkeit**, »self-efficacy«; Bandura, 1997). Die wichtigste Voraussetzung ist jedoch, dass Rückmeldung über den Zielfortschritt gegeben ist. Schließlich sind anspruchsvolle, spezifische Ziele bei einfachen Aufgaben (z. B. Routinetätigkeiten) wirkungsvoller als bei komplexen Aufgabenstellungen, da bei letzteren als weitere wesentliche Einflussgröße die Problemlösefähigkeit der handelnden Person ins Spiel kommt. Belanglos scheint zu sein, ob Ziele von einer anderen Person vorgegeben oder selbst gewählt wurden.

Intensitätstheorie der Motivation

Dass die wahrgenommene Zielschwierigkeit per se ein motivierendes Moment darstellt, belegen Befunde aus einer ganz anderen Forschungs-

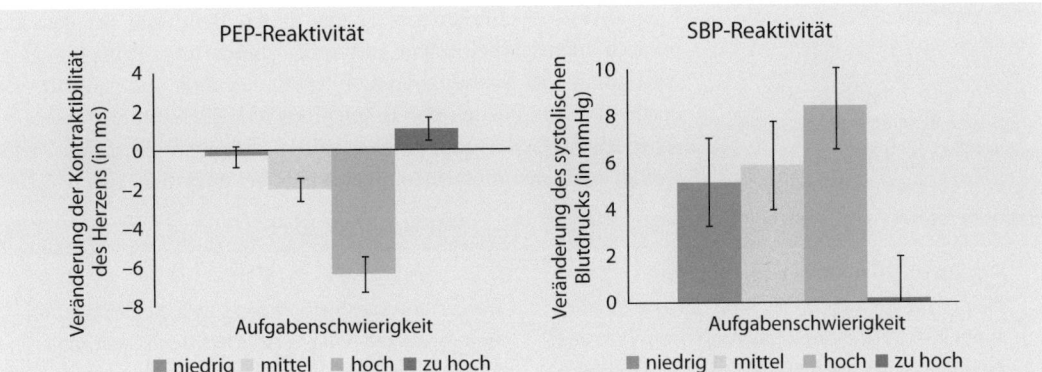

Abb. 9.4 Psychophysiologische Indikatoren der Anstrengung in Abhängigkeit von der Aufgabenschwierigkeit (nach Richter et al., 2008, S. 873, mit freundlicher Genehmigung von John Wiley and Sons). (Anmerkung: Die negativen Werte in der linken Abbildung kommen dadurch zustande, dass die während einer Ruhephase gemessenen PEP-Werte von den während der Aufgabenphase gemessenen Werte subtrahiert wurden.)

richtung eindrucksvoll. Die **Intensitätstheorie der Motivation** (»motivation intensity theory«; zusammenfassend Gendolla et al., 2012) befasst sich mit den kardio-vaskulären Prozessen der **Anstrengungsmobilisierung** und postuliert, dass diese direkt proportional zur subjektiven Aufgabenschwierigkeit sind, solange die Aufgabenlösung grundsätzlich möglich und aufgrund ihrer Attraktivität auch gerechtfertigt erscheint.

Diese Annahme konnte bereits vielfach bestätigt werden. Anhand einer neueren Studie von Richter et al. (2008) soll das Zusammenhangsmuster anschaulich gemacht werden.

> Die Intensitätstheorie der Motivation befasst sich mit den psychophysiologischen Prozessen der Anstrengungsregulation.

Studie

Richter et al. (2008)

Die Probanden bearbeiteten eine kognitive Aufgabe in unterschiedlichen Schwierigkeitsstufen. Sie sollten entscheiden, ob ein bestimmter Buchstabe in einer zuvor dargebotenen Folge von Buchstaben (z. B. FKDR) vorgekommen war. Die Aufgabenschwierigkeit wurde durch die Darbietungszeit der Buchstabenfolge mit 1000 Millisekunden (ms) (geringe Schwierigkeit), 550 ms (mittlere Schwierigkeit), 100 ms (hohe Schwierigkeit) oder 15 ms (zu hohe Schwierigkeit, Aufgabe unlösbar) variiert. Als typische physiologische Indikatoren der Anstrengungsmobilisierung wurden die Stärke der Kontraktibilität des Herzens (definiert als Dauer der sog. »pre-ejection period«, PEP-

Reaktivität; Zeitintervall zwischen dem Beginn der elektrischen Erregung des linken Ventrikels und dem Auswurf des Bluts in die Aorta) sowie der systolische Blutdruck gemessen (SBP-Reaktivität) und zwar während einer anfänglichen Ruhephase und der sich anschließenden Aufgabenbearbeitung. Anhand der Veränderung zwischen diesen beiden Phasen ließ sich das Ausmaß der mobilisierten Anstrengung ablesen. Wie in ◼ Abb. 9.4 für beide Messwerte dargestellt, stieg hypothesengemäß die Anstrengungsmobilisierung von der leichten über die mittelschwierige bis zur sehr schwierigen Aufgabe an, um bei der extrem schwierigen und damit unlösbaren Aufgabe völlig abzufallen.

Der Mensch folgt einem Aufwands-minimierungs-Prinzip: Es wird nur so viel Anstrengung mobilisiert, wie für das anstehende Ziel oder eine konkrete Aufgabe nötig und gerechtfertigt erscheint.

Eine wichtige Schlussfolgerung aus diesen Befunden ist, dass der Mensch offensichtlich einem Aufwandsminimierungs-Prinzip folgt. Es wird nur so viel Anstrengung mobilisiert, wie nötig und gerechtfertigt erscheint, womit auch die Empfehlung der Zielsetzungstheorie zu schwierigen Zielen unterstrichen wird – bei anspruchslosen Zielen strengt man sich einfach weniger an als bei anspruchsvollen Zielen.

Für die Praxis

Umsetzung der Zielsetzungstheorie

Bei der praktischen Umsetzung der Zielsetzungstheorie stellt sich eine drängende Frage: Wo liegt bei einer gegebenen Aufgabe für den Einzelnen das optimal hohe Schwierigkeitsniveau? Dieses zu bestimmen erfordert viel Erfahrung im Hinblick auf die Aufgabenanforderungen, die zur Verfügung stehenden Ressourcen sowie die Fähigkeiten und Fertigkeiten der Person. Nicht umsonst zählen Seminare zu Zielvereinbarungsgesprächen zum Standardrepertoire der Führungskräfteweiterbildung (von Rosenstiel et al., 2009).

Neben allgemeinen Zielmerkmalen wie Zielbindung, Realisierbarkeit oder Spezifität spielen inhaltliche Zielmerkmale, wie z. B. ob es sich um Annäherungs- vs. Vermeidungsziele oder Lern- vs. Performanzziele handelt, eine Rolle für Erleben und Verhalten.

Wenden wir uns nun einer weiteren Facette der Zielforschung zu. Neben den bisher diskutierten allgemeinen Merkmalen von Zielen (Verbindlichkeit, Realisierbarkeit, Spezifität) werden in einigen Forschungsansätzen **inhaltliche Zielmerkmale** thematisiert, also die Frage, wonach jemand konkret strebt. Ein prominentes inhaltliches Zielkonzept unterscheidet zwischen Annäherungs- und Vermeidungszielen (Elliot u. Friedman, 2007), dies wurde bereits in ▶ Kap. 7 vorgestellt. In einem anderen Forschungsprogramm geht es um zwei unterschiedliche Zielorientierungen in Leistungssituationen (Lern- vs. Performanzziele; Dweck, 1999).

9.3.4 Lern- vs. Performanzziele

Menschen unterscheiden sich darin, ob sie in Leistungssituationen v. a. Neues dazulernen (Lernziel) oder ob sie sich v. a. Rechenschaft über ihre Leistungsfähigkeit ablegen möchten (Performanzziel). Die beiden Zieltypen führen zu unterschiedlichen Reaktionen auf Misserfolg.

Carol Dwecks (1999) in der Motivationspsychologie einflussreicher Ansatz nahm seinen Ausgangspunkt mit der Beobachtung, dass bei Kindern zwei markant unterschiedliche Reaktionsmuster auf Misserfolg bei einer Leistungsaufgabe existieren. Während die einen »hilflos« werden, d. h. ihren Misserfolg auf mangelnde Fähigkeit attribuieren, negative Gefühle zeigen, in ihren Lösungsstrategien immer unsystematischer werden und schließlich resignieren, bleibt die andere Gruppe bewältigungsorientiert. Diese Kinder verlieren sich nicht in Selbstvorwürfen und Grübeln über den Misserfolg, sondern machen sich darüber Gedanken, welche alternative Strategie zum Erfolg führen könnte. Sie bleiben guter Stimmung und steigern im weiteren Verlauf der Aufgabenbearbeitung sogar ihre Leistung. Diese unterschiedliche Reaktion auf Misserfolg ist umso erstaunlicher, als sich die beiden Gruppen von Kindern nicht unterscheiden, solange die Aufgabenbearbeitung ohne Schwierigkeiten verläuft. Sobald jedoch ein Misserfolg auftritt (in den Experimenten durch das Einstreuen einer unlösbaren Aufgabe induziert), öffnet sich die Schere – ganz offensichtlich interpretieren die beiden Gruppen von Kindern Misserfolg in ganz unterschiedlicher Art und Weise. Elliot und Dweck (1988) vermuteten, dass die Interpretation des Misserfolgs davon abhängt, ob Kinder sog. **Lern-** oder **Performanzziele** verfolgen. Diese Hypothese konnte in zahlreichen Studien belegt werden (zusammenfassend Yaeger u. Dweck, 2012). Kinder, die ein **Lernziel** (»learning goal«) haben, möchten ihre Fähigkeiten und ihr Wissen erweitern; für sie ist Misserfolg eine nützliche Information (»Ich kann das noch nicht und muss herausfinden, wie ich es besser machen kann«). Kinder, die hingegen ein **Performanzziel** (»performance goal«) verfolgen, möchten sich lediglich ihrer Fähigkeiten vergewissern, um ein positives Selbstbild zu bewahren. Ihr Leitgedanke ist: »Reichen meine Fähigkeiten aus? Bin ich klug genug?« Ein Misserfolg gibt darauf eine klare Antwort: Nein! Was bleibt, ist Resignation und der misslungene Versuch, ein positives Urteil über sich selbst zu fällen oder zumindest ein negatives Urteil zu vermeiden.

Dweck und Kollegen sind noch einen Schritt weiter gegangen und haben versucht, dem Ursprung der beiden Zieltypen auf die Spur zu kommen (zusammenfassend Yaeger u. Dweck, 2012). Sie machten dabei eine Entdeckung mit weitreichenden Folgen: Welches Ziel eine Person verfolgt, wird bestimmt von einem umfassenderen Überzeugungssystem, das die Autoren als »Selbsttheorie« bezeichnen. Sie besteht in der Überzeugung, dass zentrale persönliche Attribute unveränderbar oder aber veränderbar seien. Die eine Überzeugung wird als **Entitätstheorie** (»entity theory, fixed mindset«), die andere als **Veränderbarkeitstheorie** (»incremental theory, growth mindset«) bezeichnet. Persönliche Eigenschaften (z. B. Intelligenz, Persönlichkeit) gelten den einen als schicksalshaft gegebene und unveränderbare Größe, den anderen als entwicklungsfähige Attribute. Die Dichotomie eines tatsächlich polar angeordneten Kontinuums ist eine gedankliche Vereinfachung und erleichtert die Verständigung über die theoretischen Annahmen. Die Brücke zu den Zieltypen lässt sich nun leicht schlagen: Wenn ich beispielsweise überzeugt bin, dass meine intellektuellen Fähigkeiten unveränderbar sind, kann mein einziges Ziel in Leistungssituationen nur darin bestehen, sie zu demonstrieren bzw. ihr Fehlen zu verbergen (Performanzziel). Glaube ich auf der anderen Seite jedoch an die Möglichkeit der Veränderung, werde ich darauf aus sein, dazuzulernen (Lernziel).

Dweck entdeckte, dass die beiden Zieltypen (Lern- bzw. Performanzziel) aus der Selbsttheorie der Person resultieren. Glaubt eine Person generell an die Veränderbarkeit persönlicher Attribute, wird sie eher Lernziele verfolgen, glaubt sie hingegen an deren Unveränderbarkeit, wird sie Performanzziele verfolgen.

Die Befunde von Dweck und Kollegen haben hohe Relevanz für praktische Fragen in den verschiedensten Kontexten, in denen es um die Förderung und Weiterbildung von Menschen geht (z. B. Personalentwicklung, Schule).

Für die Praxis

Selbsttheorien

Die praktische Relevanz der Forschung zu Selbsttheorien und den damit verbundenen Zielen konnte in zahlreichen Studien gezeigt werden (zusammenfassend Rattan, Savani, Chugh u. Dweck, 2015). So weisen Schüler, die der Veränderbarkeitstheorie anhängen, über ihre Schulzeit hinweg günstigere Leistungsverläufe auf (Blackwell et al., 2007) und nehmen signifikant häufiger Nachhilfeunterricht in Anspruch (Hong et al., 1999) als Schüler mit einer Entitätstheorie. Ebenso unterstützen Führungskräfte, die an die Veränderbarkeit der Persönlichkeit glauben, ihre Mitarbeitenden mehr in ihrem Weiterbildungsbestreben (Coaching) als Vorgesetzte mit einer Entitätstheorie (Heslin et al., 2006).

So unterschiedlich die bisher dargestellten Zieltheorien den Akzent setzen, so stimmen sie doch darin überein, dass sie sich wenig um die Hindernisse auf dem Weg zur Zielrealisierung kümmern – so, als wäre es selbstverständlich, dass ein Ziel, für das man sich entschieden hat, weil es attraktiv und auch realisierbar erscheint, auch in die Tat umgesetzt wird. Aus der Perspektive von Erwartungs-Wert-Theorien gibt es

Klassische motivationspsychologische Erwartungs-Wert-Theorien gehen davon aus, dass ein attraktives und realisierbares Ziel in die Tat umgesetzt wird. Die alltägliche Erfahrung zeigt jedoch, dass dies keineswegs immer der Fall ist, was in Theorien zu Volition und Handlungskontrolle thematisiert wird.

Mit der Hinwendung zu Fragen der Zielrealisierung vollzog sich in der Motivationspsychologie ein markanter theoretischer Wandel, der an die frühen willenspsychologischen Überlegungen anknüpfte.

Prozesse der Zielwahl und Prozesse der Zielrealisierung müssen konzeptuell unterschieden werden, da sie jeweils eigenen Gesetzen gehorchen.

da gar keinen Zweifel (▶ Kap. 3). Die alltägliche Erfahrung und verschiedene Theorien zu Volition und Handlungskontrolle sprechen da jedoch eine andere Sprache.

9.4   Theorien zur Zielrealisierung: Motivation vs. Volition und Handlungskontrolle

Tun Sie immer das, was Sie sich vorgenommen haben? Oder schieben auch Sie manchmal eine Erledigung, so wichtig und dringend sie auch sein mag, auf die lange Bank? Wurden Sie angesichts einer Versuchung (z. B. Einladung einer Freundin zu einem gemeinsamen Kinobesuch) schon einmal schwach und warfen alle guten Vorsätze (z. B. die Seminararbeit am selben Tag noch fertig zu schreiben) über Bord? Oder quälen Sie sich im Gegenteil mit einem Vorhaben, das seinen Reiz für Sie verloren hat oder Ihnen zunehmend unrealisierbar erscheint, von dem Sie sich aber nicht lösen können? Es sind dies typische Schwierigkeiten, die beim Zielstreben auftreten können und unterschiedliche Aspekte der **Selbstregulation** betreffen. Die zwei einflussreichsten Theorien (das Rubikon-Modell von Heckhausen u. Gollwitzer sowie die Handlungskontrolltheorie von Kuhl) hierzu wurden Mitte der 1980er-Jahre zeitgleich formuliert und markieren einen tiefgreifenden Wandel in der motivationspsychologischen Theoriebildung.

Die Autoren griffen ein theoretisches Problem auf, das viele Jahrzehnte unbeachtet geblieben war. Klassische, auf Erwartung-Wert-Konzepten aufbauende Theorien können nicht erklären, weshalb Menschen ein attraktives und durchaus realisierbares Vorhaben nicht in die Tat umsetzen. Sie nehmen vielmehr an: Wenn jemand eine Handlung nicht ausführt, zu der er prinzipiell in der Lage wäre, dann fehlt es ihm an Motivation. Julius Kuhl (1984) verwirft diese »Motivationsdoktrin« und warnt, dass zwischen Prozessen der Zielwahl und Prozessen der Zielrealisierung unterschieden werden müsse. Während **Prozesse der Zielwahl** durch Wünschbarkeit (Anreiz, Wert) und Realisierbarkeit (Erfolgserwartung) determiniert sind, unterliegen **Prozesse der Zielrealisierung** dem Einfluss volitionaler Einflussgrößen, auf die in den folgenden Abschnitten eingegangen wird.

Zur Einstimmung in die Thematik ein kurzes Zitat aus dem programmatischen Artikel von Heckhausen und Gollwitzer (1987), in dem die konzeptuelle Unterscheidung von Motivation (Zielwahl) und Volition (Zielrealisierung) anklingt:

» Motivation encompasses all processes related to deliberation on incentives and expectancies for purpose of choosing between alternative goals and the implied courses of action [...] Volition entails consideration of when and how to act for the purpose of implementing the intended course of action (Heckhausen u. Gollwitzer, 1987, p. 103).

9.4 · Theorien zur Zielrealisierung: Motivation vs. Volition und Handlungskontrolle

143   **9**

9.4.1 Das Rubikon-Modell der Handlungsphasen

Das Rubikon-Modell der Handlungsphasen von Heckhausen und Gollwitzer (1987; Gollwitzer, 2012) löst die Forderung nach einer theoretischen Abgrenzung motivationaler und volitionaler Prozesse ein, indem es deren Unterschiede in den kognitiven Merkmalen nachweist. Der Name der Theorie geht auf die Metapher zurück, nach der Cäsar mit dem Überschreiten des Rubikon seinen nicht mehr rückgängig zu machenden Entschluss zum Bürgerkrieg besiegelt hatte, dem ein zögerliches Abwägen der Vor- und Nachteile des Unterfangens vorausgegangen war. Das Überschreiten des Rubikon steht in der Theorie für die verbindliche Festlegung auf ein Ziel, mit der die vollständige Ausrichtung auf die Zielrealisierung einhergeht und man in den Worten Heinz Heckhausens »zum Partisan seiner eigenen Wünsche« wird.

Der Verlauf des Zielstrebens vom Entstehen vielfältiger Wünsche über die Bildung eines verbindlichen Ziels bis hin zu dessen Realisierung wird idealtypisch in vier aufeinanderfolgende Phasen untergliedert, in denen jeweils eine spezifische Aufgabe zu lösen ist (■ Abb. 9.5). Diese Phasen umfassen das Abwägen zwischen potenziell zu realisierenden Wünschen, das Planen der Verwirklichung eines verbindlich gewählten Wunsches, der damit zu einer Absicht (Zielintention) geworden ist, das Handeln im Sinne der Ausführung zielrealisierender Aktivitäten und schließlich die Bewertung des Erreichten. Abwägen und Bewerten werden dabei als **motivationale Phasen** betrachtet, weil hier Wert- und Erwartungserwägungen bzw. sich darauf auswirkende Kausalattributionen eine Rolle spielen; Planen und Handeln gelten als **volitionale Phasen**, da hier selbstregulative Prozesse im Vordergrund stehen. Als markante Übergänge auf dem Weg vom Wunsch zum Ziel werden die Bildung einer Zielintention, die Initiierung einer zielführenden Handlung sowie die Zielerreichung betrachtet.

Wenn nun Zielwahl und Zielrealisierung wie postuliert tatsächlich theoretisch voneinander abzugrenzende Phänomene sind, so müssen sie sich auch in ihren kognitiven Merkmalen unterscheiden. Die zentrale Annahme des Rubikon-Modells ist daher, dass jede Phase mit einer spezifischen **kognitiven Orientierung (Bewusstseinslage)** verbunden ist, die das Lösen der jeweils anstehenden Aufgabe (Abwägen, Planen, Handeln, Bewerten) ideal unterstützen soll. Die Forschung konzentrierte sich zunächst auf die beiden Phasen, die vor (abwägende) und nach (planende) der Intentionsbildung liegen (■ Tab. 9.1).

Das Rubikon-Modell der Handlungsphasen untergliedert den Handlungsstrom vom Entstehen eines Wunsches bis hin zur Zielerreichung in vier Phasen (Abwägen, Planen, Handeln, Bewerten), die von drei markanten Übergängen (Bildung einer Zielintention, Handlungsinitiierung, Zielerreichung) getrennt sind.

Die Handlungsphasen sind von einer spezifischen, für die jeweils anstehende Aufgabe funktionalen Bewusstseinslage begleitet. Analysiert wurden bislang die abwägende und planende Bewusstseinslage.

■ **Abb. 9.5** Das Rubikon-Modell der Handlungsphasen (nach Heckhausen u. Gollwitzer, 1987)

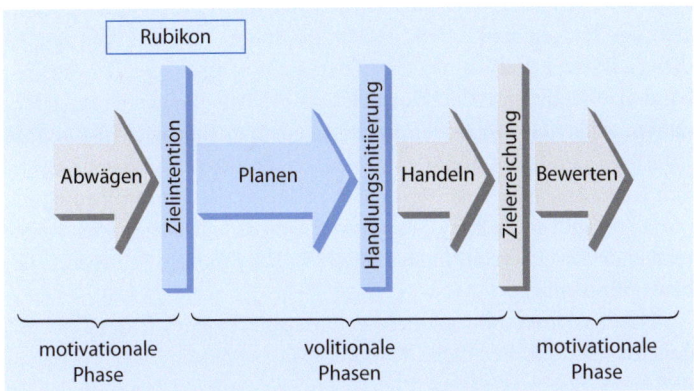

◻ Tab. 9.1 Kognitive Merkmale der abwägenden und planenden Bewusstseinslage

Kognitives Merkmal	Abwägende Bewusstseinslage	Planende Bewusstseinslage
Offenheit für Information	Es herrscht eine große Offenheit für verfügbare, potenziell entscheidungsrelevante Information	Es herrscht eine reduzierte Offenheit für verfügbare Information
Phasenkongruente Gedankeninhalte	Information, die sich auf Wünschbarkeit und Realisierbarkeit des Ziels bezieht, wird bevorzugt verarbeitet	Information, die sich auf die Durchführung zielführender Handlungen bezieht (wann, wo, wie handeln), wird bevorzugt verarbeitet
(Un-)Parteilichkeit der Informationsverarbeitung	Positive und negative Aspekte des Ziels werden ausgewogen verarbeitet und die Realisierungswahrscheinlichkeit wird akkurat eingeschätzt	Die positiven Aspekte des Ziels werden gegenüber den negativen bevorzugt verarbeitet und die Realisierungswahrscheinlichkeit wird illusionär optimistisch eingeschätzt

Die planende im Vergleich zur abwägenden Bewusstseinslage ist verbunden mit einer geringeren Offenheit für Information, einem engeren Aufmerksamkeitsfokus, höherem Optimismus und einseitig positiven Einschätzungen des infrage stehenden Ziels.

In zahlreichen Studien, die einem einheitlichen Schema folgen, konnten Unterschiede in den kognitiven Merkmale der abwägenden und planenden Bewusstseinslage belegt werden (zusammenfassend Achtziger u. Gollwitzer, 2018; Gollwitzer, 2012). Versuchsteilnehmer wurden in die abwägende (z. B. »Wägen Sie ein noch offenes persönliches Entschlussproblem ab!«) oder planende (z. B. »Legen Sie die nächsten Handlungsschritte zur Realisierung eines persönlichen Entschlusses fest!«) Bewusstseinslage versetzt und sollten in einem angeblich zweiten, unabhängigen Experiment Aufgaben lösen bzw. Einschätzungen abgeben, die Rückschlüsse auf verschiedene kognitive Prozesse erlaubten.

Fujita et al. (2007) konnten zeigen, dass abwägende Probanden während eines Konzentrationstests beiläufig eingeblendete irrelevante Information in einem überraschenden Gedächtnistest eher reproduzieren konnten als planende Probanden, was für deren stärkere Aufmerksamkeitsfokussierung und damit geringere Offenheit für Information spricht. Auch reproduzierten Probanden, die man in der abwägenden bzw. planenden Bewusstseinslage mit abwägenden und planenden Gedanken einer anderen Person konfrontierte (Gollwitzer et al., 1990), die jeweils phasenkongruenten Inhalte besser als phaseninkongruente Inhalte. Schließlich zeigte sich, dass Personen in einer abwägenden Bewusstseinslage gleichermaßen die Vor- und Nachteile eines Ziels bedenken und auch die Realisierbarkeit recht realistisch einschätzen, während Personen in einer planenden Bewusstseinslage nahezu ausschließlich die positiven Seiten ihres Ziels präsent haben und die Realisierungschancen stark überschätzen. Besonders eindrucksvoll zeigten dies Gollwitzer und Kinney (1989). In einer Aufgabe, bei der die Probanden objektiv keinerlei Kontrolle über das Aufleuchten eines Lichtes hatten, schätzten Probanden in der planenden Bewusstseinslage ihre Kontrolle signifikant höher ein (57 %) als Probanden in der abwägenden Bewusstseinslage (23 %) oder Probanden der Kontrollbedingung (46 %). Es gibt sogar Hinweise, dass die Bewusstseinslagen auch weiter reichende Urteile beeinflussen (Risikowahrnehmung, Selbstwert, Lebensoptimismus).

Das Faszinierende an den Bewusstseinslagen ist, dass sie mit dem Beginn der jeweiligen Handlungsphase automatisch entstehen und so in idealer Weise das Zielstreben unterstützen. Wenn es darum

9.4 · Theorien zur Zielrealisierung: Motivation vs. Volition und Handlungskontrolle

145

9

geht, eine Entscheidung zu treffen und ein Ziel zu setzen, sind wir realistisch; geht es um die Realisierung eines Ziels, sehen wir alles rosig und überschätzen unsere Möglichkeiten auch gerne einmal, was uns gegen Rückschläge und vorzeitiges Aufgeben immunisiert. So zeigen Befunde von Brandstätter und Frank (2002), dass die Bewusstseinslage des Planens die Ausdauer fördert, und dies über eine positivere Einschätzung der Wünschbarkeit und der Realisierbarkeit des Ziels vermittelt ist.

So weit, so gut. Nun scheint aber die planende Bewusstseinslage nicht grundsätzlich die Zielrealisierung sicherzustellen – wie würde man es sich sonst erklären, dass ein Entschluss nicht in die Tat umgesetzt wird? Offensichtlich stellen sich dem Handeln Schwierigkeiten in den Weg, die mit der planenden Bewusstseinslage allein nicht bewältigt werden können. Gollwitzer (1993; Gollwitzer u. Oettingen, 2016) hat sich im Rahmen einer theoretischen Weiterentwicklung des Rubikon-Modells mit dieser Frage beschäftigt und präsentiert eine Selbstregulationsstrategie, die Bildung sog. **Implementierungs-** oder **Durchführungsintentionen**, die sehr einfach, und wie die Forschung zeigt, auch sehr erfolgreich eingesetzt werden kann, um die Zielrealisierung zu unterstützen.

9.4.2 Zielintentionen und Implementierungsintentionen

Listen Sie zu Beginn dieses Abschnitts doch einmal Vorhaben auf, die Sie sich fest vorgenommen hatten, aber dann doch nicht umgesetzt haben. Was war der Grund dafür? War Ihnen die Handlung so unangenehm, dass Sie sich nicht dazu überwinden konnten? Waren Sie mit anderen Dingen beschäftigt und haben Ihre Absicht einfach »vergessen«? Oder hatten Sie zwar begonnen, für Ihr Ziel zu arbeiten, wurden dann aber abgelenkt? Dies sind ganz alltägliche Schwierigkeiten bei der Zielrealisierung.

Um sich dagegen zu wappnen, kann man nach Gollwitzer (1999) eine **Implementierungsintention** bilden, in der eine mentale Verknüpfung zwischen einer passenden Handlungsgelegenheit und der geplanten Handlung hergestellt wird im Format: »Wenn Gelegenheit x auftritt, dann führe ich Verhalten y aus!«. Während man sich in einer Zielintention (Absicht) auf einen angestrebten Zielzustand (z. B. »Ich will den Englisch-Sprachtest machen!«) festlegt, spezifiziert man in einer Implementierungsintention verbindlich die konkrete Handlungsausführung. Die Studentin, die den Englisch-Sprachtest absolvieren möchte, könnte im Dienste dieser Zielintention die folgende Implementierungsintention bilden: »Wenn ich heute nach Hause komme, melde ich mich über die Website des Sprachenzentrums für den Englisch-Vorbereitungskurs an!«.

Wirksamkeit von Implementierungsintentionen

In einer Metaanalyse von 94 Studien mit mehr als 8000 Versuchsteilnehmern konnten Gollwitzer und Sheeran (2006) die Wirksamkeit von Implementierungsintentionen überzeugend belegen. Personen, die eine Zielintention mit einer Implementierungsintention ausgestattet hatten,

Der Realisierung von Absichten stellen sich im Alltag vielfältige Schwierigkeiten entgegen.

Zielintentionen spezifizieren einen angestrebten Zielzustand, in Implementierungsintentionen legt man sich verbindlich fest, bei welcher konkreten Gelegenheit (wann und wo) man welche zielführende Handlung (wie) ausführen wird.

In nahezu 100 Studien konnte belegt werden, dass Implementierungsintentionen die Zielrealisierung fördern.

waren durchwegs erfolgreicher bei der Umsetzung als Personen, die keine Implementierungsintention gebildet hatten. Dieser mittlere bis starke Effekt (Cohen's $d = 0.65$) zeigte sich bei Zielen aus den unterschiedlichsten Bereichen (persönliche Lebensführung, Gesundheit, Sport, kognitive Aufgaben) und v. a. bei den unterschiedlichsten Arten von Zielrealisierungsschwierigkeiten.

Für die Praxis

Implementierungsintentionen

Befunde, nach denen Implementierungsintentionen die Häufigkeit steigerten, mit der Patienten eine unangenehme ärztliche Behandlungsempfehlung befolgten, weckte das Interesse von Gesundheitspsychologen. In deren Programmen zur Förderung von gesundheitsrelevantem Verhalten nehmen Implementierungsintentionen inzwischen einen festen Platz ein (Schwarzer. et al., 2008). Beispielhaft soll hier ein Interventionsprogramm erwähnt werden, das die Technik des mentalen Kontrastierens (Zielsetzung) mit der Selbstregulationsstrategie der Implementierungsintention (Zielrealisierung) verbindet und den Titel MCII (»mental contrasting with implementation intentions«) trägt (Oettingen u. Gollwitzer, 2010).

Vermittelnde Mechanismen des Implementierungseffekts

Die Wirkung von Implementierungsintentionen setzt einerseits an der spezifizierten Gelegenheit, andererseits am spezifizierten Verhalten an.

Der förderliche Effekt von Implementierungsintentionen basiert auf zwei Prozessen, die an der spezifizierten Gelegenheit (»Wenn ich von der Vorlesung nach Hause komme …«) einerseits bzw. am spezifizierten Verhalten (»… dann melde ich mich zum Englisch-Kurs an«) andererseits ansetzen (Abb. 9.6).

Implementierungsintentionen begünstigen die Wahrnehmung der spezifizierten Gelegenheit.

Die intendierte Gelegenheit wird im Gedächtnis in einen erhöhten Aktivierungszustand versetzt, wodurch sie leichter erkannt wird und bei ihrem Auftreten die Aufmerksamkeit der handelnden Person auf sich zieht.

Implementierungsintentionen führen zu einer Automatisierung der intendierten Handlung.

Der zweite vermittelnde Mechanismus des Implementierungsintentions-Effekts betrifft die **Initiierung** des **geplanten Verhaltens**. Wie zahlreiche Experimente zeigen (zusammenfassend Gollwitzer u. Oettingen, 2016) führt die mentale Verknüpfung zwischen einer Handlungsgelegenheit und der intendierten Handlung zu einer »**Automatisierung**« dieser Handlung. Das heißt, die Handlung wird beim Auftreten der Gelegenheit ohne erneutes Abwägen prompt initiiert und dies selbst dann, wenn nur beschränkt kognitive Kapazität zur Verfügung steht (z. B. weil man mit ganz anderen Dingen beschäftigt ist) oder die Gelegenheit sogar

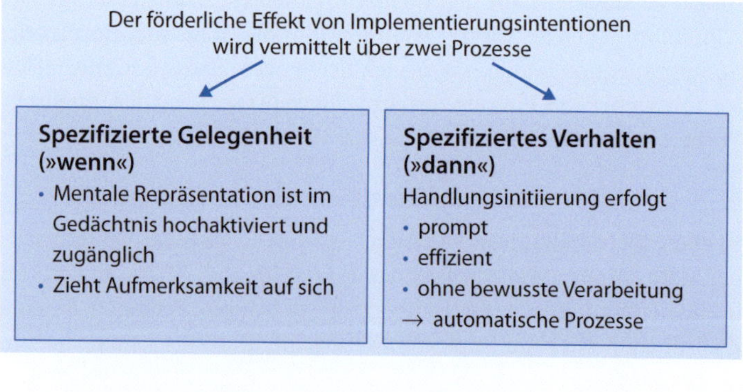

 Abb. 9.6 Vermittelnde Mechanismen der Wirkung von Implementierungsintentionen

Der förderliche Effekt von Implementierungsintentionen wird vermittelt über zwei Prozesse

Spezifizierte Gelegenheit (»wenn«)
- Mentale Repräsentation ist im Gedächtnis hochaktiviert und zugänglich
- Zieht Aufmerksamkeit auf sich

Spezifiziertes Verhalten (»dann«)
Handlungsinitiierung erfolgt
- prompt
- effizient
- ohne bewusste Verarbeitung
→ automatische Prozesse

9.4 · Theorien zur Zielrealisierung: Motivation vs. Volition und Handlungskontrolle

147

9

unterhalb der Bewusstseinsschwelle (z. B. nur für den Bruchteil einer Sekunde) erscheint (Bayer et al., 2009; Brandstätter et al., 2001).

Insgesamt verbinden sich in Implementierungsintentionen bewusst kontrollierte und automatisch ablaufende Prozesse der Handlungssteuerung. Durch einen bewussten Willensakt (Formulieren der Implementierungsintention) »delegiert« die Person gewissermaßen die Kontrolle über ihr Handeln an die Umwelt – sobald die spezifizierte Gelegenheit auftritt, wird das Verhalten automatisch, d. h. ohne weitere bewusste Kontrolle, ausgelöst. Damit wird Handeln so leichtgängig wie es bei gut eingespielten Routinen oder Gewohnheiten (»habits«) der Fall ist (z. B. morgens nach dem Aufstehen Tee kochen). Während sich Gewohnheiten jedoch erst durch eine häufige Kopplung zwischen Situation und Handlung herausbilden, genügt bei Implementierungsintentionen ein einmaliger mentaler Akt, man könnte also von »one trial habits« sprechen.

Evidenz für diese Annahme liefern neurophysiologische Daten (z. B. Gilbert et al., 2009). Verhalten, das von Zielintentionen gesteuert wird, wird von Aktivität in einem Hirnareal begleitet, das mit konzeptgebundener, zielbezogener (»top-down«) Regulation assoziiert ist; Verhalten, das von Implementierungsintentionen reguliert wird, zeigt Aktivität in einem Gehirnareal, das mit stimulusabhängiger (»bottom-up«) Handlungskontrolle in Verbindung steht.

> Die Funktionsweise von Implementierungsintentionen ist ein Beispiel für das Zusammenwirken bewusst kontrollierter und automatisch ablaufender Prozesse.

Exkurs

Unbewusstes Zielstreben

Dass Verhalten aufgrund einer bewusst gebildeten Implementierungsintention automatisch ausgelöst werden kann, haben wir eben berichtet. Dass eine gut eingespielte Routine (z. B. Fahrrad fahren) ohne weitere bewusste Kontrolle automatisch abläuft, wenn wir uns einmal dazu entschieden haben (z. B. das Fahrrad statt den Bus zu nehmen), ist uns vertraut. Dass aber Ziele aktiviert werden können, ohne dass die handelnde Person sich dessen bewusst ist, ist eine Entdeckung, die John Bargh (1990) zur Formulierung seiner Automotiv-Theorie veranlasste. Eine Vielzahl darauf aufbauender Studien legt nahe, dass Ziele (z. B. sich rücksichtsvoll verhalten) durch Hinweisreize aus der Umwelt (z. B. Lesesaal einer Bibliothek) aktiviert werden können und entsprechendes Verhalten bewirken (z. B. mit gedämpfter Stimme sprechen). Unbewusst aktivierte Ziele steuern das Verhalten durch dieselben Prozesse (z. B. Aufmerksamkeitslenkung) und mit denselben Verhaltenseffekten (z. B. Anstrengung, Ausdauer, emotionales Erleben nach Erfolg oder Misserfolg) wie bewusst gesetzte Ziele (Bargh et al., 2010; Custers u. Aarts, 2010).

Die beiden bislang angesprochenen theoretischen Modelle zur Volition (Rubikon-Modell der Handlungsphasen und der Ansatz zu Implementierungsintentionen) weisen zwei Besonderheiten auf: Sie thematisieren erstens ausschließlich kognitive Prozesse (Bewusstseinslagen, Wahrnehmung von Handlungsgelegenheiten, automatische Reaktionsaktivierung); emotionale Prozesse hingegen scheinen aus ihrem Blickwinkel keine Rolle für die Selbstregulation des Zielstrebens zu spielen. Zweitens sind es allgemeinpsychologisch formulierte Theorien, d. h. es werden keine interindividuellen Differenzen (Unterschiede zwischen Menschen) angenommen. Dass sich Menschen gerade im Hinblick auf ihre Selbstregulation unterscheiden und diese Unterschiede auf die Fähigkeit zur Emotionsregulation zurückgehen, steht im Mittelpunkt des ebenfalls sehr einflussreichen Ansatzes von Julius Kuhl, der **Handlungs-**

> Während sich das Rubikon-Modell der Handlungsphasen und die Forschung zu Implementierungsintentionen ausschließlich mit kognitiven Prozessen befasst, stehen affektive Prozesse im Mittelpunkt der Handlungskontrolltheorie und ihrer Erweiterung, der Theorie der Persönlichkeits-System-Interaktionen.

kontrolltheorie und ihrer Weiterentwicklung, der **Persönlichkeits-System-Interaktionen (PSI)-Theorie**. Damit eröffnet sich eine gänzlich neue Perspektive auf volitionale Prozesse.

9.4.3 Handlungskontrolltheorie und Theorie der Persönlichkeits-System-Interaktionen (PSI): Selbstregulation versus Selbstkontrolle

Ausgangspunkt der Handlungskontrolltheorie ist die Frage, wie man eine Absicht auch angesichts konkurrierender Handlungstendenzen erfolgreich umsetzen kann.

Wie kann die Umsetzung einer Absicht gelingen, wenn es zu dem ins Auge gefassten Ziel attraktivere Alternativen gibt, also widerstreitende Handlungstendenzen existieren (z. B. die unklare und schwierige Projektaufgabe anpacken statt eine Routineaufgabe zu erledigen; für eine Prüfung lernen statt mit Freunden ins Kino zu gehen; auf eine größere Anschaffung sparen statt sein Geld für eine unnütze kleine Annehmlichkeit jetzt auszugeben). Das Eine mag man zwar für vernünftig halten, das Andere ist – im Moment zumindest – aber angenehmer oder weniger anstrengend (Kotabe u. Hofmann, 2015). Um derartige Handlungskonflikte zu lösen, braucht es nach Kuhl (1983) sog. **Handlungskontrollstrategien** (◻ Tab. 9.2).

Bevor wir uns diese genauer ansehen, präsentieren wir kurz eine klassische Versuchsanordnung zu Handlungskonflikten, wie sie in Versuchssituationen entstehen können. Diese zählt sicherlich zu den 100 berühmtesten Experimenten der Psychologie.

Exkurs

Die klassischen Arbeiten von Walter Mischel zum Belohnungsaufschub: der Marshmallow-Test

Die in Versuchssituationen auftretenden Handlungskonflikte untersuchte Walter Mischel (1974) aus einer entwicklungs- und differentialpsychologischen Perspektive in seinen berühmt gewordenen Studien zum Belohnungsaufschub (»delay of gratification«). Vorschulkinder wurden vor die Wahl gestellt, eine kleinere Belohnung (ein Marshmallow; Süßigkeit aus Eischnee) gleich zu erhalten oder aber eine größere Belohnung (zwei Marshmallows) etwas später. Der Versuchsleiter verließ den Versuchsraum und stellte die Kinder vor die Entscheidung, ob sie ihn per Klingel zurückholen wollten, um dann sofort die kleinere Belohnung zu erhalten, oder aber warten wollten, bis er von sich aus zurückkehren und ihnen dann die größere Belohnung geben würde – eine Situation, die gerade den kleineren Kindern einiges an Willenskraft abverlangte, was sich an einem Video der Universität Stanford (► www.youtube.com/watch?v=Y7kjsb7iyms; aufgerufen am 08.07.2016) sehr schön sehen lässt! Die Kinder rutschten un-

ruhig auf ihrem Sitz hin und her, hielten sich die Augen zu, blinzelten und sahen doch verstohlen zum Objekt der Begierde, rochen daran, um sich wieder abrupt von der Versuchung abzuwenden. Gemessen wurde die Wartezeit, bis die Kinder sich beim Versuchsleiter meldeten. Die Fähigkeit, der Verlockung zu widerstehen (»resistance to temptation«), nahm mit dem Alter zu und korrelierte mit Indikatoren erfolgreicher Lebensbewältigung im Teenageralter (Stressbewältigung, soziale Kompetenz, schulische Leistungen; Mischel et al., 1989). Vermittelt wird die Fähigkeit zum Belohnungsaufschub durch kognitive Prozesse, wie beispielsweise die Aufmerksamkeit vom Versuchungsobjekt abzulenken (z. B. es zudecken; mit etwas anderem spielen; an angenehme Dinge denken) oder das Objekt gedanklich zu verändern (sich vorstellen, es wäre nur ein Bild und gar kein echtes, wohlriechendes Marshmallow; Metcalfe u. Mischel, 1999; Mischel u. Ayduk, 2011).

149   9

9.4 · Theorien zur Zielrealisierung: Motivation vs. Volition und Handlungskontrolle

◘ Tab. 9.2 Handlungskontrollstrategien (adaptiert nach Kuhl, 1983)

Strategie	Beschreibung	Beispiel
Aufmerksamkeits-kontrolle	Aufmerksamkeit auf solche Information fokussieren, die für Zielrealisierung förderlich ist	In einem Konfliktgespräch in der Mimik des Gesprächspartners auf versöhnliche Signale achten
Enkodierungskontrolle	Solche Merkmale von Reizen abspeichern, die sich auf eine aktuelle Absicht beziehen	Bei einem Text nur die Inhalte abspeichern, die für das Referat relevant sind
Motivationskontrolle	Sich die positiven Anreize des Ziels vor Augen halten	An die schönen Seiten der Zielerreichung denken
Emotionskontrolle	Sich in einen emotionalen Zustand versetzen, der der Zielrealisierung zuträglich ist	Sich nach einem Misserfolg durch eine angenehme Aktivität emotional wieder aufrappeln
Umweltkontrolle	Aus seiner Umgebung ablenkende Reize entfernen	Das Handy ausschalten, um beim Lernen nicht gestört zu werden

Die verschiedenen Handlungskontrollstrategien können aktiv, also bewusst eingesetzt werden, oder aber passiv, quasi automatisch wirksam werden. Wie gut dies jeweils gelingt, hängt vom aktuellen Kontrollzustand der Person ab. Kuhl (1994) unterscheidet den Kontrollzustand der Handlungsorientierung und den der Lageorientierung: Während man im Zustand der **Handlungsorientierung** mittels der Handlungskontrollstrategien flexibel auf die konkreten Handlungsanforderungen reagiert, verfängt man sich bei der **Lageorientierung** in negativen Gedanken, die sich fast ein wenig zwanghaft auf zurückliegende, gegenwärtige oder zukünftige Ereignisse richten (»Warum ist mir das nur passiert? Es ist alles so schwierig! Wie soll das alles nur werden?«), der Einsatz der Handlungskontrollstrategien gelingt hier nicht gut.

Der **Kontrollzustand** hängt zum einen von den Umständen (z. B. wird jeder nach einem schweren beruflichen Rückschlag in grüblerische Gedanken verfallen oder aber bei einem unerwarteten Ereignis über die Situation nachsinnen), zum anderen von der persönlichen Disposition ab, in den einen oder anderen Kontrollmodus zu geraten. Das Persönlichkeitsmerkmal der Handlungs- bzw. Lageorientierung, wird mit einem Fragebogen gemessen. Zwei Arten der Handlungs-/Lageorientierung werden dabei im Wesentlichen unterschieden: die prospektive und die misserfolgsbezogene. Mit der Unterscheidung in prospektive und misserfolgsbezogene Handlungs-/Lageorientierung (abgekürzt als HOP/LOP bzw. HOM/LOM) wird bereits auf zwei wesentliche Dimensionen erfolgreicher Selbstregulation verwiesen: Einerseits Absichten in die Tat umzusetzen, auch wenn sie schwierig oder unangenehm sind (Willensstärke), und andererseits auch bei Misserfolgen und Rückschlägen handlungsfähig zu bleiben und daran durch Integration der negativen Erfahrung in das Selbst »zu wachsen« (Selbstwachstum) (◘ Tab. 9.3).

Man unterscheidet Handlungs- und Lageorientierung. Die Handlungsorientierung ist im Vergleich zur Lageorientierung für die Bewältigung verschiedener Herausforderungen bei der Umsetzung von Absichten hilfreich.

Der aktuelle Kontrollzustand einer Person hängt von situativen Merkmalen, aber auch von der persönlichen Disposition ab, die mittels eines Fragebogens gemessen werden kann.

Theorie der Persönlichkeits-System-Interaktionen (PSI)

Kuhl (2001) hat seine Überlegungen zur Selbstregulation weiter differenziert und postuliert ein komplexes Zusammenspiel affektiver und kognitiver Funktionssysteme, die in ihrer jeweils spezifischen Konfiguration die Persönlichkeit eines Menschen ausmachen. Je nach Affektlage

Die Disposition zur Handlungs-/Lageorientierung wird als individuelle Affektregulationskompetenz verstanden.

◧ Tab. 9.3 Kognitive, affektive und verhaltensbezogene Merkmale der beiden Formen von Lage- (LO)/Handlungsorientierung (HO) und Beispielfragen aus dem Handlungskontrollfragebogen (adaptiert nach Kuhl, 1994)

	Lageorientierung	Handlungsorientierung	Beispielfragen
Prospektiv	– Gedanken kreisen um Absichten und noch ausstehende Erledigungen – Aufschieben der Absichtsrealisierung – Geringe Fähigkeit, positiven Affekt in sich zu erzeugen und Handlungslähmung zu überwinden	– Gedanken an Absichten treten in den Hintergrund, Planung konkreter Handlungen – Prompte Absichtsrealisierung – Ausgeprägte Fähigkeit, positiven Affekt in sich zu erzeugen und sich Schwung zu verleihen	Wenn ich ein schwieriges Problem lösen muss, dann … a) lege ich meist sofort los (HO) b) gehen mir zuerst andere Dinge durch den Kopf, bevor ich mich richtig an die Aufgabe heranmache (LO)
Misserfolgs-bezogen	– Grübeln über negative Erfahrungen und Misserfolge – Mangelnder Zugang zu eigenen Bedürfnissen und Erfahrungen – Geringe Fähigkeit, negativen Affekt herunterzuregulieren	– Auch nach negativen Erfahrungen sich neuen Aufgaben zuwenden – Bedürfniskongruente Ziele und Nutzen bisheriger Erfahrungen – Ausgeprägte Fähigkeit, negativen Affekt herunterzuregulieren und sich zu beruhigen	Wenn meine Arbeit als völlig unzureichend bezeichnet wird, dann … a) bin ich zuerst wie gelähmt (LO) b) lasse ich mich davon nicht lange beirren (HO)

soll die Selbstregulation (Willensstärke, Selbstwachstum) besser oder schlechter gelingen. Die Disposition der Handlungs-/Lageorientierung wird in diesem Zusammenhang als individuelle Affektregulationskompetenz verstanden, d. h. als Fähigkeit, situationsangemessen positiven Affekt zu mobilisieren bzw. negativen Affekt zu dämpfen.

Eine **erste Affektmodulationshypothese** besagt, dass positiver Affekt die Umsetzung von Absichten in Handlung bahnt, während umgekehrt das Fehlen von positivem Affekt (z. B. wenn man sich lustlos und antriebsschwach fühlt) paradoxerweise unerledigte Absicht gedanklich in den Vordergrund treten lässt, ihre Umsetzung aber hemmt.

> Erste Affektmodulationshypothese: Gedämpfter positiver Affekt aktiviert kognitive Repräsentationen von Absichten und hemmt die Umsetzung der Absicht in Handeln.

Dazu passen sehr gut Befunde, nach denen bei prospektiv Lageorientierten im Vergleich zu prospektiv Handlungsorientierten intentionsbezogene Konzepte stärker aktiviert sind (Goschke u. Kuhl, 1993), sie jedoch ihre Absichten gleichzeitig weniger häufig realisieren (im Extremfall denkt man die ganze Zeit über das nach, was man alles erledigen muss, ohne sich zum Handeln aufraffen zu können; Kuhl u. Goschke, 1994).

Die **zweite Affektmodulationshypothese** bezieht sich auf die Rolle von negativem Affekt. Hoher negativer Affekt und die Unfähigkeit, diesen herabzuregulieren, führen dazu, dass der Zugang zum Selbst, d. h. das Erspüren eigener Bedürfnisse, Werte und Erfahrungen erschwert ist; die Aufmerksamkeit richtet sich auf die störenden Details der aktuellen Situation, man verliert den Blick für das Ganze und sieht gar nicht mehr, was man in der Vergangenheit schon alles bewältigt hat und was man in Zukunft noch anpacken könnte.

> Zweite Affektmodulationshypothese: Hoher negativer Affekt erschwert den Zugang zu eigenen Bedürfnissen, Werten und Erfahrungen (Selbst-Repräsentation), die Aufmerksamkeit richtet sich auf negative Detailaspekte der aktuellen Situation.

Dazu passt wiederum gut, dass misserfolgsbezogen Lageorientierte bei wiederholtem Misserfolg »hilflos« werden, in Grübeleien verfallen und in ihrer Leistung einbrechen. Auch können sie nicht gut zwischen eigenen Zielen und den von anderen erteilten Aufträgen unterscheiden und neigen dazu, den eigenen Bedürfnissen zuwiderlaufende Tätigkeiten auszuführen. Ferner zeigt sich bei ihnen eine chronische Inkon-

9.4 · Theorien zur Zielrealisierung: Motivation vs. Volition und Handlungskontrolle

151   **9**

gruenz zwischen impliziten Motiven und expliziten Motiven bzw. Zielen (Baumann et al., 2005; Kuhl, 1981; Kuhl u. Kazén, 1994).

Wie mehrfach schon angesprochen, lassen sich bewusst kontrollierte und unbewusst-automatisch ablaufende Selbstregulationsprozesse differenzieren. Auch im Rahmen der PSI-Theorie findet sich diese Unterscheidung mit **zwei Formen des Willens**. Dazu Kuhl (2010):

> » Es wurde der Vorschlag gemacht, »den« Willen … in zwei verschiedene Modi zu unterteilen: (a) die »bewusste«, sprachnahe Selbstkontrolle, die sequentiell und analytisch arbeitet, und (b) die weitgehend unbewusste, nicht sprachpflichtige Selbstregulation, die die vielen zu berücksichtigenden und zu koordinierenden Informationen aus den internen Systemen (z. B. Gefühle, Überzeugungen, Werte, Bedürfnisse) und aus der (sozialen) Umwelt weitgehend simultan (parallel) verrechnet (Kuhl, 2018, S. 400).

Beide Formen des Willens (Selbstregulation und Selbstkontrolle) unterstützen erfolgreiches Zielstreben in all seinen Facetten (z. B. die motivkongruente Zielwahl, die situationsangemessene Umsetzung von Absichten, das Verarbeiten von Misserfolg).

Bitte beachten Sie, dass Kuhl den Begriff der **Selbstregulation** in einem spezifischeren Sinne verwendet als andere Autoren, die damit generell Aspekte der Zielrealisierung und Handlungsregulation meinen. Im Modus der Selbstregulation greifen die handlungsregulatorischen Prozesse harmonisch ineinander, die Bedürfnisse und Erfahrungen der Person kommen ebenso zur Geltung wie die Anforderungen der Umwelt; man könnte sagen, die Person folge einem inneren Kompass, der ihr den richtigen Weg scheinbar anstrengungsfrei anzeigt. Dies wird v. a. bei Handlungen der Fall sein, die intrinsisch motiviert sind. Die **Selbstkontrolle** braucht es jedoch, wenn man gegen innere (z. B. Lustlosigkeit) oder äußere (z. B. Ablenkung) Widerstände angehen muss. Sie betrifft das, was man im allgemeinen Sprachgebrauch mit dem **Willen** meint, wenn man die Zähne zusammenbeißen, etwas durchziehen muss. In diesem Willensmodus werden die Handlungskontrollstrategien bewusst eingesetzt; die Handlungsschritte werden wieder und wieder geplant, v. a. werden aber störende Handlungsimpulse und Gefühle unterdrückt. Das ist anstrengend und bleibt nicht folgenlos, wie die Forschung aus der Gruppe um Roy Baumeister zeigt.

Das Ressourcen-Modell der Selbstkontrolle (»self strength model«) und die Erschöpfung von Selbstkontroll-Ressourcen (»ego depletion«)

Im Mittelpunkt des von Baumeister et al. (1998) entwickelten Modells steht die Annahme, dass Menschen für das Ausüben von Selbstkontrolle (ganz im Sinne des Begriffs von Kuhl) nur ein begrenztes Reservoir an Selbstkontrollenergie zur Verfügung steht, das sich ähnlich einem Muskel (Muskel-Metapher der Selbstkontrolle) bei hoher Beanspruchung erschöpft; weitere Akte der Selbstkontrolle sind dann für eine gewisse Zeit nicht mehr so gut möglich. Dieses Phänomen der Erschöpfung von Willenskraft nennt Baumeister »ego depletion«.

Kuhl unterscheidet zwei Formen des Willens: Die weitgehend unbewusst und anstrengungsfrei ablaufende Selbstregulation im engeren Sinne und die bewusst gesteuerte und als anstrengend erlebte Selbstkontrolle.

Das »self strength model« von Baumeister et al. (1998) betrachtet die Selbstkontrolle unter dem Aspekt begrenzter Ressourcen, der in der Muskel-Metapher der Selbstkontrolle formuliert ist.

Im Originalton von Baumeister et al. (1998):

» The core idea behind ego depletion is that the self's acts of volition draw on some limited resource, akin to strength or energy and that, therefore, one act of volition will have a detrimental impact on subsequent volition. [...] we use the term *ego depletion* to refer to a temporary reduction in the self's capacity or willingness to engage in volitional action (including controlling the environment, controlling the self, making choices, and initiating action) caused by prior exercise of volition (Baumeister et al., 1998, p. 1252–1253).

Der »ego depletion«-Effekt nach einer Aufgabe, die Selbstkontrolle erfordert, wurde in nahezu 100 Studien empirisch belegt. Man bediente sich darin eines sog. Zwei-Aufgaben-Paradigmas (»sequential task paradigm«).

Der typische experimentelle Ablauf (Zwei-Aufgaben-Paradigma, **»sequential task paradigm«**) umfasst eine erste Aufgabe, die Selbstkontrolle erfordert (z. B. beim Betrachten eines aufwühlenden Films jeglichen Emotionsausdruck unterdrücken; Radieschen statt Schokoladenplätzchen essen). Danach bearbeiten die Probanden eine angeblich davon unabhängige zweite Aufgabe, bei der es ebenfalls Selbstkontrolle braucht (z. B. anspruchsvolle Rechenaufgaben lösen). Im Vergleich zu Probanden der Kontrollgruppe, die in der ersten Aufgabe keine Selbstkontrolle aufwenden mussten, sei es, dass sie ihren Emotionen freien Lauf lassen oder einfach die Plätzchen genießen konnten, fällt die Leistung der Experimentalgruppe in der zweiten Aufgabe signifikant schlechter aus – laut den Forschern ein Hinweis darauf, dass bei der ersteren die Selbstkontrollressource und damit die Stärke des Selbst (»self strength«) als Selbstkontrollinstanz abgenommen hat und es zu Selbsterschöpfung (»ego depletion«) gekommen war. Es wird dabei angenommen, dass jegliche Form von Selbstkontrolle (z. B. Unterdrücken von emotionalen Impulsen, konzentriertes Bearbeiten einer Rechenaufgabe, eine Entscheidung treffen) auf ein und dieselbe (begrenzte) Selbstkontrollressource zugreift. In einer Metaanalyse werteten Hagger et al. (2010) die Ergebnisse von 83 Studien zum »self strength«-Modell aus und berichteten einen mittleren bis starken »ego depletion«-Effekt (Cohen's $d = .62$; zur Kritik an der Metaanalyse siehe Carter u. McCullough, 2014).

Die Forschungsbemühungen im Rahmen des »self strength«-Modells richten sich vermehrt auf die Analyse vermittelnder Prozesse und die den Effekt moderierende Faktoren.

Auch wenn die Theorie von Baumeister und Kollegen innerhalb der aktuellen Selbstregulationsforschung sehr einflussreich ist und darüber hinaus in der populärwissenschaftlichen Literatur große Aufmerksamkeit gefunden hat, so mehren sich doch die kritischen Stimmen. Zweifel an der Ressourcen-These waren in erster Linie durch Befunde aufgekommen, die zeigten, dass der »ego depletion«-Effekt unter bestimmten Bedingungen gar nicht auftritt, z. B. wenn Probanden in positiver Stimmung sind (Tice et al., 2007) oder eine implizite Willenstheorie haben, nach der die Willenskraft eine unbegrenzte Ressource sei (Job et al., 2010). Von Kritikern wird zudem vorgebracht, dass der postulierte vermittelnde Mechanismus (Erschöpfung einer begrenzten Ressource) nie überzeugend empirisch nachgewiesen wurde – man hatte die »ego depletion« bislang vor allem an den Leistungseinbußen bei der jeweils zweiten Aufgabe abgelesen. Die wenigen Versuche, die Selbstkontrollressource »dingfest« zu machen (z. B. Gailliot u. Baumeister 2007), waren nicht erfolgreich. Tatsächlich ist also nicht bekannt, um welche Art Ressource es sich bei der von Baumeister postulierten Selbstkontrollstärke handelt. Ein noch schwerwiegenderer Einwand ist jedoch, dass die Leistungseinbußen möglicherweise gar nicht auf die Erschöpfung einer begrenzten Selbstkontrollressource zurückgehen, sondern auf

Veränderungen in der Motivation und die damit zusammenhängenden Aufmerksamkeitsprozessen (z. B. Inzlicht u. Schmeichel, 2012). Mit anderen Worten: Personen könnten durchaus auch bei einer zweiten Selbstkontrollaufgabe weiterhin Selbstkontrolle aufbringen, wenn sie nur wollten. Die verschiedenen dazu vorgestellten theoretischen Ansätze (z. B. Opportunitäts-Kosten-Modell der Anstrengung; Kurzban, Duckworth, Kable u. Myers, 2013) stimmen in zwei wesentlichen Punkten überein, nämlich dass Anstrengung als aversiv erlebt wird und die Leistungserbringung einer Nutzen-Kosten-Erwägung unterliegt. Demnach wären Personen durchaus auch bei einer zweiten anstrengenden Aufgabe in der Lage, Selbstkontrolle aufzubringen, wenn es sich subjektiv für sie lohnen würde.

9.5   Zielablösung

In den bislang dargestellten Zieltheorien steht mehr oder weniger explizit die Frage nach den Bedingungen und Prozessen erfolgreichen Zielstrebens im Mittelpunkt. Und als erfolgreich gilt Zielstreben aus deren Perspektive dann, wenn eine Person die »richtigen« Ziele wählt, ihre Umsetzung sorgsam plant und schließlich trotz Unterbrechungen, Ablenkungen oder gar Rückschlägen auf Zielkurs bleibt – kurz gesagt Hartnäckigkeit und Ausdauer beim Handeln an den Tag legt. Keine Frage: Ohne eine gewisse Hartnäckigkeit würden wir keines unserer Ziele erreichen, viel wichtiger: wir würden keinerlei Kompetenzen erwerben – als Kinder hätten wir nicht einmal laufen gelernt, hätten wir nach den ersten erfolglosen Versuchen, uns auf den Beinen zu halten, einfach aufgegeben (Heckhausen u. Heckhausen, 2018). Wie bereits in ▶ Kap. 1 beschrieben, kommt also der Persistenz beim Zielstreben (insbesondere angesichts von Schwierigkeiten) große Bedeutung zu. Kein Wunder, dass es sich um eine soziale Norm handelt, dranzubleiben und nicht aufzugeben, auch wenn es mühsam ist, was in Sprichwörtern und Erziehungsgrundsätzen zum Ausdruck kommt: »Was man angefangen hat, führt man zu Ende«, »Winners never quit, and quitters never win« (V. Lombardi).

Das ist aber nur die eine Seite der Medaille. Wenn die weitere Zielverfolgung mit zu großen Unannehmlichkeiten verbunden und ein erfolgreicher Abschluss mehr als fragwürdig geworden ist, kann hartnäckige Ausdauer auch negative Folgen mit sich bringen. Zahllose Beispiele aus dem Bereich der persönlichen Lebensführung, aber auch aus Wirtschaft und Politik zeigen dies: Ein Student, der ein einmal gewähltes Studienfach trotz anhaltender Misserfolge und obwohl es seinen Fähigkeiten und Neigungen nicht entspricht, weiterstudiert. Industrielle Projekte, die häufig auch dann noch fortgeführt werden, wenn die Kosten in keinem Verhältnis mehr zum erwarteten Ertrag stehen und man »gutes Geld schlechtem hinterherwirft« (Staw, 1997). Diese Formen von Ausdauer erweisen sich als unproduktiv oder gar als riskant; sie binden die Handlungsressourcen (z. B. Energie, Zeit, Geld), die dann nicht für andere Ziele oder Projekte zur Verfügung stehen, und sie machen Menschen unglücklich, sind sie doch mit ständigen Frustrationserlebnissen konfrontiert (Wrosch, Scheier, Carver u. Schulz. 2003).

Erfolgreiches Zielstreben erfordert also nicht nur Ausdauer, sondern auch die Fähigkeit, sich von Zielen zu lösen, wenn sich die Zielver-

Die motivationspsychologische Forschung hat Fragen der Zielablösung bislang vernachlässigt, obwohl die Ablösung von unerreichbaren Zielen ebenfalls eine Voraussetzung für erfolgreiches Zielstreben ist.

Eric Klinger (1977) betrachtete die Zielablösung als langwierigen, zum Teil emotional schwierigen Prozess und postuliert dabei vier Phasen.

folgung als zu beschwerlich oder unrealistisch erweist – eine Tatsache, die in der modernen Zielforschung erst allmählich Aufmerksamkeit gewinnt (Brandtstädter, 2007; Brandstätter u. Herrmann, 2017; Heckhausen et al., 2010; Wrosch, Scheier, Carver u. Schulz, 2003).

Es war Eric Klinger (1977), der als erster die Ablösung von Zielen systematisch in einem Phasenmodell (»incentive-disengagement cycle«) beschrieben hat. Es handelt sich dabei gemäß Klinger um einen langwierigen und schwierigen Prozess, der für das Individuum ein einschneidendes Ereignis, eine Art »psychisches Erdbeben« (Klinger, 1977, S. 137), darstellt. Die Abfolge der Phasen ist wie folgt:

Der Prozess der Zielablösung nach Klinger (1977)

1. Phase (»invigoration«). Nach Rückschlägen bei der Verfolgung eines Ziels kommt es zunächst zu einer Phase erhöhter Anstrengung und Engagements für das Ziel.
2. Phase (»aggression«). Hält die Zielblockade an, folgt eine Phase der Aggression als Reaktion auf die Frustration.
3. Phase (»depression«). Die Phase der Depression geht mit Beeinträchtigungen des emotionalen Wohlbefindens und dem Verlust von Interesse an Anreizen jedweder Art einher. Dadurch wird die Ablösung von zielbezogenen Anreizen erst möglich.
4. Phase (»recovery«). Der Zielbindungs-Zielablösungs-Zyklus schließt mit der Erholungsphase, in der sich die Person von der Niedergeschlagenheit erholt und sich neuen Zielen zuwenden mag.

Auch wenn Klinger zu seinen Annahmen keine eigenen empirischen Untersuchungen am Menschen vorgelegt hat, so wird doch Eines sehr deutlich: Die Zielablösung ist kein klar umgrenztes Ereignis, sondern ein Prozess, der mit tiefgreifenden emotionalen und kognitiven Veränderungen einhergeht (Brandstätter, Herrmann u. Schüler, 2013; Brandstätter u. Schüler, 2013).

In der Forschung zur Zielablösung finden sich im Wesentlichen zwei Perspektiven: Aus der ersten, einer differentialpsychologischen Perspektive, nähern sich Wrosch, Scheier, Miller et al., (2003; siehe auch Brandtstädter u. Rothermund, 2002) dem Thema. Sie postulieren, dass sich Menschen darin unterscheiden, wie leicht sie sich von einem unerreichbaren Ziel ablösen (»goal disengagement«) und alternativen Zielen zuwenden (»goal reengagement«), und dass dies einen entscheidenden Einfluss auf ihr Wohlergehen hat. So zeigen Studien, dass eine gut ausgeprägte Fähigkeit, sich von blockierten Zielen zu distanzieren, mit besserem psychischen und körperlichen Befinden assoziiert ist (z. B. Miller u. Wrosch, 2007; Wrosch, Scheier u. Miller, 2013).

Die Fähigkeit, sich von unerreichbaren Zielen abzulösen und sich neuen Zielen zuzuwenden, wird als Persönlichkeitsdisposition verstanden, die Einfluss auf das psychische und körperliche Befinden hat.

Eine zweite Forschungsperspektive analysiert die kognitiven, affektiven und verhaltensbezogenen Prozesse, die auftreten, wenn eine Person an einem konkreten persönlichen Ziel zu zweifeln beginnt und eine sog. Handlungskrise entsteht (Brandstätter u. Herrmann, 2017). Besonders markant an dieser Situation ist der emotional belastende innere Konflikt zwischen weiterer Zielverfolgung und Zielabbruch, der mit einem Wandel der kognitiven Orientierung und Beeinträchtigungen des Handelns verbunden ist. Die eigentlich mit der verbindlichen Festlegung auf ein Ziel einsetzende volitionale kognitive Orientierung mit ihrem Fokus auf die Umsetzung des Ziels wird hier verwässert, da es erneut zu abwägenden Gedanken bezüglich des Ziels kommt (Brandstätter u. Schüler, 2013), womit auch Leistungsbeeinträchtigungen verbunden sind. Studierende, die an ihrem Studienfach zweifelten und einen Studienabbruch als mögliche Handlungsoption betrachteten, erbrachten über die Zeit von mehreren Semestern hinweg markant schlechtere Studienleistungen als Studierende, die ihr Studium mit voller Überzeugung verfolgten (z. B. Herrmann u. Brandstätter, 2015).

Mit der Erkenntnis, dass das Festhalten an einem unerreichbaren oder zu aufwendigen Ziel Befinden und Handlungsregulation beeinträchtigt, hat die motivationspsychologische Forschung ihren Blick auf Phänomene des Zielstrebens erweitert. In Zukunft wird es darum gehen, Interventionsmaßnahmen zu entwickeln, die Menschen helfen können, sich aus einer »Handlungsfalle« (»entrapment«) oder – wie wir sagen – aus einer Handlungskrise zu befreien und sich neuen erfolgsversprechenden Zielen zuzuwenden.

? Kontrollfragen

1. Wie hatten Lewin et al. die Existenz eines »gespannten Systems« infolge einer Intention empirisch zu belegen versucht? Welches methodische Vorgehen wählte die moderne zielpsychologische Forschung zur Überprüfung der Annahme, dass Intentionen in einem spezifischen Aktivationszustand gehalten sind? Wie sieht die Befundlage dazu aus?

2. Worin besteht in funktionaler Hinsicht der Vorteil, dass zielbezogene Konzepte in einem erhöhten Aktivationszustand im Gedächtnis repräsentiert sind?

3. Hat die Verfolgung motivkongruenter Ziele nur positive Aspekte?

4. Oettingen hat in ihrer Forschung zur Fantasierealisierung zeigen können, dass das reine Schwelgen in positiven Fantasien (nach dem Motto: »Think positive! Du bist schön, Du bist erfolgreich, Du hast es geschafft!«) Zielbindung und Zielengagement dämpft. Spekulieren Sie, warum dies der Fall ist.

5. Welche Zielorientierung (Lern- vs. Performanzziele) halten Sie für Führungskräfte und Lehrpersonen für günstiger?

6. Vergleichen Sie die abwägende und planende Bewusstseinslage im Hinblick auf die Art und Weise, wie zielbezogene Information verarbeitet wird.

7. Was sind Implementierungsintentionen? Nennen Sie ein Alltagsbeispiel, bei dem Implementierungsintentionen helfen könnten.

8. Welche zwei Typen von Handlungs- bzw. Lageorientierung werden unterschieden und was sind ihre Merkmale?

9. Welche zwei Formen des Willens unterscheidet Kuhl?

10. Inwiefern kann die Ablösung von einem Ziel ein Zeichen von gelungener Handlungsregulation sein?

Aarts, H., & Elliot, A. J. (Eds.). (2012). *Goal-directed behavior*. New York, NY: Psychology Press.
Moskowitz, G. B., & Grant, H. (Eds.). (2009). *The psychology of goals*. New York, NY: Guilford Press.

▶ **Weiterführende Literatur**

Wir sind nun am Ende des Motivationsteils angelangt und übergeben gerne an die Kolleginnen von der Emotionspsychologie.

9

Literatur

Achtziger, A., & Gollwitzer, P. M. (2018). Motivation und Volition im Handlungsverlauf. In J. Heckhausen & H. Heckhausen (Hrsg.), *Motivation und Handeln* (5. Aufl., S. 355–388). Berlin: Springer.

Anderson, J. (1983). *The architecture of cognition.* Cambridge, MA: Harvard University Press.

Bandura, A. (1997). *Self-efficacy: The exercise of control.* New York, NY: Freeman.

Bargh, J. A. (1990). Auto-motives: Preconscious determinants of social interaction. In E. T. Higgins & R. M. Sorrentino (Eds.), *Handbook of motivation and cognition: Foundations of social behavior* (pp. 93-130). New York, NY: Guilford.

Bargh, J. A., Gollwitzer, P. M., & Oettingen, G. (2010). Motivation. In S. Fiske, D. Gilbert & G. Lindzey (Eds.), *Handbook of social psychology* (5th ed., pp. 268-316). New York, NY: Wiley.

Baumann, N., Kaschel, R., & Kuhl, J. (2005). Striving for unwanted goals: Stress-dependent discrepancies between explicit and implicit achievement motives reduce subjective well-being and increase psychosomatic symptoms. *Journal of Personality and Social Psychology, 89,* 789–799.

Baumeister, R. F., Bratslavsky, E., Muraven, M., & Tice, D. M. (1998). Ego depletion: Is the active self a limited resource? *Journal of Personality and Social Psychology, 74,* 1252–1265.

Bayer, U. C., Achtziger, A., Gollwitzer, P. M., & Moskowitz, G. (2009). Responding to subliminal cues: Do if-then plans facilitate action preparation and initiation without conscious intent? *Social Cognition, 27,* 183–201.

Blackwell, L. S., Trzesniewski, K., & Dweck, C. S. (2007). Implicit theories of intelligence predict achievement across an adolescent transition: A longitudinal study and an intervention. *Child Development, 78,* 246–263.

Brandtstädter, J. (2007). *Das flexible Selbst: Selbstentwicklung zwischen Zielbindung und Ablösung.* München: Elsevier.

Brandtstädter, J., & Rothermund, K. (2002). The life-course dynamics of goal pursuit and goal adjustment: A two-process framework. *Developmental Review, 22,* 117–150.

Brandstätter, V., & Frank, E. (2002). Effects of deliberative and implemental mindsets on persistence in goal-directed behavior. *Personality and Social Psychology Bulletin, 28,* 1366–1378.

Brandstätter, V., & Herrmann, M. (2017). Goal disengagement and action crises. In N. Baumann, T. Goschke, M. Kazén, S. Koole & M. Quirin (Eds.), *Why people do the things they do: Building on Julius Kuhl's contribution to motivation and volition psychology* (pp. 87–108). Göttingen: Hogrefe.

Brandstätter, V., Herrmann, M., & Schüler, J. (2013). The struggle of giving up personal goals: Affective, physiological, and cognitive consequences of an action crisis. *Personality and Social Psychology Bulletin, 39,* 1668–1682.

Brandstätter, V., Lengfelder, A., & Gollwitzer, P. M. (2001). Implementation intentions and efficient action initiation. *Journal of Personality and Social Psychology, 81,* 946–960.

Brandstätter, V., & Schüler, J. (2013). Action crisis and cost–benefit thinking: A cognitive analysis of a goal-disengagement phase. *Journal of Experimental Social Psychology, 49,* 543–553.

Brunstein, J. C. (1993). Personal goals and subjective well-being: A longitudinal study. *Journal of Personality and Social Psychology, 65,* 1061–1070.

Brunstein, J. C., & Maier, G. W. (2002). Das Streben nach persönlichen Zielen: Emotionales Wohlbefinden und proaktive Entwicklung über die Lebensspanne. In G. H. J. Thomae & G. Jüttemann (Hrsg.), *Persönlichkeit und Entwicklung* (S. 157–190). Weinheim: Beltz.

Brunstein, J. C., Schultheiss, O. C., & Grässmann, R. (1998). Personal goals and emotional well-being: The moderating role of motive dispositions. *Journal of Personality and Social Psychology, 75,* 494–508.

Carter, E. C., & McCullough, M. E. (2014). Publication bias and the limited strength model of self-control. Has the evidence for ego depletion been overestimated? *Frontiers in Psychology, 5,* 1–11.

Carver, C. S., & Scheier, M. F. (1998). *On the self-regulation of behavior.* Cambridge, MA: Cambridge University Press.

Custers, R., & Aarts, H. (2010). The unconscious will: How the pursuit of goals operates outside of conscious awareness. *Science, 329,* 47–50.

Dweck, C. S. (1999). *Self-theories: Their role in motivation, personality, and development.* New York, NY: Psychology Press.

Elliot, A. J., & Friedman, R. (2007). Approach-avoidance: A central characteristic of personal goals. In B. R. Little, K. Salmela-Aro & S. D. Phillips (Eds.), *Personal project pursuit: Goals, action, and human flourishing* (pp. 97–118). Mahwah, NJ: Lawrence Erlbaum.

Elliott, E. S., & Dweck, C. S. (1988). Goals: An approach to motivation and achievement. *Journal of Personality and Social Psychology, 54,* 5–12.

Förster, J., Liberman, N., & Higgins, E. T. (2005). Accessibility from active and fulfilled goals. *Journal of Experimental Social Psychology, 41,* 220–239.

Fujita, K., Gollwitzer, P. M., & Oettingen, G. (2007). Mind-sets and pre-conscious open-mindedness to incidental information. *Journal of Experimental Social Psychology, 43,* 48–61.

Gailliot, M. T., & Baumeister, R. F. (2007). The physiology of willpower: Linking blood glucose to self-control. *Personality and Social Psychology Review, 11,* 303–327.

Gendolla, G. H. E., Wright, R. A., & Richter, M. (2012). Effort intensity: Some insights from the cardiovascular system. In R. M. Ryan (Ed.), *The Oxford handbook of motivation* (pp. 420–438). New York, NY: Oxford University Press.

Gilbert, S., Gollwitzer, P. M., Cohen, A.-L., Oettingen, G., & Burgess, P. W. (2009). Separable brain systems supporting cued versus self-initiated realization of delayed intentions. *Journal of Experimental Psychology: Learning, Memory, and Cognition, 35,* 905–915.

Gollwitzer, P. M. (1993). Goal achievement: The role of intentions. *European Review of Social Psychology, 4,* 141–185.

Gollwitzer, P. M. (1999). Implementation intentions: Strong effects of simple plans. *American Psychologist, 54,* 493–503.

Gollwitzer, P. M. (2012). Mindset theory of action phases. In P. Van Lange, A. W. Kruglanski, & E. T. Higgins (Eds.), *Handbook of theories of social psychology* (vol. 1, pp. 526–545). London: Sage.

Gollwitzer, P. M., Heckhausen, H., & Steller, B. (1990). Deliberative vs. implemental mind-sets: Cognitive tuning toward congruous thoughts and information. *Journal of Personality and Social Psychology, 59,* 1119–1127.

Gollwitzer, P. M., & Kinney, R. F. (1989). Effects of deliberative and implemental mind-sets on the illusion of control. *Journal of Personality and Social Psychology, 56,* 531–542.

Gollwitzer, P. M., & Oettingen, G. (2016). Planning promotes goal striving. In K. D. Vohs & R. F. Baumeister (Eds.), *Handbook of self-regulation: Research, theory, and applications* (3rd ed., pp. 223–244). New York, NY: Guilford.

Gollwitzer, P. M., & Sheeran, P. (2006). Implementation intentions and goal achievement: A meta-analysis of effects and processes. *Advances in Experimental Social Psychology, 38,* 69–119.

Goschke, T. (2008). Volition und kognitive Kontrolle. In J. Müsseler (Hrsg.), *Allgemeine Psychologie* (S. 232–293). Berlin: Springer.

Goschke, T., & Kuhl, J. (1993). The representation of intentions: Persisting activation in memory. *Journal of Experimental Psychology: Learning, Memory, and Cognition, 19,* 1211–1226.

Grosse Holtforth, M., Grawe, K., & Castonguay, L. G. (2006). Predicting a reduction of avoidance motivation in psychotherapy: Toward the delineation of differential processes of change operating at different phases of treatment. *Psychotherapy Research, 16,* 639–644.

Hagger, M. S., Wood, C., Stiff, C., & Chatzisarantis, N. L. D. (2010). Ego depletion and the strength model of self-control: A meta-analysis. *Psychological Bulletin, 136,* 495–525.

Heckhausen, H., & Gollwitzer, P. M. (1987). Thought contents and cognitive functioning in motivational versus volitional states of mind. *Motivation and Emotion, 11,* 101–120.

Heckhausen, J. (2000). Evolutionary perspectives on human motivation. *American Behavioral Scientist, 43,* 1015–1029.

Heckhausen, J., & Heckhausen, H. (2018). Entwicklung der Motivation. In J. Heckhausen & H. Heckhausen (Hrsg.), *Motivation und Handeln* (5. Aufl., S. 493–540). Berlin: Springer.

Heckhausen, J., & Dweck, C. S. (Hrsg.). (1998). *Motivation and self-regulation across the life span.* Cambridge: Cambridge University Press.

Heckhausen, J., Wrosch, C., & Schulz, R. (2010). A motivational theory of life-span development. *Psychological Review, 117,* 32–60.

Herrmann, M., & Brandstätter, V. (2015). Action crises and goal disengagement: Longitudinal evidence on the predictive validity of a motivational phase in goal striving. *Motivation Science, 1*, 121–136.

Heslin, P. A., Vandewalle, D., & Latham, G. P. (2006). Keen to help?: Mangers' implicit person theories and their subsequent employee coaching. *Personnel Psychology, 59*, 871–902.

Hong, Y. Y., Chiu, C., Dweck, C. S., Lin, D., & Wan, W. (1999). Implicit theories, attributions, and coping: A meaning system approach. *Journal of Personality and Social Psychology, 77*, 588–599.

Inzlicht, M., & Schmeichel, B. J. (2012). What is ego depletion? Toward a mechanistic revision of the resource model of self-control. *Perspectives on Psychological Science, 7*, 450–463.

Job, V., Dweck, C. S., & Walton, G. M. (2010). Ego depletion – is it all in your head? Implicit theories about willpower affect self-regulation. *Psychological Science, 21*, 1686–1693.

Klinger, E. (1977). *Meaning and void: Inner experience and the incentives in people's lives.* Minneapolis, MN: University of Minnesota Press.

Kotabe, H. P., & Hofmann, W. (2015). On integrating the components of self-control. *Perspectives on Psychological Science, 10*, 618–638.

Kruglanski, A. W., Shah, J. Y., Fishbach, A., Friedman, R., Chun, W. Y., & Sleeth-Keppler, D. (2002). A theory of goal-systems. In M. P. Zanna (Ed.), *Advances in experimental social psychology* (Vol. 34, pp. 331–378). New York, NY: Academic Press.

Kuhl, J. (1981). Motivational and functional helplessness: The moderating effect of state versus action orientation. *Journal of Personality and Social Psychology, 40*, 155–170.

Kuhl, J. (1983). *Motivation, Konflikt und Handlungskontrolle.* Berlin: Springer.

Kuhl, J. (1984). Motivational aspects of achievement motivation and learned helplessness: Toward a comprehensive theory of action control. In B. A. Maher & W. B. Maher (Eds.), *Progress in experimental personality research* (vol. 13, pp. 99–171). New York, NY: Academic Press.

Kuhl, J. (1994). Action and state orientation: Psychometric properties of the action control scales (ACS-90). In J. Kuhl & J. Beckmann (Eds.), *Volition and personality: Action versus state orientation* (pp. 47–59). Göttingen: Hogrefe.

Kuhl, J. (2001). *Motivation und Persönlichkeit: Interaktionen psychischer Systeme.* Göttingen: Hogrefe.

Kuhl, J. (2018). Individuelle Unterschiede in der Selbststeuerung. In J. Heckhausen & H. Heckhausen (Hrsg.), *Motivation und Handeln* (5. Aufl., S. 389–422). Berlin: Springer.

Kuhl, J., & Goschke, T. (1994). State orientation and the activation and retrieval of intentions from memory. In J. Kuhl & J. Beckmann (Eds.), *Volition and personality: Action versus state orientation* (pp. 127–154). Göttingen: Hogrefe.

Kuhl, J., & Kazén, M. (1994). Self-discrimination and memory: State orientation and false self-ascription of assigned activities. *Journal of Personality and Social Psychology, 66*, 1103–1115.

Kurzban, R., Duckworth, A., Kable, J. W., & Myers, J. (2013). An opportunity cost model of subjective effort and task performance. *Behavioral and Brain Sciences, 36*, 661–726.

Latham, G. P., & Baldes, J. J. (1975). The »practical significance« of Locke's theory of goal setting. *Journal of Applied Psychology, 60*, 122–124.

Lewin, K. (1926). Untersuchungen zur Handlungs- und Affekt-Psychologie II: Vorsatz, Wille und Bedürfnis. *Psychologische Forschung, 7*, 330–385.

Locke, E. A., & Latham, G. P. (1990). *A theory of goal setting and task performance.* Englewood Cliffs, NJ: Prentice Hall.

Locke, E. A., & Latham, G. P. (Eds.). (2013). *New developments in goal setting and task performance.* New York, NY: Routledge.

Metcalfe, J., & Mischel, W. (1999). A hot/cool-system analysis of delay of gratification: Dynamics of will-power. *Psychological Review, 106*, 3–19.

Miller, G. A., Galanter, E., & Pribram, K. H. (1960). *Plans and the structure of behavior.* New York, NY: Holt, Rinehart & Winston.

Miller, G. E., & Wrosch, C. (2007). You've gotta know when to fold 'em: Goal disengagement and systemic inflammation in adolescence. *Psychological Science, 18*, 773–777.

9

Mischel, W. (1974). Processes in delay of gratification. *Advances in Experimental Social Psychology, 7,* 249–292.

Mischel, W., & Ayduk, O. (2011). Willpower in a cognitive-affective processing system: The dynamics of delay of gratification. In K. D. Vohs & R. F. Baumeister (Eds.), *Handbook of self-regulation: Research, theory, and applications* (2nd ed., pp. 83–105). New York, NY: Guilford.

Mischel, W., Shoda, Y., & Rodriguez, M. L. (1989). Delay of gratification in children. *Science, 244,* 933–938.

Morsella, E., Bargh, J. A., & Gollwitzer, P. M. (Eds.). (2009). *Oxford handbook of human action.* New York, NY: Oxford University Press.

Moskowitz, G. B., & Grant, H. (Eds.). (2009). *The psychology of goals.* New York, NY: Guilford Press.

Oettingen, G. (2012). Future thought and behavior change. *European Review of Social Psychology, 23,* 1–63.

Oettingen, G., & Gollwitzer, P. M. (2010). Strategies of setting and implementing goals: Mental contrasting and implementation intentions. In J. E. Maddux & J. P. Tangney (Eds.), *Social psychological foundations of clinical psychology* (pp. 114–135). New York: Guilford Press.

Oettingen, G., & Reininger, K. M. (2016). The power of prospection: Mental contrasting and behavior change. *Social and Personality Psychology Compass, 10,* 591–604.

Pervin, L. A. (1989). *Goal concepts in personality and social psychology.* Hillsdale, NJ: Erlbaum.

Rattan, A., Savani, K., Chugh, D., & Dweck, C. S. (2015). Leveraging mindsets to promote academic achievements: Policy recommendations. *Perspectives on Psychological Science, 10,* 721–726.

Richter, M., Friedrich, A., & Gendolla, G. H. E. (2008). Task difficulty effects on cardiac activity. *Psychophysiology, 45,* 869–875.

Rosenstiel, L. von, Regnet, E., & Domsch, M. (Hrsg.). (2009). *Führung von Mitarbeitern.* Stuttgart: Schäffer-Poeschel.

Schultheiss, O. C., Jones, N. M., Davis, A. Q., & Kley, C. (2008). The role of implicit motivation in hot and cold goal pursuit: Effects on goal progress, goal rumination, and emotional well-being. *Journal of Research in Personality, 42,* 971–987.

Schwarzer, R., Lippke, S., & Ziegelmann, J. P. (2008). Health action process approach: A research agenda at the Freie Universität Berlin to examine and promote health behavior change. *Zeitschrift für Gesundheitspsychologie, 16,* 157–160.

Shah, J. Y., & Gardner, W. L. (2008). *Handbook of motivation science.* New York, NY: Guilford Press.

Staw, B. M. (1997). The escalation of commitment: An update and appraisal. In Z. Shapira (Ed.), *Organizational decision making* (pp. 191-215). New York, NY: Cambridge University Press.

Tice, D. M., Baumeister, R. F., Shmueli, D., & Muraven, M. (2007). Restoring the self: Positive affects help improve self-regulation following ego depletion. *Journal of Experimental Social Psychology, 43,* 379–384.

Trope, Y., & Liberman, N. (2010). Construal-level theory of psychological distance. *Psychological Review, 117,* 440–463.

Vohs, K. D., & Baumeister, R. F. (Eds.). (2016). *Handbook of self-regulation. Resarch, theory, and applications.* New York, NY: Guildford.

Watson, J. B. (1929). Behaviorism – the modern note in psychology. In J. B. Wantson & W. McDougall (eds.), *The battle of behaviorism* (pp. 7–39). New York, NY: W. W. Norton & Company.

Wrosch, C., Scheier, M. F., Carver, C. S., & Schulz, R. (2003). The importance of goal disengagement in adaptive self-regulation: When giving up is beneficial. *Self and Identity, 2,* 1–20.

Wrosch, C., Scheier, M. F., & Miller, G. E. (2013). Goal adjustment capacities, subjective well-being, and physical health. *Social and Personality Psychology Compass, 7,* 847–860.

Wrosch, C., Scheier, M. F., Miller, G. E., Schulz, R., & Carver, C. S. (2003). Adaptive self-regulation of unattainable goals: Goal disengagement, goal reengagement, and subjective well-being. *Personality and Social Psychology Bulletin, 29,* 1494–1508.

Yaeger, D. S., & Dweck, C. S. (2012). Mindsets that promote resilience: When students believe that personal characteristics can be developed. *Educational Psychologist, 47,* 302–314.

Emotion

10 Emotion als psychologisches Konzept

© Springer-Verlag GmbH Deutschland, ein Teil von Springer Nature 2018
V. Brandstätter et al., *Motivation und Emotion*, Springer-Lehrbuch
https://doi.org/10.1007/978-3-662-56685-5_10

Lernziele

- Zentrale Forschungsfragen der Emotionspsychologie erläutern können.
- Die Struktur von Emotionen aus unterschiedlichen Forschungsperspektiven betrachten.
- Komponenten von Emotionen benennen.

- Die Funktion von Emotionen für motivationale
  Prozesse begreifen.
- Ursachen und Wirkungen von Emotionen
  einschätzen.

Beispiel

Kennen Sie das Geburtstagsgefühl? Versuchen Sie doch einmal, sich daran zu erinnern, wie Sie sich als Kind an Ihrem Geburtstag gefühlt haben! Vielleicht war es ein Gefühl der Freude, an diesem Tag die »Hauptperson« zu sein, oder Aufregung und die gespannte Erwartung auf die Gäste und Geschenke. Vielleicht war aber auch ein ängstliches Bangen dabei, ob ein lang herbeigesehnter Gast wirklich kommt oder ob das so sehr gewünschte Geschenk diesmal endlich auf dem Gabentisch liegt. Eventuell war es auch alles zusammen. Diese Gefühle können die meisten Menschen wahrscheinlich ebenso gut nachvollziehen, wie das Gefühl der Enttäuschung, das man hat, wenn man lange auf etwas hingearbeitet hat, das dann misslingt. Obwohl es sich hier um ein negatives Gefühl handelt, wird es sich dennoch ganz anders anfühlen als die Angst um eine geliebte Person, die in Gefahr ist, oder die Trauer um den Verlust eines Haustiers. Gefühle lassen sich in der Regel nur schwer in Worte fassen. Selbst wenn man weiß, wie man sich in bestimmten Situationen fühlt, ist es oft schwierig, dies zu beschreiben oder zu benennen. Charakteristisch für Emotionen ist, dass sie eine subjektive Komponente besitzen. Man kann deshalb nur mutmaßen, ob sich die gleiche Situation für andere Menschen genauso anfühlt. Auf einer intuitiven Ebene wissen wir genau, was Emotionen sind, es zu definieren und in Worte zu fassen, fällt den meisten Menschen allerdings sehr schwer.

10.1   Gegenstand der Emotionspsychologie

Viele Menschen haben Schwierigkeiten, ihre momentanen Gefühle in Worte zu fassen oder gar zu beschreiben, was Emotionen sind. Leider geht es den wissenschaftlich arbeitenden Psychologen in diesem Fall nicht viel anders. Wie im Weiteren noch dargestellt werden soll, handelt es sich bei dem Begriff »Emotion«, um ein derartig vielschichtiges und schillerndes Konzept, dass es Wissenschaftlern bislang nicht gelungen ist, sich auf eine Definition zu einigen.

Kleinginna und Kleinginna (1981, S. 355) haben aus etwa 100 verschiedenen Definitionen eine **Arbeitsdefinition** kondensiert, der zufolge Emotionen sowohl subjektive als auch objektive Komponenten haben, die neuronal und hormonell vermittelt sind. Zu diesen Komponenten zählen Gefühle, die zwischen Erregung und Beruhigung bzw. Lust und Unlust variieren. Dazu gehören auch kognitive Prozesse der Bewertung sowie physiologische Reaktionen wie eine Erweiterung der Blutgefäße oder eine Veränderung der Herzfrequenz. Diese physiologischen Reaktionen stoßen eine Anpassung an jene Bedingungen an, die die Erregung hervorgerufen haben. Sie bereiten z. B. den Körper bei Gefahr auf eine Flucht vor. Das resultierende Verhalten ist dann zielgerichtet, expressiv und adaptiv.

▶ **Definition**

   Emotionen

Definition

Emotionen

Emotionen haben subjektive erfahrbare und objektive erfassbare Komponenten, die zielgerichtetes Verhalten begleiten bzw. fördern, das dem Organismus eine Anpassung an seine Lebensbedingungen ermöglicht.

Stimmungen vs. Emotionen

Viele Forscher unterscheiden zwischen **Stimmungen** und Emotionen (z. B. Morris u. Schnurr, 1989). Im Vergleich zu Emotionen bezeichnen sie Stimmungen als zeitlich ausgedehnter, aber weniger intensiv. Stimmungen bilden gewissermaßen den Hintergrund, vor dem sich Denkprozesse, aber auch Emotionen abspielen. Emotionen sind anders als Stimmungen auf konkrete Objekte bzw. Ereignisse bezogen. Man ekelt sich z. B. oder hat Angst vor etwas oder man freut sich über etwas. Emotionen sind eine Reaktion auf etwas und sie sind zeitlich begrenzter als Stimmungen.

Die Emotionspsychologie beschäftigt sich damit, welche Komponenten, Funktionen und physiologischen Grundlagen Emotionen haben.

Die Emotionspsychologie beschäftigt sich mit den verschiedenen Facetten dieses schillernden Konzepts. Sie untersucht z. B. die unterschiedlichen **Komponenten** von Emotionen. Wahrscheinlich haben Sie auch schon einmal erlebt, dass man sich insgeheim über ein Missgeschick einer anderen Person freut, dies aber nicht öffentlich zeigen mag. Oder dass man seine Enttäuschung über einen Misserfolg vor anderen verbergen möchte. Die Tatsache, dass man im Gesicht eine Emotion ausdrücken kann, die dem momentan subjektiven Gefühl widerspricht, lässt z. B. erahnen, dass dieses subjektive Gefühl nur eine von verschiedenen Komponenten von Emotionen ist. Diese kann mit einer anderen Komponente wie der expressiven Komponente (Mimik, Gestik, Tonfall) übereinstimmen, aber auch davon abweichen. Welche **Funktionen** Emotionen haben und ob unterschiedliche Emotionskomponenten unterschiedlichen Zwecken dienen, ist ebenfalls Gegenstand von empirischen Studien und wissenschaftlichen Diskussionen im Rahmen der Emotionspsychologie. Die Frage nach den Funktionen der Emotionen ist eng verknüpft mit der Frage nach deren **physiologischen Grundlagen**. Dabei wird diskutiert, wie Emotionen im »Kopf« (Gehirn bzw. zentrales Nervensystem) entstehen und welche Rolle »Herz und Bauch« (peripheres Nervensystem, z. B. Signale aus dem Gefäßsystem und den Eingeweiden) dabei spielen. So wird Emotionen u. a. eine verhaltensvorbereitende Funktion zugeschrieben. Dies impliziert, dass sie dazu beitragen, den Körper physiologisch gesehen in Verhaltensbereitschaft zu versetzen. So müssen z. B. im Falle einer potenziellen Gefahr die Muskeln mit der entsprechenden Energie versorgt werden, um den Körper auf eine Flucht vorzubereiten. Dies setzt eine Beteiligung des Hormon- und Gefäßsystems an emotionalen Prozessen voraus. Ob die subjektiven Empfindungen, die mit solchen physiologischen Prozessen einhergehen, deren Ursache oder deren Folge sind, gehört ebenso zu den wichtigen Fragen der Emotionspsychologie wie die Frage, ob Emotionen kognitive Bewertungen der Situation voraussetzen oder auch ohne diese entstehen können.

10.2 Klassifikation und Struktur von Emotionen

In der Geschichte der Emotionspsychologie hat es zahlreiche Versuche gegeben, Emotionen zu klassifizieren und deren Struktur zu bestimmen. Dabei kann man grundsätzlich zwischen dimensionalen und kategorialen Konzeptionen unterscheiden. **Dimensionale Konzeptionen** gehen davon aus, dass sich Emotionen in ihrer quantitativen Ausprägung auf verschiedenen Dimensionen einordnen lassen. Demnach lässt sich z. B. eine Emotion auf einer sog. *Valenzdimension* danach beurteilen, ob sie eher positiv oder negativ ist. Auf der *Intensitätsdimension* lässt sich dann bestimmen, wie stark die jeweilige Emotion als positiv oder negativ erlebt wird.

Bei den **kategorialen Konzeptionen** geht es weniger darum, Emotionen auf unterschiedlichen Dimensionen ihrer Ausprägung nach einzuordnen, als qualitativ verschiedene Emotionen, wie Trauer, Freude, Furcht und Ekel, inhaltlich voneinander abzugrenzen.

Einer der bekanntesten dimensionalen Ansätze stammt z. B. von Wilhelm Wundt (1905) (◘ Abb. 10.1). Er hat angenommen, dass sich komplexere Gefühle aus einfachen Gefühlen – den sog. Partialgefühlen – zusammensetzen. Dieser Ansatz beschreibt dabei die drei bipolaren **Gefühlsdimensionen** »Lust-Unlust«, »Erregung-Beruhigung« und »Spannung-Lösung«. Während sich die Lust-Unlust-Dimension auf die Qualität oder Valenz der Emotion bezieht, also darauf, ob ein Gefühl eher positiv oder negativ ist, bezieht sich die Erregungs-Beruhigungs-Dimension nach Wundt auf die erlebte Intensität der Emotion. Reisenzein (1994) hat jedoch gezeigt, dass die Erregungs-Beruhigungs-Dimension nicht mit der Intensität dahingehend gleich zu setzen ist, als mit der Intensität einer Emotion die Erregung steigt. So wurden Emotionen, die als ruhig eingestuft wurden, mit zunehmender Intensität nicht als erregender, sondern als ruhiger eingeschätzt. Die beiden ersten Dimensionen ließen sich bisher wiederholt empirisch bestätigen. Die

dimensionale und kategoriale Konzeptionen

10

◘ Abb. 10.1 Wilhelm Wundt mit seinen Mitarbeitern im Labor (mit freundlicher Genehmigung des Universitätsarchivs Leipzig)

Nach Wundt setzen sich Emotionen aus Partialgefühlen zusammen, die sich auf den Dimensionen »Lust-Unlust«, »Erregung-Beruhigung« und »Spannung-Lösung« anordnen lassen. Dazu kommt noch eine Zeitdimension.

Spannungs-Lösungs-Dimension konnte hingegen nicht in allen Untersuchungen nachgewiesen werden. Das könnte damit zusammenhängen, dass diese Dimension nur bei einigen Emotionen eine Rolle spielen dürfte. Dazu gehören solche Emotionen, die man heute als Erwartungsemotionen versteht. Das sind z. B. die Hoffnung, dass ein positives Ereignis eintritt, oder die Furcht, dass ein negatives Ereignis eintritt. Sie sind beide mit Spannung verbunden, die sich löst, wenn das positive Ereignis eintritt bzw. das negative Ereignis ausbleibt.

Wundt ging davon aus, dass man jedes Gefühl an jeweils einem Punkt der drei Dimensionen lokalisieren kann. So ist z. B. Erleichterung, nachdem eine sehr schlimme Befürchtung nicht eingetreten ist, mit Lust, Lösung und evtl. Beruhigung verbunden. Einzelne Gefühle können nach Wundt durch einen Punkt auf den drei Koordinaten dargestellt werden. Wundt nimmt zudem an, dass es noch eine **Zeitdimension** gibt. Die Gefühle können gewissermaßen im Verlauf der Zeit durch den Raum wandern, der durch die drei Dimensionen aufgespannt ist. So kann sich im oben genannten Beispiel das Gefühl gespannter, höchst intensiver Furcht im Laufe der Zeit in ein Gefühl entspannter Erleichterung verändern.

Wundt hat die drei Dimensionen aus der kontrollierten Introspektion abgeleitet. Bei dieser Methode werden Erkenntnisse aus der Selbstbeobachtung gewonnen. Diese Methode war in manchen Forscherkreisen zur Zeit Wundts durchaus üblich, wurde aber wegen mangelnder Objektivität von anderen Forschern, besonders von Behavioristen, verhöhnt.

In anderen Ansätzen, die versucht haben, Emotionen zu klassifizieren, war man bestrebt, Emotionen als distinkte, d. h. klar voneinander abgrenzbare Phänomene zu fassen. Diese Ansätze werden – wie oben erläutert – als kategoriale Ansätze bezeichnet.

Zur Unterscheidung der distinkten Emotionen haben Forscher Methoden verwendet, die auch von anderen Personen(intersubjektiv) nachvollziehbar waren und nicht nur von der Person, die sich selbst beobachtet (Introspektion). Ähnlich wie bei Wundt hat man angenommen, dass sich komplexe Emotionen aus einfacheren Emotionen,

◘ **Abb. 10.2** Die Basisemotionen Traurigkeit, Freude, Wut, Angst, Ekel und Überraschung im mimischen Ausdruck (v. l. n. r. © Gerapromo / Getty Images / iStock; © NiseriN / Getty Images / iStock; © jeancliclac / Getty Images / iStock; © Grafissimo / Getty Images / iStock; © Christiane Grosser; © AnaBGD / Getty Images / iStock)

sog. **Basis- oder Primäremotionen**, zusammensetzen. Darüber, was zu den Primäremotionen zählt und wie viele davon es insgesamt gibt, herrscht aber bis heute keine Einigkeit. In einer Übersichtsarbeit stellen Ortony und Turner (1990) 14 verschiedene Ansätze vor, mit denen man versucht hat, Basisemotionen zu bestimmen. Demnach bezeichnen einige Forscher solche Emotionen als Basisemotionen, die hinsichtlich des mimischen Ausdrucks universell sind, d. h. kulturübergreifend (universell) gezeigt und auch verstanden werden. Trotz der Universalität der Emotionserkennung zeigt sich aber, dass Basisemotionen bei der eigenen ethnischen Gruppe leichter erkannt werden können als bei fremden ethnischen Gruppen (▶ Kap. 15; Yan, Andrews u. Young, 2016).

> **Definition**
>
> **Basisemotionen**
> Viele Forscher gehen davon aus, dass Basisemotionen Emotionen sind, die hinsichtlich des mimischen Ausdrucks universell sind, d. h. kulturübergreifend gezeigt und auch verstanden werden.

▶ **Definition**

Basisemotionen

Nach Ekman (1982) zählen zu den Basisemotionen (▶ Abschn. 12.2, ▶ Abschn. 15.1.1) Freude, Traurigkeit, Überraschung, Ekel, Furcht und Wut (◘ Abb. 10.2). Andere Forscher gehen davon aus, dass nur solche Emotionen als Basisemotionen zu verstehen sind, die ungelernt oder überlebensdienlich sind. Schmidt-Atzert, Peper und Stemmler (2014) fassen verschiedene Sichtweisen zusammen, die namhafte Emotionsforscher in einem Sonderheft zum Thema Basisemotionen dargelegt haben (vgl. auch Russel, Rosenberg u. Lewis, 2011). Demnach haben bis heute verschiedene Forscher unterschiedliche Kriterien dafür, wann eine Emotion als Basisemotion zu verstehen ist. Trotz der unterschiedlichen Kriterien werden die Emotionen Freude, Traurigkeit, Furcht und Wut einstimmig als Basisemotionen angesehen, während Überraschung und Ekel nicht für alle Forscher dazugehören.

Es existieren unterschiedliche Auffassungen darüber, welche Emotionen zu den Basisemotionen gehören. Nach Schmidt-Atzert et al. (2014) zählen Forscher übereinstimmend Traurigkeit, Freude, Ärger/Wut und Angst dazu, während bei Ekel, Scham und Überraschung weniger Übereinstimmung herrscht.

Emotionen bestehen aus einer subjektiven, einer physiologischen, einer kognitiven und einer Verhaltenskomponente.

10

Ein weiterer Versuch, Emotionen zu klassifizieren, führt über Ähnlichkeitsbestimmungen und **Datenreduktion**. Dabei kann man z. B. Wörter, die Emotionen bezeichnen, oder Bilder von Emotionsausdrücken hinsichtlich ihrer Ähnlichkeit einschätzen oder sortieren lassen. Mithilfe von multivariaten Verfahren, wie z. B. Faktoren- oder Clusteranalysen, kann man dann eine große Zahl von Daten auf wenige Faktoren reduzieren. Bei solchen Versuchen kristallisieren sich häufig wieder solche Emotionen heraus, die am ehesten übereinstimmend als Basisemotionen bezeichnet werden: Traurigkeit, Freude, Ärger und Angst.

Obwohl in unterschiedlichen **Kulturen** hinsichtlich der Begriffe für Emotionen Unterschiede zu erwarten sind, lassen sich die genannten Emotionskategorien auch in nicht-westlichen Kulturen finden. Sicher kann man nicht alle vorkommenden Emotionen auf die genannten Kategorien reduzieren. Einige Kategorien müsste man noch weiter unterteilen, indem man z. B. zwischen Scham- und Schuldgefühlen oder Ärger und Neid differenziert.

Ungeachtet der Klassifikation von Emotionen stimmen Forscher weitgehend darüber überein, dass Emotionen sich aus verschiedenen **Komponenten** zusammensetzen. Dabei handelt es sich um eine subjektive oder Erlebniskomponente, die im deutschsprachigen Raum auch als »Gefühl« bezeichnet wird, um eine physiologische Komponente, um eine Verhaltenskomponente, die sich in der Gestik und Mimik ausdrückt, und um eine kognitive Komponente, bei der es um Bewertung geht. Die kognitive Komponente wird nicht in allen Ansätzen genannt. Gerade wenn man Bewertungen als Ursache von Emotionen mit in Betracht zieht, ist es schwierig, sie gleichzeitig als Bestandteil von Emotionen zu verstehen.

Das Emotionserleben ist per Definitionem subjektiv (**subjektive Komponente**) und deshalb auch nicht objektiv zu erfassen. Was eine Person in einer bestimmten Situation fühlt, weiß nur sie selbst. Um Gefühle zu untersuchen, muss man Betroffene danach fragen. Diese Notwendigkeit ist mit einigen bislang ungelösten und möglicherweise unlösbaren Problemen verbunden. Zum einen lassen sich somit Gefühle nur bei Individuen untersuchen, die sprechen können. Damit ist z. B. die Untersuchung von Gefühlen bei Tieren oder Neugeborenen nicht möglich. Sie ist selbst bei Kleinkindern noch schwierig, da diese oft noch nicht über das notwendige Vokabular verfügen. Verbale Äußerungen sind darüber hinaus verfälschungsanfällig. Gerade in Situationen, in denen bestimmte Gefühle peinlich sein könnten, ist mit der Möglichkeit zu rechnen, dass die geäußerten Gefühle nicht den tatsächlich erlebten entsprechen.

Die **physiologische Komponente** der Emotion bezieht sich auf Reaktionen des neuronalen und hormonellen Systems. Diese Komponente ist objektiv gut erfassbar. So kann man z. B. mit entsprechenden apparativen Verfahren, den Blutdruck, die Herzfrequenz, die Hauttemperatur, den Hautleitwiderstand oder die Hormonkonzentration im Blut oder Speichel erfassen. Zuweilen kann man emotionale Reaktionen auf physiologischer Ebene auch mit dem bloßen Auge beobachten, etwa wenn jemand vor Aufregung zittert, vor Scham einen roten Kopf bekommt oder vor Schreck ganz blass wird.

Die **Verhaltenskomponente** lässt sich prinzipiell ohne technische Hilfsmittel beobachten, obwohl es auch Möglichkeiten gibt, diese apparativ zu erfassen. Emotionen drücken sich im Verhalten aus, indem sie mit Bewegungen bestimmter Gesichtsmuskeln oder einer bestimmten Körperhaltung einhergehen. So kann man z. B. Trauer u. a. an heruntergezogen Mundwinkeln und eventuell an einer gebückten Körperhaltung erkennen.

Wie bereits weiter oben angedeutet, können die unterschiedlichen Emotionskomponenten z. T. erheblich dissoziieren. Man kann z. B. einen Gesichtsausdruck zeigen, der nicht mit dem erlebten Gefühl übereinstimmt, deshalb verbietet es sich auch weitgehend, in Studien den Gesichtsausdruck als alleinigen Indikator für die Erlebniskomponente heranzuziehen. Auch physiologische Maße sind dafür nur bedingt geeignet, da spezifische Gefühle wie Trauer oder Freude nicht unbedingt mit spezifischen physiologischen Mustern einhergehen. Man kann also aufgrund bestimmter physiologischer Muster nicht entscheiden, ob eine Person z. B. Freude oder Ärger empfindet.

> Die verschiedenen Komponenten treten nicht immer zusammen auf. Man kann z. B. ein bestimmtes Gefühl haben (subjektive Komponente), ohne einen entsprechenden Gesichtsausdruck zu zeigen (Verhaltenskomponente).

10.3 Funktionen von Emotionen

Emotionen haben eine wichtige Funktion bei Motivationsprozessen. Sie kommen ins Spiel, wenn Bedürfnisse entstehen oder wenn die Möglichkeit zu deren Befriedigung in Aussicht steht. Sie leiten die Bedürfnisbefriedigung ein und begleiten sie. Dies wird besonders deutlich bei basalen Prozessen der Annäherung und Vermeidung (▶ Kap. 7). Motiviertes Verhalten ist letztlich darauf ausgerichtet, positive Emotionen **zu erlangen** und negative **zu vermeiden**. Menschen und auch Tiere neigen deshalb dazu, Situationen, die mit positiven Emotionen verbunden sind, aufzusuchen und solche, die mit negativen Emotionen verbunden sind, zu vermeiden. Wenn man darüber nachdenkt, welche Situationen jeweils mit positiven und welche mit negativen Emotionen einhergehen, dann fällt auf, dass Situationen, die mit positiven Emotionen verbunden sind, tendenziell dem Überleben förderlich sind und solche, die negative Emotionen zur Folge haben, oft das Überleben gefährden.

Verdorbene Lebensmittel haben z. B. oft einen üblen Geruch oder sind ungenießbar. Giftstoffe schmecken oft bitter. Diese Tatsache dürfte in der Entwicklungsgeschichte insofern nützlich gewesen sein, als sie z. B. verhindert hat, dass giftige Pflanzen oder andere schädliche Substanzen aufgenommen wurden. Dahingehen sind Nahrungsmittel, die kohlehydrathaltig und fetthaltig sind, oft äußerst schmackhaft. Diese Tatsache wird in Gesellschaften, in denen Nahrung im Überfluss vorhanden ist, zwar zum Gesundheitsrisiko; bevor die Menschen sesshaft wurden und als die Nahrungsbeschaffung noch mit einem erheblichen Kalorienverbrauch verbunden war, stellte dies jedoch einen Überlebensvorteil dar. Man kann davon ausgehen, dass die Menschen noch nicht wussten, dass sie fett- und kohlehydrathaltige Nahrung dringend zum Überleben brauchen. Sie werden also die entsprechende Nahrung nicht aufgrund dieser Überlegung aufgenommen haben, sondern wegen der positiven Emotionen, die damit verbunden sind. Das positive Gefühl, das sich bei freundlichen sozialen Kontakten einstellt, oder der Stolz nach der Bewältigung einer anspruchsvollen Aufgabe dürften spätestens auf den zweiten Blick ähnlich überlebensdienlich sein wie die Furcht vor unbekannten und potenziell gefährlichen Situationen.

> Emotionen spielen eine wichtige Rolle bei Motivationsprozessen. Sie begleiten Bedürfnisse und leiten deren Befriedigung ein. Motiviertes Verhalten ist auf die Erlangung positiver und auf die Vermeidung negativer Emotionen ausgerichtet.

Aus evolutionsbiologischer Sicht kann man also davon ausgehen, dass Emotionen **adaptive Funktion** haben. Das heißt, sie haben Menschen im Laufe ihrer Entstehungsgeschichte die Anpassung an die Umwelt ermöglicht und so den Überlebens- und Fortpflanzungserfolg gesichert. Schneider (1992, S. 408) weist darauf hin, dass »Emotionen eine genetisch verankerte Stellungnahme zur Situation eines Lebewesens in einer gegebenen Umwelt dar [stellen]«. Er spricht damit bereits eine wichtige Funktion von Emotionen an: die Bewertung. Neben der Bewertung dienen Emotionen noch der Handlungsvorbereitung und der Kommunikation.

> Emotionen resultieren aus Bewertungsvorgängen. Diese Bewertungsvorgänge finden unbewusst in den Mandelkernen in tieferen Hirnregionen und bewusst im Großhirn statt. Die unbewusste Bewertung ist schneller als die bewusste und leitet physiologische Reaktionen ein, bevor die Bewertung bewusst wird.

Emotionen resultieren aus Bewertungsvorgängen und informieren den Organismus über das Ergebnis dieser **Bewertung**, man spricht deshalb auch von »Emotion als Information« (Schwarz u. Clore, 1983). Die Bewertung und somit auch die Emotion sind zwischen Reiz und Reaktion geschaltet. Ein Reiz wird in erster Instanz zunächst auf seinen Neuigkeitswert (neu oder bekannt) und auf seine Valenz (positiv oder negativ) hin geprüft. Das Ergebnis der Bewertung steht dem Organismus dann für Entscheidungen und Handlungen zur Verfügung. Seit LeDoux (1996) gehen viele Forscher davon aus, dass die Bewertung nicht unbedingt bewusst ablaufen muss. Solchen Überlegungen zufolge ist in der ersten Instanz das Großhirn, das für eine bewusste Verarbeitung notwendig ist, an der Bewertung von Situationen zunächst nicht beteiligt. Die Information der zu bewertenden Situation wird über den Thalamus an die paarig angelegten Mandelkerne (Amygdalae) weitergegeben, in denen die Neuigkeit und Valenz (positiv oder negativ) »geprüft« wird. Die Mandelkerne leiten dann abhängig vom Ergebnis der Prüfung vegetative Reaktionen ein, die für eine schnelle Reaktion (z. B. eine Flucht- oder Annäherungsreaktion) notwendig sind, z. B. eine Veränderung des Blutdrucks, der Herzfrequenz usw. Gleichzeitig wird vom Thalamus eine Kopie der Information an die Großhirnrinde gegeben. Hier wird der Reiz dann bewusst eingeschätzt und die Großhirnrinde stellt das Ergebnis für bewusste Handlungen zur Verfügung. Da dieser Weg aber länger ist als der direkte Weg vom Thalamus zu den Mandelkernen, kann prinzipiell das vegetative System z. B. bereits eine Fluchtreaktion eingeleitet haben, noch bevor wir überhaupt bewusst einen Reiz als bedrohlich einschätzen. Die bewusste Einschätzung könnte dann prinzipiell auch zu dem Ergebnis kommen, dass die Situation gar nicht gefährlich ist.

> Emotionen haben über die Aktivierung des vegetativen Nervensystems verhaltensvorbereitende Funktion und wegen ihres informativen Charakters verhaltenssteuernde Funktion.

Die zweite Funktion von Emotionen ist die **Verhaltensvorbereitung**. Wie bereits bei den Ausführungen zu der Bewertung klargeworden sein dürfte, stehen Emotionen eng mit der Vorbereitung von Verhalten in Verbindung. Sie generieren über die Aktivierung des vegetativen Nervensystems Verhaltensbereitschaft, sei es, um sich positiven Zuständen zu nähern, um sich von negativen zu entfernen oder um diese zu vermeiden. Plutchik (1984) geht sogar davon aus, dass Emotionen mit bestimmten Verhaltensprogrammen und deren spezifischen Funktionen fest verbunden sind. So soll z. B. Angst fest mit Rückzugsverhalten verbunden sein, was die Funktion hat, das Individuum zu schützen. Vertrauen soll wiederum mit Bindungsverhalten verbunden sein, was die Zugehörigkeit zu einem sozialen Verband sicherstellen soll usw. Neben der Verhaltensvorbereitung haben Emotionen aber auch verhaltenssteuernde Funktion, denn Sie bestimmen mit, wann ein Verhalten abgebrochen wird bzw. wie lange es ausgeführt wird. Ist ein positiver Zustand erreicht oder ein negativer erfolgreich vermieden, geht dies auch mit bestimmten Emotionen wie Zufriedenheit oder Erleichterung einher, was dem Organismus dann wieder als Information dafür zur Verfügung steht, dass das Verhalten positive Folgen hatte.

Emotionen haben nicht nur die Funktion, den Organismus selbst über das Ergebnis der Bewertung zu informieren, sondern auch andere Individuen. Damit haben Emotionen auch kommunikative Funktionen. Dabei kann nur jene Emotionskomponente die Funktion der **Kommunikation** erfüllen, die auch nach außen hin wahrnehmbar ist. Dies ist der Emotionsausdruck, der sich einerseits in der Gestik und Mimik niederschlägt und andererseits auch in der Stimme. Scherer und Wallbott (1990) unterscheiden vier kommunikative Funktionen.

Der **Emotionsausdruck** kann erstens andere Individuen über den eigenen emotionalen oder motivationalen Zustand informieren. An einem traurigen Gesichtsausdruck oder einer gebückten Haltung können andere ablesen, wie es einer Person geht oder wenigstens Vermutungen darüber anstellen. Ebenso verhält es sich mit einem fröhlichen Gesichtsausdruck, einer aufrechten Haltung und einem dynamischen Gang als mögliche Indikatoren für positive Emotionen. Da der Emotionsausdruck in Grenzen bewusst beeinflussbar ist, kann man nach außen einen emotionalen Zustand signalisieren, der der momentan erlebten Empfindung nicht entspricht. Man kann somit durch den Emotionsausdruck anderen signalisieren, dass man z. B. getröstet oder in einer bestimmten Art und Weise behandelt werden möchte, unabhängig davon, welche Emotionen man tatsächlich empfindet. Darüber hinaus kann man anderen vermitteln, dass es einem gut geht, obwohl dies nicht mit dem subjektiven Empfinden übereinstimmt.

Die zweite Funktion des Emotionsausdrucks besteht in der Anzeige von Verhaltensintentionen. Es geht dabei um Handlungen, die unmittelbar vor der Ausführung stehen. Tieren kann man oft deutlich ansehen, wenn sie zum Angriff bereit sind. Bei Katzen ist z. B. der Körper gespannt, und die Ohren werden angelegt. Auch beim Menschen ist eine bevorstehende aggressive Handlung häufig an der Mimik und Gestik zu erkennen.

Wie oben beschrieben, informieren Emotionen den Organismus über das Ergebnis von Situationsbewertungen. Dieses Ergebnis schlägt sich nicht nur in der physiologischen Komponente der Emotionen nieder, sondern auch in der Ausdruckskomponente. Wer beispielsweise etwas als sehr ekelhaft empfindet, hat wahrscheinlich ein entsprechendes Gefühl der Übelkeit, und möglicherweise laufen ihm die sprichwörtlichen Schauer über den Rücken (physiologische Komponente). Darüber hinaus kann man diese Bewertung aber auch aus seinem Gesicht dekodieren bzw. »ablesen«. Die dritte Funktion der Ausdruckskomponente ist demnach die Kommunikation der Bewertung einer Situation an andere Personen. Durch die Gestik und Mimik werden auch andere Personen darüber informiert, wie wir eine Situation bewerten. Scherer und Wallbott (1990) bezeichnen dies als soziale Repräsentation. Sie ist für die Eltern-Kind-Interaktion von wichtiger Bedeutung, da Kleinkinder die Information aus der Mimik ihrer Bezugspersonen nutzen, um selbst unbekannte Situationen einschätzen zu können (► Kap. 14).

Emotionen haben kommunikative Funktion.

Über den Emotionsausdruck kann man anderen Personen mitteilen, wie man sich fühlt, welche Intentionen man hat, wie man eine Situation bewertet und in welcher Beziehung man zu anderen Person steht.

Aus ethischen Gründen wird häufig nur korrelativ untersucht, womit Emotionen zusammenhängen. Deshalb kann man bei vielen Studien nicht sagen, ob die jeweiligen Emotionen tatsächlich kausal für das untersuchte Phänomen sind.

Die vierte Funktion des Emotionsausdrucks ist die Anzeige und Veränderung von Beziehungen. Menschen können über den Emotionsausdruck anderen signalisieren, in welcher Beziehung sie zu ihnen stehen oder dass sie eine soziale Beziehung anstreben oder beenden möchten.

10.4   Korrelate von Emotionen

Emotionen können durch eine Vielzahl von Situationen und Reizen verursacht werden, und sie beeinflussen ihrerseits zahlreiche Faktoren. Viele der Studien, die untersuchen, wodurch Emotionen entstehen und worauf sie wirken, sind korrelativer Natur. So werden z. B. emotionsauslösende Situationen oft nicht systematisch experimentell variiert, sondern durch Befragung erfasst. Es versteht sich von selbst, dass es sich besonders bei negativen Emotionen aus ethischen Gründen verbietet, Menschen geplant mit Situationen, wie z. B. lebensgefährlichen Bedrohungen, zu konfrontieren, um zu untersuchen, welche Emotionen dadurch ausgelöst werden. So bleibt oft nur die Möglichkeit, Probanden entweder retrospektiv dazu zu befragen, in welchen Situationen sie bestimmte Emotionen erlebt haben, oder sie angeben zu lassen, welche Situationen typischerweise zu bestimmten Emotionen führen. In verschiedenen Studien werden Emotionen auch in einer Art Tagebuch erfasst. Hier werden die untersuchten Personen gebeten, je nach Fragestellung mehrmals täglich oder wöchentlich auf einer Skala einzuschätzen, wie sie sich momentan fühlen bzw. an dem jeweiligen Tag oder an den letzten Tagen gefühlt haben und die Begleitumstände zu beschreiben.

Man kann aus Befunden, die durch korrelative Studien entstanden sind, nicht zweifelsfrei schließen, ob die erfassten Situationen als Verursacher der Emotionen gelten können. Wenn man sich z. B. daran erinnert, dass man in einer bestimmten Situation Ärger oder Angst empfunden hat, dann könnte zwar die Situation prinzipiell der Auslöser der Emotion sein, es wäre aber ebenso gut möglich, dass der Ärger bzw. die Angst durch etwas anders verursacht wurde und man sich im Nachhinein wegen der Emotionen nur an die besagte Situation besonders gut erinnert.

Die Möglichkeit, emotionsauslösende Situationen und Ereignisse zu identifizieren, indem man im Labor kontrolliert Reize darbietet, ist wie gesagt aufgrund ethischer Überlegungen begrenzt. Diese Methode sollte eher zur Untersuchung positiver Emotionen oder allenfalls schwacher negativer Emotionen verwendet werden. Die Emotionen werden in solchen Studien anhand verschiedener Indikatoren wie physiologische Maße, mimische Reaktionen oder subjektive Einschätzungen des eigenen Befindens untersucht (▶ Kap. 11). Da die Möglichkeiten, Kausalaussagen zu machen, in den genannten Untersuchungssituationen eingeschränkt sind, wird in diesem Abschnitt von »Korrelaten von Emotionen« die Rede sein statt von Ursachen und Auswirkungen.

10.4.1 **Was Emotionen auslösen kann**

Korrelative und experimentelle Studien haben gezeigt, dass Emotionen nicht nur in außergewöhnlichen Situationen wie z. B. bei Naturkatastrophen, Unfällen oder bei kritischen Lebensereignissen wie der eigenen Hochzeit oder einem Berufswechsel entstehen. Sie kommen regelmäßig auch in weniger spektakulären Situationen des täglichen Lebens vor. So kann man sich z. B. vor einer unsauberen Dusche in einem Hotel ekeln, oder man kann sich ärgern, weil sich im Supermarkt an der Kasse jemand vordrängelt. Positive Emotionen kann man nicht nur bei großen Ereignissen wie z. B. einem bestandenen Examen erleben, sondern auch bei einem Anruf eines guten Freundes oder dem Anblick einer schönen Landschaft. Die **Interaktion mit anderen Menschen** ist besonderes dazu prädestiniert, mit Emotionen in Verbindung gebracht zu werden. Scherer et al. (1983) haben herausgefunden, dass positive wie negative Emotionen besonders häufig in Situationen auftreten, in denen es um das Knüpfen und Pflegen sowie um den Verlust sozialer Beziehungen geht oder einfach um die Interaktion mit anderen Menschen in Alltagssituationen.

Nicht immer sind Emotionen mit äußeren Situationen oder Ereignissen in Verbindung zu bringen. Man kann sie auch beabsichtigt oder unbeabsichtigt durch Gedanken, bestimmte Tätigkeiten oder die Einnahme von Getränken, Nahrungsmitteln, Alkohol, Medikamenten und Drogen herbeiführen. Dadurch können Emotionen sogar von der aktuellen Situation abgekoppelt werden. Man kann also Emotionen empfinden, die nicht zu der Situation passen, in der man sich momentan befindet. Selbst wenn man z. B. aktuell in einer bestimmten Situation einen Erfolg erlebt hat, kann man an vergangene Misserfolge denken und trotzdem negative Emotionen erleben. Genauso gut kann man die Emotionen in einer aktuell negativen Situation kompensieren, indem man an vergangene oder zukünftige positive Situationen denkt (▶ Kap. 13). Zu den Tätigkeiten, die Emotionen herbeiführen können, zählen v. a. solche, die geeignet sind, positiv bewertete Ziele zu erreichen. In der Motivationspsychologie geht man davon aus, dass zielgerichtetes Verhalten letztlich durch die Aussicht auf die positiven Emotionen motiviert ist, die mit der Zielerreichung verbunden sind. Ebenso kann Verhalten durch die Möglichkeit motiviert sein, negative Emotionen zu vermeiden oder zu reduzieren (▶ Kap. 7). Bestimmte Tätigkeiten können aber nicht nur Emotionen herbeiführen, sondern auch direkt mit Emotionen verbunden sein. So werden viele Tätigkeiten nicht deshalb ausgeführt, weil sie zu positiven Konsequenzen führen, sondern weil sie selbst Spaß machen. Dies dürfte bei vielen sportlichen Tätigkeiten der Fall sein.

Die Zufuhr verschiedener Substanzen kann Emotionen herbeiführen oder verändern. Dabei kann es sich um Nahrungsmittel, aber auch um Alkohol, Drogen oder Medikamente handeln. Die Wirkung auf Emotionen kommt v. a. durch solche Substanzen zustande, die den Dopaminstoffwechsel beeinflussen. **Dopamin** ist an Belohnungsvorgängen im Gehirn beteiligt. Positive Emotionen resultieren durch Substanzen, die zu einer vermehrten Dopaminausschüttung führen. Dies ist bei vielen Drogen wie z. B. Kokain und Nikotin der Fall. Die Blockierung der Dopaminaufnahme führt hingegen zu einer Reduktion

Emotionen können durch außergewöhnliche, aber auch durch alltägliche Ereignisse entstehen. Sie entstehen besonders häufig bei der Interaktion mit anderen Personen.

Emotionen können durch Gedanken, durch die Zufuhr von Substanzen wie Nahrungsmitteln, Alkohol und Drogen oder durch sportliche Tätigkeiten herbeigeführt werden.

Zu Emotionen führen v. a. solche Substanzen, die in den Dopaminstoffwechsel eingreifen.

positiver Emotionen. So verlieren z. B. Belohnungen in Form süßer Nahrung durch Dopamin-Rezeptor-Blocker weitgehend ihre positive Wirkung (di Chiara, 2005).

10.4.2 Worauf Emotionen Einfluss haben

Neben der Frage, in welchen Situationen Emotionen auftreten, haben sich Emotionsforscher auch mit der Frage beschäftigt, welche Rolle Emotionen bei der Wahrnehmung und Einschätzung von Situationen und anderen Menschen spielen. Dabei wurde der Zusammenhang zwischen Emotionen und Kognitionen im weitesten Sinne in unzähligen Studien mithilfe der verschiedensten Paradigmen und Methoden untersucht. **Kognition** im weitesten Sinne meint hier sowohl die Aufnahme als auch die Weiterverarbeitung und Speicherung von Informationen. Als Quintessenz dieser Studien kann man feststellen, dass Emotionen in allen Bereichen von Kognitionen eine Rolle spielen.

Aufmerksamkeit

Emotional relevante Reize ziehen im Vergleich zu neutralen Reizen automatisch Aufmerksamkeit auf sich.

Bereits zu Beginn der Informationsverarbeitung beeinflussen Emotionen, worauf wir unsere Aufmerksamkeit richten und welche Informationen einen Vorteil bei der Informationsaufnahme erhalten. Es sind v. a. emotional relevante Inhalte, die unsere Aufmerksamkeit automatisch auf sich ziehen. In lexikalischen Entscheidungsaufgaben kann man zeigen, dass auf negative Reize langsamer reagiert wird als auf positive und neutrale. Bei solchen Aufgaben werden sinnvolle Wörter und sinnlose Buchstabenkombinationen auf dem Bildschirm präsentiert, und Probanden erhalten die Anweisung, so schnell wie möglich zu reagieren, wann immer ein Wort erscheint. Der Inhalt des Wortes soll dabei keine Rolle spielen. Dennoch wird er offensichtlich verarbeitet, sonst würden sich emotional unterschiedlich relevante Wörter nicht in der Latenzzeit unterscheiden, mit der darauf reagiert wird. Forscher, die sich mit automatischer Informationsverarbeitung beschäftigen, argumentieren, dass die emotionalen Inhalte der Wörter mehr Aufmerksamkeit auf sich ziehen als neutrale, was zu einer Verlängerung der Reaktionszeit führt (Wentura et al., 2000). Früher hat man Reaktionszeitverlängerungen bei negativen Reizen durch Wahrnehmungsabwehr erklärt. Demzufolge soll es gerade bei negativen Reizen zu einer Reaktionszeitverlängerung kommen, weil die Aufmerksamkeit davon abgewendet wird.

Dot-Probe-Paradigma

Eine neuere Methode, die Aufmerksamkeitslenkung bei emotional relevanten Reizen zu untersuchen, ist das **Dot-Probe-Paradigma** (McLeod et al., 1986; ▸ Für die Praxis). Bei dieser Methode müssen die getesteten Personen z. B. reagieren, wenn Punkte oberhalb bzw. unterhalb einer horizontalen Linie erscheinen. Bevor die Punkte erscheinen, wird entweder an der gleichen Stelle, z. B. oberhalb der Linie, sehr kurz ein emotional relevanter Reiz (Wort oder Bild) eingeblendet, oder er wird an der Stelle eingeblendet, an der die Punkte nicht erscheinen. Dem Dot-Probe-Paradigma liegt die Überlegung zugrunde, dass man schneller reagieren kann, wenn man die Aufmerksamkeit bereits auf die Stelle gerichtet hat, an der die Punkte später erscheinen. Wenn Aufmerksamkeit eher auf emotional relevante als auf neutrale Reize gerichtet wird, sollte die Reaktion auf die Punkte schneller gelingen, wenn an der gleichen Stelle vorher ein emotional relevanter Reiz eingeblendet wird als wenn ein neutraler Reiz erscheint. Wird der relevante Reiz an der Stelle eingeblendet, an der die Punkte dann nicht erscheinen, sollte die Reaktion auf die Punkte verlangsamt sein, da sich die Aufmerksamkeit zum Zeitpunkt der Präsentation der Punkte an einer anderen Stelle befindet. Es gibt inzwischen viele Studien, in denen dieses Paradigma verwendet wurde, die den Schluss zulassen, dass emotionale Reize automatisch Aufmerksamkeit auf sich ziehen. Zudem konnte mit dem Paradigma gezeigt werden, dass hoch ängstliche Personen ihre Aufmerksamkeit stärker auf negative (angstbesetzte) Reize lenken als niedrig ängstliche.

Für die Praxis

Dot-Probe-Paradigma bei Angststörungen

Neuerdings versucht man, sich das Dot-Probe-Paradigma für die Therapie von Angststörungen zunutze zu machen. Da Hochängstliche ihre Aufmerksamkeit verstärkt auf angstbesetzte Reize richten, trainiert man Betroffene in 15-minütigen Sitzungen, ihre Aufmerksamkeit von diesen Reizen gezielt wegzulenken. Man bezeichnet diese Intervention auch als »Attention Bias Modification«. Probanden werden angewiesen, immer auf die Punkte zu reagieren, die nicht an der Stelle des angstbesetzten Reizes erscheinen, sondern an der entgegengesetzten Stelle. Dadurch müssen sie die Aufmerksamkeit vom angstbesetzten Reiz weglenken. Eine Metaanalyse hat gezeigt, dass diese Intervention ein vielversprechender Ansatz sein könnte, dispositionelle Angst zu reduzieren (Hakamata et al., 2010). Inzwischen wird der Ansatz für die Intervention bei einer Vielzahl psy-

chischer Störungen erprobt. Er wird z. B. zur Reduktion von Depressionen (weglenken der Aufmerksamkeit von trauerauslösenden Reizen) oder bei Essstörungen (weglenken der Aufmerksamkeit von nahrungsrelevanten Reizen) eingesetzt. Neuere Metaanalysen, die die Wirksamkeit der Methode anhand zahlreicher Studien prüfen wollten, zeigen insgesamt, dass es sich zwar um einen signifikanten, aber dennoch eher schwachen Effekt handelt, der auch oft nicht sehr lange nach dem Training anhält (z. B. Heeren, Mogoaşe, Philippot u. McNally, 2015). Insgesamt gibt es für die Interventionsmethode bisher keine zweifelsfreien Belege. Dennoch lohnt es sich, sie theoretisch in Betracht zu ziehen, da hier auch untersucht wird, wie emotionale Reize die Aufmerksamkeitslenkung beeinflussen.

Ob die Aufmerksamkeit zu emotionalen (insbesondere negativen) Reizen hin oder davon weggelenkt wird, hängt auch von den Zielen einer Person ab. So kann z. B. das Ziel, eine negative Emotion zu unterdrücken (▶ Kap. 13), dazu führen, dass die Aufmerksamkeit von den negativen Reizen weggelenkt wird. Vogt und De Houwer (2014) konnten allerdings zeigen, dass dies nur dann der Fall ist, wenn alternative Reize zur Verfügung stehen, die zur Erreichung dieses Ziels dienen (z. B. Bilder, die Sauberkeit darstellen, wenn man durch Bilder induzierten Ekel unterdrücken will).

Gedächtnis

Wenn man versucht, sich an Erlebnisse aus der Kindheit zu erinnern, fallen einem vielleicht eher seltene und außergewöhnliche als alltägliche Erlebnisse ein. Vor allem werden es aber eher emotional relevante Erlebnisse sein als neutrale. Dies kann z. B. der erste Schultag sein oder ein Unfall, ein schlimmer Streit mit den Eltern oder ein Urlaub am Meer. In der emotionspsychologischen Forschung hat man den Zusammenhang zwischen Emotionen und Gedächtnis aus verschiedenen Perspektiven untersucht. Dabei ging es zum einen darum, ob man sich eher an positive oder an negative Ereignisse erinnert. Zum anderen hat man das Augenmerk auf die Unterscheidung zwischen zentralen und peripheren Details der zu erinnernden Ereignisse gerichtet. Wann und unter welchen Umständen bleiben einer Person eher unwichtige und nebensächliche Details in Erinnerung, und wann erinnert man sich eher oder gar nur an die wichtigsten Aspekte eines Ereignisses? Schließlich geht es noch um die Frage, welche Rolle Emotionen beim Einspeichern und welche sie beim Abruf von Informationen spielen.

Es ist unstrittig, dass emotional relevante Ereignisse gegenüber neutralen einen Gedächtnisvorteil aufweisen. Ob aber positive oder negative Ereignisse besser erinnert werden, lässt sich pauschal nicht beantworten, da hier zahlreiche andere Faktoren einen moderierenden Einfluss haben. Es kommt z. B. darauf an, ob es sich um eine starke oder schwache Emotion oder um eher alltägliche oder seltene Ereignisse handelt. Außerdem ist relevant, ob der Gedächtnisabruf kurz nach dem Ereignis erfolgt oder ob zwischen Ereignis und Abruf eine längere Zeitspanne liegt. Besonders Details von negativen Ereignissen scheinen dann schneller vergessen zu werden, wenn es sich eher um alltägliche, nicht sehr stark emotional relevante Ereignisse handelt und wenn zwischen dem Einspeichern und dem Abrufen eine längere Zeit vergeht.

Emotionen scheinen vor allem einen Einfluss auf Eigenschaften von Gedächtnisinhalten zu haben, aber weniger auf die Beziehung der Gedächtnisinhalte untereinander. Earles, Vernon, Kersten und Starkings (2016) konnten z. B. zeigen, dass man sich unter Emotionseinfluss besser an Personen und Handlungen erinnert, nicht aber besser daran, welche Person welche Handlung ausgeführt hat. Vor allem bei älteren Erwachsenen führen Emotionen sogar eher dazu, dass sie anderen Personen fälschlicherweise stereotype Handlungen zuschreiben.

Neben der Valenz der Emotion hat auch die Erregung, die mit Emotionen einhergeht, einen Einfluss auf das Gedächtnis. So führt starke emotionale Erregung kurzfristig zu einer Verschlechterung, langfristig aber zu einer Verbesserung der Gedächtnisleistung. Nach McGaugh (1992) sind für die Konsolidierung der Gedächtnisinhalte bei starker emotionaler Erregung Hormone und Neurotransmitter wie Adrenalin mit verantwortlich.

Es ist ein vielfach replizierter Befund, dass man sich besser an Situationen und Inhalte erinnert, die hinsichtlich ihrer Valenz den eigenen momentan vorherrschenden Emotionen entsprechen, als an solche, die dem nicht entsprechen. Dieses als **Stimmungskongruenz** bezeichnete Phänomen wird durch einen selektiven Abruf erklärt. Offenbar ist der Zugriff auf stimmungskongruentes Material gegenüber nicht-kongruentem Material erleichtert.

> Emotional relevante Ereignisse werden besser erinnert als neutrale. Ob positive oder negative Ereignisse besser erinnert werden, hängt z. B. von der Intensität der Emotion, deren Außergewöhnlichkeit und der Zeitspanne bis zum Abruf ab.

▶ Definition
Stimmungskongruenz-
effekt

Definition

Stimmungskongruenzeffekt

Als Stimmungskongruenzeffekt bezeichnet man den Befund, dass Gedächtnisinhalte, die hinsichtlich ihrer Valenz mit unseren momentanen Emotionen übereinstimmen, besser erinnert werden als Inhalte, die mit unserer momentanen Emotion nicht übereinstimmen oder als neutrale Inhalte.

Diese Hypothese kann aus netzwerktheoretischen Überlegungen abgeleitet werden (Bower, 1981). Solchen Überlegungen zufolge sind Emotionen zusammen mit Wissens- und Gedächtnisinhalten als Knoten in einem Netzwerk abgespeichert und somit untereinander verbunden. Wird ein Knoten aktiviert, breitet sich die Aktivierung zu den benachbarten Knoten aus, und der Zugang zu diesen Inhalten ist erleichtert. Positive Emotionen sind demnach z. B. mit Gedächtnisinhalten verbunden, die positive Valenz haben. In entsprechenden emotionsauslösenden Situationen wird also ein entsprechender Emotionsknoten aktiviert, wodurch der Zugriff auf positive Gedächtnisinhalte erleichtert wird.

Mithilfe der **Netzwerktheorie** lässt sich auch das zustandsabhängige Lernen erklären. Die Gedächtnisleistung ist in der Regel besser, wenn beim Abruf von Informationen aus dem Gedächtnis der gleiche Zustand vorherrscht wie beim Einspeichern der Informationen, als wenn sich die Zustände beim Einspeichern und Abrufen unterscheiden. Dies gilt für Müdigkeit und Trunkenheit ebenso wie für Emotionen. Wer etwas in einem negativen emotionalen Zustand abspeichert, speichert den Inhalt zusammen mit der Emotion ab. Durch diese Verbindung wird der Abruf dann später erleichtert, wenn die gleiche Emotion vorherrscht, als in neutralem Zustand oder bei einer positiven Emotion.

> **Definition**
>
> **Zustandsabhängiges Lernen**
>
> Mit zustandsabhängigem Lernen ist die Tatsache gemeint, dass man sich besser an Gedächtnisinhalte erinnert, wenn sie im gleichen (emotionalen) Zustand abgerufen werden, in dem sie auch gelernt wurden.

Urteile und Entscheidungen

Wie weiter oben bereits beschrieben, geht man in neueren Emotionstheorien davon aus, dass eingehende Informationen zunächst einer schnellen, aber groben Bewertung darüber unterzogen werden, ob die Information neu oder bekannt und ob sie potenziell bedrohlich ist (▶ Kap. 12). An dieser Bewertung soll das Großhirn und somit das Bewusstsein nicht beteiligt sein. Erst im Anschluss an diese schnelle und grobe Bewertung kommt es häufig noch zu einer **elaborierteren Bewertung**, in die Handlungsmöglichkeiten, vergangene Erfahrungen, Wissen usw. mit einbezogen werden. Die elaborierte Bewertung beeinflusst Emotionen. Angenommen, bei der schnellen ersten Bewertung wird etwas als bedrohlich eingeschätzt, und negative Emotionen resultieren. Dann kann nach einer elaborierten Bewertung die negative Emotion evtl. verschwinden oder gar positiv werden, weil hier auch Bewältigungsmöglichkeiten berücksichtigt werden oder die Situation uminterpretiert wird (▶ Kap. 12, ▶ Kap. 13). So kann bei jemandem, der Angst vor Spinnen hat, eine negative Emotion mit entsprechenden physiologischen Reaktionen wie Schweißausbrüche, zittern etc. resultieren, wenn er aus den Augenwinkeln einen schwarzen Fleck an der Wand sieht. Diese negative Emotion kann abgemildert werden, wenn man sich vergegenwärtigt, dass die Spinne vermutlich eher das Weite suchen als einen anspringen wird.

Der Stimmungskongruenzeffekt und das zustandsabhängige Lernen werden mithilfe der Netzwerktheorie erklärt. Der zufolge sind Emotionen mit Gedächtnis- und Wissensinhalten netzwerkartig verknüpft. Sie werden zusammen abgespeichert. Wird eine Emotion als Element des Netzwerks aktiviert, werden automatisch die damit zusammenhängenden Inhalte aktiviert und können dann leichter abgerufen werden.

▶ **Definition**
Zustandsabhängiges Lernen

Emotionen beeinflussen, wie wir uns selbst und unsere Umwelt beurteilen. Bei positiven Emotionen fallen z. B. Urteile über uns selbst und unsere Umgebung positiver aus als bei negativen Emotionen, und positive Ereignisse werden für wahrscheinlicher gehalten.

Emotionen können Urteile z. B. dadurch beeinflussen, dass sie zu einem bevorzugten Zugriff auf emotionskongruente Informationen im Gedächtnis führen, die dann zur Beurteilung herangezogen werden. Emotionen informieren über das Ergebnis von Bewertung. Es können auch Emotionen als Bewertungsergebnis aufgefasst werden, die eigentlich nichts mit dem zu bewertenden Gegenstand zu tun haben und so Urteile beeinflussen.

10

So wie elaborierte Bewertungen Emotionen modifizieren können, können sie anders herum aber auch durch Emotionen beeinflusst werden. Die bewusste Beurteilung, ob etwas positiv, negativ, nützlich oder bedrohlich ist bzw. die Beurteilung, ob man tatsächlich selbst von einem negativen oder positiven Ereignis betroffen sein wird, hängt auch davon ab, welche Emotion gerade bei der beurteilenden Person vorherrscht. Die Untersuchungen dazu sehen typischerweise so aus, dass man bei den Versuchspersonen unterschiedliche Stimmungen oder Emotionen induziert (z. B. durch lustige oder deprimierende Filme) und die Personen dann bittet, ihre eigenen Eigenschaften, Qualifikationen, Zufriedenheit usw. einzuschätzen oder dies bei anderen Personen zu tun. Insgesamt ließ sich in solchen Studien häufig zeigen, dass Beurteilungen der eigenen Person, aber auch von anderen Personen und Situationen positiver ausfallen, wenn man sich in einer positiven Stimmung befindet, und negativer, wenn die vorherrschende Stimmung oder Emotion negativ ist. Im ersten Fall werden positive Ereignisse, wie eine zukünftige glückliche Partnerschaft, auch für wahrscheinlicher gehalten, und im zweiten Fall zukünftige negative Ereignisse, wie Krankheiten und Unfälle. Man könnte vermuten, dass positive Emotionen zu risikoreichen Entscheidungen oder zu risikoreichem Verhalten führen, weil man die Wahrscheinlichkeit eines negativen Ausgangs einer Situation unterschätzt. Um dies zu untersuchen, hat man Personen an Glücksspielen teilnehmen lassen, bei denen sie unterschiedlich viel gewinnen oder verlieren konnten. Zu einer Unterschätzung von Risiken in positiven Emotionslagen scheint es v. a. dann aber nicht zu kommen, wenn das Verlustrisiko groß ist.

Clark und Williamson (1989) zeigen verschiedene vermittelnde Mechanismen auf, durch die der Einfluss von Emotionen auf Urteile und Entscheidungen zustande kommen könnte. Sie vermuten z. B., dass ein selektiver Zugriff auf Gedächtnisinhalte eine Rolle spielt. Die Netzwerktheorie lässt vermuten, dass in einem negativen emotionalen Zustand negative Ereignisse aus der eigenen Biografie besser präsent sein müssten als positive. Wenn man dann in einem solchen emotionalen Zustand nach seiner allgemeinen Lebenszufriedenheit gefragt wird, fällt das Urteil negativer aus als in positivem emotionalen Zustand. Darüber hinaus können Emotionen Urteile dadurch beeinflussen, dass sie als Informationen genutzt werden. Wie weiter oben beschrieben, resultieren Emotionen u. a. aus Bewertungen und informieren uns über das Ergebnis dieser Bewertungen. Eine positive Emotion nach dem Genuss eines Stückes Kuchen gibt Information über den Geschmack des Kuchens. Wenn man nun eine Kuchensorte bewerten soll, nachdem zuvor durch etwas anderes eine positive Emotion induziert wurde, käme es demnach zu einer positiven Bewertung, weil man die positive Emotion dahingehend wertet, dass der Kuchen besonders gut schmeckt. In diesem Beispiel wird auch ein weiterer Mechanismus angesprochen, nämlich dass der Zusammenhang zwischen Emotionen und Urteilen auf **Fehlattributionen** basieren kann. Das heißt, eine Emotion kann auf eine Ursache zurückgeführt werden, die gar nicht für die Emotion verantwortlich ist.

Wenn man vor einer Entscheidung steht, bei der man eine von mehreren verschiedenen Alternativen auswählen muss, ist man in der Phase des Abwägens gut beraten, möglichst viele Informationen über die verschiedenen Alternativen zu berücksichtigen (▶ Kap. 9). Verschiedene Studien belegen, dass der Umfang der Informationen, die zur Entscheidungsfindung genutzt werden, davon abhängt, ob die abwägende Person eher positiv oder negativ gestimmt ist. Hat man der entscheidenden Person zuvor eine positive Emotion induziert, nutzt sie weniger Informationen und braucht weniger Zeit für die Entscheidung als eine Person, der keine positive Emotion induziert wurde (zu den Methoden der Emotionsinduktion ▶ Kap. 11). Positiv gestimmte Personen scheinen weniger gründlich vorzugehen, was aber nicht zwingend heißt, dass ihre Entscheidungen schlechter sind (Isen, 2000). Die Befunde zum Einfluss von negativen Emotionen auf Entscheidungen sind weniger eindeutig. So kann Angst etwa einen ähnlichen Effekt wie positive Emotionen haben und den Entscheidungsprozess verkürzen, während Traurigkeit dazu führen kann, dass Informationen für Entscheidungen gründlicher in Betracht gezogen werden.

Problemlösen

Die Art und der Umfang der Informationsnutzung sind u. a. auch für den Einfluss von Emotionen auf das Problemlösen verantwortlich. Wie bei Entscheidungen nutzen positiv gestimmte Personen weniger Informationen für die Lösung von Problemen und schlagen direktere Problemlösewege ein als nicht positiv gestimmte Personen. Isen (2000) weist darauf hin, dass wie auch bei der Entscheidungsfindung positive Emotionen das Ergebnis aber deshalb nicht unbedingt negativ beeinflussen. Ein negativer Einfluss wäre nur zu erwarten, wenn die Aufgabe langweilig und v. a. unwichtig ist. Besonders wenn kreative Problemlösungen gefragt sind, sind positive Emotionen vorteilhaft. Positiv gestimmte Personen haben dann einen erweiterten Blickwinkel. Sie können mehr Assoziationen bilden und kommen auf mehr ungewöhnliche Ideen als Personen, die sich nicht in einer positiven Stimmung befinden. Negative Emotionen scheinen nicht unbedingt mit weniger Assoziationen einher zu gehen als neutrale, es gibt aber Studien, die zeigen, dass negative Emotionen den Blick eher auf Details lenken, während positive Emotionen eher mit holistischem Denken verbunden sind, d. h. positiv gestimmte Personen haben eher das große Ganze im Blick.

Betrachten Sie einmal ◘ Abb. 10.3 (links)! Haben Sie zunächst das A oder die Ansammlung von Ls gesehen? Navon (1977) weist darauf hin, dass Menschen eher dazu neigen auf das Globale zu achten. Vergleicht man aber diese Aufgabe mit einer Aufgabe, bei der der große Buchstabe mit den kleinen, aus denen er besteht, übereinstimmt (◘ Abb. 10.3 rechts), kann man herausfinden, dass in manchen Situationen oder bei manchen Personen mehr Aufmerksamkeit auf Details gelenkt wird als bei anderen. Soll man z. B. so schnell wie möglich entscheiden, ob die globale Figur ein A ist, so wird dies länger dauern, wenn die kleinen Buchstaben nicht mit dem großen übereinstimmen. Diese Interferenz ist deutlicher bei Probanden zu beobachten, die dazu neigen, auf Details zu achten, als bei solchen, die Details eher ausblenden. Fredrickson und Branigan (2005) haben in diesem Zusammenhang z. B. gezeigt, dass der Aufmerksamkeitsfokus bei positiven im Vergleich zu negativen Emotionen breiter ist.

Interessanterweise scheint nicht nur die Emotion den Aufmerksamkeitsfokus zu beeinflussen, sondern der Aufmerksamkeitsfokus auch

Bei Entscheidungen in positiven Emotionslagen werden weniger Informationen zur Entscheidungsfindung herangezogen, und die Entscheidung fällt schneller als in neutraler Emotionslage.

Positive Emotionen fördern kreatives Problemlösen und sind mit holistischem Denken verbunden. Negative Emotionen sind eher mit einem Fokus auf Details verbunden.

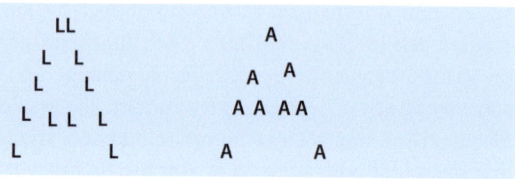

◘ Abb. 10.3 Reizmaterial zur Untersuchung eines globalen bzw. lokalen Aufmerksamkeitsfokus

die Identifikation von Emotionen. So haben Srinivasan und Hanif (2010) gezeigt, dass Personen, die instruiert werden, ihre Aufmerksamkeit global auszurichten, fröhliche Gesichter schneller erkennen, während eine lokale Aufmerksamkeitsausrichtung die Identifikation negativer Gesichter erleichtert.

Als eine weitere vermittelnde Variable, durch die Emotionen das Problemlösen beeinflussen können, hat sich die kognitive Flexibilität herausgestellt. So konnten z. B. Lin, Tsai, Lin und Chen (2014) zeigen, dass positive Emotionen die Anpassung an wechselnde Aufgabenbedingungen erleichtern und dadurch das Lösen von Einsichtsproblemen verbessern.

10

❓ Kontrollfragen

1. Ordnen Sie die Emotionen Wut und Freude auf den Dimensionen »Lust-Unlust« und »Erregung-Beruhigung« an.
2. Emotionen kann man als Informationsträger verstehen. Wen informieren sie worüber?

3. Wie können Emotionen dazu beitragen, den Zugriff auf Gedächtnisinhalte zu erleichtern?

▶ Weiterführende Literatur

Otto, J. H. Euler, H. A., & Mandl, H. (Hrsg.). (2000). *Emotionspsychologie*. Weinheim: Psychologie Verlags Union.

Literatur

Bower, G. H. (1981). Mood and memory. *American Psychologist, 36,* 129–148.

Clark, M. S., & Williamson, G. M. (1989). Mood and social judgements. In H. Wagner & A. Manstead (Eds.), *Handbook of social psychophysiology* (pp. 347–370). Chichester: Wiley.

di Chiara, G. (2005). Dopamine, Motivation and Reward. In S. B. Dunnett, M. Bentivoglio, A. Björklund & T. Hökfeld, *Dopamine* (pp. 303–371). London: Elsevier.

Earles, J. L., Kersten, A. W., Vernon, L. L., & Starkings, R. (2016). Memory for positive, negative and neutral events in younger and older adults: Does emotion influence binding in event memory? *Cognition and Emotion, 30*(2), 378–388.

Ekman, P. (1982). Methods for measuring facial action. In K. R. Scherer & P. Ekman (Eds.), *Handbook of methods in nonverbal behavior research* (pp. 45–90). Cambridge: Cambridge University Press.

Fredrickson, B. L., & Branigan, C. (2005). Positive emotions broaden the scope of attention and thought-action repertoires. *Cognition and Emotion, 19,* 313–332.

Hakamata, Y., Lissek, S., Bar-Haim, Y, Britton, J. C., Fox, N. A., Leibenluft E., Ernst, M., & Pine, D. S. (2010). Attention bias modification treatment: a meta-analysis toward the establishment of novel treatment for anxiety. *Biological Psychiatry, 68*(11), 982–990.

Heeren, A., Mogoaşe, C., Philippot, P., & McNally, R. J. (2015). Attention bias modification for social anxiety: A systematic review and meta-analysis. *Clinical Psychology Review, 40,* 76–90.

Isen, A. (2000). Positive affect and decision making. In M. Lewis & J. Haviland-Jones (Eds.), *Handbook of Emotions* (pp. 417–435). New York: Guilford Press.

Kleinginna, P. R., & Kleinginna, A. M. (1981). A cateorized list of emotion definitions, with suggestions for a consensual definiton. *Motivation and Emotion, 5,* 345–379.

LeDoux, J. E. (1996). *The emotional brain: the mysterious underpinnings of emotional life.* New York: Simon & Schuster.

Lin, W. L., Tsai, P.-H., Lin H.-Y., & Chen, H.-C. (2014). How does emotion influence different creative performances? The mediating role of cognitive flexibility. *Cognition and Emotion, 28*(5), 834–844.

MacLeod, C., Mathews, A., & Tata, P. (1986). Attentional bias in emotional disorders. *Journal of Abnormal Psychology, 95*(1), 15–20.

McGaugh, J. L. (1992). Affect, neuromodulatory systems, and memory storage. In S. A. Christianson (Ed.), *The handbook of emotion and memory: Research and theory* (pp. 245–268). Hillsdale, NJ: Erlbaum.

Morris, W. N., & Schnurr, P. P. (1989). *Mood: The frame of mind.* New York: Springer.

Navon, D. (1977). Forest before trees: The precedence of global features in visual perception. *Cognitive Psychology, 9,* 353–383.

Ortony, A., & Turner, T. J. (1990).What's's basic about basic emotions? *Psychological Review, 97,* 315–331.

Plutchik, R. (1984). In search of the basic emotions. *PsycCRITIQUES, 29*(6), 511–513.

Reisenzein, R. (1994). Pleasure-arousal theory and the intensity of emotions. *Journal of Personality and Social Psychology, 67*(3), 525–539.

Russel, J. A., Rosenberg, E. L., & Lewis, M. D. (2011). Introduction to a special section on basic emotion theory. *Emotion Review, 3,* 363.

Scherer, K. R., Summerfield, A., & Wallbott, H. G. (1983). Cross-national research on antecedents and components of emotion: A progress report. *Social Science Information, 22,* 355–385.

Scherer, K. R., & Wallbott, H. G. (1990). Ausdruck von Emotionen. In K. R. Scherer, *Enzyklopädie der Psychologie (C, IV, 3), Psychologie der Emotion* (S. 345–422). Göttingen: Hogrefe.

Schmidt-Atzert, L., Peper, M., & Stemmler, G. (2014). *Emotionspsychologie.* Stuttgart: Kohlhammer.

Schneider, K. (1992). Emotionen. In H. Spada (Hrsg.), *Lehrbuch allgemeine Psychologie* (2. Aufl., S. 403–449). Bern: Huber.

Schwarz, N., & Clore, G. L. (1983). Mood, misattribution, and judgments of well-being: Informative and directive functions of affective states. *Journal of Personality and Social Psychology, 45*(3), 513–523.

Srinivasan, N., & Hanif, A. (2010). Global-happy and local-sad: Perceptual processing affects emotion identification. *Cognition and Emotion, 24,* 1062–1069.

Vogt, J., & De Houwer, J. (2014). Emotion regulation meets emotional attention: The influence of emotion suppression on Emotional Attention Depends on the Nature of the Distracters. *Emotion, 14,* 840–845.

Wentura, D., Rothermund, K., & Bak, P. (2000). Automatic vigilance: The attention-grabbing power of behavior-related social information. *Journal of Personality and Social Psychology, 78,* 1024–1037.

Wundt, W. (1905). *Grundriss der Psychologie.* Leipzig: Engelmann.

Yan, X., Andrews, T. J., & Young, A. W. (2016). Cultural similarities and differences in perceiving and recognizing facial expressions of basic emotions. *Journal of Experimental Psychology, 42*(3), 423–440.

11 Emotionspsychologische Forschungsmethoden

© Springer-Verlag GmbH Deutschland, ein Teil von Springer Nature 2018
V. Brandstätter et al., *Motivation und Emotion*, Springer-Lehrbuch
https://doi.org/10.1007/978-3-662-56685-5_11

Lernziele

- Einen Überblick über wichtige Induktions- und Messverfahren von Emotionen bekommen.
- Verschiedene Verfahren entsprechend ihrem theoretischen und konzeptuellen Hintergrund einordnen können.
- Verfahren gemäß der Fragestellung aussuchen und anwenden können.

» Messen, was messbar ist – messbar machen, was nicht messbar ist!
(Galileo Galilei)

Emotionen sind in unserem Alltag allgegenwärtig. Sie prägen entscheidend die Art und Weise, wie wir die Welt, die Menschen darin und uns selbst erleben. Von jeglicher Erfahrung unzertrennlich und Gegenstand unzähliger Gedichte, Romane und Filme, verwundert es nicht weiter, dass Emotionen auch ein äußerst beliebter Forschungsgegenstand sind und eine große Spannweite an Forschungsfragen einschließen.

Emotionen werden in der Emotionsforschung je nach Fragestellung als unabhängige oder abhängige Variablen eingesetzt. Wenn uns interessiert, wie sich eine Emotion auf andere Bereiche menschlichen Erlebens, wie etwa kognitive Prozesse oder soziale Interaktion, auswirkt, dient sie als **unabhängige Variable**. Wir müssen Emotionen dann im Labor hervorrufen (induzieren) und in Art und Intensität gezielt manipulieren können. Kurzum, es bedarf standardisierter Verfahren zur Emotionsinduktion.

Liegt dagegen das Forschungsinteresse eher darauf, wie die Entstehung und Intensität von Emotionen durch andere Variablen beeinflusst

Emotionspsychologische Forschungsmethoden schließen einerseits Verfahren zur Induktion von Emotionen und andererseits Verfahren zur Erfassung von Emotionen ein.

werden, wird die Emotion zur **abhängigen Variable**. In diesem Fall müssen wir Emotionen zuverlässig messen können, um ihre Variation als Funktion anderer unabhängiger Variablen (z. B. Art des Appraisals) zu beobachten. Darüber hinaus müssen wir Emotionen auch messen können, wenn wir sie manipulieren wollen, denn nur dann können wir sicher sein, dass unsere Manipulation auch geglückt ist (sog. »manipulation check«). Auch wenn in der Forschungspraxis Methoden der Induktion und Messung von Emotionen oft kombiniert werden, müssen sie zunächst einmal getrennt voneinander betrachtet werden. Dies wollen wir im Folgenden tun.

Es werden die gängigsten Methoden zur Emotionsinduktion im Labor und danach die Methoden zur Messung von Emotionsreaktionen beschrieben. Einen sehr guten und umfassenden Überblick zum Thema bietet das Handbuch »Handbook of Emotion Elicitation and Assessment« von Coan und Allen (2007).

11.1   Methoden der Emotionsinduktion im Labor

Einer der Gründe, Emotionen im Labor auszulösen, besteht darin, eine bestimmte Emotionstheorie mit ihren Vorhersagen systematisch zu überprüfen.

Wir haben in den vorangehenden Kapiteln bereits gesehen, dass es keine »endgültige« Theorie der Emotionsentstehung gibt. Folglich kann es auch nicht die richtige Methode geben, Emotionen zu induzieren. Allen Ansätzen gemeinsam ist aber, dass sich Emotionen auf einen konkreten Gegenstand, ein Ereignis beziehen, wie eine Nachricht oder eine Erinnerung. Die Methoden der Emotionsinduktion machen sich diesen Umstand zunutze. Sie setzen Versuchspersonen (Vpn) solchen Ereignissen aus, die mit dem Entstehen von Emotionen in Zusammenhang gebracht werden, sei es mittels Stimulation durch Bilder oder Videos oder durch »gedankliche« Stimulation wie bei der Imagination (▶ Abschn. 11.1.5). Welche Ziele verfolgen die Forscher, wenn sie Emotionen experimentell im Labor auslösen? Sie haben in ▶ Kap. 12 die wichtigsten Emotionstheorien und ihre differierenden Herangehensweisen an den »Untersuchungsgegenstand« Emotion kennengelernt. Einer der Gründe, Emotionen im Labor auszulösen, besteht darin, eine bestimmte **Emotionstheorie** mit ihren Vorhersagen systematisch zu überprüfen. Wenn man z. B. davon ausgeht, dass jede Emotion ein spezifisches Muster an physiologischen Reaktionen aufweist, sollte diese Vorhersage getestet werden. Zunächst sollten zwei unterschiedliche Emotionen zuverlässig und messbar ausgelöst werden. Diese zwei sollten dann nicht nur untereinander, sondern auch mit einem affektiv neutralen Zustand bzgl. der Ausprägung verschiedener physiologischer Indizes verglichen werden.

Außerdem können die Auswirkungen, die Emotionen auf andere Bereiche menschlichen Erlebens und Verhaltens haben, beobachtet werden.

Wie schon eingangs erwähnt, sind Emotionen manchmal weniger im Fokus der Aufmerksamkeit als ihre Auswirkung auf unser Verhalten (z. B. soziale Interaktionen) und kognitive Prozesse (z. B. Gedächtnis oder Aufmerksamkeit). So werden sie induziert, um beispielsweise zu sehen, ob unsere Aufmerksamkeit in einem bestimmten affektiven Zustand verglichen mit einem anderen affektiven und/oder neutralen Zustand anders ausgerichtet ist. Positive Emotionen wie Freude erweitern z. B. unsere Aufmerksamkeit und somit auch unser Handlungsrepertoire (Fredrickson u. Branigan, 2005).

Welcher Fall auch immer zutreffen mag, Emotionen kann man empirisch nur dann untersuchen, wenn Vpn mehr oder weniger ausgeprägte Emotionen zeigen. Zu diesem Zweck müssen Forschende entweder zu Emotionen Zugang haben, wie sie bei Vpn im Rahmen natürlicher Schwankungen auftreten oder sie vorsätzlich im Labor erzeugen. Die natürlich vorkommenden Emotionen, wie etwa die Freude der Fans im Stadion über einen erzielten Treffer oder der Ärger über das verlorene Gepäckstück am Flughafen, sind selbstredend im höchsten Maße ökologisch valide. Schließlich handelt es sich um den Zustand, den man in erster Linie untersuchten möchte und im Labor zu erzeugen sucht: die Emotion. Andererseits erlaubt die experimentelle Methode im Labor Kausalitätsaussagen und eine bessere Kontrolle über den Beginn oder die Dauer einer Emotionsepisode. Wünschenswert im Hinblick auf den Erkenntnisgewinn erscheint eine **Kombination** aus beiden Zugängen. Emotionsinduktionsverfahren im Labor sind Gegenstand dieses Kapitels. (Für einen Überblick zu »natürlichen« Auslösern von Emotionen s. Schmidt-Atzert et al., 2014).

Im Allgemeinen gilt, dass der Einsatz von standardisierten Verfahren unverzichtbar ist. Ehe ein Induktionsverfahren eingesetzt wird, müssen Prätests durchgeführt werden, um empirisch zu überprüfen, ob gewünschte Effekte bzw. Emotionszustände mit der eingesetzten Methode zu erzielen sind. Im Folgenden wird beschrieben, wie Filmausschnitte, Bilder, Musik, Velten-Aussagen, Imagination und Erinnern eigener Emotionserlebnisse, körperliche Veränderungen (Nachstellen von Gesichtsausdruck) und experimentelle Settings eingesetzt werden, um einen gewünschten affektiven Zustand herbeizuführen.

> Aus Forschungssicht ist es ideal, wenn sich die Erkenntnisse aus den Untersuchungen von ökologisch validen, natürlich vorkommenden Emotionen mit den Erkenntnissen kombinieren lassen, die experimentelle Induktion von Emotionen hervorbringt.

> Im Labor lassen sich Emotionen durch Filmausschnitte, Bilder, Musik, Velten-Aussagen, Imagination und Erinnern eigener Emotionserlebnisse, körperliche Veränderungen (Nachstellen von Gesichtsausdruck) und experimentelle Settings induzieren.

> Ethische Vertretbarkeit der experimentellen Induktion von Emotionen

Studie

Ax (1953)

Mit dem Ziel, möglichst real Angst im Labor zu erzeugen, ließ Ax (1953) seine komplett verkabelten Versuchspersonen (Vpn) glauben, dass das Elektroschockgerät, an das sie u. a. angeschlossen waren, ernsthaft außer Kontrolle geraten sei. Die Stromschlagstärke stieg bis zur Schmerzgrenze, das Gerät sprühte Funken, der sichtlich aufgeregte Versuchsleiter lief nervös durch den Raum, und so manche Vpn gab später an, ihre letzte Stunde schlagen gehört zu haben. In der anschließenden Ärger-Bedingung wurden die Vpn einem garstigen »Techniker« ausgesetzt, der sie für den vorigen Vorfall verantwortlich machte und sie aufs Wüsteste aufgrund angeblicher mangelnder Kooperation und Unfähigkeit beschimpfte. Derweil wurden diverse Indizes des autonomen Nervensystems (ANS) aufgezeichnet. So gelang es Ax, zu zeigen, dass Angst und Ärger, beides Emotionen mit negativer Valenz und hoher Erregung, sich im Hinblick auf sieben von vierzehn erfassten physiologischen Indizes unterschieden.
Sicherlich bewies Ax eine Menge Kreativität, als er Angst und Ärger auf diese Weise experimentell auslöste, aber aus heutiger Sicht wäre ein solches Experiment nach moralischen und ethischen Gesichtspunkten nicht mehr zu vertreten. Die Emotionserfahrungen im Labor sollten vergleichbar mit den alltäglichen sein und diese in Intensität nicht übersteigen. Auch die zur Induktion eingesetzten Mittel sollen in der Erfahrungswelt der Vpn verankert sein. Sensibler Umgang ist v. a. im Fall von negativen Emotionen geboten. Diese sollen vor dem Verlassen des Labors verflogen sein und die Vpn über den Untersuchungszweck aufgeklärt werden.

11.1.1 Filmausschnitte

Die Darbietung von Filmausschnitten stellt das populärste und effektivste Stimmungs- und Emotionsinduktionsverfahren dar (◘ Tab. 11.1). So können sowohl globale positive und negative Stimmungen, aber

□ Tab. 11.1 Übersicht von Filmausschnitten, die zur Induktion von spezifischen Emotionen verwendet werden (adaptiert nach Schaefer et al., 2010)

Film	Emotion	Ausschnittbeschreibung
»Le trois frères«	Heiterkeit	Einer der Charaktere nimmt an einer TV Show teil. (4.55 min)
»Forrest Gump«	Zärtlichkeit (»tenderness«)	Vater und Sohn sind wiedervereint. (4.20 min)
»Schindlers Liste«	Ärger	Kommandant des Konzentrationslagers erschießt wahllos Lagerinsassen von seinem Balkon aus. (2.19 min)
»Stadt der Engel«	Trauer	Maggie (Meg Ryan) stirbt in Seths (Nicholas Cage) Armen. (2.32 min)
»The Blair Witch Project«	Angst	Schlussszene, in der die Charaktere allem Anschein nach getötet werden. (2.93 min)
»Trainspotting«	Ekel	Protagonist taucht in eine verdreckte Toilettenschüssel hinein. (4.07 min)

Einzelne Forschergruppen haben Sammlungen von Filmausschnitten erstellt, mit denen sich distinkte Emotionen auslösen lassen.

auch spezifische emotionale Zustände erzeugt werden. Die Arbeitsgruppen von Pierre Philippot (1993) und James Gross (z. B. Gross u. Levenson, 1995) haben Sammlungen von Filmausschnitten erstellt, die rege Anwendung in der Erforschung von spezifischen Emotionen finden. Woher weiß man nun, dass diese Filme zuverlässig die erwünschte Emotion auslösen? Für die Validierung der Sammlungen wurden Prätests mit einem zunächst großen Pool an Filmsequenzen durchgeführt und anhand von subjektiven Selbstberichten der beteiligten Versuchspersonen eine Auswahl an Filmen getroffen. Das Augenmerk liegt dabei auf Ausschnitten, die zuverlässig und gezielt einzelne Emotionen (z. B. Ekel) und gar nicht oder zumindest weniger andere Emotionen (z. B. Ärger) auslösen.

11.1.2 Bilder

Mit dem IAPS ist eine standardisierte Bildersammlung gegeben, mit Angaben zu mittleren Beurteilungen auf den Dimensionen: Valenz, Erregung und Dominanz.

Eine andere Möglichkeit, im Labor Emotionen auszulösen, sieht vor, Vpn eine Reihe von emotionsauslösenden Bildern darzubieten, um anschließend erwünschte Urteile (Valenz, Emotionsintensität) abzufragen. Das »International Affective Picture System« (IAPS; Lang et al., 2008) beinhaltet eine umfassende standardisierte Bildersammlung, deren Anwendung in der experimentellen Emotionsforschung eine weite Verbreitung erfährt. Auf mehr als 1000 potenziell emotionsauslösenden Farbbildern werden unterschiedliche semantische Kategorien menschlicher Erfahrungswelt abgebildet (z. B. Naturkatastrophen, Waffen, Landschaften, spielende Kinder). Jedes Bild wurde von einer großen Population hinsichtlich der Valenz (angenehm - unangenehm), Erregung (niedrig aktivierend - hoch aktivierend) und Dominanz (kontrolliert - kontrollierend) eingeschätzt. Diese Normwerte ermöglichen den Wissenschaftlern, eine gezielte, an ihren Forschungsvorhaben ausgelegte Bilderauswahl zu treffen. Das IAPS scheint im Besonderen Emotionen wie Angst und Ekel wirksam auszulösen (□ Abb. 11.1).

◘ **Abb. 11.1** Zwei Beispiele für emotionsauslösende Bilder (links © TATYNAMAKOTRA/Getty Images/iStock; rechts © IntergalacticDesign-Studio/Getty Images/iStock)

11.1.3 Musik und andere auditive Stimuli

Bei dieser eher seltenen Induktionsmethode werden den Vpn Musikstücke vorgespielt, um erwünschte affektive Zustände hervorzurufen. Je nach Beschaffenheit der eingesetzten Tonintervalle können unterschiedliche emotionale Effekte erzielt werden. Hohe Töne werden eher mit positiven und tiefe Töne eher mit negativen Emotionen assoziiert. Akkordvariation ist ebenfalls möglich. Viele dissonante Akkorde in einem Musikstück sind eher angstauslösend. Der Mollakkord wird im Vergleich zum Durakkord als trauriger und bedrückender wahrgenommen. Möglich ist auch der Einsatz von einzelnen Musikstücken. Positive Stimmung wurde z. B. experimentell mit Stücken von Mozart oder Vivaldi (z. B. Eine kleine Nachtmusik, Concerto in C Major) und negative Stimmung mit Stücken von Mahler oder Rachmaninov (z. B. Adagietto) induziert.

Darüber hinaus gibt es auch ein auditives Pendant vom IAPS: das »International Affective Digitized Sounds« (IADS; Bradley u. Lang, 1999). Das IADS ist eine standardisierte Sammlung von auditiven emotionsinduzierenden Stimuli, die 111 Geräusche umfasst (z. B. Kichern, Beifall, Schrei).

Musikstücke können mittels der Variation von Tonlage und Akkorden affektive Zustände auslösen.
Das IADS, das auditive Pendant vom IAPS, umfasst 111 emotionsauslösende Geräusche.

11.1.4 Velten-Aussagen

Diese von Velten (1968) entwickelte Technik sieht vor, dass Vpn eine Reihe von selbstbezogenen Aussagen mehrmals laut lesen. Dabei sollen sie die in den Aussagen enthaltene Stimmung nachempfinden. Die Aussagen dienen zur Induktion einer traurigen (z. B. »Ich fühle mich im Moment ziemlich träge.«) und gehobenen Stimmung (z. B. »Ich bin froh und voller Übermut!«). Die vorgegebenen Beschreibungen der Gedankeninhalte, der Gefühlslagen und der körperlichen Verfassungen sind jeweils typisch für die zu induzierende Emotion.

Bei der Velten-Methode versetzen sich die Vpn in die Stimmungslage, die in den selbstbezogenen, von ihnen laut vorgelesenen Sätzen suggeriert wird.

11.1.5 Imagination und Erinnern eigener emotionaler Erlebnisse

Bei der Imaginationsmethode stellen sich Vpn fiktive emotionsauslösende Situationen vor. Bei der Erinnerungsmethode stellen sich Vpn autobiographische Situationen vor, die bei ihnen bestimmte Emotionen ausgelöst haben.

Bei der Verwendung der Imaginationstechnik werden den Vpn in der Regel emotionsauslösende Situationsbeschreibungen in Form von Szenarien vorgelegt. Sie werden instruiert, sich möglichst anschaulich, detailliert und lebhaft vorzustellen, das beschriebene Ereignis persönlich zu erleben. Dieses Ereignis ist dabei in aller Regel ein fiktives. Vergleichbar zur Imaginationstechnik, werden die Vpn bei der Erinnerungstechnik instruiert, sich an autobiographische Situationen zu erinnern, in denen sie eine bestimmte Emotion erlebt haben. Diese Episode sollen sie dann möglichst bildhaft schriftlich wiedergeben.

Beispiel

Am folgenden Beispiel können Sie nachvollziehen, wie Ellsworth und Smith (1988, S. 277) Schuldgefühl durch das Erinnern einer autobiographischen Episode bei den Vpn induziert haben: »Versuchen Sie sich bitte an eine unangenehme emotionale Erfahrung aus einer vergangenen Situation zu erinnern, für deren Geschehen Sie sich verantwortlich fühlten. Versuchen Sie, diese vergangene Situation so lebhaft wie möglich in Erinnerung zu rufen: Gehen Sie gedanklich zurück, und versuchen Sie die Emotionen, die Sie erfahren haben, wieder zu erleben. Denken Sie daran, was in dieser Situation geschah, weshalb Sie sich verantwortlich fühlten und wie es sich angefühlt hat, sich in dieser bestimmten Situation zu befinden… Beschreiben Sie bitte kurz diese in der Vergangenheit liegende unangenehme Situation, in der Sie sich für das Geschehene verantwortlich fühlten. Was ist passiert? Weshalb fühlten Sie sich verantwortlich?«

11.1.6 Nachstellen des Gesichtsausdrucks

Durch das Nachstellen von emotionstypischen Gesichtsausdrücken soll das damit einhergehende Gefühl erzeugt oder intensiviert werden.

Methoden der Emotionsinduktion nehmen naturgemäß Bezug auf Theorien der Emotionsentstehung. Ein prominenter Ansatz ist die sog. »facial feedback«-Hypothese, die davon ausgeht, dass Emotionen durch die sensorischen Rückmeldung (Feedback) aus der Anspannung der entsprechenden Gesichtsmuskeln entstehen. Aufbauend auf der »facial feedback«-Hypothese werden hierbei Vpn angeleitet, ihre Gesichtsmuskeln gezielt entsprechend der Instruktion zu bewegen, um einen entsprechenden Emotionsausdruck zu generieren. Im Allgemeinen werden die Instruktionen zur Veränderungen der Mimik sehr unspezifisch gehalten (»Ziehen Sie Ihre Mundwinkel hoch« für einen freudigen Zustand), so dass die Manipulation des Gesichtsausdrucks für die Vpn nicht erkennbar ist. Manche Manipulationen sind sogar noch latenter: Die Vpn halten einen Stift mit den Lippen (Kontrollgruppe) oder mit den Zähnen, ohne dass die Lippen den Stift berühren (»Lächeln«; sog »pen-method«; Strack et al., 1988; ◻ Abb. 11.2). Dieses Verfahren wirkt sich auf das subjektive Erleben, aber auch auf peripher physiologische Kennwerte wie Herzfrequenz oder Hautleitfähigkeit aus.

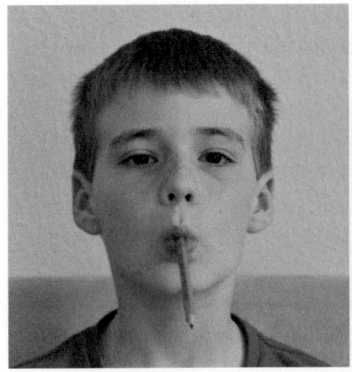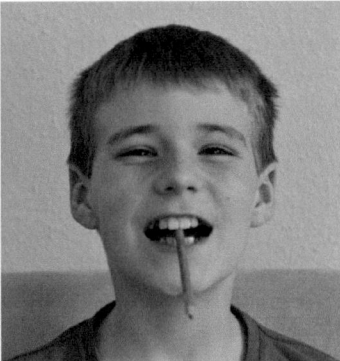

◘ **Abb. 11.2** Die »pen-method« von Strack et al. (1988, Copyright © 1988 by the American Psychological Association. Reproduced with permission. The use of APA information does not imply endorsement by APA.)

11.1.7 Experimentell hergestellte emotionsauslösende Ereignisse

Insbesondere in der sozialpsychologischen Forschung werden emotionsauslösende Ereignisse meistens in Kombination mit einer »Cover Story« über den angeblichen Untersuchungszweck inszeniert. Weit verbreitet ist z. B. eine fiktive Leistungsrückmeldung bei Intelligenztests. Je nachdem, ob Erfolg oder Misserfolg rückgemeldet wird (z. B. die Vpn sei wesentlich schlechter oder besser als der Durchschnitt), werden positive oder negative Emotionen erzeugt. Freude lässt sich auch mit kleinen Geschenken (Notizblock, Stifte, Schokolade etc.) auslösen. Und die Überzeugung, man wird eine freie Rede vor einem Publikum halten, erzeugt zuverlässig Angst (zur Übersicht s. Brandstätter u. Otto, 2009).

Im Labor können in Analogie zum Alltag ebenfalls Situationen hergestellt werden, die einzelne konkrete Emotionen auslösen.

Die im Folgenden dargestellte Studie von Neumann (2000) demonstriert anschaulich, wie man z. B. Schuld und Ärger im Labor erzeugen kann.

Studie

Neumann (2000)

Neumann (2000) untersuchte in seinem Experiment die Rolle von Attributionen bei der Emotionsentstehung. Die Annahme war: Sollte ein negatives Ereignis internal attribuiert (also auf die eigene Person bezogen) werden, entsteht eher Schuld. Sollte dagegen das Ereignis external, auf äußere Umstände und andere Menschen attribuiert werden, kommt es eher zu Ärger. Unter dem Vorwand eines Gedächtnistests sollten die Vpn eine Reihe von Sätzen generieren, die entweder selbstbezogen (»ICH schaue fern«) oder fremdbezogen (»SIE schaut fern«) waren. Nach diesem prozeduralen Priming, das internale bzw. externale Zuschreibungen bahnen sollte, wurden Vpn energisch aufgefordert, schnellstmöglich zwecks der Gedächtnisüberprüfung in ein zweites Labor zu gehen. Dort angekommen, fanden sie ein Türschild vor: »Stopp! Experiment. Bitte nicht eintreten«. Als sie gemäß der vorigen Aufforderung dennoch eintraten, war nur der Lichtstrahl des Projektors in der Dunkelheit zu sehen und eine verärgerte Stimme zu hören: »Raus hier! Hast Du das Schild nicht gelesen? Du störst das Experiment. Warte draußen.« Die unmittelbare Reaktion der Vpn wurde beobachtet und die Emotion im Selbstbericht erfasst. Vpn aus der »selbstbezogenen« Bedingung attribuierten eher internal, entschuldigten sich mehr und gaben auch mehr Schuldgefühle an als Vpn, die einen Fremdbezug verfügbarer hatten. Sie attribuierten das Ereignis eher external und empfanden vergleichsweise mehr Ärger.

Velten-Aussagen und Musik sind v. a. zur Induktion von Stimmungen geeignet. Mit Filmsequenzen und Imaginationsverfahren lassen sich besonders gut distinkte Emotionen herstellen.

Wie Sie sehen, können Sie auf viele Techniken zurückgreifen, wenn Sie Emotionen und Stimmungen im Labor erzeugen möchten. Jetzt fragen Sie sich sicherlich, welche Technik besonders wirksam ist oder wann welche Technik indiziert ist. Vielleicht konnten Sie schon feststellen, dass manche Verfahren eher geeignet sind, globale affektive Zustände bzw. Stimmungen hervorzurufen (Velten Aussagen, Musik). Filmausschnitte und Imaginationsverfahren dagegen sind eher nützlich, wenn spezifische Emotionen induziert werden sollen. Westermann et al. (1996) haben in einer Metaanalyse die Wirkung verschiedener Verfahren zur Induktion positiver und negativer Stimmungen gegenübergestellt. Kurz zusammengefasst, stellte man fest, dass **negative Stimmung** generell effektiver ausgelöst wird als positive Stimmung. Filme und die Imaginationsmethode erwiesen sich als besonders effiziente Verfahren und zwar insbesondere bei der Induktion positiver Stimmungen. Lench et al. (2011) nahmen ebenfalls eine metaanalytische Auswertung von Methoden vor, die in 687 Studien eingesetzt wurden, um bei Erwachsenen spezifische Emotionen auszulösen. Insgesamt scheinen Bilder, gefolgt von Filmausschnitten, demnach zu den effektivsten Induktionsmethoden spezifischer Emotionen zu zählen. Generell variiert die Effektivität der eingesetzten Methode mit der auszulösenden Emotion. Vor allem mit Bildern scheint man sehr zuverlässig Angst hervorrufen zu können, während Freude mit mehreren Methoden (Filme, Bilder, Velten-Methode, Imagination) vergleichbar gut im Labor erzeugt werden kann.

11.2 Messung von Emotionsreaktionen

Was glauben Sie: Ist Freude messbar? Oder Angst? Wie misst man überhaupt eine Emotion? Wie kann ich bestimmen, wie viel Trauer oder Ekel jemand empfindet? Frage ich die Person nach ihrem unmittelbaren Erleben? Und wie zuverlässig ist eine solche subjektive Auskunft? Oder verlasse ich mich auf die Angaben einer (objektiven) physiologischen Messung: Wie stark wird der Lachmuskel angespannt oder welches Gehirnareal verzeichnet die höchste Aktivität? Ehe ich aber einen Gegenstand messen kann, muss ich ihn definieren in all seinen wichtigen Facetten. Aus den vorangehenden Kapiteln dürfte deutlich geworden sein, dass auch wenn das Konzept »Emotion« im Wesentlichen erfasst worden ist, eine einheitliche, konsensuale Definition noch in der Ferne liegt. Die vorhandene empirische Basis erlaubt kein sicheres Urteil darüber, welche Komponenten notwendig und/oder hinreichend für das Auftreten einer Emotion sind. Einigkeit herrscht gegenwärtig darüber, dass man Emotionen als komplexe, multidimensionale Zustände betrachten kann, die aus drei grundlegenden Komponenten (»Reaktionstrias«) bestehen, dem Verhalten, physiologischen Begleitzuständen und dem subjektiven Erleben.

Folglich ist es bei der Darstellung konkreter Emotionsmaße notwendig zu differenzieren, welche Emotionskomponente sie zu erfassen suchen. Demnach können Messinstrumente in drei **Kategorien** eingeteilt werden: Instrumente, die sich entweder am Verhalten (v. a. Ausdrucksverhalten), physiologischen Kennwerten oder am subjektiven Erleben orientieren. Das Wesentliche dabei ist die Gewissheit, dass einerseits das gewählte Maß ein etabliertes, psychometrisch überprüftes Erfassungsinstrument und andererseits konsistent mit der die Fragestellung leitenden theoretischen Ausrichtung ist.

> Messinstrumente können je nachdem, welche Emotionskomponente sie erfassen, drei Ansatzpunkte haben: subjektives Erleben, physiologische Reaktionen und Verhalten (v. a. Mimik).

11.2.1 Subjektives Erleben

Eine zumindest augenscheinlich nahe liegende Möglichkeit, Emotionen zu erfassen, besteht darin, die Menschen nach ihrem emotionalen Erleben zu fragen. Wer könnte schließlich besser Auskunft über das eigene Emotionserleben geben? Leider gestaltet sich auch dieser Ansatz bisweilen komplizierter, wenn Fragen nach den Anforderungen an Gütekriterien oder dem theoretischen Ansatz der Messung aufgeworfen werden.

Zur Erfassung des subjektiven Erlebens von Emotionen werden in aller Regel **Fragebogenverfahren** in Form von standardisierten Skalen verwendet. Den Vpn wird eine Reihe von mehrfach gestuften Items, mit welchen die verschiedenen Aspekte einer Emotion erfasst werden sollen, vorgelegt und aus den Antworten der Vpn ein Gesamtwert abgeleitet, der mit existierenden Normwerten verglichen wird.

Das subjektive Erleben einer Emotion (das Gefühl) kann im Hinblick auf seine Intensität, seine Dauer und die Häufigkeit seines Auftretens in einem erfragten Zeitraum beschrieben werden. Während die Intensität sowohl retrospektiv (»Wie sehr haben Sie sich zum Zeitpunkt X geekelt?«) als auch aktuell (»Wie sehr freuen Sie sich in diesem Augenblick?«) erfasst werden kann, werden Dauer und Häufigkeit in aller Regel retrospektiv festgestellt.

> Das subjektive Erleben wird in aller Regel mithilfe von Fragebogenverfahren im Selbstbericht erfasst.

> Intensität, Dauer und Häufigkeit des subjektiven Erlebens können erfasst werden.

Maße, die aktuell erlebte Emotionen erfassen, sind valider als retrospektive und auf hypothetischen Vorstellungen basierende Maße.

Es lässt sich festhalten, dass Selbstberichtsmaße, die an unmittelbar erlebte, aktuelle Emotionszustände anknüpfen (sog. Online-Maße), valider sind als solche, die sich auf das eher in der Vergangenheit liegende Emotionserleben beziehen (retrospektive Maße). Letztere sind der Gefahr von Gedächtnisverzerrungen und Rekonstruktionsfehlern ausgesetzt (▶ Abschn. 15.2.3 und die Studie von Robinson et al., 1998). Auch Selbstberichtsmaße, die auf Einschätzungen basieren, wie Personen sich in einer hypothetischen Situation oder in Zukunft fühlen würden, sind weniger valide als Maße, die unmittelbar erlebte Emotionen erfassen, da sie ebenfalls anfällig für konstruktionsbasierte Fehler sind (▶ Abschn. 15.2.3).

Die Tendenz zur sozialen Erwünschtheit und Alexithymie oder Emotional Awareness wirken sich ebenfalls negativ auf die Validität der Selbstberichtsmaße aus.

Darüber hinaus können sich interindividuelle Faktoren wie die Tendenz zur sozialen Erwünschtheit und Alexithymie oder Emotional Awareness auch bei Online-Maßen negativ auf die Validität der Selbstberichtsmaße auswirken. So kann nicht ausgeschlossen werden, dass Personen mit einer starken Tendenz zur sozialen Erwünschtheit über negative emotionale Zustände mit großer Wahrscheinlichkeit eher verzerrt oder erwartungskonform berichten werden. Die Fähigkeit, den eigenen emotionalen Zustand wahrnehmen und zuordnen zu können, ist ebenfalls eine wichtige Voraussetzung, um eine valide Auskunft über die Gefühlslage einer Person zu bekommen. Alexithyme Menschen reagieren zwar auf emotionsauslösende Reize, haben aber Schwierigkeiten, ihre Gefühle hinreichend wahrzunehmen und beschreiben zu können.

Sie haben bereits gelernt, dass sich an der Frage der grundlegenden Struktur einer Emotionserfahrung in der Emotionsforschung die Geister scheiden. Die Verfechter des kategorialen Ansatzes vertreten die Ansicht, dass es eine Anzahl an bestimmten, voneinander trennbaren Zuständen gibt, welche nicht in weitere Kategorien unterteilt oder auf weitere Kategorien reduziert werden können. Gemeint sind damit einzelne spezifische Emotionen oder Basisemotionen, wie z. B. Freude, Trauer oder Ärger. Dimensionale Ansätze dagegen basieren auf der Annahme, dass allen Emotionen wenige elementare Dimensionen zugrunde liegen. Dabei geht man weitgehend übereinstimmend von den Dimensionen angenehm, positiv – unangenehm, negativ (Valenz) und niedrig erregend – hoch erregend (Erregung) aus. Auch andere Dimensionen wie Dominanz (s. u.) werden berichtet.

Messverfahren können auch danach kategorisiert werden, ob sie sich nach dem dimensionalen oder dem kategorialen Ansatz zur Emotionsstruktur richten.

Diese theoretische Kontroverse findet sich selbstverständlich auch in unterschiedlichen Emotionsmaßen wieder. Im Folgenden werden Messverfahren vorgestellt, denen entweder der dimensionale oder der kategoriale Ansatz zur Emotionsstruktur zugrunde liegt.

Dimensionaler Ansatz: Erfassung allgemeiner affektiver Zustände

Im Rahmen des dimensionalen Ansatzes kann beispielsweise Angst als negativ (Valenz) und hoch aktivierend (Erregung) beschrieben werden. Trauer ist ebenfalls negativ auf der Valenz – jedoch niedrig aktivierend auf der Erregungsdimension. Freude dagegen wird dimensional als positiv und hoch aktivierend zugeordnet. Die Messinstrumente des dimensionalen Ansatzes zielen im Einklang mit den vorangegangenen Ausführungen auf die Erfassung allgemeiner affektiver Zustände ab.

Positive and Negative Affective Schedule Als Beispiel dafür sei das »Positive and Negative Affective Schedule« (PANAS; Watson et al., 1988) erwähnt. Das PANAS erfasst zwei voneinander unabhängige Dimensionen affektiven Erlebens: positiven (PA) und negativen Affekt (NA). Positiver Affekt gibt wieder, wie aktiv, aufmerksam und enthusiastisch jemand ist. Hohe PA-Werte sind mit Energie und freudiger Erregung, niedrige mit Lethargie und Traurigkeit assoziiert. Negativer Affekt ist ein negativer Zustand, gekennzeichnet durch Anspannung und Nervosität. Hohe NA-Werte deuten auf Angst und Gereiztheit hin, niedrige auf Ruhe und Ausgeglichenheit. Das Instrument enthält zehn Adjektive, die jeweils negative und positive affektive Zustände (feindselig, nervös, bekümmert … vs. interessiert, begeistert, enthusiastisch …) umschreiben. Die Versuchspersonen können im Hinblick auf diese 20 Adjektive angeben, wie intensiv oder wie häufig sie die betreffenden affektiven Zustände erleben. Das PANAS kann sowohl den aktuellen affektiven Zustand (»state«: »Wie fühlst Du Dich im Moment?) als auch den habituellen oder dispositionalen Zustand (»trait«: »Wie fühlst Du Dich im Allgemeinen?«) erfassen. Je nach Untersuchungsziel sind weitere zeitliche Vorgaben möglich: »Wie hast Du Dich heute/in den letzten Tagen/ Wochen/im letzten Jahr … gefühlt?« Die aktuellste deutsche Version des PANAS stammt von Breyer und Bluemke (2016).

> In PANAS sind die Dimensionen positiver und negativer Affekt durch je zehn Adjektive dargestellt, die von den Vpn hinsichtlich der Intensität der erlebten Stimmungszustände eingeschätzt werden.

Semantisches Differential Das »Semantische Differential« (Osgood et al., 1957) erfasst die konnotative Bedeutung von Sachverhalten oder Begriffen. Die Vpn werden eher indirekt befragt, indem sie angeben sollen, ob und wie sehr sie einen Begriff (z. B. »Krieg«) mit bestimmten Eigenschaften assoziieren. Dazu bearbeiten sie eine Reihe von Adjektivpaaren, mit denen die Dimensionen Valenz (angenehm – unangenehm), Erregung (erregend – beruhigend) und Dominanz (stark – schwach) abgebildet werden. Beispiele für solche Paare sind: langsam-schnell, lebhaft-träge, freundlich-boshaft, angenehm-unangenehm. Die drei Dimensionen liefern somit eine erschöpfende Beschreibung der emotionalen Reaktion auf die vorgegebenen Stimuli.

> Das Semantische Differential erfasst über die Einschätzungen auf den Dimensionen Valenz, Erregung und Dominanz die konnotative Bedeutung eines Sachverhalts oder Begriffs.

Self-Assessment Manikin Mit dem »Self-Assessment Manikin« (s. Bradley u. Lang, 1994) werden die Dimensionen affektiver Reaktionen erfasst: Valenz, Erregung und Dominanz. Ein Vorteil des Verfahrens besteht darin, dass es sprachfrei und so unabhängig von kulturellem Hintergrund, Alter oder Bildung ist. Es besteht aus drei Ratingskalen, die jeweils die drei Dimensionen bildhaft darstellen. Die einzelnen Ratingstufen sind durch Figuren repräsentiert. So lassen sich affektive Reaktion auf eine Vielzahl von Stimuli dimensional einordnen (◨ Abb. 11.3).

> Das sprachfreie Verfahren SAM ordnet anhand bildhaft dargestellter Dimensionen Valenz, Erregung und Dominanz affektive Reaktionen ein.

Kategorialer Ansatz: Erfassung distinkter Emotionskategorien

Differential Emotions Scale Andere Maße, wie z. B. die »Differential Emotions Scale« (DES; Izard et al., 1974; ◨ Tab. 11.2), sind mit dem Ziel konstruiert worden, spezifische Emotionen bzw. distinkte Emotionskategorien zu erfassen. Als zuverlässig voneinander unterscheidbare Kategorien bzw. emotionale Qualitäten haben sich Traurigkeit, Angst, Ärger, Abneigung, Freude, Zuneigung, Unruhe, Scham und Überraschung erwiesen. Die DES schließt zehn weitgefasste Emotionskatego-

> Mit der DES können zehn distinkte Emotionskategorien wie etwa Angst, Ärger oder Freude erfasst werden.

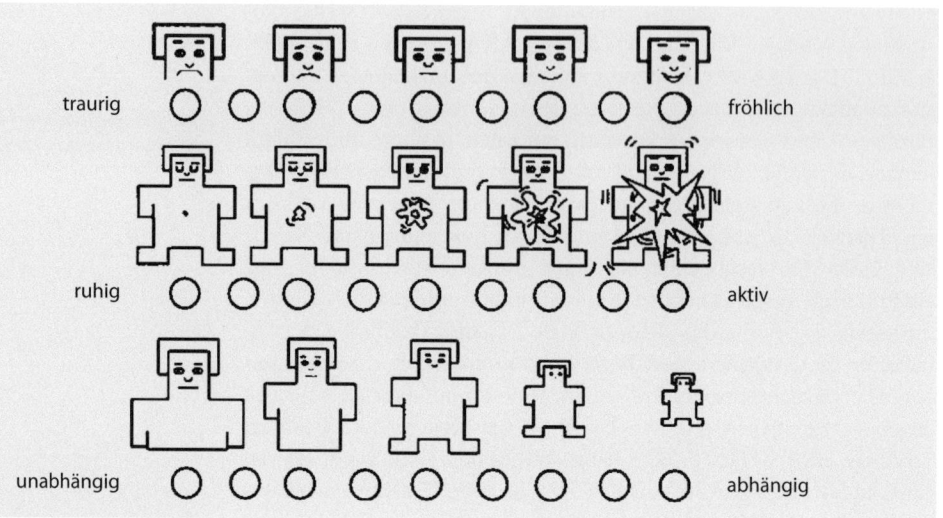

traurig 〇 〇 〇 〇 〇 〇 〇 〇 fröhlich

ruhig 〇 〇 〇 〇 〇 〇 〇 〇 aktiv

unabhängig 〇 〇 〇 〇 〇 〇 〇 〇 abhängig

◘ Abb. 11.3 Sprachfreies Selbstbeurteilungsverfahren zur Erfassung des Emotionserlebens auf den drei Gefühlsdimensionen »affektive Valenz«, »Erregung« und »Dominanz« (aus Schifferstein, Talke u. Oudshoorn, 2011)

rien ein. Jede Emotionskategorie ist mit drei Items bzw. repräsentativen Adjektiven dargestellt. So wird Zorn z. B. mit Adjektiven »aufgebracht«, »zornig«, und »wütend« in der Skala variiert. Die Vpn geben für jedes Wort auf einer fünfstufigen Skala (von 1 = »überhaupt nicht« bis 5 = »sehr stark«) an, wie stark sie sich so zu einem gegebenen Zeitpunkt gefühlt haben. Im Nachhinein werden für jede der zehn distinkten Emotionskategorien auf Basis der drei Adjektive Mittelwerte gebildet. Der Zeitpunkt, auf den sich das Emotionserleben bezieht, kann je nach Untersuchungsabsicht variiert werden: Es kann nach allgemeinem Erleben, nach aktuellem Erleben sowie zur Häufigkeit des Erlebens zu einem bestimmten Zeitraum gefragt werden.

◘ Tab. 11.2 Zehn Emotionskategorien mit jeweils drei repräsentierenden Emotionswörtern der Differential Emotions Scale (adaptiert nach Izard et al., 1974)

Interesse	aufmerksam, konzentriert, wach
Freude	erfreut, glücklich, froh
Kummer (Leid)	niedergeschlagen, traurig, mutig
Zorn	aufgebracht, zornig, wütend
Furcht	sich fürchtend, bange, ängstlich
Schuldgefühl	reuig, schuldig, tadelnswert
Ekel	angeekelt, Abscheu, Widerwille
Geringschätzung	geringschätzig, spöttisch, verachtungsvoll
Überraschung	überrascht, erstaunt, verblüfft
Scham/Schüchternheit	schüchtern, scheu, zurückhaltend

11.2.2 Verhaltensmaße: Ausdrucksverhalten

Ausdruckspsychologische Methoden der Emotionspsychologie schließen Verfahren ein, welche die nonverbalen Anteile der expressiven Komponente des Emotionssyndroms erfassen. Zum expressiven bzw. Ausdrucksverhalten zählen der mimische und der stimmliche Ausdruck sowie Gestik und Körperhaltung. Die letzten zwei Verhaltensmaße sind eher selten Gegenstand emotionspsychologischer Untersuchungen. Daher liegt der Schwerpunkt des Unterkapitels auf dem intensiv untersuchten mimischen Ausdruck.

Mit stimmlichem und mimischem Ausdruck können nonverbale Anteile der expressiven Komponente des Emotionssyndroms erfasst werden.

Stimmlicher Ausdruck

Im Alltag hören wir regelrecht heraus, ob jemand verängstigt, traurig oder gar wütend ist. Wissenschaftliche Studien untersuchen die akustische Wellenform der Sprache und überprüfen, ob einzelne akustische Merkmale des Gesprochenen wie etwa »voice amplitude« (z. B. Lautstärke) oder Tonhöhe/Stimmlage mit dem emotionalen Zustand der sprechenden Person einhergehen. Solche Merkmale scheinen v. a. die Dimension der emotionalen Erregung zu reflektieren, wobei höhere Stimmlage mit höherer Erregung zusammenhängt (Scherer et al., 1991).

Lautstärke oder Tonhöhe des Sprechers erlauben Rückschlüsse auf seinen affektiven Zustand.

Mimische Ausdrucksbewegungen

Es gibt zwei Verfahrensklassen zur objektiven Messung des mimischen Ausdrucks, die rege Anwendung in der Forschung finden: standardisierte Auswertung von aufgezeichneten mimischen Ausdrucksveränderungen (»facial action coding system«) und die Registrierung der Gesichtsmuskelaktivität (Elektromyographie).

Facial Action Coding System Das »Facial Action Coding System« (FACS; Ekman u. Friesen, 1978) ist ein objektives Kodierungsverfahren zur Beschreibung von sichtbaren Gesichtsausdrücken. »Objektiv« bedeutet in diesem Zusammenhang, dass trainierte Beurteiler sichtbare muskuläre Aktivität lediglich beschreiben, ohne diese in irgendeiner Weise als »emotional« zu interpretieren. Das Verfahren unterscheidet 44 einzelne kleinste, noch erkennbare Muskelbewegungen im Gesicht, auch »Aktionseinheiten« genannt (»action units«, AUs). Heben der Augenbrauen, Stirnrunzeln und Zusammenpressen der Lippen sind einige Beispiele dieser Beobachtungseinheiten. Erfasst werden die Häufigkeit des Auftretens sowie alle Kombinationen der Aktionseinheiten. Darüber hinaus können auch deren Ausprägungsintensität und zeitlicher Verlauf kodiert werden. Als Grundlage hierfür können sowohl Fotos als auch Filmaufnahmen von Gesichtern dienen. Die in einer vorgegebenen Zeit erfassten AUs werden dann mit den für einzelne Emotionen typischen Mustern verglichen (◘ Abb. 11.4).

Der mimische Ausdruck kann mithilfe von FACS objektiv erfasst werden. FACS erlaubt eine standardisierte Auswertung von aufgezeichneten mimischen Ausdrucksveränderungen.

Elektromyographie Die Elektromyographie (EMG) ist eine elektrophysiologische Methode, bei der mithilfe von auf dem Gesicht gezielt platzierten Elektroden die elektrische Aktivität von kontrahierten Gesichtsmuskeln gemessen werden kann. So kann mimisches Verhalten direkt gemessen werden. Sowohl die beobachtbare und die nicht beobachtbare als auch die spontane und willkürliche Mimik kann sehr genau in einer EMG-Messung erfasst werden. Elektromyographische Aktivität

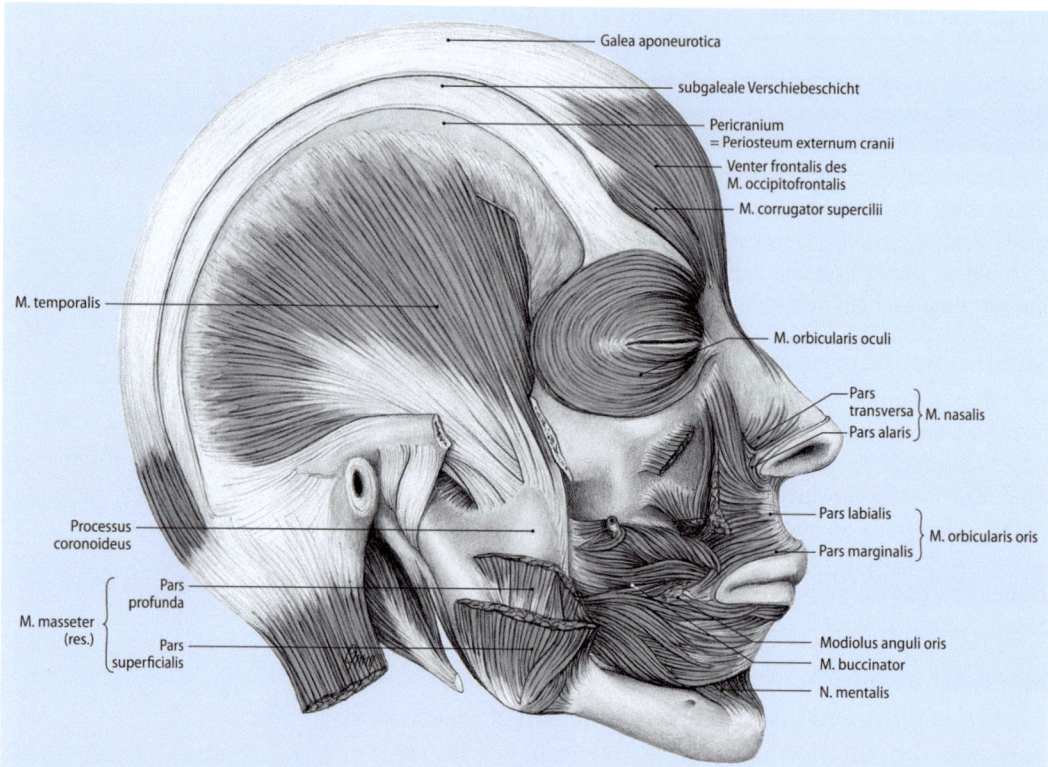

11

□ Abb. 11.4 Darstellung der Gesichtsmuskulatur (aus Zilles u. Tillmann, 2010). Die Anatomie der Mimik stellt den Ausgangspunkt für die Definition der Aktionseinheiten des FACS dar

kann widerspiegeln, wie intensiv eine affektive mimische Reaktion, die mit bloßem Auge nicht sichtbar ist, auf emotionsauslösende Reize ausfällt.

Die häufigsten EMG-Ableitungen betreffen die Muskelgruppen Corrugator supercilii (Stirn runzeln) und Zygomatikus major (anheben der Mundwinkel, lächeln), die zwischen positiven und negativen affektiven Zuständen zu differenzieren scheinen.

So kann man mit der EMG-Methode u. a. ein echtes Lächeln, das auch Duchenne-Lächeln genannt wird und sowohl den Zygomatikus major als auch den Orbicularis oculi (Augenringmuskel) involviert, von einem unechten, strategisch eingesetzten Lächeln, das nur den Zygomatikus major involviert, unterscheiden.

> Elektromyographie (EMG) erlaubt ebenfalls eine objektive Messung des mimischen Ausdrucks, indem die Aktivität der am Ausdruck bestimmter Emotionen beteiligten Gesichtsmuskeln registriert wird.

Exkurs

Guillaume-Benjamin de Boulogne

Guillaume-Benjamin de Boulogne (1806–1875) war ein französischer Physiologe, der mit elektrischem Strom Kontraktionen von verschiedenen Gesichtsmuskeln hervorrief und die so gewonnenen Gesichtsausdrücke fotografierte, um den Mechanismen der menschlichen Physiognomie auf die Spur zu kommen. Er zeigte, dass ein echtes Lächeln die Kontraktion des Zygomatikus major (Lächelmuskel) und des Orbicularis oculi, der die Lachfalten produziert, einbezieht.

11.2.3 Physiologische Maße

Autonomes Nervensystem (ANS)

Das autonome Nervensystem (ANS) hat in der Emotionsforschung viel Beachtung erfahren. Das System bildet die antagonistischen Aktivitäten des Organismus ab: Den mit Aktivierung verbundenen Sympathikus und den mit Entspannung einhergehenden Parasympathikus. Autonome Indizes wie Blutdruck, Herzrate und Hautwiderstand stellen typische und am häufigsten gebrauchte Maße dar. Welche Maße Anwendung finden, variiert in Abhängigkeit davon, ob sie in erster Linie die sympathische (z. B. Hautwiderstand), parasympathische (z. B. Herzratenvariabilität) oder beide Aktivitäten (z. B. Herzrate) erfassen können. William James (1884) ging als einer der ersten Psychologen von der Annahme aus, dass den unterschiedlichen emotionalen Zuständen (z. B. Angst, Freude, Wut) ein eigens auf sie abgestimmtes, spezifisches Muster der autonomen Aktivität zugrunde liegt (Wut zeichnet sich so z. B. durch erhöhte Muskelanspannung, erhöhten diastolischen Blutdruck, vermehrte elektrodermale Aktivität und erhöhte Herzrate aus). Bis heute ist diese Annahme vielfach mit unterschiedlichen, sich widersprechenden Ergebnissen überprüft worden und ist nach wie vor unter Forschern umstritten. Die Gegenposition vertritt die Ansicht, dass ANS-Muster eher mit einzelnen Emotionsdimensionen, wie Valenz oder Erregung, als mit einzelnen Emotionen zusammenhängen (Mauss u. Robinson, 2009).

> Autonome Indizes wie Blutdruck, Herzrate und Hautwiderstand stellen typische und am häufigsten gebrauchte Maße der Emotionsforschung dar.

Zentrales Nervensystem (ZNS)

Viele Forscher vertreten den Standpunkt, dass physiologische Korrelate von einzelnen Emotionen eher direkt im Gehirn als in peripheren physiologischen Maßen zu finden sind. Die Methoden der Wahl sind zum einen das älteste ZNS-Messverfahren, die Elektroenzephalographie, und zum anderen die Neurobildgebung.

Elektroenzephalographie Mit der Elektroenzephalographie wird die elektrische Aktivität des Gehirns gemessen und graphisch in einem Elektroenzephalogramm (EEG) abgebildet. Zu diesem Zweck werden Elektroden auf der Kopfoberfläche platziert, die die elektrische Aktivität der Neurone aus den darunterliegenden Hirnarealen registrieren. Dem Verfahren wird ausgezeichnete zeitliche Auflösung, aber eine eher bescheidene räumliche Auflösung bescheinigt. Mit anderen Worten, der letzte Aspekt erlaubt Aufschluss über die Aktivität eher größerer Hirnregionen (z. B. frontaler, okzipitaler, parietaler oder temporaler Lappen) und weniger über die Reihenfolge der Verarbeitungsschritte. Was den Zeitaspekt betrifft, so ist es möglich, die Aktivität dieser Regionen mit der Darbietung von Emotionsstimuli zeitlich zu verbinden. Insbesondere in der Emotionsforschung sind neben der Messung der spontanen hirnelektrischen Aktivität die evozierten oder ereignisbezogenen Potenziale (ERPs) interessant.

Neurobildgebung Mit dem Einsatz bildgebender Verfahren wie fMRI (funktionelle Magnetresonanztomographie) oder PET (Positronen-Emissions-Tomographie) kann die Funktion einzelner Hirnareale untersucht werden. Sie können im Vergleich zum EEG die Aktivität in

> Mithilfe von Elektroenzephalographie und Neurobildgebung können physiologische Korrelate von Emotionen untersucht werden.

weitaus spezifischeren Hirnregionen verorten. Aus diesem Grund ist behauptet worden, dass sie auch deshalb geeignet sind, Emotionsspezifität im Gehirn zu identifizieren. Beide Verfahren basieren auf der Annahme, dass ein stärkeres Signal eine größere Blutzufuhr zu einer bestimmten Hirnregion bedeutet, was wiederum ein Hinweis auf eine erhöhte Aktivität in dieser ist.

Schreckreflex

Der Schreckreflex ist eine unwillkürliche Reaktion auf plötzliche, intensive Reize (z. B. laute Geräusche oder Lichtblitze). Er tritt mit einer zeitlichen Verzögerung von 30–50 ms (Latenzzeit) ein und manifestiert sich mit einer Lidschlussreaktion sowie einer Anspannung des Nackens und der Rückenmuskulatur. Da der Lidschluss (blinzeln) die zuverlässigste motorische Komponente des Schreckreflexes ist, wird seine Ausprägung zur Bestimmung der Schreckreaktionsintensität herangezogen. Zu diesem Zweck werden unter dem unteren Augenlid (am M. orbicularis oculi) Elektroden platziert und mit einer elektromyographischen Messung (EMG) die Muskelaktivität registriert. Der Schreckreflex erfüllt eine Schutzfunktion: Der Körper und insbesondere das Auge sollen vor Verletzungen geschützt werden.

Inwiefern ist der Schreckreflex als Emotionsmaß brauchbar? Emotionen können die Ausprägung des Schreckreflexes modulieren: Positive Emotionen gehen mit einem verminderten Schreckreflex einher, während negative Emotionen ihn intensivieren. Weshalb? Peter Lang (1995) vertritt hier die Ansicht, dass negative Emotionen das Vermeidungssystem aktivieren und dies seinerseits defensive Verhaltenstendenzen, wie Verteidigung und Flucht (und den Schreckreflex), im Vergleich zu emotional neutralen Zuständen wahrscheinlicher macht. Das mit positiven Emotionen assoziierte Annäherungssystem hemmt solche defensiven Tendenzen und sollte im Vergleich zu neutralen Zuständen zu einer verringerten Schreckreaktion führen. Die Behauptung konnte in zahlreichen Untersuchungen untermauert werden (Lang, 1995). So wurde u. a. demonstriert, dass Menschen mit Angststörungen auf phobische Reize mit einem entsprechend stärker ausgeprägten Schreckreflex als andere Menschen reagieren (s. Birbaumer u. Öhman, 1993).

Mit der Lektüre dieses Kapitels konnten Sie feststellen, dass den Emotionsforschern eine Fülle unterschiedlicher Methoden zur Verfügung steht, wenn sie den Gegenstand Emotion untersuchen. Wenn sie Emotionen bei Menschen mithilfe von Filmen, Bildern, Musik, Erinnerungen usw. experimentell auslösen oder die Erfahrung einer Emotion in messbare Einheit übersetzen wollen, indem sie Selbstberichte, physiologische oder Verhaltensmaße anwenden, steht immer die Grundüberlegung im Vordergrund: Was genau ist das Untersuchungsziel und welche theoretische Tradition leitet die vorliegende Fragestellung?

> Der Schreckreflex steht in einem engen Zusammenhang mit der Valenzdimension von Emotionen. Als Maß zur Erfassung einzelner distinkter Emotionen ist er ungeeignet.

11

? **Kontrollfrage**

1. Stellen Sie sich vor, Sie möchten untersuchen, wie sich Angehörige einer kollektivistischen von den Angehörigen einer individualistischen Kultur im Ausdruck von Stolz und Scham voneinander unterscheiden. Greifen Sie auf vorgestellte Methoden zur Induktion und Erfassung von Emotionen bei der Planung Ihrer Untersuchung zurück. Begründen Sie Ihre Methodenauswahl!

Coan, J. A., & Allen, J. J. B. (2007). *Handbook of Emotion Elicitation and Assessment.* New York: Oxford University Press.

Literatur

Ax, A. F. (1953). Physiological differentiation between fear and anger in humans. *Psychosomatic Medicine, 15,* 433–442.

Birbaumer, N., & Öhman, A. (Eds.). (1993). *The Structure of Emotion.* Toronto: Hogrefe u. Huber.

Bradley, M. M., & Lang, P. J. (1994). Measuring emotion: The self-assessment manikin and the semantic differential. *Journal of Behavior Therapy and Experimental Psychiatry, 25,* 49–59.

Bradley, M. M., & Lang, P. J. (1999*). International affective digitized sounds (IADS): Stimuli, instruction manual and affective ratings* (Tech. Rep. No. B-2). Gainesville: University of Florida.

Brandstätter, V., & Otto, J. (2009). *Handbuch der Allgemeinen Psychologie: Motivation und Emotion.* Göttingen: Hogrefe.

Breyer, B., & Bluemke, M. (2016). Deutsche Version der Positive and Negative Affect Schedule PANAS (GESIS Panel). *Zusammenstellung sozialwissenschaftlicher Items und Skalen.* doi:10.6102/zis242

Cohn, J. F., Ambadar, Z., & Ekman, P. (2007). Observer-based measurement of facial expression with the Facial Action Coding System. In J. A. Coan & J. J. B. Allen (Eds.), *The handbook of emotion elicitation and assessment* (pp. 203-221). New York: Oxford University Press.

Ekman, P., & Friesen, W. V. (1978). *Manual for facial action coding system.* Palo Alto: Consulting Psychologists Press.

Ellsworth, P. C., & Smith, C. A. (1988). From appraisal to emotion: Differences among unpleasant feelings. *Motivation and Emotion, 12,* 271–302.

Fredrickson, B. L., & Branigan, C. (2005). Positive emotions broaden the scope of attention and thought-action repertoires. *Cognition and Emotion, 19,* 313–332.

Gross, J., & Levenson, R. W. (1995). Emotion elicitation using film. *Cognition and Emotion, 9,* 87–108.

Izard, C. E., Dougherty, F. E., Bloxom, B. M., & Kotsch, N. E. (1974). *The differential emotion scale: A method of measuring the meaning of subjective experience of discrete emotions.* Nashville, TN: Vanderbilt University.

James, W. (1884). What is an emotion? *Mind, 9,* 188–205.

Lang, P. J. (1980). Behavioral treatment and bio-behavioral assessment: computer applications. In J. B. Sidowski, J. H. Johnson, & T. A. Williams (Eds.), *Technology in mental health care delivery systems* (119–137). Norwood, NJ: Ablex.

Lang, P. J. (1995). The emotion probe: Studies of motivation and attention. *American Psychologist, 50,* 371–385.

Lang, P. J., Bradley, M. M., & Cuthbert, B. N. (2008). *International affective picture system (IAPS): Affective ratings of pictures and instruction manual* (Tech. Rep. No. A-8). Gainesville: University of Florida.

Lench, H. C., Flores, S. A., & Bench, S. W. (2011). Discrete emotions predict changes in cognition, judgment, experience, behavior, and physiology: A meta-analysis of experimental emotion elicitations. *Psychological Bulletin, 137,* 834–855.

Mauss, I. B., & Robinson, M. D. (2009). Measures of emotion: A review. *Cognition and Emotion, 23,* 209–237.

Neumann, R. (2000). The causal influences of attributions on emotions: A procedural priming approach. *Psychological Science, 11,* 179–182.

Open Science Collaboration (2015). Estimating the reproducibility of psychological science. *Science, 349*(6251), aac4716.

Osgood, C. E., Suci, G. J., & Tannenbaum, P. H. (1957). *The measurement of meaning.* Urbana: University of Illinois Press.

Philippot, P. (1993). Inducing and assessing differentiated emotion-feeling states in the laboratory. *Cognition and Emotion, 7,* 171–193.

Robinson, M. D., Johnson, J., & Shields, S. (1998). The gender heuristic and the database: Factors affecting the perception of gender-related differences in the experience and display of emotions. *Basic and Applied Social Psychology, 20,* 206–219.

Schaefer, A., Nils, F., Sanchez, X., & Philippot, P. (2010). Assessing the effectiveness of a large database of emotion-eliciting films: A new tool for emotion researchers. *Cognition and Emotion, 24*(7), 1153–1172. Stimuli database: http://nemo.psp.ucl.ac.be/FilmStim/

Scherer, K. R., Bance, R., Wallbott, H. G., & Goldbeck, T. (1991). Vocal cues in emotion encoding and decoding. *Motivation and Emotion, 15,* 123–148.

Schifferstein, H. N. J., Talke, K. S. S., & Oudshoorn, D.-J. (2011). Can Ambient Scent Enhance the Nightlife Experience? *Chemosensory Perception, 4*(1), 55–64.

Schmidt-Atzert, L., Peper, M., & Stemmler, G. (2014). *Emotionspsychologie* (2. Aufl.). Stuttgart: Kohlhammer.

Strack, F. (2016). Reflection on the Smiling Registered Replication Report. *Perspectives on Psychological Sciences, 11*(6), 929–930.

Strack, F., Martin, L. L., & Stepper, S. (1988). Inhibiting and facilitating conditions of the human smile: A nonobtrusive test of the facial feedback hypothesis. *Journal of Personality and Social Psychology, 54,* 768–777.

Stroebe, W., & Strack, F. (2014). The alleged crisis and the illusion of exact replication. *Perspectives on Psychological Sciences, 9*(1), 59–71.

Velten, E. (1968). A laboratory task for induction of mood states. *Behavior, Research and Therapy, 6,* 473–482.

Wagenmakers, E. J., Beek, T., Dijkhoff, L., Gronau, Q. F., Acosta, A., Adams, R. B., & Bulnes, L. C. (2016). Registered Replication Report: Strack, Martin, & Stepper (1988). *Perspectives on Psychological Science, 1,* 12.

Watson, D., Clark, L. A., & Tellegen, A. (1988). Development and validation of brief measures of positive and negative affect: The PANAS scales. *Journal of Personality and Social Psychology, 54,* 1063–1070.

Westermann, R., Spies, K., Stahl, G., & Hesse, A. (1996). Relative effectiveness and validity of mood induction procedures: A meta-analysis. *European Journal of Social Psychology, 26*(4), 557–580.

Zilles, K., & Tillmann, B. (2010). *Anatomie.* Heidelberg: Springer.

11

12 Forschungsansätze und Emotionstheorien

© Springer-Verlag GmbH Deutschland, ein Teil von Springer Nature 2018
V. Brandstätter et al., *Motivation und Emotion*, Springer-Lehrbuch
https://doi.org/10.1007/978-3-662-56685-5_12

Lernziel

— Wichtigste Forschungsansätze zur Emotionsentstehung beschreiben, bewerten und miteinander vergleichen können.

12.1 Die Erforschung von Emotionen aus historischer Perspektive

Hermann Ebbinghaus (1908) leitet in seinem Buch »Abriss der Psychologie« die Abhandlung über die Geschichte der Psychologie mit dem vielzitierten Satz ein, dass die Psychologie zwar eine lange Vergangenheit, aber nur eine kurze Geschichte habe. Es war mit Wilhelm Wundt ein promovierter Mediziner und Professor der Philosophie, der 1879 in Leipzig das erste Institut für experimentelle Psychologie gründete. Diese Zeit hatte Ebbinghaus vermutlich als Beginn der kurzen Geschichte der Psychologie im Blick. Die Pioniere der wissenschaftlichen Psychologie waren häufig Mediziner oder Philosophen wie Wundt bzw. Physiologen oder Biologen. Die lange Vergangenheit der Psychologie liegt in diesen Disziplinen. Gerade aus diesen Gebieten sind zahlreiche Elemente und Konzepte in die psychologische Theorienbildung und empirische Forschung eingeflossen. Schönpflug (2000) weist zu Recht darauf hin, dass wenige Ansätze der damals jungen Wissenschaft wirklich neu waren. Aus heutiger Sicht muss man sagen, dass diese Ansätze mit langer Tradition jedoch damals erstmals einer empirischen Prüfung unterzogen wurden.

Was für die Psychologie im Allgemeinen gilt, gilt auch für die Emotionspsychologie. Zentrale Fragen der heutigen Emotionspsycho-

Die Psychologie als Wissenschaft hat ihre Wurzeln in anderen Disziplinen wie Medizin, Physiologie, Biologie oder Philosophie.

logie haben bereits Philosophen von der Antike bis zur Neuzeit beschäftigt. Exemplarisch sei hier das **Leib-Seele-Problem** genannt. Dabei geht es darum, in welcher Beziehung das Geistige zu dem Körperlichen steht. Während sich Psychologen heute eher mit der Frage beschäftigen, ob und welchen Einfluss Kognitionen auf Emotionen und deren körperlich-physiologischen Komponenten haben, haben Philosophen wie Descartes und Spinoza viel allgemeiner und grundlegender darüber nachgedacht, ob und wie überhaupt etwas Immaterielles wie der Geist auf etwas Materielles wie den Körper Einfluss nehmen kann.

In der Philosophie des 17. Jahrhunderts hat es bereits Überlegungen gegeben, die modernen Emotionstheorien sehr ähnlich sind, ohne dass die modernen Theorien sich immer explizit auf diese philosophischen Wurzeln berufen. So hat Spinoza zum Beispiel vermutet, dass die Qualität der Gefühle auch von der Ursache abhängt, auf die man sie zurückführt. Demnach folge Reue auf eine negative Selbstbewertung und Scham auf eine negative Fremdbewertung. Solche Überlegungen sind zentral in modernen attributions- und bewertungstheoretischen Ansätzen (s. Schönpflug, 2000).

In der Philosophie hat es im Laufe der Jahrhunderte verschiedene Auffassungen darüber gegeben, ob Emotionen (häufig Gefühle oder Affekte genannt) etwas Erstrebenswertes sind, oder etwas, das es zu verhindern oder zu unterdrücken gilt. Allerdings haben nicht alle Philosophen Affekte als gut oder schlecht kategorisiert. Für Aristoteles waren Affekte neutral. Er wies sinngemäß darauf hin, dass sie nicht zu erstreben oder zu unterdrücken seien, sondern so zu beherrschen, dass sie sich im Rahmen halten.

Die Stoiker, Anhänger einer Philosophieschule, die etwa um 300 v. Chr. gegründet wurde, waren der Meinung, man müsse alles unterdrücken, was der Vernunft zuwider läuft, dazu gehörten v. a. die **Affekte**. Für die Stoiker waren jedoch nicht alle Affekte mit der **Vernunft** unvereinbar. Auf der Seite der Affekte, von denen der Mensch sich befreien müsse, nannten sie Begierde, Lust, Schmerz und Furcht. Im Einklang mit der Vernunft seien hingegen Freude, Vorsicht und vernünftiges Wollen. Dieser stoischen Tradition folgten auch spätere Philosophen wie Spinoza, Descartes (17. Jh.) und Kant (18. Jh.). Spinoza und Descartes gingen davon aus, dass Affekte eine Rolle bei der Handlungsplanung und -steuerung spielen. Damit wurde, noch bevor die Psychologie als Wissenschaft existierte, in der Philosophie bereits eine Funktion von Emotionen thematisiert, die später in der modernen Emotionspsychologie als zentral gelten sollte.

Wenn man das Jahr 1879 als Geburtsjahr der wissenschaftlichen Psychologie akzeptiert, kann man mit Fug und Recht sagen, dass Emotionen in der Psychologie bereits sehr früh Gegenstand der Forschung und Theorienbildung waren.

Dabei gleicht das Ausmaß an Interesse, das Emotionen als Forschungsgegenstand entgegengebracht wurde, einer Berg- und Talfahrt. In der Anfangsphase bis etwa in die 1920er- oder 1930er-Jahre war das Interesse und somit die Anzahl der entsprechenden Publikationen hoch. Danach ließen sich bis Ende der 1970er-Jahre in Monographien, Lehrbüchern und Fachzeitschriften nur noch relativ selten Beiträge zur Emotionspsychologie finden. Ab diesem Zeitpunkt ging es aber wieder

---

Bereits im 17. Jahrhundert wurde vermutet, dass Gefühle von den Ursachen abhängen, auf die man sie zurückführt.

Für Aristoteles waren Emotionen etwas, das es nicht anzustreben oder zu unterdrücken, sondern zu beherrschen gilt.

12

Die Stoiker und Philosophen, die deren Tradition folgten (z. B. Spinoza, Descartes, Kant), sahen Emotionen nicht grundsätzlich als negativ an. Sie unterschieden sog. Affekte, die mit der Vernunft vereinbar sind, von solchen, die es nicht sind.

stetig bergauf, und zum jetzigen Zeitpunkt scheint der Gipfel noch nicht erreicht.

Dass die Emotionspsychologie eine Talsohle von 40 bis 50 Jahren zu durchschreiten hatte, hat verschiedene Ursachen, die an dieser Stelle nicht im Detail erörtert werden können. Zwei Aspekte, die sicherlich einen Beitrag dazu geleistet haben, sollen hier dennoch genannt werden. In seinem Buch mit dem Titel »*Psychology as the behaviorist views it*« hat Watson (1913/1968) gefordert, sich fortan auf die Untersuchung beobachtbaren Verhaltens zu beschränken und auf »absurde Termini« wie Seele und Bewusstsein zu verzichten. Er geißelte die Introspektion (Selbstbeobachtung) als Untersuchungsmethode für psychische Vorgänge als völlig unzureichend. Mit ihr könne es nicht gelingen, die Psychologie zu einem objektiven Zweig der Naturwissenschaften zu machen. Da die von Watson vertretene, als **Behaviorismus** bezeichnete Strömung in der amerikanischen Psychologie etwa seit den 1920er-Jahren vorherrschte, kam die emotionspsychologische Forschung in den USA weitgehend zum Erliegen. Dennoch gab es auch zu dieser Zeit Forscher, die Watsons Meinung nicht teilten. McDougall hat in Rahmen einer Debatte mit Watson ein glühendes Plädoyer gegen die reduktionistische und materialistische Sichtweise Watsons gehalten. Dabei hat er sich auch für die Introspektion als wichtige Datenquelle zur Untersuchung menschlichen Verhaltens ausgesprochen. Das folgende Zitat, das weniger ein sachliches Argument als ein persönlicher Angriff auf Watson war, lässt vermuten, dass McDougall bei seinem Plädoyer auch Emotionen als Untersuchungsgegenstand im Blick hatte.

» Now, though I am sorry for Dr. Watson, I mean to be entirely frank about his position. If he were an ordinary human being, I should feel obliged to exercise a certain reserve, for fear of hurting his feelings. We all know that Dr. Watson has his feelings, like the rest of us. But I am at liberty to trample on his feelings in the most ruthless manner; for Dr. Watson has assured us (and it is the very essence of his peculiar doctrine) that he does not care a cent about feelings, whether his own or those of any other person (McDougall, 1929, S. 45).

Eine der Ursachen für den zeitweiligen Niedergang der Emotionspsychologie war somit mit dem Behaviorismus eine wissenschaftliche Strömung, die die Untersuchung von Emotionen in weiten Teilen als unwissenschaftlich ablehnte. Das behavioristische Wissenschaftsverständnis wurde bereits in dem Kapitel über historische Ansätze der Motivationspsychologie erläutert (▶ Kap. 2). Der Behaviorismus war jedoch eine amerikanische Strömung und hat in Europa kaum eine Rolle gespielt. Hier hätte es demnach weiter emotionspsychologische Forschung geben können. Allerdings haben die nationalsozialistische Herrschaft und der Zweite Weltkrieg die Forschungstätigkeit europäischer Wissenschaftler stark eingeschränkt. Viele Forscher erhielten Berufsverbot, wanderten aus oder mussten ihre Forschung in den Dienst des Naziregimes stellen.

In den 1950er- und 1960er-Jahren begann man sich nun auch in den USA wieder für die Prozesse zu interessieren, die sich zwischen Reiz und Reaktion abspielten, und machte auch kognitive Phänomene wie Aufmerksamkeit, Bewusstsein und Informationsverarbeitung zum Untersuchungsgegenstand, der sich einer direkten Beobachtung entzieht. Diesen

Nach der Anfangsphase in den 1920er- und 1930er-Jahren hat es ca. 50 Jahre lang kaum noch emotionspsychologische Forschung gegeben. Ein Grund dafür mag der in den USA aufstrebende Behaviorismus gewesen sein, in dem die Untersuchung von Emotionen wegen ihrer subjektiven Komponente als unwissenschaftlich galt.

Paradigmenwechsel vom Behaviorismus zum sog. **Kognitivismus** bezeichnet man auch als »kognitive Wende«. Es sollte aber noch weitere zwanzig Jahre dauern, bis Scherer (1981) mit einem Vortrag »Wider die Vernachlässigung der Emotion in der Psychologie« symbolisch eine neue Ära emotionspsychologischer Forschung einläutete. Seitdem hat sich Scherer kontinuierlich in besonderem Maße um die Emotionspsychologie verdient gemacht und wurde dafür 2008 von der Deutschen Gesellschaft für Psychologie für sein Lebenswerk ausgezeichnet.

Im Folgenden wird ein kurzer Überblick über wichtige theoretische Ansätze der Emotionspsychologie gegeben. Eine erschöpfende Darstellung aller wichtigen historischen und aktuellen Emotionstheorien würde den Rahmen dieses Lehrbuchs sprengen. Wir beschränken uns deshalb auf zentrale Annahmen bestimmter Klassen von Theorien bzw. auf besonders prominente Vertreter von Theorieklassen. Wir haben versucht, bei der Reihenfolge der dargestellten Ansätze eine chronologische Reihenfolge einzuhalten. Dies ist allerdings nicht immer gelungen, da sich die Ansätze teilweise zeitlich erheblich überlappen.

12.2 Evolutionsbiologische Ansätze

Evolutionsbiologische Ansätze der Emotionspsychologie beschäftigen sich im Wesentlichen mit der Frage, welche Aspekte von Emotionen zum biologischen Erbe von Menschen gehören und deshalb bereits mit der Geburt vorhanden oder wenigstens angelegt sind. Dabei ist besonders relevant, welchen Wert Emotionen für das individuelle Überleben und das Überleben einer Art haben.

Die einschlägige Emotionsforschung der letzten Jahrzehnte, und zwar insbesondere die mit einem evolutionspsychologischen Hintergrund, ist maßgeblich durch die Grundannahmen der evolutionsbiologischen Emotionstheorie von Charles Darwin beeinflusst worden. Den Grundstein hierfür bildete sein Werk »*Der Ausdruck der Gemütsbewegungen bei dem Menschen und den Tieren*« (*The Expression of Emotion in Man and Animals*, 1872/1998). Der mimische Ausdruck von Emotionen wird hier als genetisch angelegtes und im Laufe der Evolution durch den Prozess der natürlichen Auslese entstandenes Phänomen betrachtet. Der mimische Ausdruck von Emotionen entwickelte sich (phylogenetisch) als adaptive Reaktion des Organismus aus der kontinuierlichen, millionenfachen Auseinandersetzung unserer Spezies mit bestimmten wiederkehrenden Anforderungen der Umwelt. Der Emotionsausdruck erfüllte **wichtige Funktionen**, sei es in Konflikten mit Artgenossen, bei der Aufnahme ungenießbarer Nahrung, beim unerwarteten Auftreten eines Ereignisses oder der Bedrohung des eigenen Lebens, z. B. durch Raubtiere oder eine Naturgewalt. Durch die Fähigkeit, den zugehörigen emotionalen Zustand und die damit einhergehenden Absichten, Gedanken und Bedürfnisse der sozialen Umwelt mitzuteilen, erhöhte sich die Überlebenswahrscheinlichkeit der Spezies. Darüber hinaus hat der Ausdruck von Emotionen verhaltensvorbereitende Funktion. Das Fletschen der Zähne beim Ausdruck des Ärgers könnte beispielsweise einen Biss vorbereiten.

Manche dieser Emotionsausdrücke, wie beispielsweise der mimische Ausdruck des Ekels, betrachtete Darwin als »Überbleibsel« einstmalig sinnvoller physiologischer Reaktionen. So ging ursprünglich der Ausdruck mit dem Ausspucken ungenießbarerer Substanzen einher, während er heutzutage auch bei metaphorisch Ungenießbarem, d. h. Geschmacklosem gezeigt wird.

Auch das **Emotionserleben** hat aus dieser Perspektive gesehen einen Überlebenswert. Verhaltensweisen, die zur Selbst- und Arterhaltung dienen, sind von positiven Emotionen begleitet, während Verhaltensweisen, die diesbezüglich schädlich sind, von negativen Emotionen begleitet sind (Bischof-Köhler, 1985). In der Entstehungsgeschichte des Menschen gab es z. B. Zeiten, in denen Nahrungsmittel nur zeitweilig zur Verfügung standen. Deshalb waren der Mensch und seine Vorfahren darauf angewiesen, Energie in Form von Fettdepots zu speichern. Fett- und kohlehydratreiche Lebensmittel sind dazu besonders geeignet. Deren Aufnahme ist auch heute noch mit positiven Emotionen verbunden. Man geht davon aus, dass die überlebensdienlichen Emotions- und Motivationssysteme, die über Jahrmillionen entstanden und in phylogenetisch alten Hirnstrukturen verankert sind, sich nicht innerhalb weniger Jahrtausende ändern, weil z. B. Nahrung im Überfluss vorhanden ist. Ähnlich ist es mit Substanzen und Situationen, die das Überleben gefährden. Sie sind in der Regel mit negativen Emotionen verbunden. So sind giftige Substanzen häufig durch ihren bitteren Geschmack ungenießbar, und Ekel wird häufig durch solche Situationen ausgelöst, die unsere Gesundheit gefährden könnten, z. B. ansteckende Krankheiten oder Verschmutzungen.

Sollte die evolutionäre Perspektive zutreffen, so müssten bestimmte grundlegende Emotionen bei allen Menschen unabhängig von ihrem Alter, Geschlecht und kulturellen Hintergrund vorhanden sein. Diese Idee der **Universalität der Emotionen** haben modernere biologische Emotionstheorien aufgegriffen. Paul Ekman, einer der prominentesten Vertreter dieser Theorien, nimmt z. B. in seiner neurokulturellen Emotionstheorie des mimischen Emotionsausdrucks (»neuro-cultural theory«; Ekman, 1972) an, dass der Emotionsausdruck im Hinblick auf eine begrenzte Anzahl von Basisemotionen universell ist. Das heißt, dass jede der sog. Basisemotionen mit einem spezifischen mimischen Ausdruck einhergeht, der über unterschiedliche Kulturen hinweg gleichartig ist. Die Universalitätsannahme gilt als empirisch sehr gut belegt (▶ Abschn. 15.1.1, Kultur und Ausdruck vom Emotionen). Ekman identifiziert sechs (mit »Verachtung« sieben) Basisemotionen: Freude, Überraschung Ärger, Ekel, Furcht und Trauer. Andere Vertreter des evolutionsbiologischen Ansatzes wie etwa Carroll Izard oder Robert Plutchik postulieren zehn bzw. acht der grundlegenden menschlichen Emotionen. Eine weitere Annahme solcher Ansätze besteht darin, dass Emotionen wie Scham, Stolz oder Schuldgefühl phylogenetisch jünger sind und den Basisemotionen entstammen.

Der evolutionspsychologische Ansatz betrachtet Emotionen als ein Ergebnis der Entstehungsgeschichte von Mensch und Tier. Der mimische Ausdruck von Emotionen verschaffte der Spezies Überlebens- und Fortpflanzungsvorteile. Der Ansatz beschäftigt sich ferner mit der Frage, welche Komponenten von Emotionen erblich sind.

Verhalten, das der Selbst- und Arterhaltung dienlich ist, fördert das Erleben positiver Emotionen, während Verhalten, welches das Überleben und Fortpflanzung der Art gefährdet, das Erleben negativer Emotionen begünstigt.

Freude, Überraschung Ärger, Ekel, Furcht und Trauer sind sog. universelle Basisemotionen, d.h. Emotionen, die bei allen Menschen zu finden sind, und zwar unabhängig von ihrem Alter, Geschlecht und kulturellen Hintergrund.

12.3 Behavioristisch-lerntheoretische Ansätze

Anders als bei den evolutionsbiologischen Ansätzen geht es bei den behavioristisch-lerntheoretischen Ansätzen nicht darum, ob Emotionen bereits bei der Geburt vorhanden sind, sondern darum, wie sie durch **Lernerfahrungen** entstehen. Genauer gesagt geht es darum, wel-

12

Behavioristisch-lerntheoretische Ansätze gehen davon aus, dass Emotionen im Laufe der individuellen Lerngeschichte durch klassisches und instrumentelles Konditionieren erworben werden.

che Reize aufgrund von Lernerfahrungen zu Emotionsauslösern werden und welches Verhalten aufgrund von Lernerfahrung auf diese Emotionsauslöser gezeigt wird.

Wie bereits in ▶ Abschn. 12.1 beschrieben, spricht einiges dafür, dass der Behaviorismus für die lange Vernachlässigung der Emotionen als Forschungsgegenstand mitverantwortlich war. Ein Teil der Emotionen, z. B. die subjektive Komponente, war für Behavioristen tabu, da sie sich nicht objektiv erfassen lassen. Das bedeutet jedoch nicht, dass sich die Behavioristen gar nicht mit Emotionen beschäftigt hätten. Sie haben sich mit den beobachtbaren und messbaren Ursachen und Indikatoren für Emotionen befasst.

Anders als die Evolutionsbiologen interessierten sich die Lerntheoretiker bzw. Behavioristen dabei nicht dafür, inwiefern Emotionen überlebensdienlich sind und welche Komponenten zu welchem Ausmaß bereits mit der Geburt vorhanden sind. Es ging vielmehr darum, zu zeigen, dass Emotionen den Gesetzen der klassischen und instrumentellen **Konditionierung** unterliegen. Damit können sie – wie anderes Verhalten auch – durch Lernen erworben und entsprechend wieder verlernt werden.

Beispiel

Die Gerüche von Metallspänen oder gekochtem Kohl gehören wahrscheinlich nicht gerade zu den Gerüchen, die Menschen generell als besonders angenehm empfinden. Dennoch können sie bei einigen Menschen je nach Lerngeschichte positive Emotionen hervorrufen. Bei welchen Gerüchen, Geräuschen oder Anblicken wir positive oder negative Gefühle haben, hängt entscheidend von unserer Lerngeschichte ab. Stellen wir uns Anna, die Tochter eines Schlossers vor, der in ihrer Kindheit in einer metallverarbeitenden Fabrik gearbeitet hat. Sie erlebt bei dem Geruch von Metallspänen positive Emotionen, weil ihr Vater nach der Arbeit, noch bevor er sich umgezogen hat, seinen Kindern Geschichten vorgelesen hat. Den Geruch seiner Kleidung assoziiert sie fortan mit den Empfindungen, die sie beim Vorlesen der Geschichten hatte.

Der Geruch von gekochtem Kohl erinnert zuweilen an Fäkalien. Georg mag ihn dennoch besonders gern, weil es in dem Haus seiner Tante oft danach gerochen hatte. Dort wohnte auch sein Cousin Norbert, mit dem er in den Sommerferien die schönsten Wochen im Jahr verbracht hatte. Er verbindet den Geruch mit einer glücklichen Zeit.

Watson und Rayner (1920) gingen davon aus, dass eigentlich neutrale Reize irgendwann Emotionen hervorrufen können, wenn sie mit Reizen assoziiert werden, die diese Eigenschaft bereits haben.

Watson und Rayner haben 1920 eine Studie durchgeführt, die heute von Ethikkommissionen, welche psychologische Studien vor ihrer Durchführung prüfen, ganz sicher nicht mehr als unbedenklich eingestuft würde. Die Autoren wollten mit dieser Studie die Frage beantworten, wie sich aus einigen wenigen basalen kindlichen emotionalen Reaktionen wie Furcht, Wut und Liebe eine größere Zahl komplexer Emotionen entwickeln kann. Sie vermuteten in diesem Zusammenhang, dass die jeweiligen Emotionen nur durch wenige Reize hervorgerufen werden können. So sollte Furcht z. B. zunächst nur durch plötzliche laute Geräusche entstehen, oder wenn man Säuglingen abrupt den Halt entzieht. Letzteres kann dadurch geschehen, indem man z. B. die unterstützende Hand kurzzeitig unter dem Körper des Säuglings wegzieht. Das Spektrum von Reizen, die emotionale Reaktionen hervorrufen können, müsse sich aber durch Lernprozesse deutlich erweitern lassen. Dies soll durch die Assoziation von Reizen, die natürlicherweise bestimmte Emotionen hervorrufen, mit solchen Reizen geschehen, die keine bzw.

andere Emotionen hervorrufen. Durch diese Assoziation soll der ursprünglich neutrale Reiz die emotionsauslösenden Eigenschaften des Reizes übernehmen, mit dem er assoziiert wurde. Mit anderen Worten, emotionale Reaktionen sollten klassisch konditioniert werden können.

Studie

Watson und Rayner (1920)

Um nachzuweisen, dass emotionale Reaktionen tatsächlich klassisch konditioniert werden können, haben Watson und seine Assistentin einen Jungen namens Albert getestet, der zu Beginn der Versuchsreihe etwa neun Monate alt war. Wie bei Studien zur klassischen Konditionierung üblich, haben sie zunächst geprüft, ob der als neutral eingestufte Reiz tatsächlich keine Reaktionen – in diesem Fall emotionale Reaktionen – hervorruft. Dazu haben sie Albert mit einer weißen Ratte und einer Reihe anderer pelziger Objekte (z. B. andere Tiere, ein Pelzmantel) konfrontiert. Albert zeigte weder bei diesen noch bei anderen Objekten, wie einer brennenden Zeitung, eine Furchtreaktion. In den meisten Fällen zeigte er sich eher interessiert und betastete die Objekte.

Um im zweiten Schritt zu überprüfen, ob ein plötzliches lautes Geräusch bei Albert Furcht hervorrief, schlugen sie mit einem Hammer auf eine Eisenstange. Die Reaktionen entsprach ihren Erwartungen: Albert begann zu weinen.

In der Folge wurde die weiße Ratte, bei der Albert wie gesagt zuvor keine Anzeichen von Furcht gezeigt hatte, dem Jungen siebenmal zusammen mit dem lauten Geräusch präsentiert. Danach wurde Albert die Ratte allein gezeigt, ohne dass das laute Geräusch folgte. Nun begann der Junge bereits beim Anblick der Ratte zu weinen. Die Autoren schlossen daraus, dass es sich um eine Furchtreaktion handelte, die klassisch konditioniert war. In darauffolgenden Sitzungen zeigten sie zudem, dass es eine sog. Generalisierung gegeben hatte. Albert zeigte die Furchtreaktion nicht nur vor der weißen Ratte, sondern auch vor anderen Tieren und pelzigen Objekten.

Watson war infolge seiner Beobachtungen davon überzeugt, dass durch klassische Konditionierung jedes beliebige Objekt zum furchtauslösenden Reiz werden kann. Zahlreiche Studien zeigten jedoch, dass sich nicht alle Reize gleich gut dafür eignen. Bereits Seligman (1970) hat darauf hingewiesen, dass Organismen aufgrund ihrer genetischen Ausstattung biologisch mehr oder weniger darauf vorbereitet sein können, bestimmte Reize miteinander zu assoziieren. Er sprach von »**Preparedness**«. Öhmann et al. (1978) fanden einen Beleg für diese Vermutung. Sie konnten zeigen, dass sich Furchtreaktionen leichter konditionieren lassen und auch löschungsresistenter sind, wenn man sie mit Bildern von Spinnen und Schlangen kombiniert, als wenn man sie z. B. mit Bildern von Blumen kombiniert.

Neben der klassischen Konditionierung war auch die Bedeutung der instrumentellen Konditionierung für Emotionen Gegenstand lernpsychologischer Forschung. So schlugen z. B. Mowrer (1947) und Miller (1948) vor, gelernte Furchtreaktionen als eine Kombination aus klassischem und instrumentellem Konditionieren aufzufassen. Dabei wird klassisch konditioniert, wovor man sich fürchtet, während die auf den gefürchteten Reiz folgende Flucht- bzw. Vermeidungsreaktion instrumentell konditioniert wird. Wegen der Kombination der beiden Lernprozesse spricht man auch von der **Zwei-Faktoren-Theorie**. Miller (1948) hatte in seiner Studie bei Ratten Furcht vor einem weißen Käfigabteil konditioniert, indem er dieses wiederholt unter Strom setzte. Die Ratten flüchteten, sobald die Tür dazu geöffnet wurde, in ein benachbartes schwarzes Käfigabteil, um den Stromschlägen zu entkommen.

Man kann davon ausgehen, dass nicht alle Reize gleich gut mit emotionalen Reizen assoziiert werden können. Organismen können biologisch auf die Assoziation mehr oder weniger gut vorbereitet sein. Reize, die in der Entstehungsgeschichte bedrohlich oder überlebensdienlich waren, sind leichter an emotionale Reize zu koppeln als in diesem Sinne eher bedeutungslose Reize.

Die Zwei-Faktoren-Theorie geht davon aus, dass bei der Furcht-konditionierung klassische und instrumentelle Konditionierungs-prozesse stattfinden. Die Furcht selbst wird klassisch konditioniert, indem ein negatives Ereignis mit einem neutralen assoziiert wird. Die Vermeidungs- oder Fluchtreaktion wird instrumentell konditioniert. Sie ist funktional für die Beendigung eines negativen Zustands. Es handelt sich hier um negative Verstärkung.

12

Aus der Idee, dass Furchtreduktion durch Flucht und Vermeidung Phobien und Zwänge verstärken könnte, wurde in der klinischen Psychologie die Konfrontations-therapie abgeleitet.

Dieses Fluchtverhalten zeigte sich auch dann noch, wenn das weiße Abteil nicht mehr unter Strom gesetzt wurde. Die Ratten hatten offenbar Furcht vor dem weißen Abteil, die durch eine wiederholte Assoziation zwischen den Stromschlägen und den weißen Käfigwänden entstanden ist. Es handelte sich wie bei Alberts Furcht vor der weißen Ratte um klassische Konditionierung. Das Fluchtverhalten hingegen wurde negativ verstärkt und unterlag somit der instrumentellen Konditionierung. Bei der negativen Verstärkung wird ein Verhalten dadurch verstärkt, dass dieses Verhalten einen negativen Reiz beendet. Das Fluchtverhalten wird in dem Beispiel also dadurch verstärkt, dass durch dieses Verhalten der unangenehme Stromschlag endet. Nun erklärt dies aber nicht, warum die Ratten auch dann noch fliehen, wenn das weiße Abteil nicht mehr unter Strom gesetzt wird. Eine mögliche Erklärung dafür lautet, dass das Verhalten durch die Reduktion der Furcht verstärkt wird.

Zahlreiche Studien an Tieren und Menschen haben seitdem gezeigt, dass ein so konditioniertes Vermeidungsverhalten außerordentlich löschungsresistent ist. Wer vor einem möglichen Gefahrensignal flieht, bevor das gefährliche Ereignis eintreten kann, hat keine Gelegenheit, zu erfahren, dass dem Signal möglicherweise gar keine Gefahr mehr folgt. Dies hat zur Folge, dass die Furcht vor dem Signal bestehen bleibt.

Die Zwei-Faktoren-Theorie wurde vielfach kritisiert (s. z. B. Krohne, 1976). Ein wesentlicher Kritikpunkt bezog sich darauf, dass Furcht-reduktion in vielen Fällen nicht der entscheidende Verstärker sein kann, da erstens die Vermeidungsreaktionen nach einer gewissen Zeit schneller auftreten als Furcht überhaupt entstehen kann und da das Vermeidungsverhalten zweitens irgendwann gar nicht mehr mit Furcht-symptomen einhergeht.

Trotz der Kritikpunkte an der Zwei-Faktoren-Theorie hat dieser Ansatz nachfolgende Forschung angestoßen und Eingang in die klinische Psychologie gefunden. So wurde z. B. diskutiert, ob Phobien und Zwänge möglicherweise durch die beschriebenen Mechanismen aufrechterhalten bleiben und ob sie sich durch eine Konfrontationstherapie reduzieren lassen. Die Idee dabei ist, die Betroffenen einem gefürchteten Reiz auszusetzen, ohne dass eine Flucht- oder Vermeidungsmöglichkeit besteht. Dadurch wird es möglich, die Erfahrung zu machen, dass eine gefürchtete Konsequenz ausbleibt.

Inzwischen werden eher kognitionspsychologische und psychophysiologische Ansätze in der emotionspsychologischen Forschung diskutiert, und die klassischen und instrumentellen Lernprozesse sind mehr in den Hintergrund getreten. Trotzdem ist der Emotionsbegriff in manchen Ansätzen nach wie vor eng mit lerntheoretischen Überlegungen verbunden. Rolls (1999) geht z. B. davon aus, dass Emotionen zentral für Lernprozesse sind, da Verhalten letztlich auf das Erreichen positiver Emotionen und das Vermeiden negativer Emotionen ausgerichtet ist und Organismen dadurch lernen, was zu tun bzw. was zu unterlassen ist. Im Gegensatz zu den frühen Behavioristen plädiert er deshalb dafür, Emotionen nicht mehr als mysteriöse oder überflüssige Aspekte von Gehirnprozessen anzusehen und setzt sich ausführlich mit den Hirnregionen auseinander, die an Belohnung und Bestrafung und somit an der Entstehung positiver und negativer Emotionen beteiligt sind.

12.4 Neuro- und psychophysiologische Ansätze

Neuro- und psychophysiologische Ansätze beschäftigen sich mit der Frage, welche zentralnervösen und peripheren Strukturen und Prozesse an Emotionen beteiligt sind. Unter **zentralnervösen Strukturen** versteht man dabei die verschiedenen Teile des Gehirns und des Rückenmarks. Mit **peripheren Strukturen** sind in diesem Fall z. B. die Eingeweide, das Herz-Kreislauf-System und die Muskulatur gemeint. Während Vertreter einiger dieser Ansätze über korrelative Aussagen nicht hinausgehen, machen andere explizit Aussagen über Kausalzusammenhänge. Dabei geriet v. a. die Frage in den Fokus der Aufmerksamkeit, ob die Aktivitäten zentralnervöser und peripherer Strukturen die Ursache oder die Folgen von Emotionen sind, oder ob das Eine lediglich eine Begleiterscheinung des Anderen ist.

Neuro- und psychophysiologische Ansätze beschäftigen sich damit, welche organischen Strukturen Emotionen zugrunde liegen. Es geht auch um die Frage, ob körperliche Vorgänge die Ursache oder die Folge von Emotionen sind.

12.4.1 Der Klassiker und die Folgen: Die James-Lange-Theorie

Die bis heute wohl berühmteste psychophysiologische Emotionstheorie stammt von dem amerikanischen Psychologen William James (1884). Er veröffentliche fast zeitgleich mit dem Dänen Carl Lange (1885, deutsche Übersetzung 1887) die provokante These, dass physiologische Reaktionen wie Zittern oder motorische Reaktionen wie Fliehen und Schlagen nicht die Folge, sondern die Ursache von Gefühlen sind.

> » [...] we feel sorry because we cry, angry because we strike, afraid because we tremble, and [it is] not that we cry, strike, or tremble, because we are sorry, angry, or fearful, as the case may be (James, 1884, S. 190).

Der Kern der Theorie ist die Aussage, die bewusste Empfindung körperlicher Veränderungen sei mit der Emotion identisch. Genau genommen hatte James dabei die subjektive Komponente der Emotion, nämlich das Gefühl im Blick. Damit sind körperliche Veränderungen notwendig und hinreichend für das emotionale Erleben.

In der frühen Version seiner Theorie geht James zudem davon aus, dass die körperliche Veränderung und somit das emotionale Erleben unmittelbar auf die Wahrnehmung eines emotionsauslösenden Reizes folge. Diese Vermutung brachte James Kritik ein. Worcester (1893) bezweifelte z. B. das quasi reflexartige Auftreten von Flucht und somit Furcht beim Anblick bestimmter Reize. Zwischen dem Reiz und der darauffolgenden körperlichen Veränderung sei vielmehr ein Bewertungsprozess zu vermuten. Nur wenn man einen Reiz tatsächlich als bedrohlich einschätze, folge eine entsprechende körperliche Veränderung. Mit diesem Aspekt wird bereits der zentrale Punkt kognitiver Bewertungstheorien (▶ Abschn. 12.5) angesprochen, die erst viele Jahre später formuliert und diskutiert wurden.

Es war Walter Cannon (1927), ein ehemaliger Student von James, der dessen Annahme, körperliche Veränderungen seien notwendig und hinreichend für emotionales Erleben, zu widerlegen suchte. Gegen die Notwendigkeit sprechen aus Cannons Sicht tierexperimentelle Befunde, die zeigen, dass emotionale Reaktionen auch dann noch zu beobachten sind, wenn aus den Eingeweiden keine Informationen mehr zum Ge-

James und Lange vertraten die provokante These, dass körperliche Veränderungen wie z. B. Herzklopfen und Schweißausbrüche nicht die Folge, sondern die Ursache des emotionalen Erlebens sind.

Kritiker von James merken an, dass der Wahrnehmung eines emotional relevanten Reizes nicht unmittelbar die körperliche Reaktion folge, sondern dass noch ein Bewertungsprozess dazwischengeschaltet sei.

12

Cannon wollte James' These widerlegen, körperliche Veränderungen seien notwendig und hinreichend für das Emotionserleben. Er argumentierte z. B., dass körperliche Veränderungen zu langsam seien, um *vor* dem emotionalen Erleben auftreten zu können. Hinreichend könnten sie u. a. deshalb nicht sein, weil man spezifischen Emotionen keine spezifischen Reaktionsmuster zuordnen kann.

hirn weitergeleitet werden können, weil entsprechende Nerven durchtrennt wurden. Allerdings sind emotionale Reaktionen, wie z. B. ein bestimmter Gesichtsausdruck oder eine bestimmte Körperhaltung, nicht mit dem bewussten Erleben von Emotionen gleichzusetzen, um das es James ja primär ging.

Der Notwendigkeitsannahme widersprechen zudem Befunde, nach denen die Eingeweide relativ langsam reagieren und zudem die Information verhältnismäßig lange braucht, um das zentrale Nervensystem zu erreichen. Wären körperliche Veränderungen notwendig für das emotionale Erleben, müssten sie diesem vorangehen. Die Latenzzeit für die Reaktion von Eingeweiden scheint tatsächlich relativ lang zu sein. Allerdings ist es äußerst schwierig, die Latenz für emotionales Erleben zu bestimmen. Studien, in denen man dies versucht hat, sprechen eher für Cannons Kritik, da das emotionale Erleben aufzutreten scheint, bevor die Eingeweide reagieren (Schmidt-Atzert, 1993).

Hinreichend könnten körperliche Veränderungen für emotionales Erleben Cannon zufolge deshalb nicht sein, weil dies voraussetzt, dass jedem spezifischen emotionalen Erleben ein spezifisches körperliches Reaktionsmuster zuzuordnen ist. Eine solche Zuordnung ist bislang noch nicht sicher gelungen, auch wenn sich vereinzelt Emotionen, wie z. B. Furcht und Ärger, voneinander unterscheiden lassen (Stemmler, 2009).

Reichten körperliche Veränderungen für die Entstehung des Emotionserlebens aus, müsste es darüber hinaus möglich sein, solches Erleben hervorzurufen, indem man körperliche Veränderungen künstlich herbeiführt. Dies könnte z. B. durch die Gabe bestimmter Substanzen wie Adrenalin geschehen. Dafür, dass durch solche Substanzen tatsächlich echte Gefühle entstehen, gebe es nach Cannon keine ausreichenden Belege.

Cannons Kritik hat viel weitere Forschung angeregt, auch wenn sich die Ergebnisse an einigen Stellen nicht als haltbar erwiesen haben.

Die Kritikpunkte an James' Theorie einerseits und der aufstrebende Behaviorismus andererseits mögen ihren Beitrag dazu geleistet haben, dass die Theorie längere Zeit aus dem Blickfeld geraten ist. In den 1970er-Jahren kam es jedoch zu einem Revival. Die späteren sog. Neo-Jamesianer interessierten sich nun dafür, welchen Einfluss z. B. Gestik und Mimik auf das emotionale Erleben haben. Es konnte seitdem in zahlreichen Studien gezeigt werden, dass die willkürliche Kontraktion bestimmter Gesichtsmuskeln bzw. bestimmte Körperhaltungen das emotionale Erleben beeinflussen können. Besonders beeindruckend zeigte sich dies in einer Studie von Strack et al. (1988).

Studie

Strack et al. (1988)

Unter dem Vorwand, die ungewöhnliche Verwendung von Alltagsgegenständen untersuchen zu wollen, wiesen Strack und seine Mitarbeiter (1988) ihre Probanden an, einen Stift entweder zwischen den Zähnen, zwischen den Lippen oder mit der nicht-dominanten Hand zu halten. Probieren Sie die drei Möglichkeiten am besten einmal aus! Beim Halten mit den Zähnen werden die Gesichtsmuskeln angespannt, die auch beim Lächeln aktiv werden, während das Halten mit den Lippen das Anspannen genau dieser Muskeln unmöglich macht. Während der Halteperiode sollten die Probanden verschiedenen Tätigkeiten ausführen. Dazu gehörte auch die Beurteilung von Cartoons. Es zeigte sich, dass die Probanden die Cartoons am lustigsten einschätzen, wenn sie den Stift mit den Zähnen hielten, und am wenigsten lustig, wenn sie ihn mit den Lippen hielten.

Auch wenn diese Studie exemplarisch für eine Reihe von Studien, die zu ähnlichen Ergebnissen kommen, steht, sei hier allerdings nochmal kritisch angemerkt, dass sich die Befunde in vielen Folgestudien nicht replizeren ließen (▶ Kap. 11). Damit ist James' Aussage, dass körperliche Prozesse *notwendig* für emotionales Erleben sind, allerdings nicht zweifelsfrei belegt. Die Studien sprechen aber zumindest für einen Einfluss körperlicher Prozesse auf emotionales Erleben. Dieses Thema hat in letzter Zeit sehr viel Aufmerksamkeit erfahren (Niedenthal, 2007).

In den 1970er-Jahren ist James Theorie wieder aktuell geworden. Die sog. Neo-Jamesianer konnten einen Einfluss von Gestik und Mimik auf das emotionale Erleben nachweisen. Neuerdings ist der Einfluss körperlicher Prozesse auf die Verarbeitung emotional relevanter Informationen in den Fokus der Aufmerksamkeit geraten.

12.4.2 Neurophysiologische Grundlagen von Emotionen aus heutiger Sicht

Seit James haben sich die sog. neuropsychophysiologischen Ansätze entscheidend weiterentwickelt. Diese Entwicklung ist wegen der z. T. äußerst aufwendigen Messmethoden eng an die Entwicklung entsprechender Technologien gebunden. Seit der Mitte des 19. Jahrhunderts machte es der technische Fortschritt zunehmend leichter, physiologische Maße, wie Puls oder Atemfrequenz, zu erfassen und auf psychische Phänomene zu beziehen. Heute kann man mit Verfahren wie der funktionellen Magnetresonanztomographie (fMRT) und der Positronenemissiontomographie (PET) erfassen, wie sich bei der Darbietung z. B. emotional relevanter Reize Blutfluss und Stoffwechselvorgänge in bestimmten Hirnrealen verändern. Man kann somit Aussagen darüber machen, welche Hirnreale an der Verarbeitung von und der Reaktion auf emotionale Reize beteiligt sind. Somit leistet diese Art von Verfahren einen wichtigen Beitrag zur Untersuchung von Emotionen. Kritiker dieser Methoden (z. B. Strack, 2009) merken in diesem Zusammenhang aber an, dass die genaue Verortung psychischer Prozesse allein wenig zum Verständnis dieser Prozesse beiträgt. Es ist deshalb wichtig, sich nicht auf die Messungen von Hirnaktivitäten zu beschränken, sondern diese mit experimentellen Methoden zu kombinieren.

Durch den technischen Fortschritt und der Entwicklung ausgefeilter Untersuchungsmethoden kann man zunehmend besser sagen, welche Gehirnregionen und die zwischen ihnen bestehenden funktionalen Zusammenhänge an Emotionen beteiligt sind.

Was die Orte emotionalen Geschehens betrifft, kann man zum jetzigen Zeitpunkt sagen, dass v. a. jene Hirngebiete daran beteiligt sind, die auch aktiv sind, wenn Lebewesen mit Belohnungs- und Bestrafungsreizen konfrontiert werden (s. Rolls, 1999). In der Entstehungsgeschichte des Menschen bereits früh entwickelte, tief im Inneren des Gehirns gelegene Strukturen wie Teile des Zwischenhirns und des Mittelhirns werden bei emotional relevanten Reizen aktiv. Aber auch Teile des entwicklungsgeschichtlich später entstandenen Großhirns sind am emotionalen Geschehen beteiligt. Im Zwischenhirn befinden sich Strukturen wie der Thalamus, der Hypothalamus und die Hypophyse. Über den Thalamus laufen alle eingehenden Informationen, außer diejenigen, die über den Riechnerv kommen. Der Thalamus steht über den Hypothalamus und die Hypophyse mit dem vegetativen Nervensystem in Verbindung. Über diese Verbindung werden Nervenimpulse u. a. in Hormonausschüttungen umgesetzt und beeinflussen so z. B. den Blutdruck, die Körpertemperatur und die Magen-Darm-Tätigkeit. Man kann also sagen, dass das Zwischenhirn für die körperlichen (hormonellen und vegetativen) Komponenten von Emotionen mitverantwortlich ist.

Vom Großhirn sind u. a. der Frontallappen (Stirnlappen) und die Temporallappen (Schläfenlappen) an emotionalen Vorgängen beteiligt.

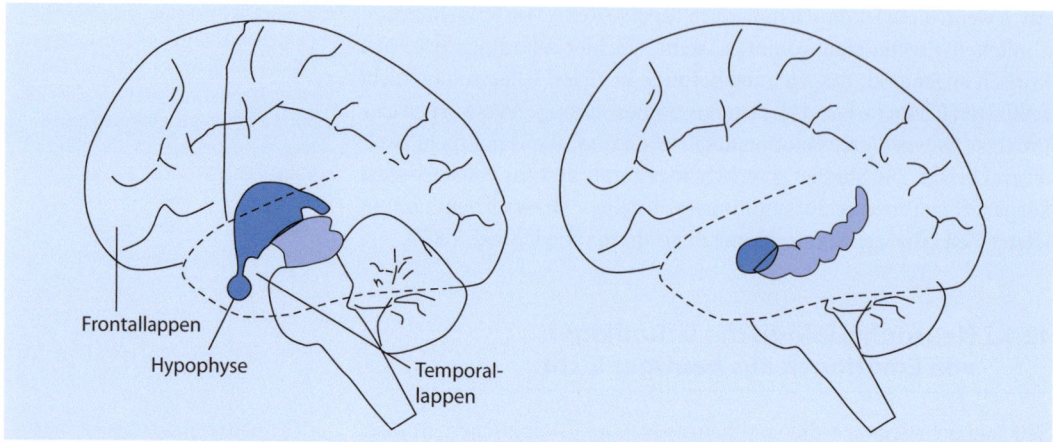

Frontallappen

Hypophyse

Temporal-lappen

☐ **Abb. 12.1** Linkes Bild: Hirnstrukturen, die an Emotionen beteiligt sind. Zum Zwischenhirn (dunkelblau) gehören der Thalamus, der Hypothalamus und die Hypophyse. Das Mittelhirn ist hellblau dargestellt. Rechtes Bild: Unter dem rechten und linken Schläfenlappen (gestrichelt) befindet sich jeweils die Amygdala (dunkelblau), die sich an den Hippocampus (hellblau) anschließt

An emotionalen Vorgängen sind entstehungsgeschichtlich alte, im Inneren des Gehirns gelegene Hirnstrukturen wie das Zwischenhirn und das Mittelhirn beteiligt. Ebenfalls beteiligt sind entstehungsgeschichtlich jüngere Strukturen des Großhirns, insbesondere der Frontallappen und die Schläfenlappen.

Dabei sind die rechts und links unter den Schläfenlappen liegenden Mandelkerne (Amygdalae) von besonderer Bedeutung. Sie erhalten über den Thalamus von den Sinnesorganen eingehend Informationen sowie die Informationen vom Riechnerv direkt und haben eine wichtige Funktion bei der emotionalen Bewertung von Reizen. Zudem schließen sie sich an die ebenfalls paarig angelegten Hippocampi an. Der Hippocampus ist eine Struktur, der eine wichtige Funktion bei Gedächtnisprozessen spielt. Eine Schädigung der Mandelkerne führt zu einer Beeinträchtigung der emotionalen Bewertung von Reizen. Die in das emotionale Geschehen eingebundenen Hirnstrukturen werden häufig auch als »limbisches System« bezeichnet, weil sie den Hirnstamm wie einen Saum (limbus) umschließen (☐ Abb. 12.1).

12.5 Kognitive Bewertungstheorien

> An sich ist nichts weder gut noch böse. Das Denken macht es erst dazu (William Shakespeare).

Nach Schachter (1964) entstehen Emotionen durch eine physiologische Erregung, die kausal auf eine bestimmte Situation zurückgeführt wird.

Nicht jede potenziell emotionsauslösende Situation wird eine Emotion hervorbringen. Es kommt letztlich darauf an, wie die Situation bewertet wird. Diesen Einwand hatte, wie oben beschrieben, bereits Worcester (1893) gegen die Theorie von James vorgebracht. Ein ähnlicher Gedanke findet sich über 70 Jahre später auch bei Schachter (1964), dessen Theorie man als Bindeglied zwischen den psychophysiologischen und den kognitiven Bewertungstheorien betrachten kann. Wie James sah Schachter die Empfindung körperlicher bzw. physiologischer Veränderungen als eine notwendige Bedingung von subjektiv erlebten Emotionen an. Er ging aber gleichzeitig davon aus, dass dies allein nicht reiche. Zu der körperlichen Empfindung müssten noch **Kognitionen** kommen, damit man von einer Emotion sprechen kann. Schachter hatte dabei offenbar zwei Arten von Kognitionen im Sinn. Erstens müsste eine

Situation als emotionsrelevant (z. B. bedrohlich oder erfreulich) bewertet werden, zweitens müsste man die Körperempfindung auch ursächlich auf die eingeschätzte Situation zurückführen. Körperliche Veränderungen, die Schachter als eher unspezifische Erregung auffasste, könnten für unterschiedliche Emotionsqualitäten wie Wut, Trauer und Freude nicht verantwortlich sein. Diese hängen nach Schachter von Kognitionen ab. Somit soll also ein Ereignis zu einer unspezifischen Erregung führen, und die Kognitionen sollen aus dieser Erregung eine spezifische emotionale Empfindung entstehen lassen.

Studie

Schachter und Singer (1962)

Zur Überprüfung seiner theoretischen Überlegungen führte Schachter zusammen mit Singer (Schachter u. Singer, 1962) ein Experiment durch, das zu den berühmtesten psychologischen Experimenten zählt. Es ist zwar häufig kritisiert worden, hat aber gleichzeitig zahlreiche Forscher angeregt, Studien in diesem Bereich durchzuführen. Die Autoren variierten in ihrem Experiment die Erregung ihrer Probanden, indem sie ihnen Adrenalin oder eine Kochsalzlösung injizierten. Eine Gruppe der Probanden, die Adrenalin bekommen hatten, wurden über die erregende Wirkung der Substanz (z. B. Schwitzen und ein Anstieg der Herzfrequenz) informiert und konnten so ihre Erregung auf die Injektion zurückführen. Eine zweite Gruppe wurde nicht über die Wirkung informiert, und eine dritte Gruppe erhielt eine falsche Information. Dieser Gruppe wurde mitgeteilt, die Substanz könne zu Juckreiz und leichten Kopfschmerzen führen. Somit hatte nur die erste Gruppe eine plausible Erklärung für die nach der Injektion auftretende Erregung. Die anderen beiden Gruppen hatten keine Erklärung.

Schachter und Singer nahmen nun an, dass in den beiden zuletzt genannten Gruppen ein Bedürfnis entstehen sollte, nach der Ursache für ihre physiologische Erregung zu suchen. Durch den weiteren Versuchsablauf legten sie den Probanden eine Erklärung nahe. Eine angeblich andere Versuchsperson, die in Wirklichkeit ein Vertrauter des Versuchsleiters war, sollte mit den Probanden zusammen auf den Fortgang der Untersuchung warten. Diese Person verhielt sich entweder euphorisch oder zeigte sich über indiskrete Fragen, die sie in einem Fragebogen beantworten sollte, verärgert. Es wurde erwartet, dass Personen, die durch eine Adrenalininjektion physiologisch erregt waren, eine ähnliche Emotion zeigen bzw. berichten sollten, wie die andere anwesende Person (Vertrauter des Versuchsleiters), wenn sie keine Erklärung für die Erregung hatten. Personen, die nicht physiologisch erregt waren, weil sie nur eine Kochsalzlösung erhalten hatten, und Personen, die über die Wirkung des Adrenalins informiert waren, sollten nicht die Emotionen der anderen Person »übernehmen«.

Die Ergebnisse entsprachen den Hypothesen teilweise. So zeigten und berichteten die Personen, die mit der euphorischen Person warteten z. B. mehr positive Emotionen, wenn sie nicht oder falsch über die Wirkung der injizierten Substanz informiert worden waren, als wenn sie korrekt informiert worden waren. Sie haben sich also der Emotion der anderen Person eher angeschlossen, wenn sie keine Erklärung für ihre eigene Erregung hatten.

Schachter hat die Reflexion über die Bedeutsamkeit und die Ursachen physiologischer Erregung diskutiert. In vielen kognitiven Bewertungstheorien geht es dagegen um eine andere Art von Kognition.

Wir betrachten Situationen nicht »objektiv«, sondern subjektiv im Hinblick auf unser Wohlergehen, auf unsere aktuellen Ziele, Bedürfnisse, und auf die Möglichkeiten, sie zu bewältigen. Werden wir mit einem potenziell emotionsauslösenden Ereignis konfrontiert, werden wir versuchen, systematisch einzuschätzen, inwiefern dieses für uns positiv oder negativ ist, sich unserer Kontrolle entzieht oder beherrschbar ist, unsere Zielerreichung unterstützt oder hindert, uns vertraut oder neuartig ist…

Kognitiven Bewertungstheorien zufolge entstehen Emotionen durch die Einschätzung von Situationen auf der Basis unserer Bedürfnisse, Ziele und Bewältigungsmöglichkeiten.

Schließlich wägen wir ab, ob wir den Anforderung, die das Ereignis an uns stellt, gerecht werden können oder ob diese unsere Bewältigungskapazitäten übersteigen. Diese Einschätzungen münden in einer Reihe spezifischer Emotionsreaktionen auf physiologischer, subjektiver und Verhaltensebene. Vor diesem Hintergrund werden z. B. manche von Ihnen die Vorstellung, vor einem großen Publikum eine Präsentation zu geben, in freudiger Erregung als eine spielerische Herausforderung betrachten, andere wiederum werden darin eine Routinehandlung des studentischen Alltags sehen, und so manch einem wird allein der Gedanke an die Situation Angst und schlaflose Nächte bereiten. Die geschilderten Überlegungen bilden die Grundannahme der kognitiven Bewertungstheorien (z. B. Frijda, 1986; Roseman, 1991; Scherer, 1999; Scherer et al., 2001).

Auch wenn der Gedanke bereits in der Antike zu finden ist, so war es Magda Arnold (1960), die als erste Emotionsforscherin den Begriff **»Einschätzung«** (»appraisal«) verwendete, als sie Einschätzungen als Grundlage für die Entstehung von Emotionen voraussetzte. Richard Lazarus (1966) prägte mit seinen Arbeiten zu Stress und Emotionen in den 1960er-Jahren die Entwicklung dieses theoretischen Ansatzes entscheidend mit (▶ Kap. 13). Emotionen (und Stress) sah er als Ergebnis eines zweistufigen Einschätzungsprozesses. Zunächst bewerten wir ein Ereignis im Hinblick darauf, ob es eine positive oder negative Bedeutung für unser Wohlergehen hat (primäre Einschätzung). Ebenfalls schätzen wir ein, inwiefern wir in der Lage sind, die Anforderungen, die das Ereignis an uns stellt, zu bewältigen (sekundäre Einschätzung). Der Prozess der Emotionsentstehung ist dynamisch: Wir bewerten die Situation neu, wenn wir neue Informationen über sie bekommen oder sich unsere Bedürfnislage verändert hat (»reappraisal«).

Lazarus (1966) zufolge werden nach einer ersten Einschätzung darüber, ob ein Ereignis gut oder schlecht für uns ist (primäre Einschätzung), in einem zweiten Schritt die Bewältigungsmöglichkeiten in der jeweiligen Situation in Betracht gezogen (sekundäre Einschätzung). Stehen adäquate Bewältigungsmöglichkeiten zur Verfügung, fallen negative Emotionen und Stressreaktionen geringer aus.

Studie

Speisman et al. (1964)
Die Arbeitsgruppe um Lazarus (1966) führte in den 1960er-Jahren eine Reihe von Experimenten zum Einfluss von Situationseinschätzungen auf Stresserleben durch. Die Erkenntnisse, die Lazarus aus dieser Forschung bezog, flossen später in seine Emotionstheorie ein. Die im Folgenden zu beschreibende klassische emotionspsychologische Studie aus dieser Zeit demonstriert eindrücklich die Rolle von Bewertungsprozessen bei der Entstehung von Stress. Speisman et al. (1964) demonstrierten experimentell, wie die Art der Einschätzung einer Situation oder eines Objektes unsere Stress- bzw. Emotionsreaktionen beeinflusst. Die Vpn sahen einen ethnologischen Film, der von Beschneidungsritualen an Jugendlichen eines australischen Ureinwohnerstammes handelte. Es dürfte für Sie leicht vorstellbar sein, dass Szenen, die den konkreten (blutigen) Eingriff und die Schmerzen der Jugendlichen abbilden, bedrohlicher Natur und imstande sind, eine intensive Stressreaktion hervorzurufen. Die Bewertung der Bedrohlichkeit wurde in Form verschiedener Sprecherkommentare variiert, die den Film unterlegten. Der intellektualisierende Kommentar wies an, sich den Film und die Handlung aus einer distanzierten, anthropologisch interessierten Perspektive anzuschauen. In der leugnenden Bedingung hob der Kommentar die feierliche und freudvolle Seite des Initiationsritus hervor und verharmloste die Schmerzen und negativen Folgen. Der traumatisierende Kommentar betonte dagegen die Schmerzen und Gefahren des Verfahrens. Die Kontrollgruppe schaute sich den Film ohne einen Kommentar an.

Die wissenschaftliche Betrachtung in der intellektualisierenden Bedingung sowie die verharmlosende Bewertung in der leugnenden Bedingung sollten eine niedrige Bedrohlichkeit nahelegen und folglich eine niedrigere Stressreaktion im Vergleich zur Kontrollgruppe bewirken. Im Vergleich zu allen anderen Bedingungen sollte die Vpn in der traumatisierenden Bedingung die stärkste Stressreaktion zeigen. Während des Films wurden zwei physiologische

Stressmaße und am Ende des Films die subjektiven Selbstberichte zum Stresserleben erhoben. Im Großen und Ganzen entsprachen die Ergebnisse den Erwartungen der Forschergruppe: Bezüglich des Selbstberichtes konnten keine Unterschiede im Stresserleben der vier Bedingungen festgestellt werden. Das Stressmaß der elektrischen Hautleit-fähigkeit aber variierte in den Gruppen wie angenommen: Die Stressreaktion war in der Trauma-bedingung am stärksten ausgeprägt, fiel in der Kontrollbedingung etwas ab und war schließlich in der intellektualisierenden und leugnenden Bedingung signifikant geringer im Kontrast zu den übrigen Bedingungen.

In der Tradition der Lazarus-Experimente steht das Experiment von Tomaka et al. (1997). Sie zeigten, dass Studierende weniger Angst vor einer Prüfung hatten, wenn sie die Prüfungssituation als eine Herausforderung auffassten, bei der sie ihr Bestes geben werden und die sie in ihrer persönlichen Entwicklung weiterbringt. Lag ihr Augenmerk dagegen eher auf der Benotung der Prüfung, und sahen sie in ihr somit eher eine Bedrohung, stieg die Angst vor der Prüfungssituation. Sollten Sie also das nächste Mal Sorge und Angst vor einer kommenden Prüfung verspüren, stellen Sie sich so gut wie es geht vor, diese Prüfung sei Ihre Chance, zu zeigen, was Sie können. Besinnen Sie sich auf Ihre vergangenen Erfolge, und nehmen Sie gedanklich vorweg, womit sie sich belohnen werden (Abb. 12.2).

Die ursächliche Rolle von Bewertung bei der Emotionsentstehung ist oft angezweifelt worden. Die Kritik gründete v. a. darauf, dass affektive Prozesse oftmals schneller als kognitive Prozesse ablaufen und Emotionen auch durch unterschwellig dargebotene, der bewussten Verarbeitung nicht zugängliche Reize ausgelöst werden können. Zajonc (1980) brachte die Kritik mit dem Titel seines Aufsatzes »Preferences need no inferences« auf den Punkt. Diese Kritik trifft dann zu, wenn die Bewertungen deliberativ bzw. bewusst vorgenommen werden. Allerdings vertraten bereits Arnold und Lazarus den heute ebenfalls aktuellen Standpunkt des kognitiven Ansatzes, dass Bewertungen sowohl

---

Situation:
In zwei Wochen steht Ihnen eine wichtige Prüfung bevor.

Bewertung der Situation (**Primäre Einschätzung**)

Positiv oder neutral:

»Endlich kann ich zeigen, was ich kann.« oder »Ach... die Prüfung ist ja bald. Jetzt muss ich den Stoff öfter wiederholen.«

Negativ:

»Schon wieder schlaflose Nächte... Ich hasse Multiple-Choice Aufgaben. Das hat nichts mit Wissen zu tun!«

Bewertung des eigenen Bewältigungsvermögens (**Sekundäre Einschätzung**)

»Ich habe genug Zeit zum Lernen. Das schaffe ich locker und ohne Stress«

»Das schaffe ich nie. Schriftliche Prüfungen sind nicht mein Fall. Ich werde gnadenlos versagen«

Stress, Angst

 Abb. 12.2 Vereinfachte Darstellung der primären und sekundären Einschätzung im Emotionsentstehungsprozess

12

Bei der Debatte darum, ob Bewertungen für die Entstehung von Emotionen notwendig sind, wird unterschieden, ob es sich um bewusste oder um automatische Bewertungen handelt.

LeDoux (2001) erläutert die physiologischen Grundlagen zweier Arten von Bewertung. Einer automatischen, schnellen, aber ungenauen Bewertung folgt eine langsamere und elaborierte. An der ersten Art von Bewertung ist das Großhirn nicht beteiligt. So können emotionale Reize den Körper in Handlungsbereitschaft versetzen, noch bevor das Ergebnis der Bewertung bewusst wird.

deliberativer (bewusst abwägender) als auch automatischer Natur sein können. Die Annahme ist vielmehr, dass die Bewertungsprozesse überwiegend außerhalb des Bewusstseins, unwillkürlich und sehr schnell ablaufen.

Im Allgemeinen herrscht Übereinkunft darüber, dass die Einschätzungsprozesse kognitiver Natur sind und eine Vielfalt kognitiver Prozesse, die auf verschiedenen Ebenen der Bewusstheit, Automatizität und Komplexität operieren, beinhalten. Die Einschätzung basiert auf kontinuierlich anhaltenden Bewertungen, Reaktionen und Umbewertungen vor dem Hintergrund aktuell bestehender Ziele und Bedürfnisse des Individuums.

Die physiologische Grundlage des Zusammenspiels bewusster und automatischer Bewertungsprozesse erläutert LeDoux (2001). Demnach werden eingehende Information von den Sinnesorganen an den Thalamus geleitet. LeDoux demonstriert dies am Beispiel eines gekrümmten Objekts, das man auf dem Waldboden entdeckt. Im Thalamus kommt es zu einer schnellen, aber ungenauen und groben Bewertung des Objekts. Hier wird z. B. »eingeschätzt«, ob das Objekt gefährlich ist oder nicht (z. B. Schlange oder harmloser Stock). Diese Information wird dann zunächst über einen sehr kurzen schnellen Weg an die Amygdalae geschickt, die über den Hypothalamus einen direkten Einfluss auf das hormonelle und vegetative System haben. Dadurch wird der Körper sehr schnell, noch bevor die Bewertung durch den Thalamus überhaupt ans Großhirn gelangt und somit bewusst wird, in Handlungsbereitschaft versetzt. Es werden z. B. die Herzfrequenz und die Atmung beschleunigt, und Glucose wird aus der Leber ins Blut freigesetzt. Gleichzeitig mit der Information an die Amygdalae schickt der Thalamus die Information an die Großhirnrinde, wo es zu einer genaueren und elaborierteren Verarbeitung kommt. Jetzt wird das Ergebnis der Bewertung bewusst, und es können für die weitere Bewertung auch Informationen aus dem Gedächtnis abgerufen werden. Das elaborierte Ergebnis wird wiederum an die Amygdalae weitergegeben. Aus Studien mit akustischen Reizen weiß man, dass die erste grobe Information die Amygdala etwa doppelt so schnell erreicht wie die elaborierte Information.

Eine weitere Annahme kognitiver Bewertungstheorien stellt heraus, dass jeder einzelnen Emotion ein spezifisches, einzigartiges Bewertungsmuster zugrunde liegt. Die einzelnen Bewertungen werden entlang verschiedener Einschätzungsdimensionen, wie etwa Annehmlichkeit, Kontrolle und Vertrautheit, vorgenommen und anschließend zu einer bestimmten Einschätzung kombiniert. Diese löst je nach ihrem Profil eine bestimmte Emotion aus. So gehen beispielsweise Angst u. a. kognitive Einschätzungen von hoher Plötzlichkeit und niedriger Vertrautheit voraus (Scherer, 1999).

Die Anzahl der kritischen Einschätzungsdimensionen variiert von Theorie zu Theorie (Frijda, 1986; Roseman, 1991; Scherer, 1999, Smith u. Ellsworth, 1985), wie Sie der ◻ Tab. 12.1 entnehmen können. Einschätzungsdimensionen, wie Neuheit, Valenz und Zielrelevanz, postulieren jedoch alle Theorien (Scherer, 1999). In seinem Komponenten-Prozess-Modell nimmt Scherer (1984, 2009) eine sequentielle Verarbeitung der potenziell emotionsauslösenden Ereignisse an.

Ziel dieses Kapitels war es, Ihnen einen Überblick zu bestehenden Forschungsansätzen und Emotionstheorien zu verschaffen. Viele der

◘ Tab. 12.1 Ein Vergleich der Einschätzungsdimensionen, die von verschiedenen Theorien angenommen werden (adaptiert nach Scherer, 1999)

Scherer	Frijda	Roseman	Smith u. Ellsworth
Novelty	Change		Attentional activity
– Suddenness			
– Familiarity	Familiarity		
– Predictability			
Intrinsic pleasantness	Valence		Pleasantness
Goal significance		Appetitive/aversive motives	
– Concern relevance	Focality		Importance
– Outcome probability	Certainty	Certainty	Certainty
– Expectation	Presence		
– Conduciveness	Open/closed	Motive consistency	Perceived obstacle/Anticipated effort
– Urgency	Urgency		
Coping potential			
– Cause: agent	Intent/self-other	Agency	Human agency
– Cause: motive			
– Control	Modifiability	Control potential	Situational control
– Power	Contollability		
– Adjustment			
Compatibility standards			
– External	Value relevance		Legitimacy
– Internal			

hier geschilderten Ansätze haben Sie vor ihrem historischen Entstehungshintergrund kennengelernt, und Sie sollten nun nachvollziehen können, wie sich die Ansätze in Abgrenzung und Ergänzung zueinander entwickelten. Diese theoretischen Annahmen sind nach wie vor aktuell und bilden die Grundlagen heutiger Weiterentwicklungen. So leben beispielsweise Darwinsche Grundannahmen in der Evolutionstheorie der Emotionen von Tooby and Cosmides (1990) weiter.

❓ Kontrollfragen

1. Welche Rolle spielen Emotionen für die Behavioristen?
2. Welche Hirnregionen sind maßgeblich an Emotionen beteiligt?
3. Was zeichnet Emotionen nach dem evolutionsbiologischen Ansatz aus?
4. Was ist die Kernaussage der James-Lange-Theorie?
5. Welche verschiedenen Arten von Einschätzungen werden in kognitiven Bewertungstheorien diskutiert?
6. Wie ist es möglich, dass emotionale Reaktionen zu beobachten sind, bevor eine bewusste Bewertung emotionaler Reize stattfindet?

▶ **Weiterführende Literatur**

Cornelius, R. R. (1996). *The science of emotion.* Upper Saddle River, NJ: Prentice Hall.
Gendron, M., & Barrett, L. F. (2009). Reconstructing the past: A century of ideas about emotion in psychology. *Emotion Review, 1,* 316–339.
Meyer, W. U., Reisenzein, R., & Schützwohl, A. (2001). *Einführung in die Emotionspsychologie* (Bd. I). Bern: Huber.
Schönpflug, W. (2000). Geschichte der Emotionskonzepte. In J. H. Otto, H. Euler, H. Mandl (Hrsg.), *Emotionspsychologie. Ein Handbuch* (S. 19–29). Weinheim: Psychologie Verlags Union.

Literatur

Arnold, M. B. (1960). *Emotions and personality.* New York: Columbia University Press.
Bischof-Köhler, D. (1985). Zur Phylogenese menschlicher Motivation. In H. Eckensberger & E. D. Lantermann, *Emotion und Reflexivität* (S. 3–47) München: Urban und Schwarzenberg.
Cannon, W. B. (1927). The James-Lange theory of emotion. A critical examination and an alternative theory. *American Journal of Psychology, 39,* 106–124.
Darwin, C. (1872/1998). *The expression of emotions in man and animals.* New York: Oxford University Press.
Ebbinghaus, H. (1908). *Abriss der Psychologie.* Leipzig: Feit & Co.
Ekman, P. (1972). Universals and cultural differences in facial expression of emotion. In J. R. Cole (Ed.), *Nebraska symposium on motivation* (pp. 207–283). Lincoln, NE: University of Nebraska Press.
Frijda, N. H. (1986). *The emotions.* New York: Cambridge University Press.
James, W. (1884). What is emotion? *Mind, 9,* 188–205.
Krohne, H. W. (1976). *Theorien zur Angst.* Stuttgart: Kohlhammer.
Lange, C. (1887). *Über Gemütsbewegungen.* Leipzig: Theodor Thomas.
Lazarus, R. S. (1966). *Psychological stress and the coping process.* New York: McGraw-Hill.
LeDoux, J. (2001). *Das Netz der Gefühle.* München: dtv.
McDougall (1929). Fundamentals of psychology. Behaviorism examined. In J. B. Watson & W. McDougall, *The battle of behaviorism* (pp. 40–85). New York: Norton.
Miller, N. E. (1948). Studies of fear as an acquirable drive: I. Fear as motivation and fear-reduction as reinforcement in the learning of new responses. *Journal of Experimental Psychology, 38,* 89–101.
Mowrer, O. H. (1947). On the dual nature of learning – a reinterpretation of «conditioning» and «problem solving». *Harvard Educational Review, 17,* 102–148.
Niedenthal, P. M. (2007). Embodying Emotion. *Science, 316,* 1002–1005.
Öhmann, A., Frederikson, M., & Hugdahl, K. (1978). Orienting and defensive responding in the electrodermal system: Palmar-dorsal differences and recovery rate during conditioning to potentially phobic stimuli. *Psychophysiology, 15*(2), 93–101.
Rolls, E. T. (1999). *The Brain and the emotion.* New York: Oxford University Press.
Roseman, I. J. (1991). Appraisal determinant of discrete emotions. *Cognition and Emotion, 5,* 161–200.
Schachter, S. (1964). The interacion of cognitive and physiological determinants of emotional state: In L. Berkowitz (Ed.), *Advances in experimental social psychology* (vol. 1, pp. 49–80). New York: Academic Press.
Schachter, S., & Singer, J. (1962). Cognitive, social and physiological determinants of emotional state. *Psychological Review, 69,* 379–399.
Scherer, K. R. (1981). Wider die Vernachlässigung der Emotionen in der Psychologie. In W. Michaelis (Hrsg.), *Bericht über den 32. Kongress der Deutschen Gesellschaft für Psychologie in Zürich 1980* (Bd. I, S. 304–317). Göttingen: Hogrefe.
Scherer, K. R. (1999). Appraisal theory. In T. Dalgleish & M. Power (Eds.), *Handbook of cognition and emotion* (pp. 637–663). New York: Wiley.
Scherer, K. (2009). The dynamic architecture of emotion: Evidence for the component process model. *Cognition and Emotion, 23,* 1307–1351
Scherer, K. R., Schorr, A., & Johnstone, T. (Eds.). (2001). *Appraisal processes in emotion: Theory, Methods, Research.* New York: Oxford University Press.
Schmidt-Atzert, L. (1993). *Die Entstehung von Gefühlen: Vom Auslöser zur Mitteilung.* Berlin: Springer.

12

Schönpflug, W. (2000). Geschichte der Emotionskonzepte. In J. H. Otto, H. Euler, & H. Mandl (Hrsg.), *Emotionspsychologie. Ein Handbuch* (S. 19-29). Weinheim: Psychologie Verlags Union.

Seligman, M. E. (1970). On the generality of the laws of learning. *Psychological Review, 77*(5), 406–418.

Smith, C. A., & Ellsworth, P. C. (1985). Patterns of cognitive appraisal in emotion. *Journal of Personality and Social Psychology, 48,* 813–838.

Speisman, J. C., Lazarus, R. S., Mordkoff, A. M., & Davidson, L. (1964). Experimental reduction of stress based on ego-defense theory. *Journal of Abnormal and Social psychology, 68,* 367–380.

Stemmler, G. (2009). Physiologische Emotionsspezifität. In V. Brandstätter & J. Otto, *Handbuch der Allgemeinen Psychologie – Motivation und Emotion* (S. 491–498) Göttingen: Hogrefe.

Strack, F. (2009). Bildgebung in der Krise. *Gehirn u. Geist, 6,* 69.

Strack, F., Martin, L., u. Stepper, S. (1988). Inhibiting and facilitating conditions of the human smile: A nonobtrusive test of the facial feedback hypothesis. *Journal of Personality and Social Psychology, 54,* 768–777.

Tomaka, J., Blascovich, J., Kibler, J., & Ernst, J. (1997). Cognitive and physiological antecedents of threat and challenge appraisal. *Journal of Personality and Social Psychology, 73,* 63–72

Tooby, J., & Cosmides, L. (1990). The past explains the present: Emotional adaptations and the structure of ancestral environments. *Ethology and Sociobiology, 11,* 375–424.

Watson, J. B. (1913). Psychology as the behaviorist views it. *Psychological Review, 20,* 158–177.

Watson, J. B. (1968). *Behaviorismus.* Köln: Kiepenheuer & Witsch.

Watson, J. B., & Rayner, R. (1920). Conditioned emotional reaction. *Journal of Experimental Psychology, 3*(1), 1–14.

Worcester, W. L. (1893). Observation on some points in James' Psychology. II. Emotion. *The Monist, 3,* 285–298.

Zaionc, R. B. (1980). Feeling and thinking: Preferences need no inferences. *American Psychologist, 35,* 151–175.

13 Emotionsregulation

© Springer-Verlag GmbH Deutschland, ein Teil von Springer Nature 2018
V. Brandstätter et al., *Motivation und Emotion*, Springer-Lehrbuch
https://doi.org/10.1007/978-3-662-56685-5_13

Lernziele

- Motivationale Hintergründe und Voraussetzungen der Emotionsregulation kennen
und unterscheiden können.
- Verschiedene Strategien der Emotionsregulation unterscheiden und in ihrer Funktion einordnen können.
- Ansätze zur Systematisierung der Emotionsregulationsstrategien kennen und vergleichen
können.

- Affektive, soziale und kognitive Auswirkungen
der Emotionsregulation kennen und sie bei
der Gestaltung von Interventionsansätzen
berücksichtigen (z. B. bei der Entwicklung von
Stressbewältigungsprogrammen).

Emotionsregulation ist unser tägliches Brot. Manchmal verbergen wir unsere Trauer, um nahestehenden Menschen Sorge und Kummer zu ersparen. Oder wir unterdrücken den Impuls, angesichts der Nachricht über die hervorragende Prüfungsnote laut zu jubeln und Luftsprünge zu machen, weil unsere Kommilitonin, die nicht bestanden hat, neben uns steht. Werden wir in einer Situation bedroht, werden wir unseren Ärger manchmal aufrechterhalten und sogar »künstlich« intensivieren, um zu signalisieren, dass wir keine leicht zu schlagenden Gegner sind. Sind wir frisch verliebt, werden wir vermutlich ohne mit der Wimper zu zucken und trotz unserer mittel ausgeprägten Höhenangst, mit ei-nem strahlenden Lächeln dem Vorschlag unserer Freundin folgen und Paris vom Eifelturm aus mit einem Kloß im Hals und rasendem Herzen bewundern. Sind wir beunruhigt, teilen wir uns unseren Freunden mit

Emotionsregulation ist ein fester Bestandteil unseres Alltags. Mit ihrer Hilfe bewältigen wir vielfältige Anforderungen, die Alltagssituationen an uns stellen.

oder hören unsere Lieblingsmusik, um uns wieder gut zu fühlen. Allen Situationen ist gemeinsam, dass wir Einfluss auf die erlebten Emotionen nehmen, um den Erfordernissen einer (meist sozialen) Situation gerecht zu werden und handlungsfähig zu bleiben.

13.1   Was ist Emotionsregulation?

Emotionsregulation umfasst einerseits Versuche, unerwünschte Emotionen zu unterdrücken oder zu mindern, sowie andererseits Bestrebungen, erwünschte Emotionen zu intensivieren oder entstehen zu lassen.

Die einleitenden Beispiele sollen verdeutlichen, dass Emotionsregulation weitaus mehr als eine bloße Reduktion negativer affektiver Zustände ist. Allgemein gesprochen sind damit alle Prozesse gemeint, welche die spontane Entfaltung unserer Emotionen beeinflussen. Sowohl positive als auch negative Emotionen können in jede Richtung beeinflusst werden. Ihre Intensität bezüglich des subjektiven Erlebens und Ausdrucks kann erhöht, aufrechterhalten oder gemindert werden. All diese Prozesse können, müssen aber nicht bewusst sein, d.h. sie können kontrolliert, aber auch automatisch ablaufen (Gross, 2014).

▶ **Definition**

   Emotionsregulation

> ┌─ **Definition** ─────────────────────────
>
> **Emotionsregulation**
> Emotionsregulation umfasst nach Gross (2002) diejenigen Prozesse, die uns ermöglichen, Einfluss darauf auszuüben, welche Emotionen wir haben, wann wir diese haben und wie wir diese erleben und zum Ausdruck bringen.

Coping ist von Emotionsregulation zu unterscheiden.

Emotionsregulation wird manchmal mit Stressbewältigung bzw. Coping gleichgesetzt. Auch wenn es durchaus Überlappungen zwischen den beiden Konstrukten gibt, sind sie deutlich zu unterscheiden. Coping schließt Versuche ein, negative Emotionen zu mindern und mit allen möglichen schwierigen und herausfordernden Situationen umzugehen. Emotionen können, müssen aber nicht zwingend ein Bestandteil solcher Situationen sein. So betrachtet ist Coping ein übergeordnetes Konzept. Ferner schließt Emotionsregulation die Reduktion und Intensivierung von positiven Emotionen sowie die Steigerung von negativen Emotionen ein, wenn dies die Situation erfordert.

Emotionsregulation geht über die Reduktion negativer Emotionen hinaus. Sie schließt auch die Beeinflussung positiver Emotionen ein.

Das Augenmerk der Forschung liegt überwiegend auf der Frage, wie negative affektive Zustände zielgerichtet und bewusst gemindert werden können. Wie die Definition bereits aufzeigt, gibt es allerdings mehrere Aspekte, die bei der Emotionsregulation zu berücksichtigen sind.

- **Regulation positiver und negativer affektiver Zustände**: Danach gefragt, was der Gegenstand der Emotionsregulation ist, kommt uns als erstes ein Herunterregulieren bzw. eine Reduktion solcher negativer affektiver Zustände wie Ärger, Trauer oder Angst in den Sinn. Diese spontane Einordnung vernachlässigt den Umstand, dass auch positive Gefühle oft reguliert werden. Nach einer hart umkämpften Schachpartie werden wir unsere große Freude über den Sieg etwas dämpfen, um unseren Spielpartner nicht vor den Kopf zu stoßen.
- **Verstärkung und Abschwächung affektiver Zustände**: Ebenso zu beachten ist, dass die Regulation über das bloße Verringern der

13

13.2 · Motivationale Grundlagen der Emotionsregulation: Weshalb regulieren wir Emotionen?

223   **13**

Intensität von positiven und negativen Emotionen hinausgeht. Regulationsprozesse schließen auch jedwede Aufrechterhaltung oder Intensivierung von Emotionen ein. Manchmal entfachen wir unseren Ärger auf eine Person immer wieder von neuem, um bei unserer nächsten Begegnung ja nicht zu versöhnlich oder zu milde gegenüber dieser Person aufzutreten. Oder wir rufen unseren besten Freund an, um mit ihm unsere Freude über eine gute Nachricht zu teilen. Sowohl unsere erneute Beschäftigung mit der guten Nachricht als auch seine wohlwollende Reaktion können die erlebte Freude steigern.

> Emotionsintensität kann entweder reduziert, aufrechterhalten oder erhöht werden.

– **Automatische vs. kontrollierte Regulation:** Bewusste und mit Anstrengung verbundene Versuche, die Auswirkungen negativer Emotionen zu unterbinden, können automatischen und unbewussten Ausprägungen der Regulation gegenübergestellt werden. Die meisten im Kapitel berichteten Beispiele sowie das Gros der Forschung beziehen sich auf Situationen, in denen ein bewusstes Regulationsziel verfolgt wird. Neuere Forschung widmet sich vermehrt automatischen Regulationsprozessen, die reizbasiert sind, außerhalb der bewussten Verarbeitung angesiedelt sind und weder Aufmerksamkeit noch Absichtsbildung bedürfen. Ein Beispiel hierfür stellt eine Studie von Mauss et al. (2007) dar.

> Es kann zwischen deliberativen (d.h. dem Bewusstsein zugänglichen und mit Anstrengung verbundenen) und automatischen Formen der Emotionsregulation unterschieden werden. Die Forschung hat bislang hauptsächlich deliberative Formen untersucht.

Studie

Mauss et al. (2007)

Mauss et al. (2007) haben bei ihren Versuchspersonen implizit entweder das Konzept der Emotionskontrolle oder des Emotionsausdrucks verfügbar gemacht (Priming). Dies geschah mithilfe der sog. »Sentence Unscrambling«-Aufgabe. Die Vpn sollten jeweils aus einer Ansammlung von fünf Wörtern eine Reihe grammatikalisch korrekter Vierwortsätze konstruieren. In der Bedingung »Emotionskontrolle« enthielten 19 Sätze Wörter, die Emotionskontrolle (z. B. »verdeckt«) nahelegen. Analog kamen in der Bedingung »Emotionsausdruck« Wörter wie z. B »impulsiv« in den Sätzen vor. Daraufhin erklärte die eingeweihte Versuchsleitung die nachfolgende Aufgabe in Form eines Konzentrationstests auf eine unfreundliche und arrogante Weise. Die Aufgabe war langweilig und kognitiv anstrengend. Wenig verwunderlich war es, dass die meisten Vpn recht ärgerlich wurden, während sie die Aufgabe bearbeiteten. Bemerkenswert war jedoch, dass Vpn der Priming-Gruppe »Emotionskontrolle« weniger Ärger berichteten als die Vpn der Priming-Gruppe »Emotionsausdruck«. Allein die ihnen nicht bewusste Verfügbarkeit des Konzepts »Emotionskontrolle« veranlasste offensichtlich die Vpn, das untragbare Verhalten des Versuchsleiters weniger ärgerlich zu finden. Keine der Vpn brachte in einer Nachbefragung die Satzkonstruktionsaufgabe (Priming) mit der Ärgereinschätzung in Zusammenhang. Die Autoren sehen in diesem Ergebnis eine Demonstration der automatischen Emotionsregulation.

13.2 Motivationale Grundlagen der Emotionsregulation: Weshalb regulieren wir Emotionen?

Weshalb verspüren wir bisweilen das Bedürfnis, auf unsere Emotionen und deren Ausdruck Einfluss zu nehmen und sie zu verändern? In vorangehenden Kapiteln wurde des Öfteren der (evolutionäre) Nutzen von Emotionen hervorgehoben. Weshalb lassen wir dann unseren Emotionen nicht ihren freien Lauf? Die eingangs beschriebenen Beispiele lassen die Antwort auf die Frage, weshalb Emotionen reguliert werden,

Emotionsregulation ist hedonistisch oder sozial motiviert. Wir regulieren Emotionen im sozialen Kontext, da wir bei anderen einen guten Eindruck hinterlassen wollen (»impression management«), wir anderen keinen Schaden zufügen und sie beschützen wollen (prosoziale Gründe) und da wir das Verhalten anderer beeinflussen wollen (soziale Kontrolle).

Das Emotionswissen ist eine wichtige kognitive und motivationale Grundlage bzw. Voraussetzung für den Ablauf von Emotionsregulationsprozessen.

zumindest erahnen. In diesem Abschnitt widmen wir uns einer systematischen Beantwortung der Frage.

Es ist nachvollziehbar, dass wir häufig aus rein hedonistischen Beweggründen negative affektive Zustände vermeiden oder beseitigen und positive aufrechterhalten oder herbeiführen wollen (intra-individuelle Ebene). Die angeführten Beispiele verdeutlichen aber darüber hinaus, dass Ausdruck und Regulation von Emotionen oft in einem sozialen Rahmen stattfinden (inter-individuelle Ebene). Fischer et al. (2004) betonen, dass in der sozialen Interaktion Emotionsregulation meist dem Zweck dient, soziale Ziele zu verfolgen, wobei prinzipiell drei **Motivtypen** zu unterscheiden sind. Erstens, geht es oft um die Steuerung des Eindrucks, den andere von uns haben (»impression management«). »Impression management« wird eingesetzt, da infolge eines unangemessenen Emotionsausdrucks leicht ein negativer Eindruck bei dem Interaktionspartner erweckt werden könnte. So könnten wir unsere Angst vor Spinnen überspielen, weil wir vor unserer Freundin nicht albern und irrational erscheinen möchten. Zweitens, kann die Emotionsregulation prosozial motiviert sein und auf unserem Bedürfnis beruhen, anderen Menschen nicht schaden, sondern sie beschützen und zufriedenstellen zu wollen. Wie oft haben Sie schon Ihre Eltern freudig angelächelt, um die Enttäuschung über ein Geburtstagsgeschenk zu verbergen und die Schenkenden nicht zu verletzen? Drittens können wir mit der Regulation von Emotionen Einfluss auf das Verhalten anderer ausüben. So ist beispielsweise so manches Weinen darauf ausgerichtet, Trost und Aufmerksamkeit zu bekommen.

Neben diesen geschilderten Beweggründen, Emotionen zu regulieren, gibt es wichtige **Voraussetzungen**, die gegeben sein müssen, damit der Emotionsregulationsprozess angestoßen wird. Zum einen müssen wir eine Diskrepanz zwischen den erlebten oder antizipierten Emotionen und unseren Vorstellungen davon, was in der entsprechenden Situation eine angemessene emotionale Reaktion wäre (im Einklang mit sozialer Norm), wahrnehmen. Diese Diskrepanzwahrnehmung hängt im hohen Maße von unserem **Emotionswissen** ab. Individuen, die ein umfangreiches und differenziertes Wissen über Emotionen haben, diese gut erkennen und voneinander unterscheiden können sowie soziale Effekte des Emotionsausdrucks antizipieren können, regulieren mit größerer Wahrscheinlichkeit ihre Emotionen (Feldman Barrett et al., 2001). Schließlich muss die Person eine Repräsentation davon haben, welche Emotion sie wahrscheinlich in einer Situation erleben wird und welche Folgen der Ausdruck dieser Emotion in einem spezifischen sozialen Kontext für sie und ihre Interaktionspartner haben wird. Stellen Sie sich vor, Ihre Freundin bittet sie, ihrem Kind die Windel zu wechseln. Spätestens beim strengen Geruch, der Ihnen entgegenschlägt, merken Sie, wie sehr sie sich davor ekeln. Gleichzeitig aber wissen Sie wie die meisten Menschen, dass es nicht ratsam wäre, den Ekel offen zu zeigen, da Ihre Freundin höchstwahrscheinlich beleidigt sein könnte, dass ihr über alles geliebtes Kind eine solche negative Emotion bei Ihnen hervorruft. Aufgrund dieses Wissens werden Sie vermutlich versuchen, Ihren Ekel zu überwinden und die Situation in einer humorvollen Weise zu meistern.

Zum anderen setzt Emotionsregulation ebenfalls die Kenntnis von herrschenden **sozialen Normen** voraus. Das sind Regeln darüber, was

13.2 · Motivationale Grundlagen der Emotionsregulation: Weshalb regulieren wir Emotionen?

225   **13**

und wie wir in bestimmten sozialen Kontexten fühlen sollen und wie wir es zum Ausdruck bringen sollen. Solche Überzeugungssysteme steuern unser Verhalten und sind Ausdruck der gemeinsamen Erwartungen von Gruppenmitgliedern zu typischen oder erwünschten Aktivitäten. Die Beschaffenheit einer Norm kann von einer Reihe von Faktoren, die den sozialen Kontext prägen, abhängen: Zeitgeist, Kultur, soziale Rolle etc. Je nachdem, wie der soziale Kontext, in dem wir agieren, variiert, kommen verschiedene Normen zum Tragen. So werden wir beispielsweise im kommenden Abschnitt sehen, dass bei der Arbeit andere Regeln unser Emotionsverhalten bestimmen als das der Fall im privaten Kontext (Familie, Freundeskreis) wäre. Im Folgenden werden kulturelle, geschlechts- und arbeitsbezogene Normen, die Emotionsregulationsprozessen zugrunde liegen können, dargestellt.

> Die Kenntnis von geltenden sozialen Normen stellt eine weitere Voraussetzung für das Auftreten emotionsregulatorischer Prozesse dar. Dabei können kulturspezifische, geschlechts- und arbeitsbezogene Normen unterschieden werden.

13.2.1 Der Einfluss von kulturspezifischen Normen auf die Emotionsregulation

Individualistische und kollektivistische Kulturen unterscheiden sich darin, wie das eigene Selbst in der Beziehung zu seiner sozialen Umwelt definiert wird. Mitglieder individualistischer Gesellschaften, wie unsere westliche Gesellschaft, betonen viel eher die Unabhängigkeit des Einzelnen, seine Leistungen und persönlichen Ziele, während in kollektivistischen Kulturen die Identität des Einzelnen entscheidend durch die Beziehung zur eigenen sozialen Gruppe geprägt wird. Daraus resultieren auch unterschiedliche **emotionale Normen**. Die in einer kollektivistischen Kultur vorherrschende Norm, Harmonie und Verträglichkeit zu fördern, führt zu Unterdrückung solcher Gefühle, wie Ärger, Verachtung oder Stolz, da sie das Potenzial haben, in sozialen Beziehungen Spannungen und Entfremdung zu erzeugen. Andererseits wird der Ausdruck von Gefühlen, wie Schuld, Scham oder Freundlichkeit, verstärkt, da so die gegenseitige Abhängigkeit der Mitglieder in der Gesellschaft zum Ausdruck kommt. In individualistischen Kulturen kommt es zu einer Umkehrung des geschilderten Normenmusters. Gefühle, die Authentizität, Einzigartigkeit und Unabhängigkeit signalisieren, werden bevorzugt zum Ausdruck gebracht, während Gefühle wie Scham eher als ein Aufdecken eigener Schwächen gesehen werden und somit eher nicht gezeigt werden. Selbstverständlich heißt das nicht, dass alle Angehörigen einer individualistischen oder einer kollektivistischen Kultur sich gleich stark an den geschilderten Normen orientieren. Innerhalb der kollektivistischen Kultur kann es z. B. auch große Unterschiede hinsichtlich der Ausprägung des Gruppenzugehörigkeitsgefühls und der damit einhergehenden Konsequenzen für die vorherrschenden Emotionsnormen geben. Im Durchschnitt aber lassen sich die Unterschiede zwischen der individualistischen und kollektivistischen Kultur nicht vernachlässigen.

> Kollektivistische Kulturen fördern den Ausdruck von Emotionen, die dem Zusammenhalt und der Harmonie einer Gesellschaft dienlich sind, und sanktionieren Emotionen, die diese gefährden. Dagegen unterstützen individualistische Kulturen den Ausdruck von Emotionen, welche Autonomie und Individualität signalisieren, und unterdrücken Emotionen, die als ein Zeichen der Schwäche eines Individuums interpretiert werden könnten.

13.2.2 Der Einfluss von geschlechtsspezifischen Normen auf die Emotionsregulation

Es gilt als empirisch gesichert, dass die oft diskutierten **Geschlechterunterschiede** in Bezug auf Emotionserleben und -ausdruck auf ge-

Die (traditionellen) sozialen Rollen der Geschlechter bestimmen, welche Emotionen Frauen und Männer (haben) und zeigen können. Frauen können eher v. a. positive und »machtlose« Emotionen zeigen, während Männer prinzipiell machtbezogene und v. a. weniger Emotionen zeigen sollen. Diese Normen sind in der westlichen Gesellschaft im Wandel begriffen.

schlechtsspezifische Normen zurückzuführen sind (Fischer et al., 2004). Man nimmt an, dass diese Normen mit den sozialen Identitäten und Rollen der Geschlechter im Zusammenhang stehen. So ist z. B. eine ausgeprägte Emotionalität funktional für die Frauen als Trägerinnen der fürsorglichen, auf Beziehungserhalt ausgerichteten Rolle. Diese traditionelle Rolle erlaubt Frauen und verstärkt sie darin, mehr positive und sog. machtlose Emotionen, wie etwa Scham, Schuld oder Trauer, zum Ausdruck zu bringen. Ein solches Verhalten ist gleichzeitig mit der typischen traditionellen Männerrolle unvereinbar, da von Männern erwartet wird, dass sie ihre Gefühle unterdrücken und rational handeln. Würde ein Mann ein solches Emotionsverhalten an den Tag legen, würde dies als ein Zeichen der Schwäche gewertet und entsprechend sanktioniert werden. Mit der gesellschaftlich festgelegten sozialen Rolle des Mannes korrespondiert dagegen viel eher der Ausdruck von machtbezogenen Emotionen, wie Ärger, Wut und Verachtung. Folglich werden Frauen eher machtbezogene und Männer eher machtlose Emotionen unterdrücken oder abschwächen. Fischer et al. (2004) stellen aber auch fest, dass in unserer Gesellschaft zunehmend großer Wert darauf gelegt wird, **emotional authentisch** zu sein und in sozialen Interaktionen seinen wahren Gefühlen Ausdruck zu verleihen. Diese aufkommende »Emotionalisierung der westlichen Gesellschaft« habe eine Abschwächung der geltenden geschlechtsspezifischen Normen zur Folge (Fischer et al., 2004, S. 198).

13.2.3 Der Einfluss von arbeitsbezogenen Normen auf die Emotionsregulation

In vielen Berufen existieren klare Emotionsnormen, deren Erfüllung unmittelbar mit erfolgreicher Berufsausübung verknüpft ist (▶ Abschn. 16.2). Grundsätzlich können hier Darstellungsregeln, die sich auf den Emotionsausdruck beziehen (Ekman u. Friesen, 1969), von Gefühlsregeln (Hochschild, 1983), die das Erleben von Emotionen betreffen, unterschieden werden. Beschäftigte im Dienstleistungsgewerbe, wie etwa Flugbegleiterinnen, werden gezielt darin trainiert, dem Kunden, sei er auch noch so unfreundlich und unangenehm im Auftreten, stets mit einem Lächeln zu begegnen und aufkommende negative Gefühle zu unterdrücken oder ihnen keinen Ausdruck zu verleihen. Aber auch gegensätzliche Muster der Emotionsregulation sind manchmal gefordert. So werden Polizisten oder Gefängniswärter angehalten, weniger positive Emotionen zu zeigen und sich eher in einem Ärger ausdrückenden Verhalten zu üben (Fischer et al., 2004). Emotionsregulation ist in den geschilderten Arbeitswelten als eine mehr oder weniger implizite **Arbeitsanforderung** zu sehen. Im Falle des Scheiterns ist mit negativen Konsequenzen in der Form zu rechnen, dass die Beförderung gefährdet ist oder der Arbeitsvertrag nicht verlängert oder gar gekündigt wird.

Hochschild (1983) prägte in Zusammenhang mit der Emotionsregulation im Arbeitskontext den Begriff der **Emotionsarbeit**. Gefühle werden willentlich herbeigeführt oder unterdrückt, um ein äußeres Erscheinungsbild zu schaffen, das wiederum eine bestimmte Auswirkung auf das Gegenüber haben soll (z. B. Kundenzufriedenheit). Sie identifizierte zwei Strategien, mit deren Hilfe Arbeitende die erforderliche

Emotionsnorm erfüllen können: »surface acting« und »deep acting«. Beim »surface acting« wird lediglich der Emotionsausdruck unterdrückt, während das subjektive Erleben der Emotion unverändert bleibt. Die Verkäuferin würde also lächeln, während sie sich jedoch über die unfreundliche Anmerkung des Kunden durchaus ärgern würde. Angenommen, die Verkäuferin würde sich in der gleichen Situation aber erst gar nicht oder wenig ärgern, weil sie z. B. die Situation als einen alltäglichen Aspekt ihrer Arbeit bewertet und sich sagt, dass unfreundliche Kunden nun mal zum Job dazugehören und ihr Ärger sinnlos wäre. In diesem Fall würde man vom »deep acting« sprechen. Diese **Regulationsstrategie** setzt früh im Emotionsentstehungsprozess ein und wirkt sich direkt auf das subjektive Erleben aus, so dass der zeitlich nachgeordnete Ausdruck kongruent mit dem Erleben ist, d. h. Darstellungsregeln mit Gefühlsregeln übereinstimmen (s. »Unterdrückung« und »Neubewertung« im Modell von Gross). Die Akteure erleben die Emotion in der Situation als kongruent mit dem eigenen Verhalten. Dieser authentisch erlebte Emotionsausdruck hat positive Folgen für das Wohlbefinden von Mitarbeitern.

> Emotionsregulation stellt in vielen Aufgabenbereichen eine mehr oder weniger implizite Arbeitsanforderung dar (»Emotionsarbeit«). Je nach Arbeitsbereich werden Emotionen willentlich herbeigeführt oder unterdrückt, um ein äußeres Erscheinungsbild zu schaffen, das wiederum eine bestimmte Auswirkung auf das Gegenüber haben soll. Zwei Strategien können unterschieden werden: »surface acting« und »deep acting«.

13.3 Emotionsregulation als Untersuchungsgegenstand

Halten Sie an dieser Stelle kurz inne und denken Sie darüber nach, was Sie persönlich alles machen, wenn Sie Ihre Gefühle in den Griff bekommen wollen, um den verschiedenen Erfordernissen des Alltags gerecht zu werden oder um sich besser zu fühlen. Beim Nachdenken dürfte schnell der Eindruck entstehen, dass wir über eine Vielzahl verschiedener Strategien der Emotionsregulation verfügen. Wie lässt sich nun diese Fülle sinnvoll ordnen bzw. klassifizieren?

Hierzu zeichnen sich in der gegenwärtigen Literatur hauptsächlich zwei Ansätze ab: ein deskriptiver Ansatz zur Systematisierung von Emotionsregulationsstrategien (u. a. Parkinson u. Totterdell, 1999) und das Prozessmodell der Emotionsregulation von James Gross (1998, 2014).

> Die Vielzahl unterschiedlichster Regulationsstrategien lässt sich mithilfe folgender Ansätze klassifizieren: deskriptiver Ansatz von Parkinson und Totterdell (1999) sowie Prozessmodell der Emotionsregulation von James Gross (1998, 2014).

13.3.1 Deskriptiver Ansatz zur Systematisierung von Emotionsregulationsstrategien von Parkinson und Totterdell

Parkinson und Totterdell (1999) haben in einer breit angelegten Studie Fragebögen, Interviews, Gruppendiskussionen und Rechercheergebnisse themenbezogener Literaturquellen verwendet, um sämtliche, dem Bewusstsein zugängliche Regulationsstrategien zu sammeln. Hierbei haben die Autoren ausschließlich die Regulation negativer affektiver Zustände berücksichtigt. Auf Basis dieser Daten haben sie 162 unterscheidbare, bewusst eingesetzte Strategien identifizieren können. Die Autoren nahmen zunächst eine vorläufige Systematisierung vor und glichen diese mit den Ergebnissen einer unabhängigen Untersuchung ab. Bei dieser Untersuchung klassifizierten Probanden die besagten 162 Strategien in Hinblick auf ihre Ähnlichkeit. Die Ähnlichkeitsurteile wurden einer Clusteranalyse, einem statistischen Verfahren zur Struk-

Parkinson und Totterdell (1999) haben Strategien ermittelt, die Menschen alltäglich einsetzen, um Einfluss auf ihre negativen Emotionen auszuüben. Als Grundlage für eine Einordnung der Strategien dienen zwei Dimensionen: Zum einen werden kognitiven Strategien verhaltensbezogene gegenübergestellt, zum anderen lassen sich Strategien der Konfrontation mit der affektauslösenden Situation von solchen Strategien abgrenzen, die sich in Vermeidung des und Ablenkung von affektauslösenden Reizen niederschlagen.

turentdeckung, unterzogen. Aus der Zusammenführung der Ergebnisse dieser beiden Vorgehensweisen leiteten die Autoren ein Klassifikationssystem der Emotionsregulationsstrategien ab (◻ Abb. 13.1). Zentral hierbei sind zwei Dimensionen, die jeweils zwei Ausprägungen aufweisen. Zum einen handelt es sich um sog. **Einsatzmittel** (»implementation medium«), wobei hier kognitive von verhaltensorientierten Strategien unterschieden werden können. Wenn Sie z. B. traurig sind, können Sie an etwas Belustigendes denken (kognitiv), oder Sie tun einfach etwas, was Sie aufmuntert, wie einen guten Freund treffen (verhaltensorientiert). Zum anderen ist die Dimension **Absichtsstrategie** (»intention strategy«) von Bedeutung. Sie umfasst einerseits Strategien der Konfrontation mit der affektauslösenden Situation (»engagement«) und andererseits solche Strategien, die sich in Vermeidung der und Ablenkung von affektauslösenden Reizen niederschlagen (»diversion«). So können Sie Ihren Ärger über einen Konflikt bewältigen, indem Sie sich z. B. soziale Unterstützung suchen und mit Freunden über Ihren Ärger reden (»engagement« auf Verhaltensebene). Oder Sie bewerten die Situation für sich neu und sagen sich: »Ich muss mich gar nicht ärgern, da dieser Konfliktpunkt für mich keine große Bedeutung hat« (»engagement« auf kognitiver Ebene). Allerdings kann es manchmal sein, dass Sie eher die Ärger auslösende Situation (»diversion« verhaltensorientiert) als auch das Nachdenken (»diversion« auf kognitiver Ebene) über diese vermeiden, indem Sie z. B. die Konfliktsituation verlassen. Stattdessen können Sie auch (kognitive) Ablenkung suchen, indem Sie an etwas völlig anderes denken (»Ich muss unbedingt meinen Urlaub planen«). Kombiniert man nun die Dimensionen bzw. ihre Ausprägungen, entsteht ein Vier-Felder-Schema, in das sich alle Strategien einordnen lassen. Nimmt man zusätzlich die Differenzierung der Kategorie »diversion« in weitere Unterkategorien hinzu, entstehen acht Felder zur Strategieeinordnung.

		KOGNITIV	**VERHALTENSORIENTIERT**
DIVERSION			
Disengagement		Vermeiden, über Probleme nachzudenken	Vermeiden von problematischen Situationen
Ablenkung	STREBEN NACH VERGNÜGEN/ ENTSPANNUNG	An etwas Angenehmes denken / An entspannende Dinge denken	Etwas Angenehmes tun / Etwas Entspannendes tun
	RESSOURCEN UMVERTEILEN	An etwas denken, das Aufmerksamkeit bindet	Etwas Schwieriges/Anstrengendes tun
ENGAGEMENT		Neubewerten / Nachdenken über Problemlösungsmöglichkeiten	Gefühlen freien Lauf lassen / Trost und Hilfe im sozialen Umfeld suchen / Aktiv handeln, um Probleme zu lösen

◻ **Abb. 13.1** Klassifikation von Strategien der Emotionsregulation (nach Parkinson u. Totterdell, 1999, S. 300, reprinted by permission of Taylor & Francis Ltd, http://www.tandf.co.uk/journals)

13.3.2 Prozessmodell der Emotionsregulation von James Gross

Das Prozessmodell der Emotionsregulation von James Gross (1998, 2007) stellt einen weiteren Ansatz dar, der eine Klassifikation von verschiedenen Strategien der Emotionsregulation erlaubt. Das Modell berücksichtigt den Umstand, dass Regulationsprozesse an verschiedenen Stellen **im zeitlichen Verlauf** der Emotionsentstehung einsetzen können. Regulationsstrategien können an frühen Prozessen in der Entstehung einer Emotion ansetzen (Auslösung der Emotion), aber auch an relativ späten Prozessen (entfaltete emotionale Verhaltenstendenzen). Entsprechend werden frühe und späte Regulationsprozesse unterschieden: antezedenzfokussierte und reaktionsfokussierte Emotionsregulation (□ Abb. 13.2).

Antezedenzfokussierte Emotionsregulation

Die antezedenzfokussierte Emotionsregulation schließt Strategien ein, die früh im Prozess der Emotionsgenese greifen, und zwar zu einem Zeitpunkt, zu dem sich die Emotion noch nicht vollständig (auf allen Reaktionsebenen) entfaltet hat bzw. die emotionsbezogenen Reaktionstendenzen nicht ausgelöst worden sind. Sie basiert auf Vorwegnahme (antezedent) und Kontrolle von Emotionsreaktionen durch aktive Situations- und Gedankenselektion und Beeinflussung, um ungewollte Emotionen zu verhindern und erwünschte herbeizuführen. Innerhalb dieser Kategorie der **frühen Regulationsstrategien** unterscheidet Gross vier Subtypen: Situationsauswahl, Modifikation der Situation, Aufmerksamkeitslenkung und kognitive Veränderung oder Neubewertung. Im Folgenden werden die einzelnen Strategietypen anhand eines Beispiels erläutert. Stellen Sie sich dazu vor, Sie haben sehr große Angst davor, zum Zahnarzt zu gehen. Wie können Sie Ihre Angst in ihrer frühen Entstehung bewältigen?

> Emotionsregulationsprozesse können zu verschiedenen Zeitpunkten, wie z. B. bei der Auslösung von Emotionen oder der Entstehung von entsprechenden Verhaltenstendenzen, greifen.

> Antezedenzfokussierte Emotionsregulation stellt einen frühen regulatorischen Prozess dar: Sie setzt zu Beginn des Emotionsentstehungsprozesses ein – bei der Emotionsauslösung. Die Emotion ist noch nicht vollständig auf allen Reaktionsebenen entfaltet. Antezedenzfokussierte Emotionsregulation schließt vier regulatorische Subtypen ein: Situationsauswahl, Modifikation der Situation, Aufmerksamkeitslenkung und kognitive Veränderung oder Neubewertung.

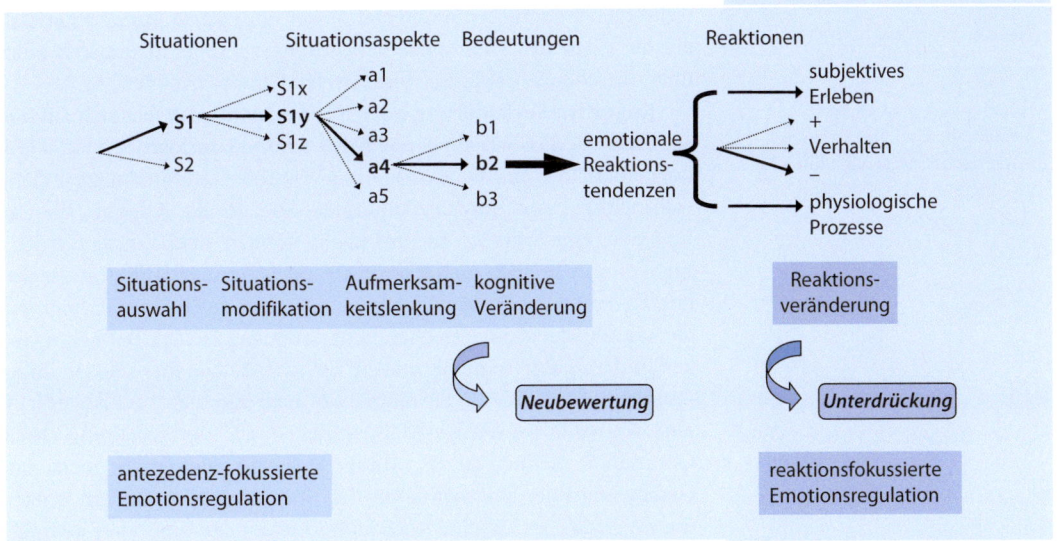

□ **Abb. 13.2** Prozessmodell der Emotionsregulation (nach Gross, 1998, 2007, Copyright © 1998 by the American Psychological Association. Reproduced with permission. The use of APA information does not imply endorsement by APA; © 2007, Copyright Guilford Press. Reprinted with permission of The Guilford Press.)

Situationen, die unerwünschte Emotionen auslösen, werden gezielt vermieden, während Situationen, die erwünschte Emotionen hervorrufen, aufgesucht bzw. hergestellt werden.

Mit aktiver Gestaltung einer Situation nehmen wir Einfluss auf unsere Emotionen.

Ferner können wir unsere Aufmerksamkeit von emotionsauslösenden Aspekten einer Situation weglenken.

Indem wir Situationen neue Bedeutungen geben, können wir ihr emotionsauslösendes Potenzial verändern.

Situationsauswahl bezieht sich auf das Vermeiden von Personen, Gegenständen, Orten und Situationen, die eine unangenehme Emotion hervorrufen könnten. Gleichzeitig werden Personen und Objekte, die ein angenehmes Gefühl entstehen lassen könnten, aufgesucht. Bezogen auf unser Beispiel mit dem Zahnarztbesuch ist Folgendes denkbar: Je näher der Termin beim Zahnarzt rückt, desto ängstlicher werden Sie und desto unbehaglicher stimmt Sie die Aussicht auf Spritzen, Bohrgeräusche, Blutgeschmack und Schmerz ein. So könnten Sie recht spontan zum Hörer greifen, Ihren Termin absagen und stattdessen mit einer Freundin Kaffee trinken gehen. Die Zeit vergeht aber, der Zahnschmerz wird unerträglich und Sie finden sich auf dem Zahnarztstuhl wieder. Was nun? Das Beispiel verdeutlicht, dass die Vermeidung unangenehmer Situationen nur bedingt bzw. temporär zielführend sein kann. Um langfristig auftretende negative Folgen abzuwehren, müssen wir uns manchmal einer Situation stellen.

Modifikation der Situation: Befinden wir uns nun in einer potenziell emotionsauslösenden Situation, können wir ihr emotionsauslösendes Potenzial mindern, indem wir versuchen, diese Situation aktiv anders zu gestalten. So könnten Sie Ihrem Zahnarzt von Ihrer Angst erzählen und die Möglichkeit einer alternativen Behandlungsmethode erfragen. Dies könnte einer der Wege sein, Ihre Angst zu bewältigen. Der Eindruck, Kontrolle über eine Situation zu haben, mindert unsere Angst (Van Der Zee et al., 2002). Nur haben wir leider nicht immer oder nur wenig Kontrolle über die Ereignisse.

Aufmerksamkeitslenkung oder -verteilung stellt eine weitere Möglichkeit dar, die emotionale Bedeutung einer Situation zu verändern. Wir können unsere Aufmerksamkeit gezielt von den emotionsauslösenden Aspekten einer Situation loslösen und sie selektiv auf bestimmte, weniger emotional bedeutende Merkmale dieser Situation richten. Im Zahnarztbeispiel könnte das bedeuten, dass Sie während der Behandlung die Bohrergeräusche und Empfindungen im Mundraum weitestgehend ignorieren und stattdessen Ihre ganze Aufmerksamkeit auf die Farbe der Wände des Behandlungszimmers fokussieren oder über die schönen Erlebnisse Ihres letzten Urlaubs nachdenken.

Kognitive Veränderung oder Neubewertung bezieht sich auf die Möglichkeit, dass wir einer potenziell emotionsauslösenden Situation oder einem Reiz eine neue Bedeutung verleihen und somit diese anders wahrnehmen und einschätzen können. So kann die Relevanz, die ein Reiz oder eine Situation für uns haben können, neubewertet werden. Ein typisches Beispiel für die kognitive Veränderung ist die Strategie der kognitiven Neubewertung (»reappraisal«). In unserem Beispiel könnten Sie während der Zahnarztbehandlung Ihrer Angst auch so entgegenwirken, indem Sie sich immer wieder versichern, dass diese Behandlung – so unangenehm sie für Sie momentan auch sein mag – auf lange Sicht eine sinnvolle präventive Maßnahme ist, die der Erhaltung Ihrer Gesundheit dienlich ist. Mit dieser Strategie leugnen wir nicht das Geschehene oder fantasieren uns die Situation schön, sondern lenken unsere Gedanken auf eine reale und positive oder zumindest neutrale Sichtweise der Situation.

13

Psychologische Resilienz und positive Neubewertung

Psychologische Resilienz bezeichnet die Fähigkeit, sich von kritischen Lebensereignissen relativ leicht zu erholen, flexibel auf die wechselnden Anforderungen einer stressinduzierenden Situation zu reagieren und sich trotz widriger Lebensumstände positiv zu entwickeln. Resiliente Personen scheinen im Vergleich zu weniger resilienten Personen bei stressauslösenden Ereignissen häufiger auf die positiven Aspekte der negativen Situation zu achten (Tugade u. Fredrickson, 2007). Die im Vergleich ebenfalls schneller erfolgende Normalisierung ihrer zuvor erhöhten kardiovaskulären Werte scheint durch den Einsatz dieser Regulationsstrategie vermittelt zu sein.

Reaktionsfokussierte Emotionsregulation

Reaktionsfokussierte Emotionsregulation bezieht sich auf Strategien, die auf einen späten Zeitpunkt im Prozess der Emotionsentstehung, nämlich die Reaktionsveränderung, abzielen. Sie greifen immer dann, wenn die Emotion bzw. die emotionsbezogenen Reaktionstendenzen initiiert wurden, und umfassen Versuche, diese spezifischen physiologischen, subjektiven und ausdrucksbezogenen Komponenten einer Emotion zu modifizieren.

So kann die **Regulation der physiologischen Erregung** (insbesondere bei negativen affektiven Zuständen) vielseitige Gestalt annehmen. Hierzu zählen Strategien wie der Konsum der alltäglichen »Beruhigungsmittel« (Süßigkeiten, Zigaretten, Kaffee, Alkohol) als auch die Ausübung von Sport sowie Einsatz von Entspannungstechniken und Biofeedback. Pharmaka, wie z. B. Beta-Blocker, die normalerweise bei der Behandlung von Bluthochdruck eingesetzt werden, werden auch bei Lampenfieber und Prüfungsangst verwendet. Sie verringern Herzklopfen, Erröten und Schwitzen und können helfen, zumindest kurzfristig die Erregung zu hemmen.

Die **Regulation des Gefühls bzw. der subjektiven Erlebenskomponente** variiert oft zwischen zwei Extremen. Ein Extrem besteht darin, die emotionsbegleitenden Gedanken vollkommen zu unterdrücken. So können die Gedanken an einen Verstorbenen systematisch vermieden werden, um sich vor dem Verlustschmerz zu schützen. Oder aber man schenkt den emotionalen Gedanken vermehrt Aufmerksamkeit und versucht durch wiederholtes Fokussieren auf diese Gedanken, einen Sinn oder eine Erklärung für den eigenen Zustand zu suchen, um somit die negative Auswirkung dieser Gedanken (vermeintlich) zu verringern (»Warum musste ich den geliebten Menschen verlieren? Womit habe ich einen solchen Schicksalsschlag verdient? Werde ich jemals wieder glücklich sein?«). Mit der Strategie des Grübelns (»rumination«) hat sich v. a. die Arbeitsgruppe von Susan Nolen-Hoeksema im Kontext der Depressionsforschung auseinandergesetzt. Grübeln scheint eine wichtige Rolle bei der Entstehung und Aufrechterhaltung von Depressionen zu haben (Nolen-Hoeksema, 2000).

Die **Regulation des emotionalen Ausdrucksverhaltens** stellt eine weitere Regulationsstrategie dar, die bei der Reaktionsveränderung vorkommen kann. Dabei kann das Ausdrucksverhalten entweder intensiviert oder unterdrückt werden. Insbesondere die Unterdrückung des mimischen Emotionsausdrucks hat in den letzten Jahren viel Forschungsinteresse erfahren. Um auf unser Beispiel mit dem Zahnarzt

Reaktionsfokussierte Emotionsregulation stellt einen späten regulatorischen Prozess dar: Die Emotionsreaktion soll verändert werden.

Die reaktionsfokussierte Emotionsregulation umfasst die Regulation der physiologischen Erregung, des subjektiven Erlebens (Gefühls) sowie des Emotionsausdrucks.

Der Ansatz zur emotionalen Selbst-offenbarung (»emotional dis-closure«) von James Pennebaker (2004) demonstriert, dass das Niederschreiben von belastenden emotionalen Ereignisse zu deren Verarbeitung führt und positive gesundheitliche Effekte erzielt.

zurückzukommen: Sie würden die Praxis betreten, der Sprechstunden-hilfe Ihr freundlichstes Lächeln schenken und sich Ihre Angst und Nervosität äußerlich nicht anmerken lassen. Sie würden sozusagen eine gute Miene zu einem für Sie vermeintlich bösen Spiel machen: An Ihrer Angst würde sich nichts ändern, auch wenn Ihre Umwelt nicht die geringste Notiz von Ihrer Angst nehmen würde. Beachten Sie bitte, dass es hierbei nur um die Unterdrückung des emotionsbegleitenden Gesichtsausdrucks geht. Emotionsausdruck im Allgemeinen schließt mehr ein.

So stellt z. B. der konfrontative Verhaltensausdruck (»expression« und »engagement«) eine weitere Art der reaktionsfokussierten Regula-tion dar. Umgangssprachlich würde man vom »Dampf ablassen« reden: bei Ärger würde man schreien, mit der Faust auf den Tisch schlagen, bei Trauer weinen, vor Angst schreien etc. Belastende emotionale Ereig-nisse können z. B. verarbeitet werden, indem die Gefühle aufgeschrie-ben werden (»emotional disclosure«; Pennebaker, 2004) Diese Strategie ist gut empirisch gesichert ist und findet in der Psychotherapie rege Anwendung.

Studie

Pennebaker (2004)

Die Verarbeitung belastender emotionaler Lebens-ereignisse steht im Mittelpunkt des Ansatzes zur emotionalen Selbstoffenbarung (»emotional disclosure«) von James Pennebaker (2004).
Im Fall eines traumatischen Lebensereignisses sei es der Gesundheit abträglich, seine Gefühle unter Verschluss zu halten, während es heilsam sei, über solche belastenden emotionalen Ereignisse zu sprechen, so der verbreitete Glaube, der Freuds Idee der wohltuenden Wirkung der Katharsis wie-dergibt. Die Arbeitsgruppe von James Pennebaker widmete sich der wissenschaftlichen Klärung die-ses Sachverhaltes. In einer Reihe von Experimen-ten untersuchten sie, welche Effekte das Nieder-schreiben stark belastender Lebensereignisse (z. B. Tod einer nahestehenden Person, Vergewaltigung) oder das Sprechen darüber hinsichtlich gesund-heitlicher Indikatoren, wie etwa Blutdruck oder Wohlbefinden, hat. Sie konnten vielfach feststel-len, dass sich der Gesundheitszustand der Experi-mentalgruppen, die frei über emotional belasten-de Ereignisse schrieben, im Vergleich zu Kontroll-gruppen, die sich zu trivialen Ereignissen äußer-ten, zunächst unmittelbar verschlechterte, in den nächsten Monaten aber positivere gesundheit-liche Effekte in Form von niedrigem Krankenstand und weniger Arztbesuchen zu beobachten waren. Offenbar reduzierte die emotionale Selbstoffen-barung die Gesundheitsbeeinträchtigung. Wes-halb? Welche Mechanismen liegen der gesund-heitsfördernden Wirkung der Offenbarung von Emotionen zugrunde? Pennebaker geht davon aus, dass die Betroffenen mithilfe der Ereignis-schilderung die Möglichkeit bekommen, das Erlebte zu strukturieren und ein in sich stimmiges, kohärentes Verständnis für das Geschehene zu entwickeln. Nicht der verschriftlichte Emotions-ausdruck, sondern ein tiefergreifendes Verständnis des Erlebten durch die schriftliche Niederlegung half. Hat die betroffene Person eine Erklärung des Ereignisses gefunden, so wird das Ereignis weni-ger mental verfügbar sein. Zudem wird sie weni-ger dazu neigen, das Ereignis zu unterdrücken. Wie aus sozialpsychologischer Literatur bekannt, führt die Unterdrückung negativer Gedanken dazu, dass diese umso verfügbarer werden. Die Ausführungen zu der Emotionsregulations-strategie »Unterdrückung« und ihren Folgen ver-vollständigen diese Gedankenführung.

13

13.3.3 Unterdrückung und Neubewertung: eine Gegenüberstellung

Die Strategien der Unterdrückung des emotionalen Ausdrucksverhaltens (»expressive suppression«) und Neubewertung (»reappraisal«) sind im Rahmen des Prozessmodells häufig untersucht und einander gegenübergestellt worden. Im Folgenden wird eine klassische Studie berichtet, die einen exemplarischen Vergleich der Strategien ermöglicht.

> Die Strategien »Unterdrückung des emotionalen Ausdrucksverhaltens« (reaktionsfokussiert) und »Neubewertung« (antezedent) sind die am häufigsten untersuchten Regulationsstrategien.

Studie

Gross (1998)

In einer typischen Versuchsanordnung führte Gross (1998) Versuchspersonen Stress und Ekel auslösende Filmausschnitte, etwa Aufnahmen einer chirurgischen Armamputation, vor. Eine Manipulation der Regulationsinstruktionen wurde in drei Experimentalbedingungen realisiert. Ein Drittel der Versuchspersonen erhielt die Anweisung, die Gefühle beim Betrachten der Filmszenen so zu verbergen, dass keiner ihnen ansehen kann, was sie fühlen (Unterdrückung des Emotionsausdrucks). Die Versuchspersonen der zweiten Bedingung sollten die Szenen von einem möglichst unemotionalen und sachlichen Standpunkt betrachten, mit dem Ziel, keine Gefühle entstehen zu lassen. Sie sollten das Gesehene in einer objektivierenden Art auffassen und z. B. auf die technischen Details einer Szene achten (kognitive Neubewertung). Die Kontrollgruppe schaute sich die Szenen einfach ohne spezielle Instruktion an. Die Mimik der Versuchspersonen wurde videographisch aufgenommen, und es wurden verschiedene physiologische Daten wie Frequenz und Stärke des Herzschlags sowie elektrodermale

Aktivität erfasst. Zum Schluss schätzten die Vpn die Intensität ihres Ekels (und anderer Gefühle) ein. Die Strategie der kognitiven Neubewertung führte zu verringertem Ekelgefühl und vermindertem mimischen Ausdruck des Ekels. Im Hinblick auf die Ausprägung der physiologischen Parameter unterschieden sich die Kontroll- und Neubewertungsgruppe nicht voneinander. Die Unterdrückungsgruppe konnte im Unterschied zur Kontrollgruppe ihren mimischen Ekelausdruck gut kontrollieren und sozusagen ein »Pokerface« erfolgreich aufsetzen. Die Strategie der Unterdrückung wirkte sich aber nicht vermindernd auf das Ekelgefühl aus und führte auch zu einem Anstieg diverser Indikatoren des autonomen Nervensystems, welche auf eine starke Stressreaktion schließen ließen. Auch wenn die »Unterdrücker« nach außen hin emotional unberührt wirkten, gelang es ihnen im Vergleich zu anderen Gruppen am wenigsten, ihren Ekel im Zaum zu halten. Somit erwies sich die kognitive Neubewertung als eine effektive Strategie der Emotionsregulation.

Es folgt eine Beschreibung der wesentlichen Kennzeichen der beiden oft miteinander verglichenen Strategien (Unterdrückung des emotionalen Ausdrucksverhaltens und Neubewertung) und die zusammengefassten Ergebnisse dieses Vergleichs.

Unterdrückung emotionalen Ausdrucksverhaltens (»expressive suppression«)

Der spontane emotionale Gesichtsausdruck wird willkürlich unterdrückt, um Anzeichen eines Emotionserlebens (in aller Regel) in einem sozialen Kontext zu verbergen.

Dem laienhaften Verständnis nach bringt die Unterdrückung von Emotionen viele negative (gesundheitliche) Auswirkungen mit sich. Auch die Rezeption der aktuellen Forschungsliteratur festigt den Eindruck, dass es nicht ratsam ist, seine Emotionen zu unterdrücken. Freilich ist es in sozialen Kontexten dennoch oft sehr nützlich, ein Pokerface zu bewahren, anstatt sozial unerwünschte Emotionen auszudrücken, wie

Die Unterdrückung des mimischen Ausdrucks schwächt das subjektive Erleben positiver Emotionen, wirkt sich aber nicht auf das Erleben negativer Emotionen aus.

z. B. beim Anblick der missglückten Frisur seines Freundes. Mit dieser Regulationsstrategie können wir gelegentlich die Gefühle anderer schonen sowie Konflikte und negative Bewertung unserer Person vermeiden.

Die Unterdrückung mimischen Ausdrucks wirkt sich ebenfalls auf das eigene Erleben eines Ereignisses aus. Interessanterweise wirkt sich die Unterdrückung des Gesichtsausdrucks je nachdem, ob positive oder negative Emotionen im Spiel sind, differenziert aus. Unterdrückung des Gesichtsausdrucks bei positiven Emotionen, wie wenn man etwa einen Comic liest, resultiert in einem abgeschwächten Freudegefühl. Wird der Gesichtsausdruck einer negativen Emotion, z. B. des Ekels, unterdrückt, bleibt das Ekelgefühl allerdings gänzlich unberührt (s. Studie von Gross).

Neubewertung (»reappraisal«)

» Das Glück deines Lebens hängt von der Beschaffenheit deiner Gedanken ab (Marc Aurel).

Einer potenziell emotionsauslösenden Situation oder einem Reiz wird eine neue subjektive Bedeutung verliehen. Infolgedessen wird diese anders eingeschätzt und ihr Emotionsgehalt verändert oder verringert.

Das emotionsauslösende Potenzial einer Situation hängt davon ab, ob wir diese vor dem Hintergrund aktuell bestehender Bedürfnisse und Ziele als emotional relevant bewerten.

Die Beschäftigung mit kognitiven Bewertungstheorien im vorangehenden Kapitel dürfte eines verdeutlicht haben: Nicht jede potenziell emotionsauslösende Situation induziert eine Emotion. Dasselbe Ereignis kann bei verschiedenen Menschen verschiedene oder gar keine Emotionen hervorrufen. Denken Sie nochmal an unser Beispiel, wie Sie auf die Aussicht, ein Referat demnächst zu halten, reagieren könnten: Ein Referat vor einem großen Publikum zu halten, werden manche Studierende als Herausforderung oder eine Chance, sich zu beweisen, sehen, manch anderer bewertet es als einen festen Bestandteil seines Studienalltags, und anderen wiederum wird der schiere Gedanke an die Referatssituation schlaflose Nächte bescheren. Offenkundig hängt das emotionsauslösende Potenzial einer Situation davon ab, ob wir diese als emotional relevant bewerten (s. kognitive Bewertungstheorien). Befinden wir uns in einer solchen Situation, werden wir konstant evaluieren, ob sie positiv oder negativ für uns ist (Valenz), ob wir Einfluss auf sie nehmen können oder nicht (Kontrollierbarkeit), ob sie unseren Zielen im Weg steht oder sie unterstützt (Zielerreichbarkeit), ob sie uns vertraut oder komplett neu ist (Bekanntheit), ob wir sie bewältigen können oder ob sie unsere Möglichkeiten übersteigt (Bewältigungspotenzial) usw. Unsere Einschätzung dieser Fragen bestimmt die emotionale Relevanz einer Situation. Beachten Sie, dass hier nicht die Betonung auf interindividuellen Unterschieden bei Situationseinschätzungen liegt. Dieselbe Situation kann von einer Person je nach aktuellen Zielen oder Kontrollwahrnehmung unterschiedlich bewertet werden.

Bereits die klassischen Arbeiten zur Stressforschung konnten die Effizienz der Strategie »Neubewertung« demonstrieren.

Die klassischen Arbeiten zur Stressforschung aus den 1960er-Jahren von Richard Lazarus sind die ersten experimentellen Versuche, die zeigen, dass die Art und Weise, wie wir eine Situation interpretieren oder einschätzen, einen Effekt auf unsere Emotionsreaktion hat (▶ Abschn. 12.5). Sie haben im vorangehenden Kapitel gelesen, wie Lazarus Versuchspersonen einen Film über die Beschneidungsrituale eines Ureinwohnerstammes vorführte. In der Bedingung »Neubewertung« wurde der Film mit einem Kommentar begleitet, der die negativen Aspekte der Szene verharmloste (Schmerz) und die positive Seite, wie etwa die er-

13

sehnte Aufnahme in den Kreis der Erwachsenen, in den Vordergrund spielte. Vergleichbar mit den Ergebnissen von James Gross wiesen die Vpn der Bedingung »Neubewertung« im Vergleich zur Kontrollbedingung (kein Kommentar) niedrigere physiologische Erregung, weniger Stresserleben und eine bessere Konzentration auf. Auf der neurobiologischen Ebene konnte ferner demonstriert werden, dass Neubewertung mit einer verstärkten Aktivierung im präfrontalen Kortex (beteiligt bei allen exekutiven Funktionen) und schwächerer Aktivität der Amygdala einhergeht (Steinfurth et al., 2014).

»Emotion Regulation Questionnaire« (ERQ, Gross u. John, 2003)

Der ERQ erfasst die interindividuellen Unterschiede im Gebrauch der beiden Emotionsregulationsstrategien »kognitive Neubewertung« und »Unterdrückung emotionalen Ausdrucksverhaltens«. Eine deutsche Version des ERQ legten Abler und Kessler (2009) vor.
Itembeispiele für kognitive Neubewertung (N) und Unterdrückung (U)

- Wenn ich weniger negative Gefühle (wie Traurigkeit oder Ärger) empfinden möchte, ändere ich, woran ich denke. (N)
- Wenn ich in eine stressige Situation gerate, ändere ich meine Gedanken über die Situation so, dass es mich beruhigt. (N)
- Ich behalte meine Gefühle für mich. (U)
- Wenn ich positive Gefühle empfinde, bemühe ich mich, sie nicht nach außen zu zeigen. (U)

13.3.4 Unterdrückung und Neubewertung: Welche Folgen haben sie?

Das Experiment von Gross (1998) demonstriert eindrücklich: Nicht jede Strategie der Emotionsregulation führt zum gleichen und v. a. zum erwünschten Effekt. Die Strategien unterscheiden sich anscheinend hinsichtlich ihrer Effizienz dahingehend, wie sie die emotionale Erfahrung beeinflussen können. Sind also manche Strategien eher zu empfehlen als andere? Die Arbeitsgruppe um James Gross führt(e) eine ganze Reihe von Untersuchungen durch, um diese Fragestellung systematisch zu untersuchen. Im Vordergrund steht die Annahme, dass die im Emotionsgenerationsprozess früh auftretenden Regulationsstrategien ein anderes Muster an affektiven, kognitiven und sozialen Folgen aufweisen als Strategien, die später einsetzen. Deshalb verglich man systematisch die Strategie der Neubewertung (antezedenzfokussiert) mit der Strategie der Unterdrückung emotionalen Ausdrucksverhaltens (reaktionsfokussiert).

> Es ist systematisch untersucht worden, ob Neubewertung und Unterdrückung emotionalen Ausdrucksverhaltens von unterschiedlichen affektiven, sozialen und kognitiven Folgen begleitet werden.

Affektive Folgen

Bei der Betrachtung der affektiven Folgen dieser beiden Strategien, können wir bei unserem Experimentbeispiel bleiben. Neubewertung ist offensichtlich sehr effizient darin, die Intensität einer Emotion zu reduzieren und verhaltensbezogene und physiologische Reaktionen abzuschwächen, ohne dabei nennenswerte physiologische Kosten zu verursachen. Unterdrückung emotionalen Ausdrucksverhaltens dagegen vermag einen Großteil sichtbarer mimischer und körperlicher Anzeichen einer Emotionserfahrung zu verbergen. Allerdings geschieht dies auf Kosten von Prozessen auf der physiologischen Ebene: Diverse

> Neubewertung vermag Emotionsintensität reduzieren sowie verhaltensbezogene und physiologische Reaktionen abzuschwächen. Unterdrückung wirkt sich nur auf den Ausdruckskanal aus (»poker face«) und hat einen negativen Nebeneffekt: Physiologische Reaktionen werden intensiver.

periphere physiologische Maße veranstalten ein regelrechtes »Feuerwerk«, und der primäre Auslöser der Unterdrückung – das subjektive Emotionserleben – bleibt weitgehend unbeeinflusst.

Kognitive Folgen

Neubewertung verursacht keine kognitiven Kosten. Unterdrückung dagegen kann die Gedächtnisleistung beeinträchtigen.

Wie wirken sich aber diese beiden Strategien auf die kognitive Leistung der Regulierenden aus? Hier nahm man an, dass Neubewertung als ein früher regulatorischer Prozess keine andauernde, kräftezehrende Selbstregulation benötigt. Unterdrückung jedoch sollte als ein später korrigierender Prozess mit einem hohen Anteil an Selbstbeobachtung erheblich mehr kognitive Ressourcen beanspruchen. Richards und Gross (2000) überprüften diese Annahme, indem sie die Effekte der beiden Strategien auf die Gedächtnisleistung beobachteten. Versuchspersonen betrachteten emotionsauslösende Bilder, auf denen leicht oder schwer verletzte Personen abgebildet waren. Die Bilder wurden mit verbalen biografischen Informationen (Name, Beruf, Art der Verletzung …) unterlegt. Die Versuchspersonen sollten entweder auf sachliche Details fokussieren (Neubewertung) oder keine Gefühlsregung zeigen (Unterdrückung) oder sich die Bilder einfach nur anschauen (Kontrollgruppe). Im Vergleich zur Neubewertungsbedingung konnten die Vpn, die ihren emotionalen Ausdruck beim Betrachten der Bilder unterdrückt hatten, weniger autobiografische Details abrufen. Sie waren auch hinsichtlich der Richtigkeit der erinnerten Angaben weniger zuversichtlich.

Soziale Folgen

Im Vergleich zu Neubewertung übt Unterdrückung von Emotionen einen negativen Einfluss in sozialen Interaktionen aus: Unterdrückt der Interaktionspartner seine Emotionen, fühlen wir uns ihm nicht nah, mögen wir ihn weniger, und unser Blutdruck steigt.

Schließlich wurden die sozialen Konsequenzen, die beide Strategien mit sich bringen, geprüft. Wie wirkt es sich nun auf unsere Interaktionspartner aus, ob wir gerade unsere Emotionen unterdrücken oder versuchen, einer Situation eine neue Bedeutung zu verleihen? Die Unterdrückung des Ausdrucks beansprucht, wie gerade ausgeführt, viele kognitive Ressourcen. Die Aufmerksamkeit des Unterdrückenden ist hochwahrscheinlich gebunden und steht der sozialen Interaktion nicht mehr zur Verfügung. Es ist vorstellbar, dass eine solche Person den Erfordernissen, die eine soziale Situation an sie stellt, nicht mehr gerecht werden kann. Missverständnisse und Konflikte sind vorprogrammiert, wenn die kommunikative Funktion der Mimik nicht mehr vorhanden ist. Von der Warte des Interaktionspartners aus gesehen stellt jemand, dessen Regungen, Motive und Absichten verborgen und mehrdeutig sind, eine Quelle von Unsicherheit und Stress dar. Experimentelle Anordnungen, in denen Interaktionsdyaden aus einer nicht instruierten Vp und einer instruierten Vp (Neubewertung oder Unterdrückung oder Kontrolle) gebildet wurden, bestätigen die vorausgehenden Vermutungen. Verglichen mit Neubewertung hat Unterdrückung eine negative Wirkung auf die soziale Interaktion. So zeigen die Vpn der Unterdrückungsbedingung einen Abfall in sozialer Responsivität und berichten vom vermehrten Eindruck der erlebten Ablenkung. Die Personen, die mit emotionsunterdrückenden Partnern interagieren, mögen diese weniger, erleben weniger Nähe zu ihnen und möchten nicht mit ihnen befreundet sein. Zudem steigt bei Personen auch der Blutdruck, wenn die Interaktionspartner ihre Emotionen unterdrücken (Butler et al., 2003).

Zusammenfassend lässt sich feststellen, dass Neubewertung die effizientere und adaptivere Regulationsstrategie ist. Unterdrückung des emotionalen Ausdrucks wird von erheblichen affektiven, kognitiven und sozialen Kosten begleitet.

13.4   Emotionsregulation: Selbstbezug und Fazit

Nicht zuletzt die vorangehenden Ausführungen legen die Schlussfolgerung nahe, dass Emotionsregulation eine Schlüsselrolle im Hinblick auf unsere mentale und körperliche Gesundheit spielt. Am Ende dieses Kapitels möchten wir Sie fragen, welches Fazit Sie für sich ziehen. Gibt es Strategien der Emotionsregulation, die Sie angesichts erlebter negativer Emotionszustände selbst vermehrt in Ihr Verhaltensrepertoire aufnehmen würden? Ihre Antwort scheint leicht vorhersehbar. Schließlich haben Sie gerade gelesen, dass Neubewertung eine effiziente, mit kaum kognitiver Anstrengung verbundene Strategie ist, die das subjektive Erleben, sympathische Erregung und den Ausdruck einer Emotion erfolgreich reduzieren kann. Emotionsunterdrückung schneidet im Vergleich bedeutend schlechter ab: Sie geht mit vermindertem Erleben positiver, erhöhtem oder unverändertem Erleben negativer Emotionen und erhöhter sympathischer Aktivierung einher, auch wenn sie den Emotionsausdruck erfolgreich inhibiert. Mit ihr sind hohe physiologische, kognitive und soziale Kosten verbunden. Entsprechend ist Emotionsausdruck bzw. emotionale Offenbarung der Gesundheit, langfristig gesehen, dienlich. Ein klarer Sachverhalt liegt vor, so scheint es! Doch einfache Lösungen im Leben sind selten. Mit der Emotionsregulation verhält es sich auch nicht anders. Manche Situation wird so beschaffen sein, dass die Unterdrückung der Neubewertung vorzuziehen sein wird. Oder wenn Sie das Gefühl haben, dass eine Person Sie konstant schlecht behandelt und erniedrigt, werden Sie schlecht beraten sein, Ihren Ärger oder Ihre Trauer »schön zu reden«. Manchmal ist die Neubewertung schlicht eine inadäquate Strategie. Deshalb ist eine Heuristik nach dem Motto »Je weniger ich Emotionen unterdrücke und je mehr ich sie ausdrücke, umso gesünder werde ich sein« zu einfach. Vielmehr kommt es auf ein flexibles und situationsgerechtes Regulationsverhalten an, wie Gross (2002) es beschreibt:

» What seems likely to prove essential is having a rich palette of emotion regulatory response options that can be flexibly employed, with a clear appreciation of the relative costs and benefits of using any given regulatory strategy in a particular situation (Gross, 2002, S. 289).

? Kontrollfragen

1. Arbeiten Sie die wesentlichen Gemeinsamkeiten und Unterschiede der Ansätze von Parkinson und Totterdell (1999) und James Gross (1998, 2014) heraus.

2. Wie würden Sie die Strategien »Neubewertung« und »Unterdrückung des emotionalen Ausdrucksverhaltens« in das Klassifikationssystem von Parkinson und Totterdell (1999) einordnen? Unterstützen Sie Ihre Antwort mit konkreten Beispielen.

3. Angehende Ärzte sind oft mit potenziell Ekel auslösenden Situationen konfrontiert. Schildern Sie in groben Zügen, wie Sie ein Bewältigungstraining für diese Zielgruppe aufbauen würden.

► **Weiterführende Literatur**

Fischer, A. H., Manstead, A. S. R., Evers, C., Timmers, M., & Valk, G. (2004). Motives and norms underlying emotion regulation. In P. Philippot & R. S. Feldman (Eds.), *The regulation of emotion* (pp. 187-212). Mahwah, NJ: Erlbaum.

Gross, J. J. (Ed.). (2014). *Handbook of emotion regulation* (2nd ed.). New York, NY: Guilford Press.

Petermann, F., & Barnow, S. (2013). *Schwerpunktthema »Emotionsregulation«.* Göttingen: Hogrefe.

Literatur

Abler, B., & Kessler, H. (2009). Emotion Regulation Questionnaire – eine deutsche Version des ERQ von Gross u. John. *Diagnostica, 55*(3), 144–152.

Butler, E., Egloff, B., Wilhelm, F., Smith, N., Erickson, E., & Gross, J. (2003). The social consequences of expressive suppression. *Emotion, 3,* 48–67.

Ekman, P., & Friesen, W. V. (1969). Nonverbal leakage and clues to deception. *Psychiatry: Journal of the Biology and the Pathology of Interpersonal Relations, 32,* 88–106.

Feldman Barrett, L., Gross, J. J., Christensen, T., & Benvenuto, M. (2001). Knowing what you're feeling and knowing what to do about it: Mapping the relation between emotion differentiation and emotion regulation. *Cognition and Emotion, 15,* 713–724.

Fischer, A. H., Manstead, A. S. R., Evers, C., Timmers, M., & Valk, G. (2004). Motives and norms underlying emotion regulation. In P. Philippot & R. S. Feldman (Eds.), *The regulation of emotion* (pp. 187-212). Mahwah, NJ: Erlbaum.

Gross, J. J. (1998). Antecedent- and response-focused emotion regulation: Divergent consequences for experience, expression, and physiology. *Journal of Personality and Social Psychology, 74,* 224–237.

Gross, J. J. (2002). Emotion regulation: Affective, cognitive, and social consequences. *Psychophysiology, 39,* 281–291.

Gross, J. J. (Ed.) (2007). *Handbook of emotion regulation.* New York: Guilford Press.

Gross, J. J., & John, O. P. (2003). Individual differences in two emotion regulation processes: Implications for affect, relationships, and well-being. *Journal of Personality and Social Psychology, 85,* 348-362.

Hochschild, A. R. (1983). *The managed heart: Commercialization of human feeling.* Berkley, CA: University of California Press.

Mauss, I. B., Cook, C. L., & Gross, J. J. (2007). Automatic emotion regulation during anger provocation. *Journal of Experimental Social Psychology, 43,* 698–711.

Nolen-Hoeksema, S. (2000). The role of rumination in depressive disorders and mixed anxiety/depressive symptoms. *Journal of Abnormal Psychology, 109,* 504–511.

Parkinson, B., & Totterdell, P. (1999). Classifying affect regulation strategies. *Cognition and Emotion 13,* 277–303.

Pennebaker, J. W. (2004). *Writing to heal: A guided journal for recovering from trauma and emotional upheaval.* Oakland, CA: New Harbinger Press.

Richards, J. M., & Gross, J. J. (2000). Emotion regulation and memory: The cognitive costs of keeping one's cool. *Journal of Personality and Social Psychology, 79,* 410–424.

Steinfurth, E., Wendt, J., & Hamm, A. (2014). Neurobiologische Grundlagen der Emotionsregulation. *Psychologische Rundschau, 64,* 208–2016.

Tugade, M. M., & Fredrickson, B. L. (2004). Emotions: Positive emotions and health. In N. Anderson (Ed.), *Encyclopedia of Health and Behavior* (pp. 306–310). Thousand Oaks, CA: Sage.

Van der Zee, K. I., Gallandat Huet, R. C. G., Cazemier, C., & Evers, K. (2002). The influence of the premedication consult and preparatory information about anesthesia on anxiety among patients undergoing cardiac surgery. *Anxiety Stress and Coping, 15,* 123–133.

13

14 Emotionsentwicklung

© Springer-Verlag GmbH Deutschland, ein Teil von Springer Nature 2018
V. Brandstätter et al., *Motivation und Emotion*, Springer-Lehrbuch
https://doi.org/10.1007/978-3-662-56685-5_14

Lernziele

- Den Einfluss von Lernen und Sozialisation auf die Entwicklung von Emotionen einschätzen können.
- Die Entwicklung unterschiedlicher Emotions-komponenten in groben Zügen nachvollziehen.

- Den Unterschied zwischen intra- und inter-personaler Emotionsregulation verstehen.
- Den Zusammenhang zwischen frühkindlicher Bindungssicherheit und der Entwicklung der Emotionsregulationsfähigkeit erläutern können.

Beispiel

Stellen Sie sich einmal folgende Situation vor: Der zweijährige Tobias spielt auf dem Spielplatz im Sandkasten. Neben ihm spielt seine vierjährige Schwester Alicia mit einer neuen Schaufel, die Tobias nun auch gern hätte. Er versucht, seiner Schwester die Schaufel wegzunehmen. Alicia lässt aber die Schaufel nicht los. Nach einer Weile des gegenseitigen Zerrens läuft Tobias rot im Gesicht an und fängt an zu kreischen. Er steigert sich immer mehr und weint schließlich herzzerreißend. Dann läuft er zu seinem Vater, der auf einer nahegelegenen Bank sitzt und streckt ihm die Arme entgegen. Der Vater nimmt ihn auf den Schoß und ahmt dabei unwillkürlich seinen Gesichtsausdruck nach. Er versucht seinen Sohn zu trösten, indem er sagt: »Du möchtest auch gern mit der neuen Schaufel spielen und bist wütend, weil Alicia Dich nicht lässt.« Er sagt aber auch, dass Alicia sicher auch wütend ist, wenn er ihr die Schaufel einfach wegnimmt. Der Vater macht den Vorschlag mit Tobias zu seiner Schwester zu gehen und sie zu fragen, ob er auch einmal mit der Schaufel spielen darf.

Dass man gern etwas hätte, das andere haben, das aber für einen selbst momentan unerreichbar ist, kommt auch bei Erwachsenen vor. Dieser Wunsch endet aber in der Regel nicht in unkontrolliertem Schluchzen oder in der Trostsuche bei anderen. Dennoch ist damit zu rechnen, dass auch bei Erwachsenen in solchen Situationen Emotionen auftreten. Überlegen Sie einmal, wie in diesem Fall die emotionale Reaktion bei Erwachsenen aussehen könnte!

14.1 Emotionen aus entwicklungspsychologischer Perspektive

Ursachen für die Veränderung von Emotionen im Laufe des Lebens sind genetische Dispositionen, Reifungsprozesse sowie Sozialisations- und Lernprozesse.

Die Entwicklungspsychologie beschäftigt sich damit, wie sich Verhalten, Denken und Erleben über die Lebensspanne verändern und was die möglichen Ursachen für diese Veränderung sowie deren Auswirkungen sind. Nimmt man eine Grobklassifikation der Ursachen für Veränderung von Emotionen im Laufe des Lebens vor, so unterscheidet sich diese Klassifikation nicht wesentlich von jener für die motorische oder kognitive Entwicklung. Auch bei der emotionalen Entwicklung kommen zum einen genetische Dispositionen sowie biologisch verankerte Reifungsprozesse und zum anderen umweltbedingte Sozialisations- und Lernprozesse als Ursache für Veränderung infrage.

Dass ein Erwachsener z. B. auf eine emotionsauslösende Situation anders reagiert als ein Kleinkind, liegt auch an seiner längeren Lerngeschichte. Welche Emotionen man in welchen Situationen zeigen will oder darf, ist gelernt und hochgradig kulturell beeinflusst (▶ Kap. 15). Wie später noch näher beschrieben wird, lernt man durch Beobachtung, durch verbale Kommunikation und durch Belohnung und Bestrafung, welche Emotionen in welchen Situationen angemessen sind und welche man besser nicht zeigen sollte. Will man sich entsprechend verhalten, muss man seine Emotionen oder wenigstens seinen Emotionsausdruck kontrollieren. Dies setzt aber eine gewisse **Reife des zentralen Nervensystems** voraus, da zur Kontrolle des Emotionsausdrucks zahlreiche Gesichtsmuskeln willkürlich gesteuert werden müssen.

Entwicklungspsychologische Emotionsforschung beschäftigt sich u. a. mit den Fragen, welche Emotionen von Geburt an vorhanden sind und ob sich Emotionen im Laufe der individuellen Entwicklung nur quantitativ oder auch qualitativ verändern. Im Fokus der Forschung steht außerdem die Frage, wie sich verschiedene Emotionskomponenten entwickeln.

Holodinski (2009) führt eine Reihe von Fragen auf, die im Zentrum entwicklungspsychologischer Emotionsforschung stehen. Dazu gehört die Frage, mit welcher emotionalen Grundausstattung Menschen geboren werden und welche Emotionen sich erst später im Laufe der Kindheit und Jugend entwickeln. In direktem Zusammenhang damit steht die Frage nach der Veränderung der bereits von Geburt an vorhandenen Emotionen. In der Entwicklungspsychologie wird besonders hinsichtlich kognitiver Fähigkeiten diskutiert, in welchem Maß es sich bei der Entwicklung um quantitative oder um qualitative Veränderungen handelt. Auch im Zusammenhang mit Emotionen stellt sich die Frage, ob sich Emotionen im Laufe der individuellen Entwicklung nur hinsichtlich der Intensität und der Häufigkeit ihres Auftretens verändern oder ob sich vielmehr deren Struktur verändert. Möglicherweise haben Emotionen bei Kindern auch andere Funktionen als bei Erwachsenen. Da Emotionen der allgemeinen Auffassung zufolge aus mehreren Komponenten bestehen, richtet sich das Forschungsinteresse auch auf die Entwicklung dieser Komponenten.

Nicht alle sog. Basisemotionen sind von Geburt an vorhanden. Emotionen z. B., die auf Erwartungen basieren, entstehen erst später.

Nach Holodinski (2006, 2009) ist die Zahl der Emotionen, mit denen Menschen zur Welt kommen, begrenzt. Holodinski nennt einerseits eher globale Kategorien wie Wohlbehagen und Distress, andererseits aber auch spezifischere Kategorien wie Interesse, Ekel und Erschrecken. Betrachtet man die Liste der Emotionen, die nach Ekman (1982) als Basisemotionen (▶ Kap. 10) angesehen werden, weil sie hinsichtlich des mimischen Ausdrucks universell sind, so fällt auf, dass nicht alle diese Emotionen mit der Geburt vorhanden sind. Trauer, Wut, Furcht und Überraschung entstehen erst später. Emotionen wie Furcht und Überraschung sind an **Erwartungen** gebunden. Furcht setzt die Erwartung voraus, dass etwas Negatives eintreffen wird, und Überraschung entsteht, wenn etwas eintritt, dass den Erwartungen widerspricht. Erwartungen haben jedoch immer eine Lerngeschichte und können somit nicht von Geburt an vorhanden sein.

Die Frage, ob sich Emotionen im Laufe der Entwicklung nur quantitativ oder auch qualitativ verändern, ist damit teilweise auch schon beantwortet. Emotionen sind bei Erwachsenen zwar seltener und weniger intensiv als bei Kleinkindern, sie verändern sich somit quantitativ. Die Tatsache, dass im Laufe der Entwicklung Emotionen hinzukommen, die bei der Geburt noch nicht vorhanden waren, weist aber auch auf eine qualitative Veränderung hin.

Wie weiter oben erwähnt, dienen Emotionen der Bewertung, der Handlungsvorbereitung und der Kommunikation. Letztlich spielen sie eine wichtige Rolle bei der **Bedürfnisbefriedigung** (Frijda, 1986). Sie entstehen, wenn die Befriedigung primärer Bedürfnisse nötig ist, wenn sie in Aussicht steht oder vereitelt zu werden droht. Sie entstehen auch, wenn in der Situation signalisiert wird, dass als wichtig erachtete Ziele erreicht bzw. verfehlt werden können. Emotionen leiten das zur Bedürfnisbefriedigung und Zielerreichung notwendige Verhalten ein und begleiten die Bedürfnisbefriedigung und Zielerreichung. Bei Säuglingen sind Emotionen wie bei älteren Kindern und Erwachsenen an die Bedürfnisbefriedigung gebunden. Wie später noch weiter ausgeführt wird, bedarf es hier aber einer weiteren Person, die die Bedürfnisse der Säuglinge befriedigt. Die Emotion hat somit bei Säuglingen die Funktion, andere zur Befriedigung ihrer Bedürfnisse zu veranlassen.

> Emotionen verändern sich im Laufe der Entwicklung quantitativ und qualitativ. Sie signalisieren, dass die Befriedigung von Bedürfnissen möglich ist, leiten die Befriedigung ein und begleiten sie. Säuglinge veranlassen durch ihren Emotionsausdruck andere zur Befriedigung ihrer Bedürfnisse.

14.2 Die Rolle von Lernen und Sozialisation

Wir haben darauf hingewiesen, dass bestimmte Emotionen von Geburt an vorhanden sind. Damit ist gemeint, dass sie von Geburt an im Ausdruck zu beobachten sind. Dennoch unterliegen auch solche Emotionen Sozialisations- und Lerneinflüssen. Vieles, was uns in diesem Zusammenhang selbstverständlich erscheint, muss erst über komplexe **Lernprozesse** erworben werden. Dies wird bereits beim Spracherwerb deutlich. Ein Kind lernt z. B. ein Tier als »Hund« zu bezeichnen, indem ein Erwachsener auf das Tier zeigt und sagt »das ist ein Hund«. Aber wie lernt man, dass eine Emotion, die man gerade erlebt, die somit ein interner nicht sichtbarer Zustand ist, beispielsweise Freude, Trauer, Wut oder Überraschung heißt? Wie lernt man, welcher Gesichtsausdruck zu welcher erlebten Emotion gehört und in welchen Situationen bestimmte Emotionen auftreten? Kinder müssen nicht nur lernen, Emotionen bestimmten Begriffen und Situationen zuzuordnen, sie müssen auch lernen, Emotionen bei sich und bei anderen zu erkennen und die eigenen Emotionen zu regulieren. Bei der **Emotionsregulation** geht es zum einen um die Gefühls- und Erregungsregulation und zum anderen um die Ausdrucksregulation. Zur Gefühls- und Erregungsregulation müssen z. B. kognitive oder verhaltensbasierte Strategien erworben werden, mit denen negative Emotionen beendet oder verhindert bzw. positive Emotionen herbeigeführt werden. Bei der Ausdrucksregulation geht es darum, den Emotionsgesichtsausdruck der Situation und den vor dem jeweiligen kulturellen Hintergrund üblichen Gepflogenheiten

> Kinder müssen lernen, Emotionen Gesichtsausdrücken, Begriffen und Situationen zuzuordnen und diese bei sich und anderen zu erkennen. Sie müssen zudem lernen, ihre Erregung und ihren Emotionsausdruck zu regulieren, d. h. situationsangemessen zu steuern.

anzupassen. Dazu gehört zum einen der Erwerb des Wissens darüber, welche Emotionen in welcher Situation gezeigt bzw. nicht gezeigt werden dürfen (s. Darstellungsregeln) und zum anderen die Fähigkeit, den Emotionsausdruck entsprechend zu kontrollieren (s. reaktionsfokussierte Regulation). Ein sozial angemessenes Verhalten setzt auch das Verständnis voraus, dass in Gestik und Mimik ausgedrückte Emotionen nicht unbedingt dem tatsächlichen Erleben entsprechen müssen.

Die **Zuordnung von Gefühlen** zu Begriffen, Gesichtsausdrücken und Situationen gelingt, indem Erziehungspersonen die Gefühle ihrer Schützlinge benennen und kommentieren. Rufen sie sich noch einmal das eingangs erwähnte Beispiel in Erinnerung! Der zweijährige Tobias läuft weinend zu seinem Vater, weil es ihm nicht gelungen ist, seiner Schwester eine Schaufel abzunehmen. Der Vater tröstet ihn. Er könnte dabei z. B. sagen: »Ja, jetzt bist Du wütend, weil Alicia Dir die Schaufel nicht geben will.« So kann Tobias das Gefühl, das er aktuell erlebt, mit einem Begriff (Wut), mit der Situation und einem spezifischen Gesichtsausdruck in Verbindung bringen. Seinen eigenen Gesichtsausdruck, der sein momentanes Gefühl begleitet, kann er nämlich im Gesicht seines Vaters ablesen, da dieser den Gesichtsausdruck spiegelt, d. h. unwillkürlich nachahmt.

Der **Gesichtsausdruck** der Erziehungs- oder Bezugsperson hat noch eine andere wichtige Bedeutung außer der Imitation des Gesichtsausdrucks der Kinder. Vielleicht haben Sie auch bereits einmal beobachtet, dass Kleinkinder ab einem Alter von etwa 8–12 Monaten, wenn sie in einer Situation unsicher sind, was zu tun ist, zunächst in das Gesicht ihrer vertrauten Bezugsperson schauen, bevor sie handeln. Dieses als »soziale Bezugnahme« (»social referencing«) bezeichnete Verhalten dient den Kindern zur Informationsgewinnung. In zahlreichen Studien wurden Mütter bzw. Väter angewiesen, einen besorgten oder einen entspannten oder fröhlichen Gesichtsausdruck zu zeigen, während die Kinder mit einer neuen oder unsicheren Situation konfrontiert wurden. Dabei konnten Sorce et al. (1985) z. B. zeigen, dass Kinder häufiger eine sog. visuelle Klippe überqueren, wenn die Mutter auf der gegenüberliegenden Seite freundlich lächelte als wenn sie einen negativen Gesichtsausdruck zeigte. Bei einer solchen visuellen Klippe ist ein Abgrund durch eine Glasscheibe überbrückt. Ebenso waren Kinder eher bereit, mit einem unbekannten Spielzeug zu spielen, wenn die Bezugsperson einen entspannten, als wenn sie einen besorgten Gesichtsausdruck machte.

Definition

Soziale Bezugnahme

Bei der sozialen Bezugnahme versuchen Kinder, anhand des Gesichtsausdrucks ihrer Bezugspersonen Informationen darüber zu erhalten, wie diese eine Situation einschätzen, um diese Information für eigenes Handeln nutzen zu können.

Kinder sind zur Einschätzung von Situationen, ihrer eigenen Emotionen und ihres eigenen Verhaltens auf den Gesichtsausdruck ihrer Bezugspersonen angewiesen. Sie reagieren mit negativen Emotionen und Stress, wenn die Bezugspersonen keinerlei emotionalen Ausdruck

---

Indem Erziehungspersonen Emotionen von Kindern kommentieren und deren Gesichtsausdrücke nachahmen, lernen diese, Emotionswörter mit Gefühlen und Gesichtsausdrücken in Verbindung zu bringen.

Funktionen des Gesichtsausdrucks

▶ Definition
   Soziale Bezugnahme

14

erkennen lassen (Toda u. Fogel, 1993). Psychische Erkrankungen von Bezugspersonen, die zur Folge haben, dass die Mimik starr oder wenig aussagekräftig ist, können deshalb mit einer Beeinträchtigung der emotionalen Entwicklung ihrer Kinder einhergehen (zsf. Petermann u. Wiedebusch, 2003).

Sozialisation und Lernen beeinflussen die emotionale Entwicklung über verschiedene Mechanismen. Dabei handelt es sich um die bekannten Lernformen klassisches Konditionieren, instrumentelles Konditionieren und Modelllernen sowie um verbale und nonverbale Kommunikation.

Seit der ebenso bahnbrechenden wie menschenverachtenden Untersuchung von Watson und Raynor (1920) ist bekannt, dass emotionale Reaktionen **klassisch konditioniert** werden können. Wie bereits in ▶ Kap. 12 beschrieben, haben die Autoren einen acht Monate alten Jungen mehrfach mit einem lauten Hammerschlag auf eine Eisenstange erschreckt. Der Schreckreiz wurde immer präsentiert, nachdem sie dem Jungen eine Ratte gezeigt hatten, die der Junge zuvor nicht fürchtete. Dadurch, dass die Ratte dem unangenehmen Geräusch in der Vergangenheit mehrfach vorangegangen ist und dieses so gewissermaßen angekündigt hat, ist sie danach selbst zum negativen Reiz geworden. Der Junge fing fortan beim Anblick der Ratte an zu weinen. Außerdem hat sich die Abneigung gegen die Ratte noch auf andere pelzige Objekte, wie einen Hasen oder einen Pelzmantel, übertragen. Mit Blick auf diese und andere Konditionierungsstudien kann man davon ausgehen, dass Reize, Situationen und Objekte, die zuvor keine emotionale Qualität hatten, zu Emotionsauslösern werden können. Durch solche Assoziationen wird erklärbar, warum bestimmte Musik, Gerüche, Geräusche usw., die für einige Menschen keine Bedeutung haben, bei anderen starke Emotionen hervorrufen können.

Emotionale Entwicklung wird nicht nur durch Assoziationslernen, sondern auch durch Belohnung und Bestrafung – also durch **instrumentelles Konditionieren** beeinflusst. Das Prinzip des instrumentellen Konditionierens ist, dass Verhalten, das positive Konsequenzen hat, in Zukunft häufiger gezeigt wird, während die Wahrscheinlichkeit des Verhaltens mit negativen Konsequenzen sinkt. Thorndike (1911) hatte dies als Gesetz des Effekts bezeichnet. Erwachsene verstärken in der Regel situations- und kulturangemessenes emotionales Verhalten von Kindern durch Aufmerksamkeitszuwendung oder explizite Anerkennung. Das vorhin beschriebene »Spiegeln« des Gesichtsausdrucks wirkt ebenfalls als Verstärker für den gespiegelten Ausdruck. Wenn also ein Erwachsener den emotionalen Gesichtsausdruck eines Kindes in einer bestimmten Situation spiegelt bzw. imitiert, dann wird es wahrscheinlicher, dass das Kind diesen Gesichtsausdruck in einer ähnlichen Situation wieder zeigt.

Welche Emotionen in welcher Situation angemessen sind, lernen Kinder auch durch Beobachtung. Kinder werden nicht nur von Erwachsenen nachgeahmt, sie ahmen diese auch ihrerseits nach. Beim Lernen am Modell ist auch die weiter oben beschriebene soziale Bezugnahme von Bedeutung. Der Blick in das Gesicht der Bezugsperson gibt nicht nur Aufschluss darüber, wie diese eine Situation bewertet, sondern auch darüber, welche Emotionen man in der speziellen Situation haben kann oder sollte.

Durch klassisches Konditionieren werden Assoziationen zwischen Emotionen und bestimmten Situationen und Reizen hergestellt. Vormals neutrale Reize können so emotionsauslösende Qualitäten erlangen.

Kinder lernen durch Belohnung, Bestrafung und Beobachtung welche Emotionen situationsangemessen sind.

Kommunikation mit Erwachsenen kann Kindern helfen, Emotionen zu benennen, zu regulieren und situationsangemessen zu zeigen.

Über basale Lernmechanismen hinaus hat die **Kommunikation über Emotionen** einen wichtigen Einfluss auf die emotionale Entwicklung. Wenn Erwachsene die Emotion benennen, die sie bei dem Kind vermuten, helfen sie ihm – wie oben beschrieben – bei der Zuordnung der Gefühle zu Begriffen, Situationen und Gesichtsausdrücken. Durch Sprache kann zudem Wissen über situationsadäquate Emotionen vermittelt werden. Wenn ein Kind lacht, weil ein anderes Kind hingefallen ist, könnte die Mutter z. B. sagen: »Es ist nicht lustig, wenn sich jemand weh tut«, oder sie könnte das Kind auffordern, das andere Kind zu trösten. Sprache ist auch ein Mittel zur Vermittlung von Regulationsstrategien. In dem eingangs genannten Beispiel schlägt der Vater dem kleinen Tobias z. B. vor, seine Schwester zu fragen, ob er mit der Schaufel spielen darf, statt sie ihr einfach wegzunehmen. Wenn Erwachsene die Emotionen anderer benennen und Kinder auffordern, diese Emotionen zu respektieren, kann dies Kindern helfen, sich in andere hinein zu versetzen und zu verstehen, dass andere sich anders fühlen können als sie selbst. Die Fähigkeit, sich in andere Menschen hinein zu versetzen und zu verstehen, wie sie denken und fühlen, und die Fähigkeit, mit ihnen zu fühlen bezeichnet man als Empathie.

▶ Definition
Empathie

Definition

Empathie

Empathie ist die Fähigkeit, sich in andere hinein zu versetzen, zu verstehen, was sie denken und fühlen, und sogar mit ihnen zu fühlen.

14.3 Entwicklung von Emotionskomponenten

Welche Emotionen bereits mit der Geburt vorhanden sind bzw. welche sich erst später entwickeln, kann man im Grunde nur am **Emotionsausdruck** feststellen. Anhand der Gefühlskomponente ist dies nicht möglich, da diese als subjektive Komponente nur durch Befragung bzw. Selbstbericht erfassbar sind. Selbst wenn die Kinder sprechen können, dürfte es schwerfallen, eindeutige Aussagen über das Vorhandensein, aber v. a. auch über die Abwesenheit bestimmter Emotionserlebnisse zu machen. Wenn ein Kind in einem bestimmten Alter nicht über eine Emotion berichtet, muss dies nicht heißen, dass es diese Emotion noch nicht erleben kann. Ihm könnte lediglich das entsprechende Vokabular dafür fehlen.

Welche Emotionen sich in welchem Alter entwickeln, ist ebenfalls kaum anhand der physiologischen Komponente feststellbar, denn bisher ist es nur schwer gelungen, spezifische Emotionen anhand von physiologischen Maßen eindeutig zu differenzieren. Im Folgenden werden deshalb nur Forschungsergebnisse zur Entwicklung des Emotionsausdrucks und des Emotionswissens berichtet.

14.3.1 Entwicklung des Emotionsausdrucks

Auch wenn Uneinigkeit darüber herrscht, mit welchen Emotionen Kinder bereits zur Welt kommen, ist man sich weitgehend darüber einig, dass diese Emotionen noch relativ undifferenziert sind. Aufgrund einer frühen Studie zu diesem Thema ging Bridges (1932) davon aus, dass sich am Anfang nur Unbehagen und Wohlbehagen als relativ globale Kategorien voneinander unterscheiden lassen. Später konnte Steiner (1979) aber einen Unterschied zwischen einer Schreckreaktion und einer Ekelreaktion zeigen. Nach Camras (1992) entwickeln sich innerhalb des ersten Lebensjahrs bezogen auf den Emotionsausdruck im Wesentlichen diejenigen Emotionen, die kulturübergreifend gezeigt und verstanden werden – die Basisemotionen Freude, Traurigkeit, Überraschung, Ekel, Furcht und Wut. Überraschung, die sich in der Mimik relativ gut von anderen Emotionen unterscheiden lässt, ist allerdings erst gegen Ende des ersten Lebensjahrs zu beobachten. Auf Freude wird v. a. geschlossen, wenn Kinder lächeln. **Lächeln** ist bereits während der ersten Lebenswochen zu beobachten. Während man es anfangs nur als Zeichen für Wohlbehagen deuten kann, ist es etwa nach einem Monat als Reaktion auf äußere Reize erkennbar. Im zweiten bis dritten Lebensmonat kann man sagen, dass die Kinder einen anlächeln. Sie reagieren auf menschliche Gesichter, was man auch als soziales Lächeln bezeichnet.

Das differenzierte Erkennen von negativen Emotionen bei Kindern im ersten Lebensjahr ist relativ schwierig. Häufig kann nur anhand der Situation ausgemacht werden, ob es sich z. B. um Wut, Angst, Trauer oder eine Schmerzreaktion handelt. Im Emotionsausdruck der Stimme können Erwachsene, die selbst Kinder bzw. Erfahrung im Umgang mit Kindern haben, verschiedene negative Emotionen unterscheiden, wenn man ihnen das Schreien etwa fünf Monate alter Säuglinge vorspielt (Malatesta, 1981).

Komplexere Emotionen wie Schuld, Scham, Verlegenheit und Stolz sind erst im zweiten Lebensjahr zu beobachten. Es handelt sich dabei um **selbstbezogene Emotionen**, die nur auftreten, wenn man ein Konzept von sich selbst hat. Obwohl es hier wie bei anderen Aspekten der kognitiven und emotionalen Entwicklung interindividuelle Varianz gibt, sind sich Kinder unter einem Jahr in der Regel noch nicht ihrer selbst gewahr. Sie erkennen sich z. B. noch nicht selbst im Spiegel. Diese Fähigkeit ist etwa in der Mitte des zweiten Lebensjahres vorhanden.

Über das Vorhandensein eines Selbstkonzepts hinaus setzen selbstbezogene Emotionen aber auch voraus, dass die Kinder gewisse Standards, Werte und Normen kennen und verinnerlicht haben. Stolz kann man z. B. erleben, wenn man einen bestimmten Standard erreicht oder übertrifft. Scham tritt hingegen auf, wenn man bestimmte Standards verfehlt oder gegen Normen verstoßen hat.

Im Zusammenhang mit der Entwicklung des Emotionsausdrucks wurde auch untersucht, inwieweit Kinder ihren Ausdruck kontrollieren können. Dabei muss man zwischen dem Emotionswissen und der Ausdruckskontrolle selbst unterscheiden. Selbst wenn Kinder wissen, dass man einen Gesichtsausdruck machen kann, der den eigenen Gefühlen nicht entspricht, garantiert dies noch nicht, dass es ihnen auch gelingt, einen von den Gefühlen abweichenden Ausdruck zu zeigen. Vorschulkinder können zwar etwa ab dem dritten Lebensjahr bestimmte Emotionsausdrücke wie Ekel und Angst willentlich produzieren. Wenn aber z. B. negative emotionsauslösende Reize präsentiert werden und somit der Emotionsausdruck gegen ein aktuell erlebtes Gefühl produziert werden muss, haben Kinder auch zu Beginn des Grundschulalters noch Schwierigkeiten, einen Beobachter zu täuschen. Diese Fähigkeit verbes-

Innerhalb des ersten Lebensjahrs entwickeln sich mit Ausnahme von Überraschung im Emotionsausdruck die Basisemotionen. Als Reaktion auf äußere Reize sind Emotionsausdrücke nach einem Monat zu erkennen.

Selbstbezogene Emotionen wie Stolz und Scham können erst im zweiten Lebensjahr beobachtet werden. Sie setzen voraus, dass Kinder ein Selbstkonzept entwickelt haben und gewisse Werte und Normen kennen.

Kinder können etwa ab dem dritten Lebensjahr ihren Emotionsausdruck willentlich kontrollieren, haben aber oft bis zum Grundschulalter noch Schwierigkeiten, (v. a. negative) vorhandene Gefühle durch einen anderen zu ersetzen (maskieren). Ebenso schwer fällt es ihnen, ein »poker face« zu machen, d. h. sich die aktuell erlebten Gefühle nicht anmerken zu lassen, indem sie ein möglichst neutrales Gesicht zeigen.

sert sich aber mit zunehmendem Alter kontinuierlich (De Paulo u. Jordan, 1982; Kromm, Färber u. Holodinski, 2015). Sie dürfte an die zunehmende Fähigkeit gekoppelt sein, Emotionsregulationsstrategien anzuwenden (▶ Abschn. 14.4).

Studie

Kromm, Färber und Holodynski (2015)

Die Autoren haben in einer Studie eindrucksvoll gezeigt, dass die Fähigkeit, »gute Miene zum bösen Spiel zu machen«, bei Vor- und Grundschulkindern mit dem Alter deutlich ansteigt. In drei Boxen wurde jeweils ein attraktives, ein unattraktives oder kein Geschenk platziert. Vier- bis Achtjährige sollten in die Boxen schauen, sich aber nicht anmerken lassen, in welcher Box sich das attraktive Geschenk verbirgt. Sie bekamen die Anweisung, bei jeder Box so zu tun, als befände sich das attraktive Geschenk darin.

Das mimische Verhalten der Kinder wurde auf Video aufgenommen und danach von zehn Beobachtern, die nicht wussten, wo sich das attraktive Geschenk befand, eingeschätzt. Die Beobachter konnten sehr viel häufiger anhand des Gesichtsausdrucks der Vierjährigen erraten, wo sich das Geschenk befand als anhand des Gesichtsausdrucks der Achtjährigen. Letzteren gelang es also deutlich besser, ihre Enttäuschung über ein unattraktives oder ein fehlendes Geschenk zu verbergen.

In der Studie ging die größere Fähigkeit älterer Kinder, ihre Enttäuschung zu verbergen, auch mit einem besseren Emotionswissen einher.

14.3.2 Entwicklung des Emotionswissens und Emotionsverständnisses

In diesem Abschnitt geht es nicht nur um die Entwicklung der Fähigkeit, eigene Emotionen und die Emotionen anderer zu erkennen und zu benennen, sondern auch um die Fähigkeit, diese zu verstehen und mit Ursachen in Verbindung zu bringen, und um das Wissen, wie man Emotionen bei sich und anderen verändern kann. Die Entwicklung dieser Fähigkeit ist eng an die kognitive Entwicklung und an die Sprachentwicklung gebunden. Wer z. B. versteht, dass andere sich anders fühlen können als man selbst und dass der gezeigte Emotionsausdruck vom aktuell erlebten Gefühl abweichen kann, muss zuvor verstanden haben, dass Emotionen **interne Zustände** sind. Ob Kinder ein Konzept von mentalen Zuständen haben – also auch davon, was andere denken und fühlen – wird unter dem Begriff »theory of mind« untersucht. Es gibt unterschiedliche Auffassung darüber, wann Kinder dieses Konzept entwickeln. Einer Meta-Analyse von Wellman et al. (2001) zufolge hängen die Ergebnisse stark von den Untersuchungsmethoden und den dabei eingesetzten Aufgaben ab. Sicher ist, dass die Fähigkeit, Gedanken und Gefühle anderer nachzuvollziehen, ab etwa der Mitte des dritten Lebensjahrs kontinuierlich steigt und dass das sichere Meistern entsprechender Aufgaben in ein Zeitfenster zwischen zweieinhalb und fünf Jahren fällt.

Eine Längsschnittstudie von Licata, Kristen und Sodian (2016) hat gezeigt, dass die Qualität der emotionalen Interaktion zwischen Mutter und Kind im Alter von sieben Monaten ein guter Prädiktor dafür ist, ob Kinder im Alter von vier Jahren »theory of mind«-Aufgaben lösen, d. h. sich in die Gedanken anderer hineinversetzen können. Die Qualität der Interaktion (sog. emotionale Verfügbarkeit, »emotional availability«)

14

Die Entwicklung des Emotionswissens hängt eng mit der Sprachentwicklung und der kognitiven Entwicklung zusammen. Emotionsverstehen setzt voraus, dass Kinder ein Konzept von Emotionen als internen Zuständen haben. Dies ist zwischen zweieinhalb und fünf Jahren zu erwarten.

wird dann als hoch angesehen, wenn Mutter und Kind Emotionen ausdrücken und auf die Emotionen des Anderen reagieren. Die Reaktion der Mutter ist dabei prompt und nicht feindselig oder einschränkend.

Nach Janke (2002) können Säuglinge bereits negative und positive Emotionsausdrücke erkennen und diese grob voneinander unterscheiden, bevor sie in der Lage sind, sich in andere einzufühlen bzw. einzudenken. Eine solche Fähigkeit kann schon bei drei Monate alten Kindern beobachtet werden. Diese Erkenntnis leiten Forscher aus der Beobachtung ab, dass Säuglinge z. B. auf positive Gesichtsausdrücke ihres Gegenübers anders reagieren als auf negative. Bei freudigen Gesichtsausdrücken zeigen sie häufig ein Lächeln oder Lachen. Bei negativen Gesichtsausdrücken wenden sie sich ab oder beginnen zu kauen bzw. zu saugen, was als Selbstberuhigung gewertet werden könnte. Eine ähnliche Unterscheidung gelingt Säuglingen auch bei positivem bzw. negativem Tonfall in den Lautäußerungen der Erziehungspersonen. Wie gut Säuglinge die verschiedenen Emotionen bei anderen erkennen können, hängt von der »**Kontaktzeit**« ab. Sie können Emotionen am besten bei solchen Personen erkennen, die sich maßgeblich um ihre Betreuung kümmern. Sind z. B. Väter zu weniger als der Hälfte an der täglichen Betreuung beteiligt, wird ihr Emotionsausdruck schlechter erkannt als der der Mütter, die mehr Zeit mit dem Kind verbringen (Montague u. Walker-Andrews, 2002).

Janke (1999) weist darauf hin, dass es sich hierbei wahrscheinlich eher um implizites als um bewusstes Wissen handelt. Da man Säuglinge nicht befragen kann, ist man darauf angewiesen, dieses Wissen aus dem Verhalten und den Reaktionen der Kinder zu schließen. Man kann anhand der Daten, die in diesem Zusammenhang durch Verhaltensbeobachtung gewonnen werden, allerdings keine Aussage darüber machen, ob die Säuglinge die Bedeutung der Emotionen verstehen.

Mit Beginn der Sprachentwicklung eröffnen sich für die Untersuchung der Entwicklung des Emotionswissens andere Datenquellen. Man kann sprachliche Äußerungen von Kindern analysieren oder Eltern darüber befragen, welche Vokabeln ihre Kinder ab wann benutzen bzw. verstehen. Entsprechende Studien zeigen, dass Kinder etwa ab der Mitte des zweiten Lebensjahrs (ca. 18 Monate) beginnen, Wörter zu benutzen, die Emotionen bezeichnen. Dabei handelt es sich jedoch im Wesentlichen um Beschreibungen von mimischen oder vokalen Emotionsausdrücken, wie z. B. Lachen und Weinen. In diesem Alter beziehen sich nur etwa ein Drittel der Kinder in ihrer Sprache auf Emotionen. Wie in der Sprachentwicklung allgemein lässt sich aber hier in den nachfolgenden Monaten ein deutlicher Entwicklungsschub beobachten. Schon acht bis zehn Monate später benutzen bereits 70 bis 90 Prozent der Kinder differenzierte **Emotionswörter**, die sie oft auf sich selbst, zunehmend aber auch auf andere Personen beziehen (Klann-Delius u. Kauschke, 1996; Ridgeway et al., 1985). Dabei kann man davon ausgehen, dass der passive Wortschatz für Emotionswörter größer ist als der aktive. Auch wenn Kinder bestimmte Emotionswörter noch nicht benutzen, können sie sie häufig dennoch verstehen.

Die Fähigkeit, Emotionswörter zu verstehen und zu benutzen, bietet den Vorteil, sich über Emotionen austauschen und anderen auch vergangene und zukünftige Emotionen mitteilen zu können, oder Emotionen anderer zu beschreiben. Der Emotionsausdruck in Mimik und

Säuglinge lassen anhand ihrer Reaktionen bereits früh erkennen, dass sie negative von positiven Emotionsausdrücken grob unterscheiden können. Wahrscheinlich handelt es sich hier eher um implizites als um bewusstes Wissen.

Mit eineinhalb Jahren beginnen Kinder, einfache Wörter zur Beschreibung von Emotionen zu benutzen. Die Bezeichnungen werden in den folgenden acht bis zehn Monaten immer komplexer und beziehen sich zunehmend auch auf Emotionen anderer.

Im Vorschulalter erwerben Kinder Wissen über Auslöser und Ursachen von Emotionen. Dieses Wissen differenziert sich deutlich zwischen dem vierten und siebten Lebensjahr.

Schulkindern gelingt es häufiger, Emotionen auf Gedanken, Wünsche und Erinnerungen zurückzuführen als Vorschulkindern. Sie verstehen deshalb auch eher, dass aktuelle Gefühle eventuell nicht mit der momentanen Situation zusammenpassen können.

Gestik erlaubt im Vergleich dazu im Wesentlichen eher die Kommunikation gegenwärtiger Emotionen. Wenn Erziehungspersonen sich nur auf den Emotionsausdruck verlassen müssen, um auf die Bedürfnisse der Kinder eingehen zu können, haben sie es schwerer als wenn die Kinder ihnen verbal ihre Bedürfnisse und emotionale Befindlichkeit mitteilen können.

Das **Wissen** über Ursachen und Auslöser von Emotionen bilden sich ebenfalls im Vorschulalter aus. Kinder können zunehmend besser sagen, durch welche Situationen, Gedanken und Erinnerungen positive und negative Emotionen entstehen. Sie können außerdem bestimmte Situationen und Gegebenheiten verbal beschriebenen oder auf Bildern gezeigten Emotionen zuordnen. Den Zusammenhang zwischen einem Geschenk und Freude können z. B. zwei- bis dreijährige Kinder bereits herstellen. Mit zunehmendem Alter gelingt dann auch die Zuordnung von komplexeren Emotionen wie Ekel, Überraschung oder Scham zu den entsprechenden auslösenden Situationen. Insgesamt wissen Kinder früher, wodurch negative Emotionen ausgelöst werden können als dass sie Auslöser positiver Emotionen benennen können (Petermann u. Wiedebusch, 2003). Ihnen fällt es auch leichter, Ursachen für ihre eigenen Emotionen als für die anderer Personen zu benennen (Dunn u. Hughes, 1998).

Einer Analyse von Wellman et al. (1995) zufolge beziehen sich Zweijährige spontan in ihren verbalen Äußerungen nur in ca. einem Viertel der Fälle auf die **Ursache von Emotionen**, während Vierjährige dies in bereits ca. der Hälfte der Fälle tun. Der zweijährige Tobias aus dem oben beschriebenen Beispiel würde dann wahrscheinlich zu seinem Vater nur sagen, dass er wütend, traurig oder sauer ist, während seine zwei Jahre ältere Schwester eher sagen würde, dass sie sauer ist, weil Tobias ihr die neue Schaufel wegnehmen wollte. Die Aussage von Tobias' Schwester würde in den folgenden zwei bis drei Jahren noch erheblich differenzierter, denn zwischen dem vierten und dem siebten Lebensjahr kommt es diesbezüglich zu einem deutlichen Wissenszuwachs (Michaelson u. Lewis, 1985).

Vor Schuleintritt können Kinder zwar Ursachen für positive und negative Emotionen nennen, aber es scheint noch schwierig zu sein, **situative Auslöser** für verschiede negative Emotionen wie Wut, Traurigkeit und Angst zu differenzieren. Die Kinder können z. B. sagen, dass man sich gut fühlt, wenn man etwas Schönes geschenkt bekommt, und schlecht, wenn man beleidigt wird. Sie sind sich aber nicht so sicher, ob man eher wütend oder eher traurig ist, wenn man beleidigt wird. Nach Hughes und Dunn (2002) sind zu solchen **differenzierten Analysen** erst Schulkinder zunehmend in der Lage. Sie können Emotionen auch häufiger als Vorschulkinder auf mentale Zustände wie Wünsche, Erinnerungen und Gedanken zurückführen. Je mehr Kinder mentale Zustände für Emotionen verantwortlich machen, desto stärker gehen situationale Erklärungen zurück. Das Verständnis, dass mentale Zustände für Emotionen verantwortlich sein können, macht es auch möglich, zu verstehen, dass man sich anders fühlen kann als es eine aktuelle Situation nahe legt. Anders als Dreijährige verstehen z. B. die meisten Grundschulkinder, dass man sich über ein schönes Geschenk nicht richtig freuen kann, wenn kurz zuvor ein geliebtes Haustier gestorben ist.

So wie Kinder lernen müssen, zu verstehen, dass man sich anders fühlen kann als es die aktuelle Situation nahelegt, müssen sie auch lernen, dass Personen sich anders fühlen können als ihr Gesichtsausdruck vermuten lässt. Zu dieser Unterscheidung sind z. T. bereits zweieinhalbjährige Kinder fähig, wie Wellman et al. (2000) durch die Analyse von Äußerungen von Kindern dieser Altersgruppe herausgefunden haben. Drei- bis vierjährige Kinder verstehen dies in der Regel bereits ganz gut (Banerjee, 1997), können aber wie oben beschrieben andere noch nicht so gut über ihre wahren Gefühle täuschen wie Grundschulkinder.

Mit dem Emotionsvokabular, dem Wissen um Emotionsauslöser und der Fähigkeit, den Emotionsausdruck vom erlebten Zustand zu trennen, geht auch die Fähigkeit einher, die eigenen Emotionen und die Emotionen anderer zu modifizieren. Über die Modifikation eigener Emotionen wird im ▶ Abschn. 14.4 berichtet. Wer darüber Kenntnisse hat, welche Wirkung Emotionsausdrücke haben, und zudem weiß, dass der gezeigte Emotionsausdruck nicht mit den momentan erlebten Gefühlen übereinstimmen muss, kann Emotionsausdrücke, sei es in der Mimik, in der Gestik oder im Tonfall, übertreiben oder auch minimieren bzw. maskieren, d.h. nicht erlebte Gefühle vortäuschen. Diese Fähigkeit kann eingesetzt werden, um **Emotionen anderer zu beeinflussen**, und ist somit häufig strategisch für das Erreichen bestimmter eigener Ziele. Dazu sind etwa dreijährige Kinder z. T. in der Lage. Der zweijährige Tobias aus unserem Beispiel weint und schreit, weil er traurig oder wütend ist. Wäre er etwa ein Jahr älter, könnte er schreien, um damit zu erzwingen, dass seine Schwester ihm die begehrte Schaufel überlässt. Wie bereits im Zusammenhang mit der Entwicklung des Emotionsausdrucks erwähnt, gelingt dies aber in diesem Alter eher noch schlecht, wenn beispielsweise eine als negativ erlebte Emotion im Emotionsausdruck unterdrückt werden muss und stattdessen eine positive Emotion gezeigt werden soll. So können Dreijährige nur schlecht ihre Enttäuschung über ein Geschenk verbergen, das ihnen nicht gefällt.

Über die Kommunikation können ebenfalls Emotionen anderer beeinflusst werden. Das Wissen darum, dass bestimmte Erinnerungen Emotionsauslöser sein können, macht es möglich, Emotionen anderer zu beeinflussen, indem man sie z. B. an bestimmte positive oder negative vergangene Ereignisse erinnert.

Sogenannte **Darstellungsregeln für Emotionen** werden etwa mit Beginn des Schulalters, bei manchen Kindern aber auch bereits früher beachtet. Während Vorschulkinder Emotionsausdrücke auch unabhängig von erlebten Gefühlen vorwiegend zum Erreichen eigener Ziele einsetzen, beachten Schulkinder dabei soziale Regeln. Sie haben gelernt, dass man nicht alle Emotionen in allen Situationen zeigen sollte und dass es allgemein anerkannte Regeln dafür gibt, welche Emotionen in welchen Situationen angemessen sind. Sie können z. B. über ein unpassendes Geschenk Freude vortäuschen. Die Regeln werden in Interaktion mit Erwachsenen erworben. Dies geschieht zum einen, indem angemessene Emotionen belohnt werden. So werden z. B. in westlichen Kulturkreisen positive Emotionen von Kindern häufiger von den Erziehungspersonen mimisch imitiert als negative. Zum anderen werden solche Darbietungsregeln aber auch verbal übermittelt, z. B. wenn Erziehungspersonen ein Kind ermahnen, sich freundlich für ein Geschenk zu bedanken, auch wenn es ihm nicht gefällt, oder nicht zu lachen, wenn Tante Erna sich die Bratensauce auf ihre neue Bluse gekleckert hat.

Im Alter zwischen zweieinhalb und vier Jahren entwickelt sich das Verständnis dafür, dass gezeigte Gesichtsausdrücke und erlebte Gefühle nicht übereinstimmen müssen.

Entsprechendes Emotionsvokabular und Emotionswissen ermöglicht es Kindern, Emotionen anderer durch verbale und nonverbale Mittel zu beeinflussen.

Schulkinder lernen durch Belohnung, Bestrafung und Kommunikation soziale Regeln zu beachten, nach denen bestimmt wird, in welchen Situationen welche Emotionen gezeigt bzw. nicht gezeigt werden dürfen. Solche Regeln bezeichnet man als Darstellungsregeln.

Sieben- bis Elfjährige halten Darstellungsregeln ein, um andere nicht zu verletzen und um sich selbst zu schützen. Sie differenzieren genau, wem gegenüber sie welche Emotionen zeigen dürfen bzw. wollen.

Saarni und Weber (1999) haben Kinder nach den Gründen für das **Vortäuschen von Gefühlen** gefragt. Neben dem Ziel, die Gefühle anderer nicht zu verletzen, wurde auch der eigene Schutz genannt. Die Kinder gaben an, evtl. negative Konsequenzen ihrer tatsächlichen Gefühle vermeiden zu wollen oder sich nicht angreifbar zu machen. So könnte man getadelt oder bestraft werden, wenn man z. B. lacht, wenn einem anderen ein Missgeschick passiert, oder man könnte von anderen verspottet werden, wenn man weint, weil man sich weh getan hat. Nach Zeman und Garber (1996) haben Sieben- bis Elfjährige eine genaue Vorstellung darüber, wer aus ihrer Umgebung wie auf welche Emotionen reagiert. Sie erwarten z. B. eher, dass ihre Mütter Verständnis für den Ausdruck negativer Gefühle aufbringen als ihre Väter oder Gleichaltrige.

14.4 Entwicklung der Emotionsregulation

Säuglinge sind darauf angewiesen, dass ihre Bezugspersonen ihre Bedürfnisse befriedigen.

Tobias aus unserem Beispiel hat noch keine Bedenken, seinem Vater gegenüber negative Gefühle zu zeigen. Der zweijährige Junge läuft weinend zu ihm hin und streckt ihm die Arme entgegen. Damit signalisiert er, dass er getröstet werden möchte. Was Tobias hier zeigt, ist eine **Emotionsregulationsstrategie** (verhaltensbezogen und »engagement«, s. Klassifikation von Parkinson u. Totterdell, 1999; ▶ Kap. 13). Er fühlt sich schlecht und möchte, dass sich das ändert. Ähnlich wie bei den Emotionsausdrücken ist die Fähigkeit, Emotionen zu regulieren, bei Neugeborenen sehr begrenzt und entwickelt sich erst im Laufe der Kindheit und Jugend. Wie weiter oben beschrieben, stehen Emotionen in engem Zusammenhang mit Bedürfnissen und ihrer Befriedigung. Säuglinge können ihre Bedürfnisse nicht selbst befriedigen und damit ihre Emotionen nicht selbst regulieren. Sie sind darauf angewiesen, dass ihre Bezugspersonen dies für sie erledigen. Erwachsene können am Emotionsausdruck kleiner Kinder mehr oder weniger gut ablesen, ob Bedürfnisse befriedigt sind oder befriedigt werden müssen.

Durch den Emotionsausdruck – bei unbefriedigten Bedürfnissen und somit negativen Emotionen ist dies in der Regel Schreien oder Weinen – signalisieren Säuglinge der Bezugsperson, dass sie Hilfe bei der Bedürfnisbefriedigung oder Emotionsregulation brauchen. Diese Form der Emotionsregulation wird als interpersonale Regulation bezeichnet.

▶ Definition
Interpersonale Regulation

> ┌─ Definition ─────────────────
> **Interpersonale Regulation**
> Säuglinge sind noch nicht in der Lage, ihre Bedürfnisse selbst zu befriedigen und somit ihre Emotionen zu regulieren. Sie signalisieren Erwachsenen durch ihren Emotionsausdruck (z. B. weinen), dass sie dabei Hilfe benötigen. Die Emotionsregulation durch andere wird als interpersonale Regulation bezeichnet.

Mit zunehmendem Alter setzen Kinder immer mehr Strategien ein, um ihre Emotionen selbst zu regulieren.

Mit zunehmendem Alter wird die interpersonale Regulation durch eine intrapersonale ersetzt. Kinder setzen immer mehr Strategien ein, um ihre Emotionen selbst zu regulieren. Einfache intrapersonale Regulationsstrategien bestehen etwa darin, sich positiven Reizen zuzuwenden

oder sich von negativen Reizen abzuwenden und später davon wegzu-
krabbeln oder wegzugehen. Mit Einsetzen der Sprache können Bedürfnisse nicht nur über den Emotionsausdruck kommuniziert, sondern
auch verbal mitgeteilt werden. Dadurch kann man auch andere um
Unterstützung bitten und sich z. B. durch Selbstinstruktion beruhigen.

Definition

Intrapersonale Emotionsregulation
Von intrapersonaler Emotionsregulation spricht man, wenn
Menschen ihre Emotionen selbstständig, d. h. ohne Hilfe anderer
Personen regulieren.

► **Definition**
  **Intrapersonale Emotions-
  regulation**

Die Zunahme an intrapersonalen Regulationsstrategien im Laufe des
Kleinkindalters haben Bridges und Grolnick (1995) in einer Studie gezeigt.

Studie

Bridges und Grolnick (1995)

In der Studie von Bridges und Grolnick (1995) hat
eine Versuchsleiterin Kleinkinder im Alter zwischen 12 und 45 Monaten unter einem Vorwand
mit ihren Müttern allein in einem Raum gelassen.
In diesem Raum befand sich auch ein als Geschenk verpacktes Päckchen in Sichtweite, aber
außer Reichweite der Kinder. Den Kindern wurde
das Spielzeug bei Rückkehr der Versuchsleiterin
in Aussicht gestellt. Es galt nun also für die Kinder,
die Zeit bis zur Rückkehr der Versuchsleiterin
mit dem attraktiven Objekt vor Augen zu über-
brücken.

Als abhängige Variable wurde das Verhalten der
Kinder beobachtet und danach kategorisiert, ob es
sich um Trostsuche bei der Mutter (interpersonale
Strategie) oder um aktive (das bedeutet hier selbst-
ständige) Strategien, wie Selbstablenkung oder
Kommunikation über das Spielzeug, handelte.
Es zeigte sich, dass im Alter von 12 Monaten die
Trostsuche überwog, während die aktiven Strate-
gien im Alter von 32 und 45 Monaten deutlich
zunahmen. Im Alter von 45 Monaten suchten die
Kinder praktisch keinen Trost mehr bei ihrer Mut-
ter (◻ Abb. 14.1).

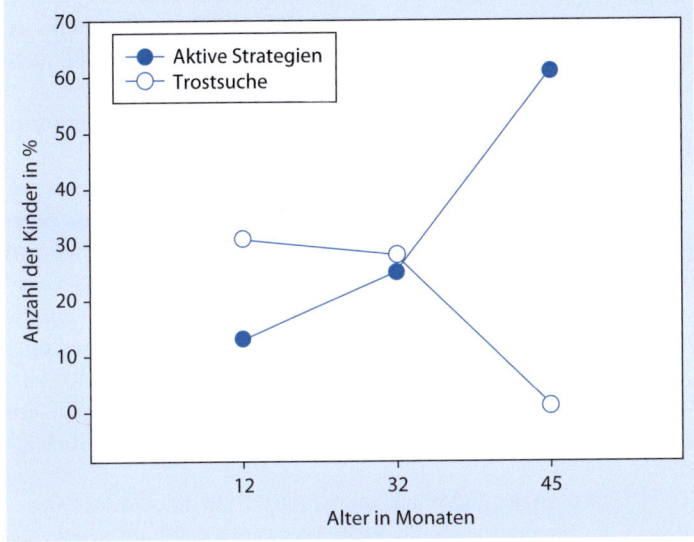

◻ **Abb. 14.1** Aktive selbstständige
Emotionsregulationsstrategien im
Vergleich zu Trostsuche bei der Mutter, bei der Überbrückung von Zeit
bis zur Verfügbarkeit eines attraktiven Objekts (Bridges u. Grolnick,
1995, mit freundlicher Genehmigung von SAGE Publications)

Zwischen dem 12. und 45. Lebensmonat nimmt die interpersonale Emotionsregulation kontinuierlich ab, und Kinder lernen zunehmend, ihre Emotionen selbst (intrapersonal) zu regulieren.

Emotionsausdrücke dienen bei der interpersonalen Regulation als Zeichen für die Betreuungspersonen. Sie werden später verinnerlicht und zu mentalen Repräsentationen. Sie dienen dann für die intrapersonale Regulation der Person selbst als Signal für die Notwendigkeit der Emotionsregulation.

Das Gelingen interpersonaler Emotionsregulation sagt das Gelingen intrapersonaler Emotionsregulation vorher.

Das Gelingen der interpersonalen Emotionsregulation setzt ein promptes und feinfühliges Eingehen der Erziehungspersonen auf kindliche Bedürfnisse voraus.

Ältere Kinder, die über Wissen zu Emotionsursachen verfügen, sind in der Lage, ihre Gefühle zu reflektieren. Sie können Situationen aufsuchen, die positive Emotionen auslösen bzw. Situationen vermeiden, die negative Emotionen hervorrufen. Eine andere Möglichkeit ist die Erinnerung positiver Ereignisse, eine bewusste Ablenkung von der emotionsauslösenden Situation oder deren Umdeutung – in der Emotionspsychologie spricht man von Neubewertung (Reappraisal). Wäre Tobias aus unserem Beispiel z. B. älter, könnte er denken: »Alicia kann die neue Schaufel behalten, die alte ist sowie schöner und größer.« Oder er könnte denken »Ich kann mir die Schaufel nehmen, wenn Alicia nicht mehr damit spielen will.« Das Beherrschen eines breiten Spektrums an Emotionswörtern ermöglicht es älteren Kindern auch, durch die Benennung ihrer Emotionen und Bedürfnisse andere dazu bewegen, auf ihre emotionalen Bedürfnisse einzugehen.

Solange Kinder die eben genannten Strategien noch nicht anwenden können und somit auf die interpersonale Regulation angewiesen sind, spielt der **Emotionsausdruck** eine Schlüsselrolle für die Emotionsregulation. Holodinski (2006) geht wie Malatesta und Haviland (1985) davon aus, dass emotionale Ausdrucksreaktionen im Laufe der individuellen Entwicklung verinnerlicht werden und der Handlungsregulation als mentale Repräsentationen zur Verfügung stehen. Der Ausdruck, der also vormals andere Personen dazu veranlasst hat, die Bedürfnisbefriedigung bzw. Emotionsregulation zu übernehmen, wird nun zum Signal für die intrapersonale Emotionsregulation, d. h. er signalisiert der Person selbst, dass Handlungen zur Bedürfnisbefriedigung eingeleitet werden müssen. Im Jugend- und Erwachsenenalter können dann handlungsleitende und -begleitende Gefühle entstehen, ohne dass die dazu gehörigen Körperreaktionen bzw. physiologischen Reaktionen noch objektiv messbar sind. Auch wenn Kinder im Laufe ihrer Entwicklung zunehmend selbst die Emotionsregulation übernehmen, suchen sie dennoch in besonders belastenden Situationen soziale Unterstützung und somit Hilfe bei der Emotionsregulation. Dies gilt im Übrigen auch für Erwachsene.

Es gibt zahlreiche Studien, die auf einen Zusammenhang zwischen dem Gelingen der interpersonalen und der intrapersonalen Regulation hinweisen. Sind Bezugspersonen nicht erfolgreich darin, die Emotionen von Säuglingen zu regulieren, werden die Regulationsprozesse nicht verinnerlicht, und es ist wahrscheinlicher, dass das Kind später auch Schwierigkeiten bei der intrapersonalen Regulation haben wird (zsf. Petermann u. Wiedebusch, 2003).

Eine erfolgreiche interpersonale Regulation setzt eine entsprechende **Feinfühligkeit** der Bezugspersonen voraus. Ihnen muss es gelingen, die Ausdruckssignale des Kindes richtig zu interpretieren und angemessen sowie möglichst ohne zeitliche Verzögerung darauf zu reagieren. Dies ist in den ersten Lebensmonaten sicher keine einfache Aufgabe, zumal es gilt, aus einem relativ unspezifischen Weinen oder Schreien herauszufinden, ob ein Baby Hunger oder Schmerzen hat, sich langweilt oder durch zu viele Reize überstimuliert ist. Vielen Eltern gelingt es aber trotz dieser Schwierigkeit scheinbar intuitiv, das Richtige zu tun.

Nach Petermann und Wiedebusch (2003) kann diese entwicklungsförderliche Interaktion durch Risikofaktoren sowohl auf Seiten des

Kindes als auch auf Seiten der Bezugspersonen gestört sein. Haben die Kinder z. B. temperamentsbedingt eine sehr niedrige Erregungsschwelle und eine ausgeprägte negative Emotionalität, schreien sie bei allen erdenklichen Gelegenheiten und lassen sich nur schwer beruhigen. Sie erschweren es den Bezugspersonen so, herauszufinden, welches Bedürfnis es zu befriedigen gilt. Auch bei Kindern mit Entwicklungsstörungen, wie z. B. dem Down-Syndrom oder Autismus, ist eine angemessene Reaktion auf die kindlichen Bedürfnisse häufig schwierig.

Von Seiten der Erziehungspersonen beeinträchtigt Fehlverhalten wie Misshandlungen und Vernachlässigung die emotionale Entwicklung, da die Eltern in diesen Fällen negative Emotionen des Kindes nicht vermindern, sondern allenfalls noch erhöhen. Über das möglicherweise absichtliche Fehlverhalten hinaus stellen aber psychische Störungen der Erziehungspersonen ebenfalls einen Risikofaktor dar. Mütter mit einer klinischen Depression zeigen nicht nur häufiger negative Gesichtsausdrücke, sie sind insgesamt auch weniger responsiv. Die oben genannte emotionale Verfügbarkeit ist reduziert. Erziehungspersonen ohne psychische Störungen imitieren, wie weiter oben beschrieben, die Gesichtsausdrücke der Kinder. Studien mit depressiven Müttern zeigen dagegen einen fehlenden oder unangemessenen Emotionsausdruck als Reaktion auf den Emotionsausdruck der Kinder. Auf negative Emotionen wird ebenfalls oft nicht oder unangemessen reagiert. Damit fehlt den Kindern depressiver Mütter die Unterstützung bei der Emotionsregulation, falls die Mutter die erste Bezugsperson ist.

Für die Entwicklung der Emotionsregulation kommt der **Bindung** zwischen Bezugspersonen und Kindern eine besondere Bedeutung zu. Die Bindung des Kindes zur Bezugsperson beginnt sich im Alter von etwa sechs Wochen zu entwickeln. Klar erkennbar ist sie etwa ab dem achten Monat. Dann beginnen Kinder in der Regel unruhig zu werden, wenn sie von ihrer Bezugsperson getrennt werden. Die Bindung kann in ihrer Qualität deutlich variieren. Kinder können sicher oder unsicher an ihre Bezugspersonen gebunden sein. Bei einer sicheren Bindung bildet die Bezugsperson nach Ainsworth et al. (1978) eine sichere Basis für das Kind, zu der es im Falle einer drohenden Gefahr oder unsicheren Situation zurückkehren kann und bei der es Schutz und Hilfe erwarten kann. Bezogen auf die Emotionsregulation kann man sagen, dass sicher gebundene Kinder von ihren Bezugspersonen zuverlässig Hilfe bei der Befriedigung ihrer Bedürfnisse und somit bei der Emotionsregulation erwarten. Wie später noch deutlich werden soll, zeichnet sich dementsprechend nur eine sichere Bindung durch eine gelungene interpersonale Emotionsregulation aus. Die Bindungssicherheit kann im Alter von etwa ein bis zwei Jahren mithilfe einer von Mary Ainsworth entwickelten standardisierten Beobachtungssituation, der sog »Fremden-Situation« erfasst werden (▶ Exkurs).

Eine entwicklungsförderliche Interaktion kann durch Störfaktoren auf Seiten des Kindes oder der Eltern gefährdet werden. Ein schwieriges Temperament oder eine Entwicklungsstörung auf Seiten der Kinder können ebenso eine Gefährdung darstellen wie vernachlässigendes Verhalten oder psychische Störungen auf Seiten der Eltern.

Kinder lassen etwa im achten Monat eine deutliche Bindung an ihre Bezugsperson erkennen. Die Bindung kann sicher oder unsicher sein, wobei sich die unsichere Bindung noch weiter unterteilen lässt. Bei einer sicheren Bindung bietet die Bezugsperson eine Basis, von der das Kind Hilfe und Schutz erwarten kann. Bei einer solchen sicheren Bindung gelingt die interpersonale Emotionsregulation.

Exkurs

Erfassung der Bindungssicherheit
Zur Erfassung der Bindungssicherheit wird bei Kindern im Alter von ein bis zwei Jahren beobachtet, wie sie reagieren, wenn sie allein mit einer fremden Person oder ganz allein in einem Raum gelassen werden. Entscheidend ist v. a., was bei der sog. Wiedervereinigung geschieht, wenn die Bezugsperson nach der Trennung wieder den Raum betritt.

Bei der »Fremde-Situation« gibt es insgesamt acht Episoden (◫ Abb. 14.2).

Nach der Begrüßung ist (2) die Bezugsperson oder Mutter (M) allein mit dem Kind (K) in einem Raum, in dem sich Spielzeug und zwei Stühle befinden. (3) Danach kommt eine fremde Person (F) in den Raum und versucht nach einiger Zeit, mit dem Kind zu interagieren. (4) Die Mutter verlässt dann den Raum. Falls das Kind weint oder sonst negative Emotionen zeigt, versucht die fremde Person zu

trösten. (5) Die Mutter tritt wieder ein, und die fremde Person verlässt den Raum. Ggf. tröstet die Mutter das Kind. (6) In der nächsten Episode verlässt die Mutter den Raum. Das Kind ist nun ganz allein. (7) Die fremde Person kehrt in den Raum zurück und versucht ggf. zu trösten. (8) Zuletzt betritt die Mutter wieder den Raum und tröstet das Kind eventuell. Die grauen Pfeile zeigen die Trennungsphasen und die schwarzen die Wiedervereinigungsphasen an.

◫ **Abb. 14.2** Acht Episoden bei der Fremde-Situation

| 2 (K, M) | 3 (K, M, F) | 4 (K, F) | 5 (K, M) | 6 (K) | 7 (K, F) | 8 (K, M) |

Sicher gebundene Kinder weinen bei der Trennung und lassen sich bei der Wiedervereinigung relativ schnell beruhigen.

Unsicher-ambivalent gebundene Kinder weinen bei der Trennung, lehnen die Bezugsperson bei der Wiedervereinigung ab und lassen sich nur schwer trösten.

Unsicher-vermeidend gebundene Kinder weinen bei der Trennung nicht oder kaum und suchen bei der Wiedervereinigung keinen Trost.

Die Messung des Stresshormons Kortisol zeigt, dass die Trennung für alle Kinder eine emotionale Belastung darstellt, auch für unsicher-vermeidend gebundene Kinder, die äußerlich keine Stressreaktion zeigen.

Anhand der Beobachtungen aus der »Fremden-Situation« lassen sich verschiedene **Bindungsqualitäten** differenzieren (s. Ainsworth et al., 1978). »Sicher gebundene« Kinder explorieren die Umgebung, kehren aber bei Unsicherheit zu ihrer Bezugsperson zurück, sie weinen oder zeigen negative Emotionen, wenn sie allein gelassen werden und suchen bei der Wiedervereinigung aktiv Trost bei der Bezugsperson. Sie lassen sich dann relativ schnell beruhigen.

»Unsicher-ambivalent« gebundene Kinder trauen sich häufig nicht, die Umgebung zu explorieren, sondern bleiben in der Nähe der Bezugsperson. Sie zeigen heftige negative Emotionen, wenn die Bezugsperson den Raum verlässt, lehnen dann aber häufig Trost ab, wenn die Bezugsperson zurückkehrt, indem sie sie wegstoßen oder sich abwenden. Sie lassen sich nicht oder nur schwer beruhigen.

»Unsicher-vermeidend« gebundene Kinder reagieren nicht oder kaum mit negativen Emotionen, wenn die Bezugsperson sie allein lässt. Dementsprechend suchen sie auch bei der Wiedervereinigung keinen Trost. Bei ihnen sieht es ganz so aus, als gäbe es keine negativen Emotionen, die reguliert werden müssten.

◫ Abb. 14.3 zeigt die der in der »Fremde-Situation« beobachteten negativen Emotionen bei den unterschiedlichen Bindungsqualitäten.

Spangler und Grossmann (1993) sind der Frage nachgegangen, ob unsicher-vermeidend gebundene Kinder tatsächlich emotional unbeteiligt sind, wenn sie von ihrer Bezugsperson allein gelassen werden. Der Emotionsausdruck lässt dies vermuten, wenn man jedoch ein physiologisches Maß heranzieht, zeichnet sich ein anderes Bild. Die Forscher haben den Anstieg bzw. Abfall des **Stresshormons Kortisol** nach der »Fremde-Situation« gemessen. Dabei stellte sich heraus, dass die Konzentration des Stresshormons bei sicher gebundenen Kindern

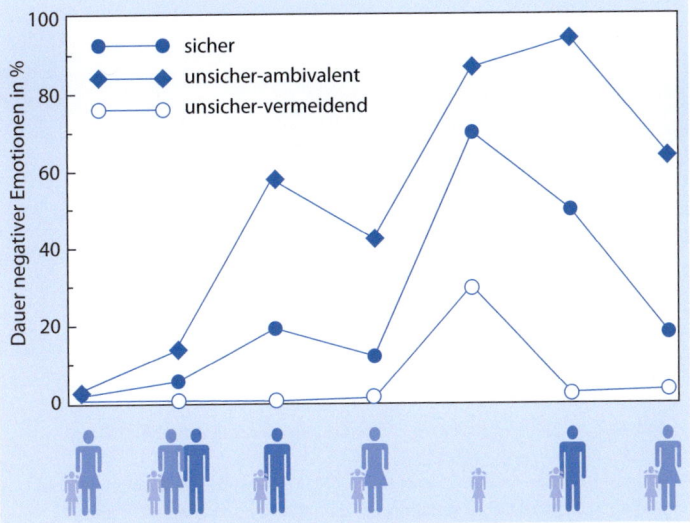

■ **Abb. 14.3** Dauer der in der Fremde-Situation gezeigten negativen Emotionen bei unterschiedlichen Bindungsqualitäten (mod. nach Spangler u. Schieche, 1998, mit freundlicher Genehmigung von SAGE Publications)

nach der »Fremden-Situation« sinkt. Dies kann als Zeichen für eine erfolgreiche interpersonale Emotionsregulation gewertet werden. Bei unsicher gebundenen Kindern steigt die Konzentration des Stresshormons nach der »Fremden-Situation«, und zwar auch bei den unsicher-vermeidend gebundenen Kindern, die äußerlich keine Stressreaktionen erkennen lassen. Für sie stellt die »Fremden-Situation« offenbar genau wie für die anderen Kinder eine emotionale Belastung dar. In der Forschung zur Emotionsregulation (▶ Kap. 13) gibt es Hinweise darauf, dass die Unterdrückung von Emotionen im mimischen Ausdruck zu einem Rebound-Effekt führt. Das bedeutet, dass Emotionen, die mimisch und gestisch unterdrückt werden, mit besonders starken physiologischen Reaktionen einhergehen. Es ist allerdings unwahrscheinlich, dass die physiologischen Reaktionen, die bei unsicher-vermeidend gebundenen Kindern bei einer Trennung auftreten, tatsächlich auf einen Rebound-Effekt zurückzuführen sind. Wie oben erläutert, können Kinder in diesem Alter ihre Mimik noch nicht so bewusst steuern, geschweige denn negative Emotionen unterdrücken.

Damit gelingt die interpersonale Emotionsregulation bei Kindern beider **unsicherer Bindungsqualitäten** nicht. Unsicher-ambivalent gebundene Kinder signalisieren ihren Bezugspersonen durch ihr Weinen zwar, dass eine Regulation notwendig ist, sie lassen sich aber dann nicht trösten. Unsicher-vermeidend gebundene Kinder benötigen offenbar Hilfe bei der Emotionsregulation, signalisieren dies aber ihren Bezugspersonen nicht.

Petermann und Wiedebusch (2003) weisen darauf hin, dass mangelnde **emotionale Kompetenz** ein Prädiktor für später auftretende Verhaltensstörungen ist. Emotionale Kompetenz umfasst neben der Fähigkeit zur Emotionsregulation auch die Fähigkeit, Emotionen bei sich und anderen zu erkennen. Die Fähigkeit der emotionalen Selbstregulation hängt positiv mit prosozialen Einstellungen, Empathie und Akzeptanz durch Gleichaltrige zusammen. Dementsprechend sind Kinder und Jugendliche, denen es an dieser Fähigkeit mangelt, weniger beliebt bei Gleichaltrigen und auch weniger empathisch (Eisenberg et al., 1997).

Interpersonale Emotionsregulation gelingt bei unsicheren Bindungsqualitäten nicht.

Emotionsregulation ist ein Bestandteil der emotionalen Kompetenz. Frühe mangelnde emotionale Kompetenz erhöht das Risiko für spätere Verhaltensstörungen.

> ### ❓ Kontrollfragen
>
> 1. Wie lernen Kinder Gefühle mit Emotions-
>   wörtern, Gesichtsausdrücken und Situationen
>   in Verbindung zu bringen?
> 2. Welche Bedeutung hat der Gesichtsausdruck
>   der Erziehungspersonen für Vorschulkinder?
> 3. Welche Rolle spielen verschiedene Lernfor-
>   men bei der emotionalen Entwicklung?
> 4. Wie entwickelt sich das Ausdrucksverhalten
>   von Kindern?
>
> 5. Wie entwickelt sich das Emotionswissen und
>   -verständnis von Kindern?
> 6. Was ist der Unterschied zwischen intra-
>   personaler und interpersonaler Emotions-
>   regulation?
> 7. Wie hängt die Bindungsqualität mit der inter-
>   personalen Emotionsregulation zusammen?

► **Weiterführende Literatur**

Holodynski, M. (2006). *Emotionen – Entwicklung und Regulation*. Heidelberg: Springer.
Holodynski, M., Hermann, S., & Kromm, H. (2013). Entwicklungspsychologische Grundlagen der Emotionsregulation. *Psychologische Rundschau, 64,* 196–207.
Petermann, F., & Wiedebusch, S. (2003). *Emotionale Kompetenz bei Kindern.* Göttingen: Hogrefe.

Literatur

Ainsworth, M. D. S., Blehar, M., Waters, E., & Wall, S. (1978). *Patterns of attachment. A psychological study of the strange situation*. Hillsdale, NJ: Erlbaum.
Banerjee, M. M. (1997). Hidden emotions: Preschoolers' knowledge of appearance-reality and emotion display rules. *Social Cognition, 15,* 107–3132.
Bridges, K. M. B. (1932). Emotional development in early infancy. *Child Development, 3,* 325–341.
Bridges, L. J., & Grolnick, W. S. (1995). *The development of emotional self-regulation in infancy and early childhood.* In N. Eisenberg (Ed.), *Social development* (vol. 15, pp. 185–211). Thousand Oaks, CA: Sage.
Camras, L. A. (1992). Expressive development and basic emotions. *Cognition and Emotion, 6,* 269–283.
DePaulo, B. M., & Jordan, A. (1982). Age changes in deceiving and detecting deceit. In R. S. Feldman (Ed.), *Development of nonverbal behaviour in children* (pp. 151–180). New York: Springer.
Dunn, J., & Hughes, C. (1998). Young children's understanding of emotions with close relationships. *Cognition and Emotion, 12*(2), 171–190.
Eisenberg, N., Fabes, R. A., & Losoya, S. (1997). Emotional responding: Regulation, socialcorrelates, and socialization. In P. Salovey & D. J. Sluyter (Eds.), *Emotional development and emotional intelligence. Educational implications* (pp. 129–163). New York: Basic Books.
Ekman, P. (1982). Methods for measuring facial action. In K. R. Scherer & P. Ekman (Eds.), *Handbook of methods in nonverbal behavior research* (pp. 45–90). Cambridge: Cambridge University Press.
Holodynski, M. (2006). *Emotionen – Entwicklung und Regulation*. Heidelberg: Springer.
Holodynski, M. (2009). Entwicklung. In V. Brandstätter & J. Otto, *Handbuch der Allgemeinen Psychologie – Motivation und Emotion*. Göttingen: Hogrefe.
Holodynski, M., Hermann, S., & Kromm, H. (2013). Entwicklungspsychologische Grundlagen der Emotionsregulation. *Psychologische Rundschau, 64,* 196–207.
Hughes, C., & Dunn, J. (2002). »When I say a naughty word«. A longitudinal study of young children's accounts of anger and sadness in themselves and close others. *British Journal of Developmental Psychology, 20,* 515–535.
Frijda, N. H. (1986). *The emotions.* Cambridge: Cambridge University Press.
Janke, B. (1999). Naive Psychologie und die Entwicklung des Emotionswissens. In W. Friedlmeier & M. Holodynski (Hrsg.), *Emotionale Entwicklung* (S. 70–98). Heidelberg: Spektrum.

14

Janke, B. (2002). *Entwicklung des Emotionswissens bei Kindern*. Göttingen: Hogrefe.

Klann-Delius, G., & Kauschke, C. (1996). Die Entwicklung der Verbalisierungshäufigkeit von inneren Zuständen und emotionalen Ereignissen in der frühen Kindheit in Abhängigkeit von Alter und Affekttyp: eine explorative, deskriptive Längsschnitt-studie. *Linguistische Berichte, 161*, 68–89.

Kromm, H., Färber, M., & Holodynski, M. (2015). Felt or False Smiles? Volitional Regulation of Emotional Expression in 4-, 6-, and 8-Year-Old Children. *Child Development, 86(2)*, 579–597.

Licata, M., Kristen, S., & Sodian, B. (2016). Mother–Child Interaction as a Cradle of Theory of Mind: The Role of Maternal Emotional Availability. *Social Development, 25*(1), 139–156.

Malatesta, C. Z. (1981). Affective development over the lifespan: involution or growth? *Merrill Palmer Quarterly, 27*, 145–173.

Malatesta, C. Z., & Haviland, J. M. (1985). Signals, symbols and socialization: The modification of emotional expression in human development. In M. Lewis & C. Saarni (Eds.), *The socialization of affect* (pp. 89–116). New York: Plenum Press.

Michaelson, L., & Lewis, M. (1985). What do children know about emotions and when do they know it. In M. Lewis & S. Saarni (Eds.), *The socialization of emotions* (pp. 117–139). New York: Plenum Press.

Montague, D. P. F., & Walker-Andrews, A. S. (2002). Mothers, fathers, and infants: The role of person familiarity and parental involvement in infant's perception of emotion expressions. *Child Development, 73*, 1339–1352.

Parkinson, B., & Totterdell, P. (1999). Classifying affect regulation strategies. *Cognition and Emotion 13*, 277–303.

Petermann, F., & Wiedebusch, S. (2003). *Emotionale Kompetenz bei Kindern*. Göttingen: Hogrefe.

Ridgeway, D., Waters, E., & Kuczaj, S. A. (1985). Acquisition of emotion-descriptive language: Receptive and productive norms for ages 18 month to 6 years. *Developmental Psychology, 21*, 901–908.

Saarni, C., & Weber, H. (1999). Emotional displays and dissemblance in childhood: Implications for self-presentation. In P. Philippot, R. S. Feldman & E. J. Coats (Eds.), The social context of nonverbal behavior. *Studies in emotion and social interaction* (pp. 71–105). New York: Cambridge University Press.

Sorce, J. F., Emde, R. N., Campos, J. J., &. Klinnert, M. D. (1985). Maternal emotional signaling: Its effect on the visual cliff behavior of 1-year-olds. *Developmental Psychology, 21*, 195–200.

Spangler, G., & Grossmann, K. E. (1993). Biobehavioral organization in securely and insecurely attached infants. *Child Development, 64*, 1439–1450.

Spangler, G., & Schieche, M. (1998). Emotional and adrenocortical responses of infants to the Strange Situation: The differential function of emotional expression. *International Journal of Behavioral Development, 22*, 681–706.

Steiner, J. E. (1979). Human facial expression in response to taste and smell stimulation. *Advances in Child Development and Behavior, 13*, 237–295.

Thorndike, L. E. (1911). *Animal intelligence*. New York: Macmillan.

Toda, S., & Fogel, A. (1993). Infant response to the still-face situation at 3 and 6 month. *Developmental Psychology, 29*, 532–538.

Watson, J. B., & Rayner, R. (1920). Conditioned emotional reactions. *Journal of Experimental Psychology, 3*, 1–14.

Wellman, H. M., Cross, D., & Watson, J. (2001). Meta-analysis of theory-of-mind development: the truth about false belief. *Child Development, 72*(3), 655–684.

Wellman, H. M., Harris, P. L., Banerjee, M., & Sinclair, A. (1995). Early understanding of emotion: Evidence from natural language. *Cognition and Emotion, 9*, 117–149.

Wellman, H. M., Phillips, A. T., & Rodriquez, T. (2000). Young Children's Understanding of Perception, Desire, and Emotion. *Child Development, 71*(4), 895–912.

Zeman, J., & Garber, J. (1996). Display rules for anger, sadness, and pain: It depends on who is watching. *Child Development, 67*, 957–973.

15 Emotionen: Kulturelle und geschlechtsspezifische Unterschiede

© Springer-Verlag GmbH Deutschland, ein Teil von Springer Nature 2018
V. Brandstätter et al., *Motivation und Emotion*, Springer-Lehrbuch
https://doi.org/10.1007/978-3-662-56685-5_15

Lernziele

- Bedeutung von Kulturmodellen in der kultur-vergleichenden Emotionsforschung kennen lernen, verstehen und Anregungen für die Anwendung im Alltagsleben aufgreifen.
- Interaktion von biologischen und kulturellen Faktoren bei der Entstehung und dem Ausdruck von Emotionen beschreiben und erklären können.

- Die Randbedingungen, unter denen Stereotype Einfluss auf Emotionserleben und -ausdruck der Geschlechter haben, kennen und verstehen.
- (Experimentelle) Untersuchungen zu Geschlechterunterschieden in Bezug auf Emotionen kritisch analysieren und evaluieren können.

Beispiel

Versuchen Sie sich folgende Bilder möglichst lebhaft vorzustellen: Männer, die sich vor Freude umarmen … eine große Ansammlung von Männern, in kollektiver Trauer vereint … eine wütende Menschenmenge – überwiegend Männer – schreit Beleidigendes und wirft mit Gegenständen. Emo-tionsgeladene Szenen wie diese sind ein ganz alltäglicher Bestandteil eines Fußballspiels, bei dem Männer den größeren Anteil der Zuschauer ausmachen. Und dabei heißt es, Frauen seien das emotionale Geschlecht!

Dieses Kapitel widmet sich unter anderem der Klärung solcher Fragen wie: Gibt es in der Tat ein emotionale(re)s Geschlecht? Wie kommen Geschlechtsunterschiede bei Emotionen zustande? Unter welchen Umständen sind sie besonders groß? Neben dem Geschlecht stellen kulturelle Normen und Werte einen weiteren Faktor dar, der sich auf unsere Emotionen auswirken kann. Die schwere atomare Katastrophe in Fukushima löste in Deutschland neben der großen Betroffenheit auch eine

Geschlechtszugehörigkeit und kultureller Hintergrund wirken sich auf Erleben und Ausdruck von Emotionen aus.

leise Irritation bezüglich der in den Medien dargestellten ruhigen und gefassten Haltung von Japanern aus. Während die Japaner, so schien es, stoisch ihrem Alltag nachgingen, dominierte hierzulande Angst die öffentliche Debatte. Keiner wird angesichts einer solch schwerwiegenden Elementarkatastrophe glauben, dass Japaner weniger Angst empfinden, sondern vielmehr kulturelle Wirkmechanismen annehmen, die den Ausdruck von Angst modifizieren. Die Vermutung liegt nahe, dass subjektiv empfundene Gefühle nicht identisch mit der gezeigten Emotion sind.

15.1 Kulturunterschiede und -gemeinsamkeiten im Erleben und Ausdruck von Emotionen

Den Untersuchungsgegenstand der kulturvergleichenden Emotionsforschung bilden Unterschiede und Gemeinsamkeiten, die Kulturen in Bezug auf verschiedene Emotionsaspekte (u. a. Ausdruck und Erleben) aufweisen.

Das vorliegende Kapitel beleuchtet die Zusammenhänge zwischen kulturellen Faktoren und Emotionsprozessen. Die kulturvergleichende Emotionsforschung befasst sich einerseits mit der Frage, inwiefern Emotionen interkulturell variieren bzw. kulturspezifisch sind – sich also unterschiedlich für Menschen aus verschiedenen Kulturen gestalten. Andererseits fokussiert sie auf die universellen Emotionsaspekte, also auf solche, die allen Menschen, ungeachtet ihres kulturellen Hintergrunds, gemeinsam sind: Wird z. B. überall in der Welt, unabhängig von dem jeweiligen kulturellen Hintergrund, der Emotion Angst der gleiche (mimische) Ausdruck verliehen? Und wird dieser Angstausdruck als solcher von allen Kulturen gleich gut erkannt?

Die kulturvergleichende Psychologie geht weit über eine Auflistung von Unterschieden und Gemeinsamkeiten hinaus. Vielmehr geht es darum, theoretische Grundlagen zu schaffen, in deren Rahmen erklärt werden kann, wie und weshalb die Kulturen Unterschiede in Bezug auf eine Reihe von Emotionsaspekten hervorbringen. Wenn die Emotionsforschung diese Frage systematisch untersuchen möchte, muss eine wichtige Voraussetzung gegeben sein. Es muss deutlich sein, wie die zu unterscheidenden Kulturen gesellschaftlich organisiert sind, welche Werte sie haben und wie kulturelle Unterschiede konzipiert und gemessen werden können. Forschende wie etwa Kitayama und Markus (1994) vertreten die Position, dass Emotionen im direkten Bezug zum spezifischen und dominierenden soziokulturellen Kontext stehen, in dem sie auftreten. Kulturelle Werte und Vorstellungen formen das subjektive Erleben von Emotionen, die somit aufs Engste mit den kulturell verankerten Denk- und Handlungsmustern verwoben seien. Sogenannte **Kulturmodelle** (»cultural models«) beschreiben und systematisieren diese kulturellen Überzeugungen bzw. Normen. Mit solchen theoretischen Konstrukten lassen sich Kulturunterschiede und Gemeinsamkeiten auch im Emotionsbereich über verschiedene Kulturen hinweg systematisch untersuchen.

Kulturmodelle stellen eine wichtige Theoriebasis dar, in deren Rahmen kulturspezifische und universelle Emotionsaspekte systematisch untersucht werden können. Mithilfe von Kulturmodellen lassen sich die (emotionsformenden) kulturellen Normen näher bestimmen.

Allgemeine kulturelle Normen versorgen uns mit Informationen darüber, welche Emotionen wir als erwünscht bzw. unerwünscht oder gut bzw. schlecht auffassen sollen. Gefühlsregeln einer Kultur zeigen an, wie wir uns infolge eines bestimmten emotionsauslösenden Ereignisses fühlen sollen. Ist Ärger oder Beschämung angemessen, wenn wir einen Fehler begehen?

Hofstede (1980) identifizierte vier **Kulturdimensionen**, mit denen verschiedene Kulturen differenziert werden können. Im Folgenden werden die für den aktuellen Forschungsgegenstand relevanten Dimensio-

15

nen dargestellt: Individualismus/Kollektivismus und Machtdistanz. Die Ausprägung unterschiedlicher Kulturen auf diesen Dimensionen lässt sich anhand von Indizes quantifizieren.

Individualismus und Kollektivismus Eine Möglichkeit, verschiedene Kulturen unterscheiden zu können, besteht darin, das Ausmaß zu bestimmen, in dem Kulturangehörige gesellschaftlich ermutigt werden, sich als einen festen Bestandteil der Gemeinschaft (Wir-Gefühl) zu erleben oder eher als unabhängig davon. In kollektivistischen Kulturen (z. B. Japan, Türkei, Russland) kommt dem Wohlergehen der Gemeinschaft eine hohe Bedeutung zu. Dementsprechend werden Harmonie, Hilfsbereitschaft und Kooperation betont und gefördert. Individualistische Kulturen, wie etwa die USA und der europäische Westen, bilden einen deutlichen Kontrast dazu. Hier sind die Bedürfnisse und Ziele des Individuums denen des Kollektivs übergeordnet. Mitglieder dieser Kulturen werden im Zuge ihrer Erziehung und Sozialisation angeregt, ihre Autonomie zu wahren, eine eigene Identität zu entwickeln und emotional unabhängig zu sein. Dies wirkt sich unmittelbar auf die kulturelle Variation im Emotionsbereich aus (s. im Folgenden die Studie von Ekman, 1972; Friesen, 1972).

> Die Kulturdimension »Individualismus/Kollektivismus« beschreibt das Ausmaß, in dem eine Kultur die Autonomie des Individuums bzw. die Gruppenzugehörigkeit und Konformität mit den Gruppennormen betont.

Machtdistanz Diese Kulturdimension bildet ab, inwiefern eine Kultur ihre weniger mächtigen Mitglieder dahingehend bestärkt, eine ungleiche Verteilung von Macht zu akzeptieren und als legitim anzusehen. Je höher die Machtdistanz in einer Gesellschaft ist, desto ungleicher ist die Machtverteilung. Auf den Arbeitskontext übertragen, bedeutet das Folgendes: Eine hohe Machtdistanz zeigt an, dass die Beziehung zwischen Arbeitgebern und Arbeitnehmern streng hierarchisch und mit klarer Rollenzuweisung versehen ist. Ist dagegen die Machtdistanz niedrig, handelt es sich um eine Begegnung auf Augenhöhe. Anhand dieser Darstellung leiten Niedenthal et al. (2006) Konsequenzen für das Erleben und den Ausdruck von Emotionen ab. Angehörige der Kulturen mit einer hohen Machtdistanz sollten häufiger sog. dominante Emotionen wie Ärger oder Stolz gegenüber weniger mächtigen Individuen zum Ausdruck bringen. Eher unterwürfige, devote Emotionen wie Angst, Scham oder Trauer werden in der Gegenwart von Machthabenden gezeigt. Matsumoto (1989) untersuchte den Zusammenhang zwischen der Machtdistanz und der Erkennung des mimischen Ausdrucks von negativen Emotionen. Die Machtdistanzindizes verschiedener Länder (z. B. Deutschland, Japan, Italien, Türkei) korrelierten negativ mit den Intensitätsratings von Emotionsausdrücken. Der Ausdruck von negativen Emotionen wird also als umso weniger intensiv beurteilt, je höher die Machtdistanz einer Gesellschaft ist. Der Ausdruck von negativen Emotionen würde womöglich die soziale Ordnung in den Kulturen mit einer hohen Machtdistanz gefährden, da diese streng hierarchisch aufgebaut sind (Matsumoto, 1989).

> Die Kulturdimension »Machtdistanz« beschreibt das Ausmaß, in dem Mitglieder einer Kultur, die über weniger Macht verfügen, eine ungleiche Machtverteilung akzeptieren und als legitim ansehen.

15.1.1 Kultur und Ausdruck von Emotionen

Sie haben bereits erfahren, dass Ekman in seiner neurokulturellen Emotionstheorie des mimischen Ausdrucks von Emotionen (»neuro-cultu-

◨ Abb. 15.1 Können Sie die gezeigten Gesichtsausdrücke den Basisemotionen zuordnen? Lösung: Ekel, Angst, Freude, Wut, Überraschung, Trauer (Matsumoto u. Ekman, 1988, mit freundlicher Genehmigung des Department of Psychology der San Francisco State University)

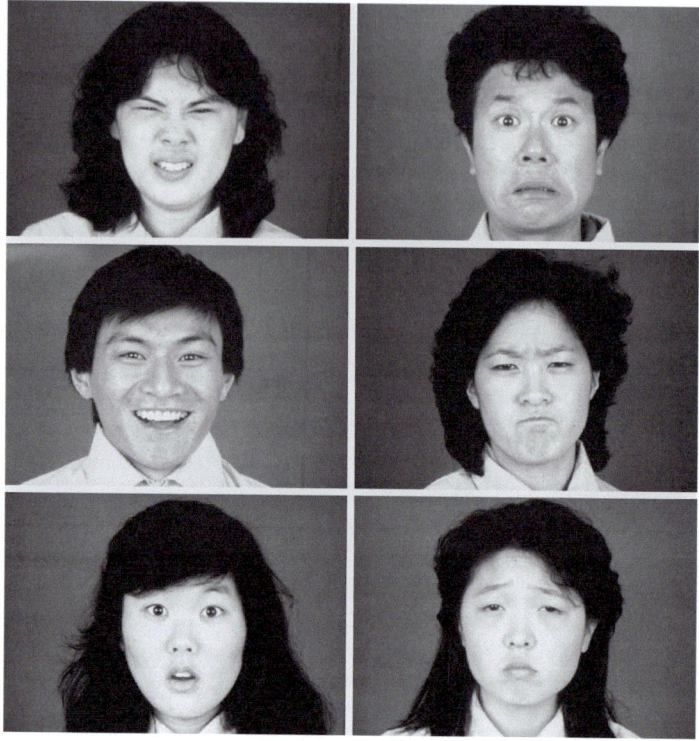

Basisemotionen (Freude, Überraschung Ärger, Ekel, Furcht, Trauer und Verachtung) werden kulturübergreifend bei allen Menschen in gleicher Weise erkannt und zum Ausdruck gebracht.

ral theory«; Ekman, 1972) die interkulturelle Universalität des Emotionsausdrucks im Hinblick auf eine begrenzte Anzahl von Basisemotionen annimmt. Jede Basisemotion (Freude, Überraschung Ärger, Ekel, Furcht, Trauer und Verachtung) wird von einem spezifischen, über unterschiedliche Kulturen hinweg gleichartigen, mimischen Ausdruck begleitet. Die sog. **Universalitätsstudien** (Ekman u. Friesen, 1969, 1971) wurden von dieser Überlegung geleitet: Sollte die Annahme der Universalität des Emotionsausdrucks gerechtfertigt sein, müssten Beurteiler aus allen Kulturen zum selben Urteil gelangen, welche Emotion die portraitierte Person ausdrückt. Sollte dagegen der Emotionsausdruck kulturspezifisch sein, so sollten sich die Beurteiler uneinig sein. Die Universalitätsstudien zeigten, dass Basisemotionen tatsächlich unabhängig vom kulturellen Hintergrund, Geschlecht oder Sozialisationsprozessen überall in der Welt fast identisch zum Ausdruck gebracht (enkodiert) und bei anderen Menschen über den Gesichtsausdruck überzufällig genau identifiziert (dekodiert) werden (◨ Abb. 15.1).

Schließt diese Befundlage kulturelle Unterschiede im Emotionsausdruck aus? Können Sie im unmittelbaren Kontakt mit Angehörigen anderer Kulturen immer ihre Gefühle sicher erkennen? Beide Fragen sind mit einem klaren »Nein« zu beantworten, wie im Folgenden zu demonstrieren ist.

Ekman (1972) und Friesen (1972)

Ekman (1972) und Friesen (1972) führten eine Studie in den Vereinigten Staaten und Japan durch. Amerikanische und japanische Vpn schauten sich einen Stress auslösenden Film an. Währenddessen wurde ihre Mimik ohne ihr Wissen gefilmt. In der ersten Bedingung befanden sich die Vpn alleine im Labor. Die Videoanalyse zeigte, dass alle Vpn übereinstimmend spontane Ausdrücke von Ekel, Angst und Stress zum gleichen Zeitpunkt zeigten. Keine kulturellen Unterschiede konnten beobach-

tet werden. In der zweiten Bedingung gesellte sich zu *denselben* Vpn eine ältere, hochrangige Versuchsleitung, eine Autoritätsperson also, hinzu und bat sie, sich den Film unter ihrer Beobachtung nochmals anzuschauen. Auch diesmal drückten die amerikanische Vpn die negativen Emotionen aus. Die Japaner dagegen maskierten diesmal ihre Gefühle zu entsprechenden Zeitpunkten mit einem Lächeln. Was rief diesen in der ersten Bedingung noch nicht existenten Unterschied hervor?

Die Japaner als Angehörige einer kollektivistischen Kultur haben im Laufe ihrer Sozialisation gelernt, dass der Ausdruck von negativen Emotionen den sozialen Zusammenhalt und Frieden stören kann (❏ Tab. 15.1). Kulturspezifische Regeln, welcher Emotionsausdruck in einer sozialen Situation angebracht ist, werden auch **Darstellungsregeln** (▶ Kap. 14) genannt. Sie werden in einem lebenslangen Lernprozess erworben und vermögen in einer einschlägigen sozialen Situation den angeborenen universalen Emotionsausdruck zu modifizieren. Kleine Kinder können ihren Emotionsausdruck noch nicht derart kontrollieren. Denken Sie nur daran, wie in einem Kasperlestück schnell die blanke Angst in ihren Gesichtern zu sehen ist, wenn der Wolf kurz davor ist, das Versteck der Prinzessin zu entdecken. Und dabei hatten sie zuvor explizit die Anweisung erhalten, das Versteck nicht zu verraten. Diese Kontrolle des Emotionsausdrucks gelingt mit zunehmendem Alter besser und wird automatischer. Die Studien von Ekman (1972) und Friesen (1972) demonstrieren sehr anschaulich, wie flexibel sich das Zusammenspiel von universellem, angeborenem Emotionsausdruck und kulturell verankerten Darstellungsregeln gestalten kann, um einen der Situation angemessenen Ausdruck zu produzieren.

Die biologisch angelegten Gesichtsausdrücke (der Basisemotionen) können durch kulturspezifische Darstellungsregeln moderiert werden. Dieses im Sozialisationsprozess erworbene Wissen wird mit zunehmenden Alter automatisierter eingesetzt.

Definition ────────────────

Darstellungsregeln

Darstellungsregeln (»display rules«) sind kulturell verankerte Regeln, welches emotionale nonverbale Verhalten wann und wie zum Ausdruck gebracht werden darf und welches nicht. Je nach sozialem Kontext können wir uns überlegen, ob der erlebte Ärger eher in Aggressionen oder Rückzug münden soll. Die in der Kindheit erlernten Regeln wenden Erwachsene weitegehend automatisch an.

▶ **Definition**

Darstellungsregeln

Kulturelle Darstellungsregeln können auf unterschiedliche Arten wirksam werden, um den universell gegebenen Ausdruck zu modifizieren. So können wir unseren Emotionsausdruck bezüglich tatsächlich erlebter Emotionen intensivieren (»amplification«) oder abschwächen (»deamplification«), gar keinen Ausdruck zeigen (»neutralization«), Gefühle maskieren oder verstecken (»masking«), die Emotion in Kombination mit einer anderen zeigen (»qualification«; z. B. Ärger zeigen

Die Darstellungsregeln können den universellen Emotionsausdruck mit Kontrollmechanismen des Verstärkens, Abschwächens, Neutralisierens, Maskierens, Simulierens und Qualifyings modifizieren.

und dabei lächeln) und eine nicht vorhandene Emotion ausdrücken (»simulation«). Mit seiner neurokulturellen Theorie kann Ekman (1972) sowohl kulturelle Unterschiede als auch kulturelle Gemeinsamkeiten erklären, indem er der universalen Grundlage des Emotionsausdruckes die kulturell durch Normen geprägten Darstellungsregeln gegenüberstellt.

Aktuellere Forschung zu Darstellungsregeln berücksichtigt bei kulturellen Vergleichen die eingangs beschrieben Kulturdimensionen. Matsumoto und Juang (2007) fassen die wichtigsten **Vorhersagen** in Bezug auf emotionales Ausdruckverhalten wie folgt zusammen (◘ Tab. 15.1): Der Erhalt der Gemeinschaft und der Zusammenhalt, als höchste Werte der kollektivistischen Kultur, motivieren ihre Angehörigen, innerhalb der Eigengruppe negative, die Harmonie gefährdende Emotionen zu unterdrücken und umso mehr positive, der Gemeinschaft dienende Emotionen zu zeigen. Kollektivistische Kulturen ziehen gleichsam eine deutliche Grenze zwischen der Eigen- und Fremdgruppe. Der Fremdgruppe – einer Sozialgruppe, mit der sich das Individuum nicht identifiziert – gegenüber werden die negativen Gefühle durchaus deutlich gezeigt, während die positiven der Eigengruppe vorbehalten bleiben. Die Angehörigen der individualistischen Kulturen differenzieren weniger zwischen der Fremd- und Eigengruppe und drücken positive Gefühle in beiden Gruppen gleichermaßen aus. Negative Gefühle werden in der eigenen Gruppe gezeigt, da das Individuum und nicht die Gemeinschaft im Vordergrund steht.

Die früher stark debattierte Frage nach kulturellen und biologischen, universellen Grundlagen des Emotionsausdrucks ist heute weniger aktuell. Man nimmt vielmehr eine **Koexistenz** von universellen und kulturspezifischen Emotionsaspekten an, wie im Fall der neurokulturellen Theorie deutlich geworden ist. Die biologisch begründete, universale Grundlage scheint, wenn auch bezüglich einer begrenzten Anzahl von Basisemotionen, gut belegt zu sein. Gleichzeitig ist diese universelle Komponente als Ausgangsbasis für eine Interaktion mit einer Vielzahl von implizit gelernten sozialen Regeln und Verhaltensweisen (Skripten) zu sehen. Das Ergebnis ist eine Vielfalt an komplexen Emotionen wie etwa Schuld, Scham, Verlegenheit oder Stolz. Diese Emotionen weisen

Die Kulturdimension »Individualismus/Kollektivismus« wirkt sich darauf aus, welcher Emotionsausdruck gesellschaftlich gefördert oder sanktioniert wird.

Eine Koexistenz von universellen und kulturspezifischen Emotionsaspekten wird bei der Entstehung des Emotionsausdrucks angenommen.

◘ **Tab. 15.1** Emotionsausdruck des Individuums im Kontext der Eigen- bzw. Fremdgruppe in individualistischen und kollektivistischen Kulturen (adaptiert nach Matsumoto u. Juang, 2007)

| | Kulturdimension | |
	individualistisch	kollektivistisch
Das Selbst im Verhältnis zur **Eigengruppe**	Billigung, negative Gefühle auszudrücken; weniger Druck, positive Gefühle zu zeigen	Unterdrückung des Ausdrucks von negativen Gefühlen; mehr Zwang, positive Gefühle zu zeigen
Das Selbst im Verhältnis zur **Fremdgruppe**	Unterdrückung von negativen Gefühlen; positive Gefühle im gleichen Ausmaß wie gegenüber der Eigengruppe zeigen	Bestärkung, negative Gefühle auszudrücken; Unterdrückung von positiven Gefühlen, die für die Eigengruppe vorbehalten sind

entsprechend eine weitaus größere interkulturelle Variabilität bezüglich des subjektiven Erlebens und der dazugehörigen Darstellungsregeln auf (Matsumoto u. Juang, 2007).

Sie kennen nun die Universalitätsstudien und wissen, dass Basisemotionen nicht nur überall in der Welt fast identisch ausgedrückt werden, sondern auch von allen Menschen über den Gesichtsausdruck überzufällig genau erkannt werden. Die Emotionsausdrücke werden aber mehrheitlich nicht hundertprozentig korrekt identifiziert, was auf kulturelle Einflüsse schließen lässt. So berichten Matsumoto und Juang (2007), dass Amerikaner verglichen mit Japanern akkurater darin waren, Ekel, Ärger, Angst und Trauer zu erkennen, während Überraschung und Freude von beiden gleich gut oder schlecht erkannt wurden. Die Autoren glauben, dass es, vergleichbar mit Darstellungsregeln, auch kulturspezifische Dekodierungsregeln dazu gibt, wie Ausdrücke wahrzunehmen und zu interpretieren sind. Interessant in diesem Zusammenhang ist ebenfalls eine Metaanalyse von Elfenbein und Ambady (2002). Sie lieferte Hinweise für die Existenz des sog. **Eigengruppenvorteils** bei der Erkennung emotionaler Gesichtsausdrücke (»ingroup advantage«). So scheinen Menschen insbesondere Emotionsausdrücke anderer Mitglieder ihrer eigenen Kultur akkurater einzuschätzen als die Ausdrücke Angehöriger anderer Kulturen.

> Der Eigengruppenvorteil bei der Erkennung emotionaler Gesichtsausdrücke ist ein Hinweis auf die Existenz von kulturspezifischen Dekodierungsregeln.

15.1.2 Kultur und subjektives Erleben

Scherer und Wallbott führten mehrere umfangreiche Fragebogenstudien auf fünf Kontinenten in 37 Ländern mit fast 3000 Vpn durch, mit dem Ziel, die Qualität des emotionalen Erlebens in unterschiedlichen Kulturen miteinander zu vergleichen (s. die Zusammenfassung in Scherer u. Wallbott, 1994). Das subjektive Erleben wurde mithilfe von vier Dimensionen bzw. Beschreibungskategorien differenziert erfasst. Dabei wurde erfragt, wie stark ein Gefühl jeweils empfunden wird (Emotionsintensität), wie häufig es auftritt (Emotionshäufigkeit), wie lange es andauert (Emotionsdauer) und in welchem Ausmaß Kontrollversuche unternommen werden (Bewältigung der Emotion).

Für die Emotionen Freude, Trauer, Angst, Ärger, (Scham, Schuld und Ekel kamen später dazu) wurden emotionsauslösende Ereignisse mit den einhergehenden Bewertungsprozessen und Emotionsreaktionen erfasst. Vpn bekamen demnach u. a. die Aufgabe, eine Situation zu beschreiben, in der sie in der Vergangenheit die vorgegebene Emotion gefühlt haben. Darüber hinaus sollten sie ihr Erleben bezüglich nonverbaler und physiologischer Reaktionen beschreiben. Generell verdeutlichten die Ergebnisse, dass sowohl universelle als auch kulturspezifische Einflüsse (wenn auch im geringem Ausmaß) beobachtbar waren. In den europäischen Ländern erwiesen sich die kulturspezifischen Effekte als relativ gering im Vergleich zur großen Ähnlichkeit der berichteten emotionalen Erfahrungen. Die Unterschiede zwischen den einzelnen Emotionen (s. o. Freude, Angst, Ärger etc.) bezüglich des subjektiven Erlebens, der physiologischen und nonverbalen Symptome waren deutlich größer als die Unterschiede über die Länder hinweg. Das galt gleichfalls für den Vergleich zwischen den europäischen, amerikanischen und japanischen Vpn. Wenngleich der kulturelle Einfluss hier

> Scherer und Wallbott (1994) konnten in ihrer groß angelegten kulturvergleichenden Studie zum subjektiven Erleben sowohl universelle als auch kulturspezifische Einflüsse (wenn auch im geringem Ausmaß) auf das subjektive Erleben beobachten. Die kulturspezifischen Gemeinsamkeiten im Emotionserleben überwogen aber ihrer Ansicht nach die vorhandenen kulturellen Unterschiede deutlich.

etwas ausgeprägter war, war er ebenfalls eher als geringfügig einzuschätzen relativ zu den Unterschieden zwischen den einzelnen Emotionen. So erfahren Japaner alle genannten Emotionen häufiger als Amerikaner oder Europäer. Amerikaner wiederum erleben Freude und Ärger häufiger als Europäer und alle Emotionen intensiver und länger als Europäer und Japaner. Scherer und Wallbott (1994) zogen aus ihren Untersuchungen das Fazit, dass die Kultur durchaus die subjektive Erfahrung untersuchter Emotionen zu formen vermag. Allerdings ist der Einfluss der Kultur eher schwach ausgeprägt relativ zur der ausgesprochen breiten universellen Basis.

An dieser Stelle sei es jedoch kritisch angemerkt, dass die in der Studie gewonnenen Daten aufgrund von methodischen Einschränkungen mit Vorsicht zu sehen sind. Die Daten beruhen auf retrospektivem Selbstbericht und bilden somit möglicherweise eher Gedächtnisrekonstruktionsprozesse als tatsächlich erlebte Erfahrungen ab (► Abschn. 15.2.3 und die Studie von Robinson et al., 1998).

> Die empirischen Befunde legen nahe, dass in verschiedenen Kulturen verschiedene zentrale Emotionen existieren. Diese werden in der jeweiligen Kultur häufiger und intensiver erlebt und ausgedrückt, sind relativ leicht auslösbar und haben eine exponierte Stellung im Wortschatz der jeweiligen Kultur.

An solche Forschungsthemen schließt unmittelbar die Frage nach der Existenz von **zentralen Emotionen** in verschiedenen Kulturen an (»focal emotions«). Existieren also Emotionen, die für die Angehörigen eines bestimmten Kulturkreises eine herausgehobene Bedeutung haben? Solche Emotionen müssten häufiger und intensiver erlebt und ausgedrückt werden, relativ leicht auslösbar sein und im Wortschatz eine exponierte Stellung haben. Die kulturell bedingte Konstruktion des Selbst sowie vorherrschende Normen und Werte sollen dabei für solche Variationen der zentralen Emotionen verantwortlich sein (Markus u. Kitayama, 1994). So ist vorstellbar, dass Emotionen, die den Gruppenzusammenhalt und Kooperation fördern, in kollektivistischen Kulturen zentral sind. Olympiateilnehmer aus kollektivistischen Kulturen beispielsweise zeigen bei einer Niederlage mehr Scham als die Olympioniken individualistischer Kulturen (Tracy u. Matsumoto, 2008). Es gibt auch Hinweise dafür, dass in der sog. »Kultur der Ehre« (»culture of honour«) Ärger und Scham als Emotionen, die dem Schutz der Ehre und der Abwehr des Gesichtsverlustes dienen, zentral sind. So reagierten Spanier als Angehörige einer Kultur der Ehre im Vergleich zu Niederländern mit mehr Wut und Scham auf Beleidigungen (Rodriguez Mosquera et al., 2000).

15.2 Geschlechtsunterschiede und -gemeinsamkeiten im Erleben und Ausdruck von Emotionen

> **»** Man wird nicht als Frau geboren, man wird es (Simone de Beauvoir).

> Bevor Frauen und Männer hinsichtlich ihrer Emotionalität verglichen werden können, muss die Emotionalität definiert und operationalisiert werden.

Würden Sie Emotionsforscher fragen, welches Geschlecht das emotionalere sei, so würden Emotionsforscher vermutlich erst einige Gegenfragen stellen: Wenn wir behaupten, das eine Geschlecht sei emotionaler als das andere, was bedeutet das konkret? Welche Komponente der Emotion ist damit gemeint? Das subjektive Erleben oder Veränderungen der Mimik? Das intensivere und häufigere Erleben aller möglichen Emotionen oder bestimmter einzelner Emotionen wie Wut oder Trauer? Oder wird die Stärke des Emotionsausdrucks mit Emotionalität gleichgesetzt? Unmittelbar daran schließt sich auch die Frage nach der

Methode der Emotionserfassung an: Sollen Selbstbericht, nonverbale Maße oder physiologische Indikatoren eingesetzt werden, um »Emotionalität« zu messen?

Hätten wir die Aufgabe, die bestehenden **Stereotype** zum Verhältnis der Geschlechter und der Emotionalität zusammenzufassen, brächten wir die Debatte mit der Überschrift »Von der Emotionalität der Frau und der Rationalität des Mannes« ziemlich genau auf den Punkt. Weiblichkeit ist in der westlichen Kultur aufs Engste mit dem Konzept der Emotionalität verflochten. Frauen sind diejenigen, von denen wir glauben, dass sie über die beinahe exklusive Fähigkeit verfügen, Gefühle intensiv zu erleben und ihnen entsprechenden Ausdruck zu verleihen, die eigenen Gefühle anderen Personen erfolgreich zu kommunizieren und wiederum eine starke Anteilnahme an den Gefühlen anderer zu zeigen. Die stets vernunftgeleiteten Männer sind hingegen Herr ihrer Gefühle, sie kontrollieren sie und unterdrücken sie gegebenenfalls. Diese stereotypen Geschlechterbilder bezüglich der Emotionalität spiegeln die gesellschaftlich gegebenen Meinungen und Überzeugungen wider, wie sich Frauen und Männer unterscheiden (sollen). Bereits Vorschulkinder verfügen über stereotypes Wissen hinsichtlich emotionaler Darstellungsregeln und ihrer Bindung an das jeweilige Geschlecht. Gefragt danach, ob dargestellte Welpengesichter eher weiblich oder männlich sind, geben Kinder an, traurig, fröhlich oder ängstlich blickende Welpengesichter seien weiblich und die ärgerlich blickenden männlich (Birnbaum, 1983).

Offenbar gibt es fest etablierte Stereotype dazu, wie sich Frauen und Männer in ihrem emotionalen Erleben und Verhalten unterscheiden. Beruhen diese kulturell begründeten Überzeugungssysteme auf einer realitätsnahen Basis? Lässt sich ein vergleichbares Befundmuster finden, wenn Frauen und Männer selbst über ihr Erleben und den Ausdruck ihrer Gefühlen berichten?

Vorab ist anzumerken, dass die im Folgenden berichteten Befunde aus methodischen Gründen umstritten sind, da bei der Klärung dieser Frage hauptsächlich Selbstberichtsmaße zum Einsatz kamen. Die nicht unproblematischen Folgen dieser methodischen Ausrichtung werden später noch diskutiert (▶ Abschn. 15.2.3).

> Bestehende Stereotypen zum Verhältnis Geschlechter und Emotion schreiben Frauen eine größere Emotionalität zu.

> Kann der aktuelle Forschungsstand diesen Emotionalitätsunterschied bestätigen?

15.2.1 Geschlechter und Ausdruck von Emotionen

Generell lässt sich festhalten, dass die Unterschiede im Emotionsausdruck im Vergleich zu den gefundenen Unterschieden im Erleben (▶ Abschn. 15.2.2) im Durchschnitt größer sind (LaFrance u. Banaji, 1992).

Selbstbericht

Im Vergleich zu Männern geben Frauen an, häufiger und intensiver ihren Gefühlen Ausdruck im Allgemeinen zu verleihen. Wird nach dem Ausdruck von spezifischen Emotionen gefragt, werden Verachtung, Stolz, Schuld und Vertrauen als diejenigen Emotionen aufgeführt, die Männer ihrer eigenen Einschätzung zufolge häufiger und intensiver ausdrücken als Frauen (Brody u. Hall, 1993). Auch der im Selbstbericht erfasste weibliche Emotionsausdruck stimmt mit den stereotypen

Erwartungen überein. Frauen geben an, expressiver hinsichtlich der typischen femininen Emotionen wie Liebe, Angst, Trauer und Freude zu sein, was die Häufigkeit und Intensität des Auftretens anbelangt (Grossman u. Wood, 1993).

Die berichteten Unterschiede sind vom sozialen Kontext, in dem der Emotionsausdruck vorkommt, losgelöst. Ebenfalls wurde nicht berücksichtigt, welcher Ausdruckskanal (Stimme, Mimik, Körperhaltung etc.) involviert ist. Beides sind Faktoren, die die Geschlechtsunterschiede im Ausdruck moderieren. Dies sei am Beispiel des Ausdrucks von Ärger als einer typisch männlich wahrgenommen Emotion erklärt. So ist bezüglich der sozialen Situation entscheidend zu fragen: Gegen wen wird der Ärger gerichtet? Der männliche Ärgerausdruck richtet sich eher gegen fremde Personen und gegen Personen, die sie als Ursache für ihren Ärger identifizieren (z. B. sich ärgern, dass der Arbeitskollege sein Getränk auf das eigene neue Hemd verschüttet). Frauen zeigen durchaus auch ihren Ärger, aber eher gegenüber ihnen nahestehenden Personen (Timmers et al., 1998).

Ferner variieren die Unterschiede im Emotionsausdruck beträchtlich in Abhängigkeit davon, ob etwa die Stimme, der Gesichtsausdruck, die physiologische Erregung oder das Verhalten als **Ausdruckskanal** gewählt werden. Wird Ärgerausdruck mit aggressivem Verhalten gleichgesetzt, so ist der männliche Ärgerausdruck stärker. Tatsächlich aber verbalisieren Frauen häufiger und länger ihren Ärger, sie kritisieren mehr und suchen eher klärende Auseinandersetzungen in ihren sozialen Beziehungen (Brody u. Hall, 1993).

Objektive Maße

Es gibt vergleichsweise wenige Studien, die Geschlechterunterschiede im objektiv erfassbaren Emotionsausdruck untersucht haben. Wurde die Muskelaktivität beim **Gesichtsausdruck** mittels EMG (▶ Kap. 11) gemessen, konnte bei Frauen im Vergleich zu Männern eine erhöhte Muskelaktivität als Reaktion auf verschiedene emotionale Stimuli festgestellt werden (Bradley et al., 2001). Die mit dem EMG gewonnenen Ergebnisse legen auch nahe, dass Frauen grundsätzlich leichter ihre Gefühle ausdrücken können, während Männer schneller Emotionsausdrücke auf eine Aufforderung hin unterdrücken können (Grossmann u. Wood, 1993).

Dieser Befund korrespondiert mit den berichteten und beobachteten geschlechterspezifischen Strategien der Emotionsregulation, die als eine Sammlung von kognitiven und verhaltensbasierten Strategien zur Beseitigung, Aufrechterhaltung und Veränderung von emotionalem Erleben und Ausdruck aufzufassen ist. Demnach tendieren Männer verglichen mit Frauen eher zu Regulationsstrategien, die auf Unterdrückung von Emotionen oder Beseitigung von Problemen abzielen und primär auf der Verhaltensebene sichtbar sind. Um ihre Emotionen zu regulieren, greifen sie zu ablenkenden und vermeidenden Aktivitäten wie Sport oder werden anderweitig aktiv. Frauen suchen zwar soziale Unterstützung auf, verharren aber regelrecht im negativen Affekt und geben sich ihm passiv hin, indem sie grübeln, auf ihre negativen Emotionen fokussieren und Schuldzuweisungen gegen sich selbst richten (Nolen-Hoeksema u. Jackson, 2001). Aus dem Befund, dass Frauen und Männer sich in den verwendeten Strategien des Umgangs mit ihren

---

Im Vergleich zu Männern geben Frauen im Selbstbericht an, sowohl häufiger und intensiver Emotionen i. Allg. als auch einzelne, stereotypkonsistente Emotionen auszudrücken. Diese Studien vernachlässigen i.d.R. den Ausdruckskanal und sozialen Kontext, also Faktoren, die die Geschlechtsunterschiede im Ausdruck moderieren.

Objektive Messungen des Emotionsausdrucks (EMG) suggerieren ein höheres emotionales Ausdrucksvermögen seitens der Frauen und eine stärkere willkürliche Kontrolle des Emotionsausdrucks seitens der Männer.

15

Emotionen unterscheiden, lässt sich nicht zwingend ableiten, dass sie sich im Erleben voneinander unterscheiden.

15.2.2 Geschlechter und Erleben von Emotionen

Wenn die Geschlechter einschätzen sollen, wie emotional sie im Allgemeinen sind, schätzen sich Frauen als emotionaler ein als Männer. Das trifft sowohl auf positive als auch negative affektive Zustände zu (Fujita et al., 1991). Auch die Intensität ihrer sonstigen (z. B. situativ bedingten) emotionalen Erlebnisse beurteilen Frauen höher als Männer (Hess et al., 2000).

Gefragt nach dem **Erleben** einzelner diskreter Emotionen berichten Frauen, im Vergleich zu Männern, intensiver und häufiger negative Emotionen wie Trauer, Angst, Empathie (Distress) und negative Emotionen mit Selbstbezug wie Verlegenheit, Schuld und Scham zu erleben. Ähnlich verhält es sich mit positiven Emotionen wie Freude und Liebe (Fischer u. Manstead, 2000). Männer dagegen berichten von mehr Stolz (Brebner, 2003). Beim Erleben von Ärger und Feindseligkeit scheint es keine nennenswerten oder zumindest eindeutigen Geschlechtsunterschiede zu geben (Nolen-Hoeksema u. Rusting, 1999).

15.2.3 Emotionen der Geschlechter: Achtung, Stereotype!

Die geschilderten Befunde zu Unterschieden im emotionalen Erleben und Ausdruck suggerieren, dass in dem gängigen Stereotyp, Frauen seien emotionaler als Männer, eher ein Brocken als ein Körnchen Wahrheit steckt. Dennoch ist es höchst umstritten, inwieweit die Geschlechterunterschiede im Erleben und Ausdruck von Emotionen tatsächlich empirisch belegt sind. Es gibt Hinweise dafür, dass die gefundenen Unterschiede zumindest teilweise durch die **Art der eingesetzten Erfassungsmethode** eher stereotype Vorstellungen als reale Geschlechterunterscheide widerspiegeln. LaFrance und Banaji (1992) zeigen in ihrer vielbeachteten Metaanalyse, wie der »klassische« Unterschiedsbefund, Frauen seien emotionaler als Männer, v. a. durch die Art der eingesetzten Methode zur Datenerhebung bzw. des Emotionsmaßes herbeigeführt wird. Sie identifizieren einige methodische Konstellationen, die das Auffinden von Unterschieden begünstigen.

Erstens werden Geschlechterunterschiede häufiger gefunden, wenn retrospektive Berichte als Datengrundlage dienen und die Vpn ihre Emotionen aus dem Gedächtnis heraus wieder rekonstruieren müssen (»recall bias«). Wird das unmittelbare emotionale Erleben erfasst, sind keine oder nur geringe Unterschiede feststellbar (▶ Studie). Zweitens rufen Aufforderungen zu globaler Selbsteinschätzung (»Wie emotional sind Sie?«) Unterschiede eher hervor als wenn eine Einschätzung bezüglich spezifischer Emotionen verlangt wird (»Wie sehr ärgern Sie sich?«). Feldman et al. (1998) konnten in ihrer Studie die typischen Geschlechterunterschiede zeigen, wenn das emotionale Erleben mittels globaler retrospektiver Selbsteinschätzung erfasst wurde. Frauen gaben an, höhere Affektintensitäten und mehr Trauer, Angst und Freude zu erleben.

Mit den Befunden zum Emotionsausdruck übereinstimmend berichten Frauen im Vergleich zu Männern häufiger und intensiver Emotionen i. Allg. zu erleben. Beide Geschlechter berichten vom Erleben von einzelnen, stereotypkonsistenten Emotionen (z. B. Männer: Stolz; Frauen: Angst, Trauer).

Wurden die Männer und Frauen jedoch unmittelbar im Anschluss an eine dyadische soziale Interaktion nach der Einschätzung einzelner spezifischer Emotionen in der Interaktion gefragt, unterschieden sich die Angaben von Frauen nicht von denen der Männer. Drittens begünstigen hypothetisch vorgestellte im Gegensatz zu real erlebten Emotionen das Auffinden von Unterschieden.

Welche psychologischen Prozesse vermitteln diese methodisch bedingte Variabilität der Ergebnisse? Vermutlich spielen etablierte Geschlechterstereotype eine entscheidende Rolle für die Erklärung der berichteten Methodenabhängigkeit der Befunde.

▶ **Definition**

Geschlechtsstereotype

┌─ Definition ─────────────────────────

Geschlechtsstereotype

Geschlechtsstereotype beinhalten sozial geteiltes Wissen darüber, wie sich Frauen und Männer in Bezug auf eine bestimmte Domäne voneinander unterscheiden (deskriptive Normen) oder unterscheiden sollten (präskriptive Normen).

Wie sich im Einzelnen unser **Stereotypenwissen** auf die Beschreibung unseres emotionalen Erlebens und Verhaltens auswirkt, verdeutlichen Robinson und Clore (2002): Je mehr Zeit zwischen dem Auftreten einer Emotion und ihrem Abruf vergeht, d. h. je schwächer man sich an Details erinnern kann und einem die konkrete Emotionsinformation fehlt, desto schwächer ist die Basis, auf der man ein Urteil fällen kann. Vor diesem Hintergrund werden diese Gedächtnis- und Informationslücken im anschließenden Selbstbericht mit dem erstbesten verfügbaren Wissen, in diesem Fall stereotypgeladenem Wissen, gefüllt. Wird z. B. eine Frau nach einem zeitlich weit zurückliegenden Erleben einer Emotion global gefragt, sodass sie ihre Antwort nicht mehr auf konkretem unmittelbarem Erleben basieren kann, rekonstruiert sie gedanklich frei nach dem Motto: Frauen sind von Natur aus ängstlich und liebevoll, ich bin eine Frau, also bin ich eher ängstlich und liebevoll in der Situation gewesen.

15

Studie

Robinson et al. (1998)

Dieser Punkt kann anhand einer Studie von Robinson et al. (1998) illustriert werden. Die entscheidende Frage, um die es ging, lautete: Wie kann überprüft werden, ob das tatsächliche, konkret stattfindende emotionale Erleben und Verhalten erfasst wird oder aber unser Wissen zu geschlechterstereotypem emotionalem Verhalten? Im ersten Fall, so die Vermutung, sollten keine Geschlechterunterschiede im emotionalem Erleben und Ausdruck zu finden sein.

In einem Wettbewerbsspiel traten zwei Teams gegeneinander an. Jedes Team bestand aus einem Akteur, der sein eigenes emotionales Erleben einschätzte (Selbsturteil), und einem Beobachter, der

ebenfalls nur das emotionale Erleben des Akteurs einschätzte (Fremdurteil). Die Einschätzungsskala enthielt typische feminine Emotionen: negative, selbstbezogene Emotionen (z. B. Scham und Schuld) und positive, auf andere Personen bezogene Emotionen (z. B. Sympathie und Dankbarkeit). Auch typische maskuline Emotionen wie negative, auf andere bezogene Emotionen (z. B. Ärger und Feindseligkeit) und positive Emotionen mit Selbstbezug (z. B. Stolz und Selbstzufriedenheit) wurden eingeschätzt. In der Online-Bedingung, sollten die Akteure und Beobachter ihre Einschätzung unmittelbar im Anschluss an das stattgefundene Spiel abgeben. Die Vpn der retrospektiven Bedingung gaben ihr Urteil eine Woche nach dem Spiel ab. In der hypothetischen Bedingung erhielten die Vpn lediglich eine Beschreibung des Spielverlaufs und sollten ihre vorgestellten Reaktionen einschätzen. Die Urteile des eigenen Erlebens von Frauen und Männern haben sich in der Online-Bedingung, wie erwartet, nicht voneinander unterschieden, während in den anderen beiden Bedingungen Frauen mehr vom Erleben femininer und Männer mehr vom Erleben maskuliner Emotionen berichteten. Die zeitliche Verzögerung des Urteils und das Urteil einer nicht real erlebten Situation förderten in diesen Bedingungen das Einsetzen vom Stereotypenwissen. Die Beobachter in der Online- und retrospektiven Bedingung hatten direkten Zugang zum konkreten emotionalen Ausdruck der Akteure. Sie haben im Ausdrucksverhalten von weiblichen und männlichen Spielern keine Unterschiede berichtet. Entsprechend konnte sich nur in der hypothetischen Bedingung stereotypes Wissen bei der Beurteilung des emotionalen Erlebens der Akteure durchsetzen, da hier die »Beobachter« nicht auf Grundlage ihrer Beobachtungen tatsächlicher Emotionsausdrücke, sondern vorgestellter Reaktionen urteilten.

Befinden wir uns also in der Situation, ohne konkreten und unmittelbar gegebenen erfahrungsbasierten Anhaltspunkt Urteile über eigenes und das emotionale Erleben und Verhalten anderer fällen zu müssen, versuchen wir, die fehlende Information zu kompensieren, indem wir zur nächsten heuristischen Hilfestellung – den situationsrelevanten Stereotypen – greifen.

Ein weiterer Hinweis dafür, wie sich unser Wissen über Geschlechterstereotype auf die Einschätzung unserer Emotionalität auswirkt, ergibt sich aus einer Untersuchung von Grossmann und Wood (1993). Sie befragten Frauen und Männer nach der Intensität und Häufigkeit, mit denen sie persönlich (Selbstbeschreibung) typische feminine Gefühle wie Trauer, Liebe und Freude und typische maskuline Emotionen wie Ärger und Stolz erleben würden. Darüber hinaus wurden sie nach stereotypen Überzeugungen gefragt, d.h. sie sollten einschätzen, wie intensiv und häufig Männer und Frauen diese Emotionen im Allgemeinen erleben. Das Ausmaß der Akzeptanz der geschlechtsbezogenen stereotypen Überzeugungen stand in Beziehung zum berichteten Erleben und Ausdruck femininer und maskuliner Emotionen. Mit anderen Worten, je stärker z. B. die Frauen vom Stereotypen überzeugt waren, dass Frauen generell mehr typisch feminine Gefühle und Männer mehr typisch maskuline Gefühle erleben und ausdrücken, umso mehr berichteten sie von eigenen erlebten Gefühlen wie Trauer, Liebe und Freude und umso weniger von erlebtem Ärger und Stolz.

Solche Befunde lassen vermuten, dass sich geschlechtsbezogene stereotype Überzeugungen als ein fester Bestandteil unseres Selbstkonzeptes auf selbstbeschreibende und retrospektive Maße viel eher auswirken als auf Maße, die das unmittelbare Erleben erfassen. Ein gewichtiges Problem des Forschungsfeldes besteht daher darin, dass das Gros der Befunde auf Selbstberichtmaßen fußt (LaFrance u. Banaji, 1992).

15.2.4 Emotionen der Geschlechter: Fazit

Das Ziel dieses Unterkapitels war es nicht zu zeigen, dass es keine Unterschiede im emotionalen Erleben und Verhalten zwischen Frauen und Männern gibt. Vielmehr ging es darum aufzuzeigen, dass die berichteten Unterschiede nicht selten ein methodisches Artefakt sind und dass in Fällen, in denen keine oder nur geringfügige Unterschiede tatsächlich

Studien, die Unterschiede in der Emotionalität der Geschlechter feststellen, sind immer dann kritisch zu sehen, wenn durch ihre methodische Ausrichtung die Ergebnisse anfällig für eine Verfälschung durch Stereotype sein könnten. Das ist mit höherer Wahrscheinlichkeit dann der Fall, wenn retrospektive und nicht aktuelle Emotionseinschätzung gegeben ist, wenn nach globalem Affekt und nicht nach spezifischen einzelnen Emotionen gefragt wird und wenn Emotion in hypothetischen und nicht real stattfindenden Situationen eingeschätzt wird.

existieren, das Wissen über Stereotype diese Unterschiede produziert und verstärkt. Wir haben gesehen, wie zum einen die Stereotype die Realität teilweise widerspiegeln, aber auch wie sie sie schaffen. Auch aus diesem Grund sind der soziokulturelle Hintergrund und die Sozialisation mit ihren vorgeschriebenen Geschlechterrollen Faktoren, die auf diesem Forschungsgebiet verstärkt zu berücksichtigen sind. Ihr Wandel wirkt sich erheblich auf emotionales Erleben und Ausdruck beider Geschlechter aus. So ist in der westlichen Kultur eine Abschwächung der präskriptiven Normen, was und wie Geschlechter (v. a. Männer) fühlen sollen, zu beobachten. Der Emotionsausdruck von Männern erfährt eine zunehmend größere Akzeptanz. Wenn Männer ihre Gefühle zeigen, wird dies beim Versuch, den Anforderungen der sozialen und der Arbeitsumwelt gerecht zu werden, als ein Zeichen der sozialen Kompetenz (und nicht Schwäche) gewertet. So wird die männliche Emotionalität sogar eher toleriert und positiver bewertet als die Emotionalität der Frauen (Timmers et al., 2003).

Exkurs

Fragebogen zur Erfassung der Stärke des Geschlechtsstereotyps bezüglich der Emotionalität

Beispielitems der Skalen »Stereotype Maskulinität und Femininität« (Timmers et al., 2003). Der Skalenkonstruktion liegt der folgende deskriptive männliche Stereotyp zugrunde: Machtbezogenes Verhalten und Vorlieben stehen im Vordergrund, Machtlosigkeit wird getarnt, emotionales Verhalten wird bei der Arbeit als dysfunktional erachtet, und es gibt eine negative Einstellung den Emotionen gegenüber. Der feminine deskriptive Emotionsstereotyp umfasst das Ausleben machtlosen Verhaltens, machtbezogene Emotionen werden verborgen, emotionales Erleben wird geteilt, es werden emotionale Empfindsamkeit und insgesamt mehr Emotionalität gezeigt.

- Männer zeigen ihren Ärger direkter als Frauen. (Ausdruck machtbezogener Emotionen)
- Emotionale Männer mag ich nicht. (Negative Einstellung gegenüber männlicher Emotionalität)
- Männer, die schnell emotional werden, sind für Managementpositionen ungeeignet. (Emotionen im Arbeitskontext)
- Frauen sind von Natur aus ängstlicher als Männer. (Ausdruck machtloser Emotionen)
- Da Frauen empfindsamer als Männer sind, eignen sie sich besser für eine Pflegetätigkeit. (Empfindsamkeitsbasierte Kompetenzen)
- Frauen sind emotional instabiler als Männer. (Allgemeine Emotionalität)

? Kontrollfragen

1. Wie werden nach der neurokulturellen Emotionstheorie die angeborenen Tendenzen zum mimischen Ausdruck bei Basisemotionen kulturell überformt/beeinflusst?

2. Wie variieren Emotionsprozesse abhängig von der Zugehörigkeit zur kollektivistischen bzw. individualistischen Kultur?

3. Nennen Sie Emotionen, die mit höherer Wahrscheinlichkeit in kollektivistischen bzw. individualistischen Kulturen auftreten! Begründen Sie Ihre Wahl!

4. Unter welchen Bedingungen ist das Auffinden von Geschlechterunterschieden im Erleben und Ausdruck von Emotionen besonders wahrscheinlich? Legen Sie verschiedene methodische Konstellationen dar!

5. Skizzieren Sie ein Experiment, mit dem gezeigt werden könnte, wie das Stereotypenwissen die Einschätzung der eigenen Emotionsintensität beeinflussen kann!

Fischer, A. H. (Ed.). (2000). *Emotion and gender: Social Psychological Perspectives.* London: Cambridge University Press.
Matsumoto, D., & Juang, L. (2007). *Culture and psychology.* Belmont, CA: Wadsworth/ Cengage Learning.

► **Weiterführende Literatur**

Literatur

Birnbaum, D. (1983). Preschoolers' stereotypes about sex differences in emotionality: A reaffirmation. *Journal of Genetic Psychology, 143,* 139–140.
Bradley, M., Codispoti, M., Sabatinelli, D., & Lang, P. (2001). Emotion and motivation: Sex differences in picture processing. *Emotion, 1,* 300–319.
Brebner, J. (2003). Gender and emotions. *Personality and Individual Differences, 34,* 387–394.
Brody, L. R., & Hall, J. A. (1993). Gender and emotion. In M. Lewis & J. M. Haviland (Eds.), *Handbook of emotions* (S. 447–460). New York: Guilford Press.
Ekman, P. (1972). Universals and cultural differences in facial expression of emotion. In J. R. Cole (Hrsg.), *Nebraska symposium on motivation* (pp. 207–283). Lincoln, NE: University of Nebraska Press.
Ekman, P., & Friesen, W. V. (1969). The repertoire of nonverbal behavior: categories, origins, usage und coding. *Semiotica, 1,* 49–98.
Ekman, P., & Friesen, W. V. (1971). Constants across cultures in the face and emotion. *Journal of Personality and Social Psychology, 17,* 124–129.
Elfenbein, H. A., & Ambady, N. (2002). On the universality and cultural specificity of emotion recognition: A meta-analysis. *Psychological Bulletin, 128,* 203–235.
Feldman Barrett, L., Robin, L., Pietromonaco, P., & Eyssell, K. (1998). Are women the more emotional sex? Evidence from emotional experiences in social context. *Cognition and Emotion, 12,* 555–578.
Fischer, A. H., & Manstead, A. S. R. (2000). Gender differences in emotion across cultures. In A. H. Fischer (Ed.), *Emotion and gender: Social Psychological Perspectives* (S. 91–97). London: Cambridge University Press.
Friesen, W. V. (1972). *Cultural difference in facial expressions in a social situation: An experimental test of the concept of display rules.* Unpublished doctoral dissertation. San Francisco: University of California.
Fujita, F., Diener, E., & Sandvik, E. (1991). Gender differences in negative affect and wellbeing: The case for emotional intensity. *Journal of Personality and Social Psychology, 61,* 427–434.
Grossman, M., & Wood, W. (1993). Gender differences in intensity of emotional experience: A social role interpretation. *Journal of Personality and Social Psychology, 65,* 1010–1022.
Hess, U., Sénecal, S., Kirouac, G., Herrera, P., Philippot, P., & Kleck, R. (2000). Emotional expressivity in men and women: Stereotypes and self-perceptions. *Cognition and Emotion, 14,* 609–642.
Hofstede, G. H. (1980). *Culture's consequences: International differences in work-related values.* Beverley Hills, CA: Sage.
Kitayama, S., & Markus, H. R. (1994). *Emotion and culture: Empirical studies of mutual influence.* Washington, DC: American Psychological Association.
LaFrance, M., & Banaji, M. R. (1992). Toward a reconsideration of the gender-emotion relationship. In M. S. Clark (Ed.), *Emotion and social behavior. Review of Personality and Social Psychology* (vol. 14, pp. 178–201). Newbury Park, CA: Sage.
Markus, H., & Kitayama, S. (1994). The cultural construction of self and emotion: Implications for social behavior. In Kitayama, S., & Markus, H. (Eds.), *Culture and emotion.* New York: American Psychological Association.
Matsumoto, D. (1989). Cultural influences on the perception of emotion. *Journal of Cross-Cultural Psychology, 20,* 92–105.
Matsumoto, D., & Ekman, P. (1988). *Japanese and caucasian facial expressions of emotion (JACFEE) and neutral faces (JACNeuF).* San Francisco, CA: Department of Psychology, San Francisco State University.
Matsumoto, D., & Juang, L. (2007). *Culture and psychology.* Belmont, CA: Wadsworth/ Cengage Learning.

Niedenthal, P. M., Kruth-Gruber, S., & Ric, F. (2006). *The Psychology of Emotion: Interpersonal Experiential, and Cognitive Approaches. Principles of Social Psychology series.* New York: Psychology Press.

Nolen-Hoeksema, S., & Jackson, B. (2001). Mediators of the gender difference in rumination. *Psychology of Women Quarterly, 25,* 37–47.

Nolen-Hoeksema, S., & Rusting, C. (1999). Gender differences in well-being. In D. Kahneman, E. Diener & N. Schwarz (Eds.), *Foundations of hedonic psychology: Scientific perspectives on enjoyment and suffering* (pp. 330–352). New York: RSF.

Robinson, M. D., & Clore, G. L. (2002). Beliefs, situations, and their interactions: Towards a model of emotion reporting. *Psychological Bulletin, 128,* 934–960.

Robinson, M. D., Johnson, J., & Shields, S. (1998). The gender heuristic and the database: Factors affecting the perception of gender-related differences in the experience and display of emotions. *Basic and Applied Social Psychology, 20,* 206–219.

Rodriguez Mosquera, P. M., Manstead, A. S. R., & Fischer, A. H. (2000). The role of honor-related values in the elicitation, experience and communication of pride, shame and anger. *Personality and Social Psychology Bulletin, 7,* 833–845.

Scherer, K. R., & Wallbott, H. G. (1994). Evidence for universality and cultural variation of differential emotion response patterning. *Journal of Personality and Social Psychology, 66,* 310–328.

Timmers, M., Fischer, A. H., & Manstead, A. S. R. (1998). Gender differences in the motives for regulating emotions. *Personality and Social Psychology Bulletin, 24,* 974–986.

Timmers, M., Fischer, A. H., & Manstead, A. S. R. (2003). Ability versus vulnerability: Beliefs about men and women's emotional behavior. *Cognition and Emotion, 17,* 41–63.

Tracy, J. L., & Matsumoto, D. (2008). The spontaneous display of pride and shame: Evidence for biologically innate nonverbal displays. *Proceedings of the National Academy of Sciences, 105,* 11655–11660.

15

16 Anwendungsaspekte der Emotionspsychologie

© Springer-Verlag GmbH Deutschland, ein Teil von Springer Nature 2018
V. Brandstätter et al., *Motivation und Emotion*, Springer-Lehrbuch
https://doi.org/10.1007/978-3-662-56685-5_16

Lernziele

— Emotionale Störungen klassifizieren können.
— Bedeutung von Emotionen im Arbeitsleben einschätzen können.
— Den Einfluss von Emotionen in Erziehungs- und Bildungssituationen sowie beim Lernen verstehen.

— Emotionen als wichtigen Einflussfaktor bei Kaufentscheidungen und Produktbewertungen begreifen.

Psychologische Erkenntnisse anzuwenden bedeutet, sie für das Verständnis und die Lösung von Alltagsproblemen nutzbar zu machen. Schaut man sich die verschiedenen Anwendungsdisziplinen der Psychologie an, so wird deutlich, dass sie häufig auf die Veränderung von Verhalten und Erleben oder auf die Optimierung von Denkprozessen ausgerichtet sind. Emotionen sind aus der Anwendungsperspektive interessant, weil sie zentral für die **Veränderung** sind. Dabei geht es entweder darum, Emotionen selbst zu verändern oder Verhalten mithilfe von Emotionen zu verändern. Wie wir in ▶ Kap. 7 gesehen haben, ist Handeln im Wesentlichen auf das Erreichen positiver und das Vermeiden oder Beenden negativer Emotionen ausgerichtet. Dies kann man sich z. B. bei Interventionen zunutze machen, indem man die positiven bzw. negativen Konsequenzen bestimmter Verhaltensweisen thematisiert.

16.1   Emotionen in der klinischen Psychologie

Emotionen sind bei allen psychischen Störungen betroffen.

Die klinische Psychologie beschäftigt sich mit den Ursachen und Symptomen psychischer Störungen sowie deren Behandlung. Psychische Störungen liegen vor, wenn das Denken, das Verhalten oder das Erleben beeinträchtigt sind und die Betroffenen und/oder ihr soziales Umfeld darunter leiden. Damit sind Emotionen im Grunde bei allen psychischen Störungsbildern direkt oder indirekt betroffen.

Bei affektiven Störungen wie Depressionen und bipolaren Störungen ist die Beeinträchtigung von Emotionen der Kern der Störung.

Bei einigen Störungsbildern ist die Beeinträchtigung des emotionalen Erlebens der Kern der Störung. Man bezeichnet diese Störungen deshalb auch als **affektive Störungen**. Dazu gehören Depressionen, bei denen Betroffene sich tief traurig, hoffnungslos und wertlos fühlen. Dazu gehören außerdem bipolare Störungen, die dadurch gekennzeichnet sind, dass sich solche traurigen Episoden mit manischen Episoden abwechseln, in denen die Betroffenen euphorisch sind und häufig ein gesteigertes Selbstwertgefühl haben. Eine gehobene Stimmung allein ist dabei zunächst nicht bedenklich. Problematisch ist die Euphorie aber häufig deshalb, weil sie nicht selten zu derart unvernünftigem Verhalten führt, dass die Erkrankten dabei ihr Leben oder ihre finanzielle Existenzgrundlage riskieren.

Angststörungen sind durch irrationale Ängste in eigentlich harmlosen Situationen gekennzeichnet.

Auch bei **Angststörungen** spielen Emotionen eine Schlüsselrolle. Bei diesen Störungen tritt mit der Angst eine spezifische negative Emotion unverhältnismäßig heftig in Situationen auf, die eigentlich nicht bedrohlich sind. Die Angst kann sich z. B. bei Phobien auf Objekte wie Spinnen, Schlangen oder andere Tiere beziehen oder auf bestimmte Situationen wie große Höhen oder Menschenansammlungen auf öffentlichen Plätzen. Sie kann aber auch generalisiert sein und in furchtsamen Erwartungen hinsichtlich ganz verschiedener Lebensbereiche wie soziale Beziehungen, Arbeit oder Gesundheit bestehen.

Emotionale Beeinträchtigungen gehören auch zu den Symptomen von Störungen wie Schizophrenie und Persönlichkeitsstörungen.

Bei anderen psychischen Störungen sind Emotionen zwar nicht der Kern der Störung, können aber dennoch beeinträchtigt sein. So gehören z. B. emotionale Beeinträchtigungen zu den möglichen Symptomen einer Schizophrenie. Schizophrene zeigen häufig verflachte oder der Situation unangepasste Emotionen. Auch bei den meisten Persönlichkeitsstörungen gehören Beeinträchtigungen von Emotionen zu den möglichen Symptomen. Dabei können sich die Beeinträchtigungen auf unterschiedliche Komponenten wie das Erleben oder den Emotionsausdruck beziehen. Hier seien exemplarisch nur zwei Störungen genannt. Menschen, die z. B. unter einer Borderline-Persönlichkeitsstörung leiden, erleben Phasen intensiver Gefühle der Angst oder Wut, die bereits durch relativ belanglose Ereignisse ausgelöst werden können. Solche reizbaren Phasen können dann durch Phasen der Affektlosigkeit abgelöst werden. Antisoziale Persönlichkeiten zeigen sich ähnlich reizbar, haben aber darüber hinaus noch Schwierigkeiten, emotionale Beziehungen zu anderen Personen aufzubauen.

Defizite in der Emotionsregulationsfähigkeit scheinen zu den Ursachen verschiedener psychischer Störungen zu gehören.

Emotionen sind in der klinischen Psychologie mindestens hinsichtlich dreier Aspekte relevant: bei der Suche nach den Ursachen, bei der Diagnostik und bei der Intervention. Kenntnisse über die Ursachen psychischer Störungen tragen zu deren Verständnis bei und bieten häufig Ansätze für die Behandlung und Prävention. Wie wir in ▶ Kap. 14 gesehen haben, beeinflusst z. B. die Angemessenheit der Reaktion von Erziehungspersonen auf die emotionalen Bedürfnisse von Säuglingen die Bindungsqualität und die spätere Fähigkeit, die eigenen Emotionen zu regulieren. Berking (2010) weist darauf hin, dass sowohl affektive Störungen als auch Angst- und Persönlichkeitsstörungen mit Defiziten in eben dieser Fähigkeit zur Emotionsregulation einhergehen. Dabei scheinen die Regulationsdefizite eher die Ursache als die Folge der psychischen Störungen zu sein. Dafür sprechen beispielsweise korrelative Studien, die zeigen, dass ein vermeidender Umgang mit negativen Emotionen psychischen Störungen zeitlich vorangeht. Zudem gibt es dafür Belege aus experimentellen Untersuchungen. Wenn man z. B. Probanden nach einer Angstinduktion instruiert, die aufkommenden Angstgefühle zu unterdrücken, ist die empfundene Angst stärker als wenn man sie instruiert, die Angstgefühle zu beobachten (Feldner et al., 2006). Außerdem haben wir bereits im ▶ Kap. 13 gesehen, dass die Unterdrückung des Ausdrucks von Emotionen eine Reihe negativer Konsequenzen im affektiven, kognitiven und sozialen Bereich mit sich bringt.

Emotionen haben auch einen Einfluss auf die **Rückfallwahrscheinlichkeit** bei verschiedenen psychischen Störungen. McDonagh (2005) zitiert eine Reihe von Studien, in denen sich ein negativer Einfluss starker emotionaler Expressivität in den Familien psychisch Kranker nachweisen ließ. Werden in der Familie Emotionen bezüglich der Krankheit in besonders starkem Maße zum Ausdruck gebracht, ist die Rückfallwahrscheinlichkeit höher als bei niedriger emotionaler Expressivität. Äußert sich der emotionale Ausdruck innerhalb der Familie, in denen eine Psychose diagnostiziert wurde, jedoch in Wärme und Zugewandtheit, reduziert sich die Rückfallwahrscheinlichkeit (Lee, Barrowclough u. Lobban, 2014).

Da Beeinträchtigungen von Emotionen bei den meisten psychischen Störungen zu den Symptomen zählen können, ist die Diagnostik von Emotionen in der klinischen Psychologie von besonderem Interesse. Dazu stehen neben Interview- und Beobachtungsmethoden eine ganze Reihe standardisierter Fragebögen zur Verfügung. Mit diesen Fragebögen werden z. B. Angst- und Depressionssymptome sowie das allgemeine Wohlbefinden erfasst.

> Emotionsdiagnostik ist ein wichtiger Bestandteil der Diagnose psychischer Störungen.

Die Behandlung psychischer Störungen zielt häufig auch auf die **Modifikation von Emotionen** ab. Bei Depression und Angststörungen geht es darum, die negativen Emotionen zu reduzieren bzw. zu verhindern. Bei der Entwicklung entsprechender Behandlungsmethoden hat man u. a. auf theoretische Konzepte und Befunde aus der Grundlagenforschung zurückgegriffen. So wird bei Depressionen z. B. die kognitive Verhaltenstherapie angewendet. Hier macht man sich den Umstand zunutze, dass Bewertungen und Überzeugungen Emotionen beeinflussen und modifizieren können (▶ Kap. 12). Angststörungen lassen sich auch mit Konfrontationstechniken behandeln. Diese sind aus lerntheoretischen Überlegungen abgeleitet. Wie in ▶ Kap. 12 beschrieben, wird vermutet, dass Ängste durch Vermeidungsverhalten aufrechterhalten werden können. Durch das Vermeiden kann man nicht erfahren, dass in Wirklichkeit keine Gefahr droht bzw. dass die furchtauslösende Situation durchaus zu bewältigen ist. Eine Konfrontation ermöglicht diese Erfahrung und bewirkt zudem, dass man sich an die furchtauslösende Situation gewöhnt und die körperlichen Symptome mit der Zeit nachlassen. Wir haben in ▶ Kap. 12 auf die Gehirnstrukturen hingewiesen, die an emotionalen Prozessen beteiligt

> Die Modifikation von Emotionen ist ein wichtiger Bestandteil der Therapie psychischer Störungen.

sind. Dabei spielt das limbische System eine besondere Rolle. Wenn Medikamente zur Behandlung emotionaler Beeinträchtigungen eingesetzt werden, so sind es meistens solche, die an Rezeptoren innerhalb dieses Systems wirksam werden. Das bedeutet, dass Medikamente entweder die Aufnahme von Botenstoffen, die sich günstig auf emotionale Prozesse auswirken, erleichtern, oder diejenigen hemmen bzw. blockieren, die sich ungünstig auswirken.

16.2 Emotionen in der Arbeits- und Organisationspsychologie

Beispiel

Stellen Sie sich einmal eine Kassiererin an einer Supermarktkasse vor, die lieber einen kreativen Beruf ausüben würde, einen tyrannischen Abteilungsleiter hat und zudem noch schlecht bezahlt wird. Nun beschwert sich auch noch ein Kunde in einem sehr unfreundlichen Ton über die lange Wartezeit an der Kasse, für die die Kassiererin am wenigsten verantwortlich ist. Sie ärgert sich sehr und würde am liebsten ihrem Ärger Luft machen. Sie könnte dem Kunden in ebenfalls unfreundlichem Ton sagen, dass sie ihn für einen Querulanten hält. Dennoch muss sie Kunden gegenüber freundlich bleiben, da sie sonst ihren Job verlieren würde.

Die Arbeits- und Organisationspsychologie beschäftigt sich mit Verhalten und Erleben bei der Arbeit bzw. in Organisationen wie produzierenden Betrieben und Dienstleistungsbetrieben aller Art. Dieser Zweig der Psychologie hat sich bereits in den Anfängen der wissenschaftlichen Psychologie etabliert, mit Emotionen hat er sich aber lange nicht beschäftigt (Ashkanasy u. Humphrey, 2011). Zwar wird das Thema Arbeitszufriedenheit seit den 1930er-Jahren intensiv beforscht, aber Zapf (2000) weist darauf hin, dass man dabei kaum Bezug auf emotionspsychologische Theorien und Befunde genommen hat.

Emotionen können im Arbeitsprozess entstehen. Bei optimaler Beanspruchung entsteht Flow, das Gefühl des freudigen Aufgehens in der Tätigkeit.

Im oben genannten Beispiel sind bereits einige Bereiche angesprochen, in denen Emotionen bei der Arbeit und in Organisationen auftreten können. Der erste Bereich ist der **Arbeitsprozess**. Die Tätigkeit selbst kann Spaß oder Freude machen. Csikszentmihalyi (1975) hat in diesem Zusammenhang den Begriff »Flow« geprägt. Damit ist ein selbstvergessenes freudiges Aufgehen in einer Tätigkeit gemeint. Dieses Gefühl sollte vor allem dann auftreten, wenn man von einer Aufgabe seinen Fähigkeiten entsprechend optimal gefordert wird und wenn man die Tätigkeit als sinnvoll erlebt. Ansonsten besteht die Gefahr, dass Angst, Stress oder Langeweile entstehen.

Im Zusammenhang mit dem Arbeitsergebnis können z. B. Stolz, Freude, Scham, Ärger und Frustration entstehen.

Emotionen können sich zweitens auf das **Arbeitsergebnis** und die Folgen beziehen. Bei manchen Arbeitsprozessen sind Erfolg oder Misserfolg bereits während des Prozesses oder direkt am Ende des Prozesses ersichtlich. Immer häufiger werden in Organisationen mit den Beschäftigten Zielvereinbarungen getroffen, die man erfüllen oder verfehlen kann. Im weitesten Sinne zählen zum Ergebnis auch der Lohn und die Anerkennung. Die mit dem Erfolg bzw. Misserfolg verbundenen Emotionen sind dann z. B. Stolz und Freude oder Ärger, Scham und Frustration, je nachdem, worauf man den Erfolg oder das Scheitern zurückführt.

Der dritte Bereich, in dem Emotionen entstehen, ist die **soziale Interaktion**. Dies kann die Interaktion mit Vorgesetzten bzw. Untergebenen und Kollegen, aber auch die Interaktion mit Kunden, Patienten oder im Fall von Lehrpersonen mit Schülern sein. Bei der Interaktion entstehen Emotionen wie Freude und Zuneigung im positiven Falle oder Ärger, Wut Enttäuschung oder Hass im negativen Falle. Teamarbeit, die naturgemäß mit Interaktion verbunden ist, birgt Potenzial für positive und negative Emotionen. Negative Emotionen können z. B. entstehen, wenn es Teammitglieder gibt, die unzuverlässig arbeiten oder sich nicht für das Teamergebnis verantwortlich fühlen. Extrem negative Emotionen, wie Hass, Neid und Verzweiflung, können im Zusammenhang mit Mobbing entstehen (Zapf, 1999).

> Die soziale Interaktion zwischen Kollegen und zwischen Dienstleistern und Kunden ist ebenfalls eine Quelle für positive wie negative Emotionen.

Der vierte Bereich, der in Organisationen Ursache von Emotionen sein kann, ist die **Organisation als solche**. Dabei spielen Faktoren wie Betriebsklima, Arbeitsbedingungen und das Ansehen der Organisation eine Rolle, aber auch Gerechtigkeit und Arbeitsplatzsicherheit.

> Allgemeine Organisationsmerkmale wie Betriebsklima und Arbeitsplatzsicherheit beeinflussen Emotionen.

Die Frage nach dem Zusammenhang zwischen Emotionen und **Leistung** ist häufig gestellt worden. Six und Eckes (1991) haben eine Metaanalyse zum Zusammenhang zwischen Arbeitszufriedenheit und Arbeitsleistung durchgeführt, in die über 100 Studien mit insgesamt über 16000 Versuchspersonen eingegangen sind. Die Zusammenhänge haben sich nur als mäßig erwiesen und sind über eine Korrelation von $r = .29$ nicht hinausgegangen. In einer neueren Metaanalyse von Shockley, Ispas, Rossi und Levine (2012) ließ sich dieser Zusammenhang ebenfalls finden.

Insgesamt ist die Untersuchung des Zusammenhangs zwischen Emotionen und objektiven Leistungskriterien schwierig, da die Befragungen aus Datenschutzgründen meistens anonym sind und Daten über Emotionen so nicht mit objektiven Leistungsdaten zusammengebracht werden können. Deshalb wird in vielen Studien die Leistung über Selbsteinschätzung erfasst. Inzwischen ist aber neben der Produktivität auch das **Wohlbefinden** zu einer Zielgröße in Organisationen geworden. Man kann davon ausgehen, dass Wohlbefinden am Arbeitsplatz einen positiven Einfluss auf die Bindung der Arbeitnehmer an das Unternehmen hat.

> Zusammenhänge zwischen Emotionen und Leistung in Organisationen sind aus Datenschutzgründen schwierig zu untersuchen. Aber selbst wenn z. B. positive Emotionen Leistungen nicht positiv beeinflussen könnten, stellen sie ein erstrebenswertes Ziel an sich dar.

Ein wichtiger Forschungszweig zum Thema Emotionen in Organisationen bezieht sich auf die von Hochschild (1990) so bezeichnete **Emotionsarbeit**. Im oben genannten Beispiel muss die Kassiererin die berühmte gute Miene zum bösen Spiel machen. Sie ist verärgert und muss trotzdem ein freundliches Gesicht machen. Die Notwendigkeit, bestimmte Emotionen zu zeigen und andere wiederum zu verbergen, besteht in den verschiedensten Berufen (▶ Abschn. 13.2.3). Bei Dienstleistungsberufen wird z. B. von den Beschäftigten erwartet, dass sie sich den Kunden gegenüber freundlich verhalten, auch wenn diese selbst unfreundlich sind. Krankenschwestern sollen nicht zeigen, wenn sie sich ekeln oder sind angehalten, Mitgefühl mit Patienten zu zeigen. Ein Versicherungsverkäufer muss ein besorgtes Gesicht machen, wenn er mit den Kunden über die zu versichernden Risiken spricht, und Erzieher dürfen nicht lachen, wenn sie ihre Schützlinge wegen eines Vergehens zurechtweisen. Die zu zeigenden Emotionen können mit den erlebten Gefühlen übereinstimmen, tun dies aber häufig nicht. Man spricht in diesem Fall von **emotionaler Dissonanz**. Bei fehlender Über-

> Der Begriff »Emotionsarbeit« bezieht sich auf die Notwendigkeit, v. a. in Dienstleistungsberufen Emotionen zu zeigen, die man u. U. gar nicht hat bzw. Emotionen zu verbergen, die man hat, die aber in einer bestimmten Situation nicht wünschenswert sind.

einstimmung ist Emotionsregulation (▶ Kap. 13) erforderlich, die in vielen Fällen als belastend empfunden wird. Zapf und Holz (2009) gehen davon aus, dass Emotionsarbeit weiter an Bedeutung gewinnen und die Zahl der Dienstleistungsarbeitsplätze weiter zunehmen wird. Dann wird womöglich die Fähigkeit zur Emotionsregulation zum Gegenstand der Personalauswahl und -entwicklung werden.

16.3 Emotionen in der pädagogischen Psychologie

In der pädagogischen Psychologie geht es um das Erleben und Verhalten in Erziehungs- und Bildungssituationen. Emotionen spielen in diesen Situationen in verschiedener Hinsicht eine Rolle. Erstens zählen eine günstige emotionale Entwicklung und positive Emotionen zu den Zielen, auf die Erziehung und Bildung gerichtet sind. Zweitens ist der Einfluss von Emotionen auf die Auswahl und Wirkung von Erziehungspraktiken und Unterrichtsmethoden von Interesse. Ein zentrales Thema ist drittens die Rolle von Emotionen in Lernprozessen.

Wie in ▶ Kap. 14 erläutert, wird die emotionale Entwicklung von Kindern gefördert, wenn die Erziehungspersonen prompt und angemessen auf die emotionalen Bedürfnisse von Säuglingen reagieren. Es existiert eine Reihe von Programmen, mit denen die **emotionale Kompetenz**, etwa in Kindergärten, gefördert werden soll. Die Kinder lernen dabei z. B. spielerisch, Emotionen bei sich und anderen zu erkennen, sie auszudrücken und zu regulieren.

> Erziehungspersonen fördern die sozial-emotionale Entwicklung von Kindern, wenn sie bei Säuglingen prompt und angemessen auf deren emotionale Bedürfnisse reagieren. Bei der Erziehung soll insgesamt kontrollierendes Verhalten mit emotionaler Wärme kombiniert werden.

Die im Erziehungsverhalten ausgedrückten Emotionen haben neben der Kontrolle, die Erziehungspersonen gegenüber Kindern ausüben, einen deutlichen Einfluss auf den Erfolg des Erziehungsverhaltens. Dabei ist ein autoritativer Erziehungsstil, der durch Kontrolle und gleichzeitig emotionale Wärme geprägt ist, am erfolgreichsten. Lamborn et al. (1991) haben z. B. gezeigt, dass Jugendliche, die das Erziehungsverhalten ihrer Eltern als autoritativ einschätzten, besser sozial-emotional angepasst waren und bessere Schulleistungen zeigten als bei Erziehungsstilen, bei denen entweder die Kontrolle oder die emotionale Wärme fehlte.

Im Kontext von Bildung und Unterricht wurden vor allem Emotionen von Schülern und Studierenden untersucht. Seit einigen Jahren werden aber auch Emotionen von Lehrpersonen in Betracht gezogen. Pekrun (2006) hat als Rahmentheorie für Leistungsemotionen die Control Value Theory formuliert. Dabei unterscheidet er aktivitätsbezogene von ergebnisbezogenen Emotionen. Erstere beziehen sich auf die Lern- und Leistungstätigkeit selbst. Dazu gehören z. B. Lernfreude oder Langeweile. In einer großangelegten Zwillingsstudie mit 13000 eineiigen und zweieiigen Zwillingen aus sechs verschiedenen Ländern westlicher und östlicher Kulturen hat sich kürzlich gezeigt, dass Lernfreude deutlich von genetischen Faktoren beeinflusst ist. Über alle Altersgruppen, Schulfächer und Kulturen hinweg waren Ähnlichkeiten in der Lernfreude eher auf genetische Ähnlichkeiten als auf Ähnlichkeiten in den Umweltbedingungen zurückzuführen (Kovas et al., 2015).

Die ergebnisbezogenen Emotionen können prospektiv oder retrospektiv sein. Prospektive Leistungsemotionen wie Hoffnung auf Erfolg oder Furcht vor Misserfolg entstehen durch die Vorwegnahme positiver oder negativer Leistungsergebnisse. Retrospektive Leistungsemotionen wie Stolz oder Scham entstehen durch die Bewertung bereits erbrachter Leistung.

Den Emotionen geht nach Pekrun (2006) immer eine Selbst- oder Situationsbewertung voran. Dabei werden Situationen hinsichtlich **zweier Dimensionen** eingeschätzt. Die eine Dimension ist die subjektive Kontrolle, die man über eine Leistungsaktivität und deren Ausgang hat. Die andere Dimension ist der wahrgenommene Wert der Aktivitäten bzw. der Leistungsergebnisse. Welche spezifischen Emotionen in einer Situation entstehen, hängt davon ab, wie die Bewertung auf diesen Dimensionen ausfällt. So soll z. B. Freude entstehen, wenn eine Aktivität als positiv und kontrollierbar bewertet wird. Frustration hingegen soll entstehen, wenn die Aktivität als nicht kontrollierbar eingeschätzt wird, unabhängig davon, ob sie positiv oder negativ ist. Wird ein positiver Leistungsausgang als selbstverursacht erlebt, sollte Stolz entstehen, und bei einer Verursachung durch andere Dankbarkeit, während es bei negativem Ausgang im selbstverursachten Falle zu Scham und im fremdverursachten Falle zu Ärger kommen sollte. Aus diesen Ausführungen wird deutlich, dass in die Theorie auch Überlegungen aus der Attributionstheorie eingeflossen sind.

Überzeugungen hinsichtlich des Wertes und der Kontrollierbarkeit von Leistungsaktivitäten und -ausgängen entstehen durch persönliche Erfahrungen im Umgang mit Leistungssituationen. Dabei ist es wichtig, dass Aufgaben **den Fähigkeiten angemessen** sind. Csikszentmihalyi (1975) umreißt dies zutreffend mit dem Titel seines Buches *Beyond boredom and anxiety*. Bei Leistungsaufgaben können demnach positive Emotionen nur entstehen, wenn die zu bearbeitende Aufgabe gemessen an den eigenen Fähigkeiten nicht zu leicht und nicht zu schwierig ist. Im ersten Fall sollte Langeweile und im zweiten Fall Angst entstehen. Fähigkeitsangemessene Aufgaben sind am ehesten geeignet, Selbstwirksamkeitserlebnisse und somit das subjektive Gefühl von Kontrolle zu erzeugen und Akteure zu einer positiven Bewertung der Aufgabe und Tätigkeit zu veranlassen. Auch Rückmeldungen, die Kindern und Jugendlichen von Erziehungspersonen gegeben werden, beeinflussen Kontrollüberzeugungen und Valenz. Vor allem nach Misserfolg sollten Rückmeldungen so ausfallen, dass sie internal variable Ursachenzuschreibungen wie Anstrengungsmangel oder ungünstige Strategien nahe legen. Schreibt man Misserfolg mangelnder eigener Fähigkeit zu und glaubt gleichzeitig, dass diese nicht veränderbar ist, ist die Kontrollerwartung für zukünftige Aufgaben gering.

Die eingeschätzte Valenz von Leistungsaufgaben hängt u. a. von der **Qualität des Lernmaterials** und von der **Art des Unterrichts** ab. Lernmaterial, das für die Lernenden persönlich relevant oder wenigstens mit relevanten Zielen verknüpft ist, ist mit höherer positiver Valenz verbunden als persönlich irrelevantes Material. Dabei hat Material, das soziale Beziehungen zum Thema hat, eine besonders hohe Valenz (Puca u. Scheidemann, 2017). Zudem haben diejenigen Unterrichtsformen eine positive Valenz und führen zu gesteigertem Kontrollerleben, die den Lernern möglichst viel Selbstbestimmung einräumen. Schließlich dienen Erziehungspersonen auch als Modelle. Wenn sie bei der Beschäftigung mit einer Leistungssituation bzw. einem Lerngegenstand Enthusiasmus und Freude zeigen, gewinnt dieser Gegenstand an positiver Valenz.

Leistungsemotionen sind nach Pekruns Control Value Theory davon abhängig, wie sehr das Leistungsergebnis vom eigenen Zutun abhängt (d. h. kontrollierbar ist) und welchen Wert es hat.

Das Gefühl, dass man Leistungsergebnisse kontrollieren kann, entsteht vor allem bei fähigkeitsangemessenen Schwierigkeitsgraden und internal variabler Ursachenzuschreibung nach Misserfolg.

Positiv werden Aufgaben eingeschätzt, wenn sie persönlich relevant sind, dem Lernenden möglichst viel Entscheidungsfreiheit einräumen und wenn Erziehungspersonen sich vom Lerngegenstand begeistert zeigen.

Die Frage, welchen Einfluss Emotionen auf Lernprozesse und Lernergebnisse haben, ist nicht einfach zu beantworten. Die naheliegende Antwort, dass positive Emotionen sich günstig und negative Emotionen sich ungünstig auswirken, trifft nicht grundsätzlich zu. Pekrun (1992) schlägt vor, neben der Valenz von Emotionen auch deren Potenzial zur **Aktivierung** zu berücksichtigen. So können sowohl positive als auch negative Emotionen aktivierend oder deaktivierend sein. Angst und Wut als negative Emotionen sind z. B. aktivierend. Sie können zwar die Lernmotivation reduzieren, sie können aber auch zu vermehrter Anstrengung führen.

Pekrun (2006) zählt verschiedene Mechanismen auf, über die Emotionen Lernen beeinflussen können.

- **Kognitive Ressourcen:** Beide Arten von Emotionen können das Lernen behindern, weil sie das Arbeitsgedächtnis belasten können, wenn sie nichts mit der eigentlichen Lernaufgabe zu tun haben.
- **Interesse und Lernmotivation:** Emotionen können Interesse und die Lernmotivation positiv bzw. negativ beeinflussen. So beeinflussen sie indirekt über die Beschäftigungszeit mit dem Lerngegenstand auch die Lernleistung.
- **Auswahl von Lernstrategien:** Von Emotionen hängt es zudem ab, wie Lernmaterial organisiert und abgespeichert wird. Bei negativen aktivierenden Emotionen wie Angst kommen eher starre oberflächliche Strategien wie das reine Wiederholen des Lernstoffs zum Einsatz, während positive aktivierende Emotionen mit flexibleren Lernstrategien und tieferer Informationsverarbeitung einhergehen. Statt des reinen Auswendiglernens werden hier etwa Beispiele generiert oder Lerninhalte miteinander in Verbindung gebracht.
- **Selbst- oder fremdgesteuertes Lernen:** Positive Emotionen machen es wahrscheinlicher, dass Lernen als selbstbestimmt erlebt wird. Sie erleichtern so das selbstgesteuerte Lernen, bei dem effektiver meta-kognitive, meta-motivationale und meta-emotionale Strategien eingesetzt werden als bei fremdgesteuertem Lernen. Meta-kognitive, -motivationale und -emotionale Strategien beziehen sich auf das Wissen darum, wie man lernt und sich in eine günstige emotionale bzw. motivationale Lage versetzt, und auf die Fähigkeit, dieses Wissen umzusetzen.

Die Erforschung der **Emotionen von Lehrenden** ist in der pädagogisch-psychologischen Forschung lange vernachlässigt worden. Zwar hat man sich eingehend mit Burnout beschäftigt, negative Emotionen wie Wut und Scham oder positive Emotionen aber weitgehend außer Acht gelassen. Sutton und Wheatley (2003) weisen darauf hin, dass bisher eher wenig darüber bekannt ist, wie sich Lehreremotionen auf die Auswahl von Unterrichtsmethoden und die Unterrichtspraxis sowie auf Kognitionen während des Unterrichtens auswirken. Anhand verschiedener Interviewstudien wurden die Bedingungen identifiziert, unter denen Emotionen im Unterricht bei Lehrpersonen auftreten. Positive Emotionen treten demnach vor allem auf, wenn Schüler Fortschritte machen und sich kooperativ verhalten. Ärger kommt auf, wenn von Schülern wiederholt Regeln verletzt werden oder sich Eltern und Kollegen unkooperativ zeigen. Schuldig fühlen sich Lehrpersonen, wenn sie ihre Emo-

Emotionen können Lernergebnisse negativ beeinflussen, indem sie kognitive Ressourcen verbrauchen. Ein positiver Einfluss kann durch die Steigerung von Interesse und Lernmotivation, den Einsatz von günstigeren Lernstrategien oder das Erlebnis der Selbstbestimmung entstehen.

16

tionen schlecht kontrollieren konnten und Schüler beispielsweise angeschrien haben. Häufig wird auch Trauer berichtet, wenn die Lehrpersonen von massiven familiären Problemen ihrer Schüler erfahren und den Eindruck haben, nichts dagegen tun zu können.

Kürzlich haben Klassen et al. (2012) die Bedeutung sozialer Beziehungen für Lehreremotionen untersucht. Es zeigte sich, dass die positive soziale Beziehung zu Schülern dabei eine wichtigere Rolle spielte als die zu Kollegen. Lehrpersonen, die angaben, sich mit ihren Schülern verbunden zu fühlen bzw. eine gute Beziehung zu ihnen zu haben, beschrieben sich selbst als engagierter, hatten das Gefühl, in ihrem Beruf aufzugehen und berichteten mehr positive und weniger negative Emotionen. Auch wenn es sich hier nur um eine korrelative Studie handelt, zeigt sie doch, dass es sich lohnt, Lehreremotionen und ihren Einfluss auf das Unterrichtsgeschehen intensiver zu beforschen als es bisher der Fall war. Zu diesem Zweck wurden vor kurzem die Teacher Emotions Scales (TES) zur reliablen und validen Erfassung von Lehreremotionen entwickelt. Sie umfassen die Aspekte Freude, Ärger und Angst (Frenzel et al., 2016).

> Lehreremotionen werden erst seit kurzem untersucht. Einflussfaktoren sind das Verhalten von Schülern, Kollegen und Eltern. Der Verbundenheit mit Schülern kommt dabei eine besondere Bedeutung zu. Lehreremotionen können mit den Teacher Emotion Scales (TES) erfasst werden.

16.4 Emotionen in der Konsumentenpsychologie

Die Konsumentenpsychologie beschäftigt sich mit dem Erleben und Verhalten von Verbrauchern. Es geht dabei darum, wie und aufgrund welcher Aspekte Verbraucher Kaufentscheidungen treffen oder bestimmte Produkte bevorzugen.

Die Emotionspsychologie liefert wichtige Grundlagen für dieses Anwendungsgebiet. Produkte und ihr Gebrauch sind häufig mit Emotionen verbunden, die eine wichtige Rolle bei Kaufentscheidungen spielen. Dies wird bereits beim Design von Produkten berücksichtigt, weshalb man auch von Emotional Design spricht (Norman, 2004).

Beispiel

Stellen Sie sich vor, Sie hätten ein neues Navigationsgerät gekauft. In der Werbung ist es als besonders benutzerfreundlich angepriesen worden. Es hat eine ansprechende Form und Farbe und stammt von einer bekannten Firma. Sie sind deshalb zunächst glücklich mit ihrem Kauf. Der Ärger geht aber bereits kurz nach dem Einschalten los. Sie möchten eine Strecke fahren, bei der Sie die Autobahn vermeiden wollen. Im Menü ist nicht selbsterklärend, wie Sie diese Option eingeben können. Nachdem Sie die umständlichen Erklärungen im Benutzerhandbuch verstanden und den Weg einprogrammiert haben, dauert es ziemlich lange, bis das Gerät ein Satellitensignal empfängt. Sie sind bereits losgefahren, wissen aber aufgrund des fehlenden Signals nicht, welche Richtung Sie einschlagen sollen. Als das Signal endlich da ist, wird klar, dass Sie falsch gefahren sind und umkehren müssen. Wenigstens ist die Stimme des Ansagers angenehm. Nach einigen Kilometern löst sich der Saugnapf des Gerätehalters von der Scheibe, und das Gerät fällt zu Boden. Als Sie es an der nächsten Ampel aufheben wollen, drücken Sie versehentlich den Ausschaltknopf. Sie sind total verärgert und würden das Gerät am liebsten aus dem Fenster werfen.

An dem Beispiel sollte klar werden, dass der Gebrauch von Produkten aufgrund von Produktmerkmalen mit bestimmten Emotionen verbunden ist. Vor einem Kauf vermutete Produktmerkmale wie Funktionalität, Benutzerfreundlichkeit, ein gutes Preis-Leistungsverhältnis oder

Sicherheit sind Aspekte von Produkten, die zwar notwendig, aber nicht hinreichend für die Entscheidung für ein bestimmtes Produkt sind. Sie werden häufig vorausgesetzt. Das Internet bietet heute gute Möglichkeiten, sich über solche Merkmale zu informieren. Das Fehlen der entscheidenden Merkmale ist allenfalls ein Argument, sich gegen ein Produkt zu entscheiden, als dass ihr Vorhandensein eine Entscheidung dafür wäre.

Jordan (1996) hat untersucht, welche **Produkteigenschaften** mit negativen Emotionen einhergehen. Dazu zählen fehlende Benutzerfreundlichkeit, schlechte Funktionalität, Unzuverlässigkeit und fehlende Ästhetik. Man kann sagen, dass das Fehlen der genannten Aspekte zu negativen Emotionen wie Ärger, Wut und Langeweile führt, ihr Vorhandensein aber nicht unbedingt zu positiven Emotionen.

Verbraucher erwarten mehr von den Produkten, als dass sie funktionieren und gut zu bedienen sind. Felser (2015) spricht in diesem Zusammenhang von **emotionalem Erlebniswert**. Hat man sich z. B. zwischen zwei Mobiltelefonen zu entscheiden, die etwa die gleiche Ausstattung für den gleichen Preis bieten, sollte der Erlebniswert ausschlaggebend sein. Dazu gehören neben dem Erlebniswert des Produktes selbst auch das Image und der Auftritt des Unternehmens, welches das Produkt herstellt, die Gestaltung von Verkaufsräumen und die Werbung für ein Produkt. Felser (2015) weist darauf hin, dass die Bedeutung von Emotionen im Marketing vermutlich auch deshalb immer weiter zunehmen wird, weil sich heute ähnliche oder gleiche Produkte unterschiedlicher Marken kaum noch in ihrem Gebrauchswert unterscheiden. Deshalb treten kognitive Aspekte bei der Kaufentscheidung zugunsten emotionaler Aspekte oft in den Hintergrund.

Demirbilek und Sener (2003) führen verschiedene **Arten von Freude** auf, die ein Produkt den Nutzern bereiten kann. Dies ist erstens die »physiologische Freude«, die durch das Anschauen, Halten und berühren des Produkts entsteht. Zweitens entsteht »soziale Freude« durch die Möglichkeit, die ein Produkt zur Kommunikation und sozialen Interaktion bietet. Hier fallen einem natürlich als erstes Geräte wie Telefone oder Computer ein, über die man mit anderen kommunizieren kann. Dazu können aber auch andere Produkte gehören, über die man mit anderen ins Gespräch kommt, etwa ein ungewöhnliches Fahrrad oder ein auffälliges Kleidungsstück. »Psychologische Freude« soll durch die Funktionalität eines Produktes entstehen. In der Regel haben Produkte den Zweck, dem Verbraucher zu helfen, eine bestimmte Aufgabe zu erfüllen oder ein Ziel zu erreichen. Schließlich gibt es noch die »ideologische Freude«, die durch die Werte entsteht, die mit einem bestimmten Produkt und seiner Benutzung assoziiert werden.

Man kann davon ausgehen, dass der Erfolg eines Produkts umso größer ist, je weniger negative Emotionen dadurch entstehen und je mehr der verschiedenen »Freude-Aspekte« erfüllt sind. So wird klar, warum bestimmte Markenprodukte so erfolgreich sind und anderen vergleichbaren Produkten den Rang ablaufen.

Bei funktional vergleichbar guten Produkten sind es häufig äußerliche Merkmale wie Proportionen, Form, Farbe und Textur, die positive Emotionen vermitteln. So können Farben z. B. erregend sein, so wie Orange und Rot, oder beruhigend wirken, wie Grün. Insgesamt werden hellere Farben eher mit positiven und dunklere eher mit negativen

---

Funktionalität, Benutzerfreundlichkeit, ein gutes Preis-Leistungsverhältnis oder Sicherheit sind bei Produkten Aspekte, die keine positiven Emotionen garantieren, deren Fehlen aber zu negativen Emotionen führt.

Verbraucher erwarten von Produkten einen emotionalen Zusatzwert. Emotionen beeinflussen Kaufentscheidungen vor allem bei Produkten ähnlicher funktionaler Qualität.

Positive Emotionen können durch unterschiedliche Aspekte von Produkten, wie äußere Merkmale, Funktionalität oder Ansehen einer bestimmten Marke, ausgelöst werden.

16

◘ **Abb. 16.1** Beispiel für Produkte mit emotionalem Zusatzwert (mit freundlicher Genehmigung von koziol »ideas for friends GmbH)

Emotionen assoziiert (Hemphill, 1996; Kroeber-Riel, 1983). Formen lösen positive Emotionen aus, wenn sie dem Kindchenschema ähneln und deshalb als niedlich bezeichnet werden. Positive Emotionen rufen auch Produkte hervor, die Humor ausdrücken. So produziert z. B. eine Firma Utensilien, die zum Putzen im weitesten Sinne gedacht sind, in Form von lustigen Figuren, die so das Putzen oder die Arbeit in der Küche erleichtern sollen (◘ Abb. 16.1).

Kurosu und Kashimura (1995, zit. nach Norman, 2004) sowie Tractinsky (1997) konnten zeigen, dass **Attraktivität** Produkte subjektiv benutzerfreundlicher machen kann. In den Studien wurden an einem Bankautomaten die Tasten unterschiedlich angeordnet, sodass sie in einem Fall als attraktiver eingeschätzt wurden als im anderen Fall. Obwohl die Funktionalität in beiden Fällen gleich war, schätzten die Nutzer die Benutzerfreundlichkeit der attraktiven Displays als höher ein als die der unattraktiven. Norman (2004) vermutet, dass dieser Effekt über positive Emotionen vermittelt wird. Wie bereits erwähnt, sollen positive Emotionen den Gedankenfokus erweitern und Kreativität fördern, die wiederum Problemlöseprozesse fördert. Positive Emotionen führen dazu, dass man verschiedene Strategien ausprobiert, wenn Probleme auftreten. Dies dürfte bei Automaten wie Fahrkarten und Bankautomaten, deren Funktionsprinzip oft nicht selbsterklärend ist, besonders hilfreich sein.

Wie im Zusammenhang mit der »ideologischen Freude« bereits erwähnt, ist neben den Produktmerkmalen für die emotionale Wirkung von Produkten auch das **Image** einer Marke relevant. Dieses Image wird durch Werbemaßnahmen aufgebaut. Dazu macht man sich u. a. die evaluative Konditionierung zunutze. Dabei wird die Valenz eines emotional relevanten Reizes oder einer Situation auf einen neutralen Reiz übertragen, dadurch dass die beiden Reize zusammen dargeboten werden. Wird ein ursprünglich neutrales Produkt (z. B. ein unbekanntes Katzenfutter) häufig zusammen mit einem positiven Reiz dargeboten (z. B. einem süßen Kätzchen), wird das unbekannte Produkt hinterher als attraktiver eingeschätzt als ohne diese Assoziation.

Anders als beim klassischen Konditionieren ist nur die **zeitliche Nähe** beider Reize relevant und weniger die Kontingenz. Bei der klassischen Konditionierung ist es so, dass der neutrale Reiz den emotional

Attraktive Produkte werden aufgrund der positiven Emotionen, die sie auslösen, als benutzerfreundlicher d. h. einfacher zu bedienen eingeschätzt.

Bei der evaluativen Konditionierung wird durch wiederholte Assoziation die Valenz eines emotional relevanten Reizes auf einen neutralen (z. B. ein Produkt oder einen Markennamen) übertragen.

Anders als die klassische Konditionierung bedarf die evaluative Konditionierung nur der zeitlichen Nähe zweier Reize. Sie ist zudem löschungsresistenter.

relevanten zuverlässig ankündigen muss, um später die gleichen Reaktionen auslösen zu können. Dazu muss der neutrale Reiz dem emotional relevanten zwingend vorangehen. Dies ist bei der **evaluativen Konditionierung** nicht der Fall. Sonst würde die Assoziation bei Werbespots häufig nicht funktionieren, da hier der neutrale Stimulus (das Produkt oder der Markenname) oft erst am Ende des Spots präsentiert wird. Anders als die klassische Konditionierung scheint die evaluative Konditionierung auch löschungsresistent zu sein. Die Assoziation bleibt auch dann bestehen, wenn der neutrale Reiz allein, d. h. ohne den emotional relevanten dargeboten wird. So kann man davon ausgehen, dass wenn eine Werbekampagne abgeschlossen ist, ein Produkt die positive Valenz behält, die durch die Werbung etabliert wurde.

❓ Kontrollfragen

1. Was versteht man unter affektiven Störungen?
2. Nennen Sie drei Bereiche, in denen in Organisationen bzw. im Arbeitsleben Emotionen auftreten können!
3. Was besagt die Control Value Theory?
4. Welche Aspekte von Produkten beeinflussen Emotionen?

▶ **Weiterführende Literatur**

Berking, M. (2010). *Training emotionaler Kompetenzen*. Berlin: Springer.
Norman, D. H. (2004). *Emotional Design*. New York: Basic Books.
Pekrun, R. (2006). The Control-Value Theory of achievement emotions: Assumptions, corollaries, and implications for educational research and practice. *Educational Psychology Review, 18*, 315–341.

Literatur

Ashkanasy, N., & Humphrey, R. H. (2011). Current emotion research in organizational behavior. *Emotion Review, 3*(2), 214–224.
Berking, M. (2010). *Training emotionaler Kompetenzen*. Berlin: Springer.
Csikszentmihalyi, M. (1975). *Beyond boredom and anxiety: The experience of play in work and games*. San Francisco: Jossey-Bass.
Demirbilek, O., & Sener, B. (2003). Product design, semantics and emotional response. *Ergonomics, 46*(13/14), 1346–1360.
Feldner, M. T., Zvolensky, M. J., Stickle, T. R., Bonn-Miller, M. O., & Leen-Feldner, E. W. (2006). Anxiety sensitivity - physical concerns as a moderator of the emotional consequences of emotion suppression during biological challenge: An experimental test using individual growth curve analysis. *Behaviour Research and Therapy, 44*, 249–272.
Felser, G. (2015). *Werbe- und Konsumentenpsychologie*. Heidelberg: Spektrum.
Frenzel, A. et al. (2016). Measuring Teachers' enjoyment, anger, and anxiety: The Teacher Emotions Scales (tes). *Contemporary Educational Psychology, 46*, 148–163.
Hochschild, A. R. (1990). *Das gekaufte Herz. Zur Kommerzialisierung der Gefühle*. Frankfurt: Campus.
Hemphill, M. (1996). A note on adults' color-emotion associations. *Journal of Genetic Psychology, 157*, 275–281.
Jordan, P. W. (1996). Displeasure and how to avoid it. In S. Robertson (Ed.), *Contemporary ergonomics* (pp. 56-61). London: Taylor and Francis.
Klassen, R. M., Perry, N. E., & Frenzel, A. C. (2012). Teachers' relatedness with students: An underemphasized componernt of teachers' basic psychological needs. *Journal of Educational Psychology, 104*(1), 150–165.
Kovas, Y. et al. (2015). Why children differ in motivation to learn: Insights from over 13,000 twins from 6 countries. *Personality and Individual Differences, 80*, 51-63.
Kroeber-Riel, W. (1983). *Bildkommunikation. Imagerystrategien für die Werbung*. München: Vahlen.

16

Lamborn, S. D., Mounts, N., Steinberg, L., & Dornbusch, S. M. (1991). Patterns of competence and adjustment among adolescents from authoritative, authoritarian, indulgent and neglectful families. *Child Development, 62,* 1049–1065.

Lee, G., Barrowclough, C., & Lobban, F. (2014). Positive affect in the family environment protects against relapse in first-episode psychosis. *Social Psychiatry and Psychiatric Epidemiology 49*(3), 367–376.

McDonagh, J. (2005). *Expressed emotion as a precipitant of relapse in psychological disorders.* http://www.personalityresearch.org/papers/mcdonagh.html.

Norman, D. H. (2004). *Emotional Design.* New York: Basic Books.

Pekrun, R. (1992). The impact of emotions on learning and achievement: Towards a theory of cognitive/motivational mediators. *Applied Psychology, 41,* 359–376.

Pekrun, R. (2006). The Control-Value Theory of achievement emotions: Assumptions, corollaries, and implications for educational research and practice. *Educational Psychology Review, 18,* 315–341.

Puca, R. M., & Scheidemann, B. (2017). Can Motive-Related Imagery Make School Tasks More Appealing? *Zeitschrift für Pädagogische Psychologie, 31,* 191–203.

Shockley, K. M., Ispas, D., Rossi, M. E., & Levine, E. L. (2012). A Meta-Analytic Investigation of the Relationship Between State Affect, Discrete Emotions, and Job Performance, *Human Performance, 25,* 377–411.

Six, B., & Eckes, A. (1991). Der Zusammenhang von Arbeitszufriedenheit und Arbeitsleistung – Resultate einer metaanalytischen Studie. In L. Fischer (Ed.), *Arbeitszufriedenheit* (S. 21-45). Stuttgart: Verlag für Angewandte Psychologie.

Sutton, R. E., & Wheatley, K. F. (2003). Teachers' emotions and teaching: A review of the literature and directions for future research. *Educational Psychology Review, 15*(4), 327–358.

Tractinsky, N. (1997) *Aesthetics and apparent usability: Empirically assessing cultural and methodological issues.* CHI 97, Electronic Publications: Paper http://www.sigchi.org/chi97/proceedings/paper/nt.htm.

Zapf, D. (1999). Mobbing in Organisationen. Ein Überblick zum Stand der Forschung. *Zeitschrift für Arbeits- und Organisationspsychologie, 43,* 1–25.

Zapf, D. (2000). Organisationen und Emotion. In J. H. Otto, H. A. Euler & H. Mandl (Hrsg.), *Emotionspsychologie: Ein Handbuch* (S. 567–575). Weinheim: Psychologie Verlags Union.

Zapf, D., & Holz, M. (2009). Emotionen in Organisationen. In V. Brandstätter & J. Otto. *Handbuch der Allgemeinen Psychologie – Motivation und Emotion* (S. 755–761) Göttingen: Hogrefe.

Serviceteil

© Springer-Verlag GmbH Deutschland, ein Teil von Springer Nature 2018
V. Brandstätter et al., *Motivation und Emotion*, Springer-Lehrbuch
https://doi.org/10.1007/978-3-662-56685-5

Stichwortverzeichnis

Z